中国海洋产业报告
（2012—2013）

主编　陈秋玲　李骏阳　聂永有

上海大学出版社

图书在版编目(CIP)数据

中国海洋产业报告.2012—2013/陈秋玲,

聂永有主编. —上海：上海大学出版社,2014.2

ISBN 978 - 7 - 5671 - 1186 - 8

Ⅰ.①中… Ⅱ.①陈… ②李… ③聂… Ⅲ.①海洋

发-产业-研究报告-中国- 2012—2013 Ⅳ.①P74

中国版本图书馆 CIP 数据核字(2013)第 317718 号

| 责任编辑 | 焦贵平 | 封面设计 | 倪天辰 |
| | 孙韵霜 | | |

中国海洋产业报告(2012—2013)

陈秋玲　李骏阳　聂永有　主编

上海大学出版社出版发行

(上海市上大路 99 号　邮政编码 200444)

(http：//www.shangdapress.com　发行热线 021 - 66135112)

出版人：郭纯生

*

南京展望文化发展有限公司排版

上海市华业装潢印刷厂印刷　各地新华书店经销

开本 787×1092　1/16　印张 25.75　字数 498.6 千字

2014 年 2 月第 1 版　2014 年 2 月第 1 次印刷

ISBN 978 - 7 - 5671 - 1186 - 8/P · 001　定价：98.00 元

《中国海洋产业报告(2012—2013)》编撰人员

主　编：陈秋玲　李骏阳　聂永有

撰　稿：陈秋玲　朱华友　祝　影　石灵云　谢叙祎
　　　　于丽丽　金彩红　黄天河　毕梦昭　何淑芳
　　　　路光耀　曹　盛　徐　燕　陈飘然　郭思磊

目　录

序

人类开发海洋的历史,最早可以追溯到几千年前。早期的海洋开发活动仅局限于"兴海盐之利,行舟楫之便"。人类进入到海洋大开发阶段,是以 20 世纪 60 年代为起始点的。在当时的大背景下,全球粮食、资源、能源供应紧张与人口迅速增长的矛盾日益突出,而海洋中有丰富的资源,开发利用海洋中丰富的资源,成为历史发展的必然趋势,人类迎来开发利用海洋的新时代,比如:向海洋索取高蛋白食物,利用海水运动来建造潮汐发电站、海水温差发电站,在海底建设房屋,用海水淡化缓解旱灾。目前,人类开发利用的海洋资源,主要有海洋化学资源、海洋生物资源、海底矿产资源和海洋能源四类。

纵观海洋大开发的半个世纪,又可以大致划分为 4 个阶段:一是 20 世纪 60 年代开始,海洋开发进入一个新的发展时期,标志着现代海洋开发阶段的到来;二是 20 世纪 80 年代,海洋开发进入新技术革命阶段,以技术为支撑的现代海洋开发阶段到来;三是 20 世纪 90 年代,全面开发利用和管理海洋的新时期拉开帷幕,以经济为主导的现代海洋开发阶段到来,海洋产业成为世界经济新的增长点;四是 21 世纪以来,随着经济与科技不断融合飞速发展,以海洋战略性新兴产业为主攻方向的现代海洋开发阶段到来,海洋战略性新兴产业成为世界经济竞争新的焦点。

2001 年 5 月,联合国缔约国文件指出:"21 世纪是海洋世纪"。发达国家早在 20 世纪 50 年代初就先后将国家战略重心转移至海洋。如日本、韩国、美国和英国都对海洋发展战略给予了空前的重视,纷纷把维护国家海洋权益、发展海洋经济、保护海洋环境列为本国的重大发展战略。进入 21 世纪以来,越来越多的沿海国家都制定了海洋强国战略,把海洋发展提到了战略高度。海洋发展成为 21 世纪人类社会发展的主旋律。

《中华人民共和国国民经济和社会发展第十二个五年规划纲要》的第十四章明确提出要"大力发展海洋经济","坚持海陆统筹,制定并实施海洋发展战略,提高海洋开发控制综合管理能力",标志着中国"海洋强国战略"的全面实施。

海洋经济已成为拉动中国国民经济发展的有力引擎,成为中国经济发展的新增长点。但从全球海洋产业的价值链角度看,中国依然在价值链的低端,处于加工、制造环节,附加价值和技术含量都很低,加快中国海洋产业转型升级和空间优化势在必行。然而,目前学界对中国海洋产业转型升级和空间优化深入还没有系统的研究,亟需一个研究文本为政界、业界的决策层提供决策参考,《中国海洋产业报告(2012—2013)》正好弥补了这一缺憾。

《中国海洋产业报告(2012—2013)》以2003年《全国海洋经济发展规划纲要》划定的11个海洋经济区域(包括辽宁省、河北省、天津市、山东省、江苏省、上海市、浙江省、福建省、广东省、广西壮族自治区和海南省)为研究对象,依据国家海洋行业标准《海洋及相关产业分类》(GB/T 20794 - 2006),以海洋产业转型升级和空间优化为切入点,对中国海洋产业进行分析。报告分为主题报告、专题报告、产业规划、统计数据4部分,旨在向读者提供一个深度了解中国海洋产业总体运行情况和分行业发展特点的研究文本。全书结构合理、思路清晰、方法严谨,是一本高质量的产业分析报告。

《中国海洋产业报告(2012—2013)》由上海大学产业经济研究中心组织策划和编撰,是目前国内第一本以中国海洋产业为研究对象的产业研究报告,以后每两年将再出版1本,拟对中国海洋产业进行跟踪研究,汇集中国海洋产业数据资料和产业规划,为关注中国海洋产业发展的各界人士提供深入、全面、系统、规范的研究报告。

2013.11.1

前　言

海洋是人类生存和发展的基本环境和重要资源,是世界各国进入全球经济体系的重要桥梁。海洋中蕴藏着极其丰富的资源,大力发展海洋已成为全球的共识,重视海洋、利用海洋、开发海洋、规划海洋、管理海洋、保护海洋,是世界各国以及全人类的共同选择。

20 世纪 70 年代以来,随着陆地资源紧缺、环境恶化、人口膨胀等资源环境问题的加剧,全球进入大规模开发利用海洋的新时期,国际社会普遍以全新的姿态来关注和重视海洋,沿海各国纷纷从各个方面加强对海洋的开发利用。全球有一百多个沿海国家将开发海洋作为基本国策,并且纷纷制定海洋产业发展战略,将海洋的开发与利用提高到国家战略的高度。美国自二战以来,不断投入巨额资金制定和推进全球海洋科学规划;日本历来重视对海洋的开发利用,近年来又提出"海洋开发推进计划";法国把海洋开发作为"法国的光荣"。澳大利亚、加拿大、德国、英国、挪威、韩国等国家也纷纷制定海洋产业发展战略,给予海洋产业空前的重视。放眼世界,谁赢得海洋发展的先机,谁就能占据未来发展的制高点,海洋经济已经成为全球经济发展的新增长点,未来将以更快的速度发展,预计到 2020 年,全球海洋产业总产值达到 3 万亿美元,占全球经济总产值的 10%。

中国是世界海洋大国,发展海洋经济的自然资源条件得天独厚。中国拥有大陆海岸线长度 1.8 万公里,海岛岸线长度 1.4 万公里,管辖的海域面积近 300 多万平方公里,拥有海洋渔场 280 多万平方千米、海水可养殖面积 260 万公顷,浅海滩涂可养殖面积 242 万公顷,滩涂和 20 米水深以内的浅海面积 17 万多平方千米,对发展海洋捕捞业和海水养殖业极为有利;海域石油资源量约 250 多亿吨,天然气资源量约 14 多万亿立方米,发展海洋油气业的资源基础较好;海湾 160 多处,深水岸线几百千米,许多岸段适合建设港口,发展海洋运输业;旅游娱乐景观资源 1 500 多处,适合发展滨海旅游业。得天独厚的自然条件、丰富多样的海洋资源是 21 世纪中华民族实现经济腾飞的重要支撑。

自 20 世纪 90 年代以来,中国海洋产业呈现出快速发展的态势,经济总量逐年增加,产业范畴向多领域扩展,增长速度不断加快。1979 年中国海洋产业总产值仅为 64 亿元,到 2012 年已经突破 5 万亿元,尤其近十年,中国海洋产业年均增长率都保持在

10％以上,高于全国经济平均增长速度,海洋经济已经成为中国经济新的增长点。但是,中国海洋产业产值占国内生产总值的比重仅为9.6％,远低于美国、日本等发达国家50％的水平;海洋产业结构的趋同现象比较突出,海洋产业的空间矛盾日益尖锐;海洋产业的技术含量依然较低,海洋产业优化升级和结构调整存在巨大的压力;海洋资源局部开发过度与总体开发不足的矛盾长期存在;海洋管理存在"龙多治海不显灵"等现象。

在中国海洋产业发展方兴未艾之际,为了不断提高海洋开发、控制与综合管理能力,促进海洋产业的持续健康快速发展,党的十八大报告明确提出,提高海洋资源开发能力,发展海洋经济,保护海洋生态环境,坚决维护国家海洋权益,建设海洋强国。十八大报告将中国的海洋产业发展提升到了国家战略的高度。为进一步把握有利政策条件,将其转化为更为强大的生产力,急需了解海洋产业的发展轨迹、制定提升海洋产业的专项行动计划,以便健全海洋产业体系,科学规划产业布局。

在中国海洋产业进入黄金发展期的历史机遇下,为了进一步提升海洋产业的国际竞争力,亟需学界对中国海洋产业的发展进行系统的梳理和追踪观察,总结海洋产业发展的特点,分析存在问题,揭示发展的规律。因此,我们决定从2013年起,连续编写中国海洋产业发展报告,未来每两年我们都会有一本如实记录中国海洋产业发展轨迹的报告,总结值得推广的经验模式,展望海洋产业发展的趋势。

关于海洋产业的概念,目前学界采用较多的是"海洋经济"和"海洋产业"。"海洋经济"概念在中国出现于1980年代,但目前尚无统一的定义,由于学科背景和研究视角不同,国内学者对海洋经济的界定存在着明显的差异。多数学者倾向于从资源经济角度理解海洋经济,从外延上对海洋经济进行界定:以海洋为活动场所和以海洋资源为开发对象的各种经济活动的总和。另一种则触及海洋经济的内涵,认为海洋经济是海洋产品投入与产出、供给与需求,与海洋资源、海洋空间、海洋环境条件直接或间接相关的经济活动的总称。关于海洋经济,本质上可以认为,其范畴包括海洋产业活动以及与海洋产业相关的经济活动、海上经济活动与涉海经济活动两种。

关于"海洋产业"的界定,2000年1月1日起实施的《海洋经济统计分类与代码》(中华人民共和国海洋行业标准 HY/T 052 - 1999)中明确规定:海洋产业是指人类利用海洋资源和空间所进行的各类生产和服务活动。结合国内学者对海洋产业的概念界定,我们认为,海洋产业是指开发利用和保护海洋资源而形成的各种物质生产和非物质生产部门的总和,即人类利用海洋资源所进行的各类生产和服务活动,或人类以海洋资源为对象的社会生产、交换、分配和消费活动。

国际上关于"海洋经济"的概念并不常见,最常用的是"海洋产业",如美国和澳大利亚的"海洋产业"(Marine Industry)、英国的"海洋关联产业"(Marine-related Activity)、加拿大的"海洋产业"(Marine and Ocean Industry)以及欧洲的"海洋产业"(Maritime Industry)等。各国对"海洋产业"的定义基本类似,都是从海洋资源的开发利用的角度,但是包含的内容、产业分类标准和体系存在很大差别。

美国国家经济分析局依据产业与海洋的供求关系的研究,将美国海洋产业划分为四个大类,即海洋资源依赖型产业(如海洋渔业、海洋油气开发等)、海洋空间依赖型产业(如海洋交通运输业)、海洋供给型产业(如仓储物流、海上供给等)和空间便利型产业(如水产品贸易、滨海旅游接待、商业服务等)。美国国家海洋经济项目则依据海岸带经济的分类,将海洋产业划分为海洋依赖型(如海洋渔业、水产品加工、海洋交通运输、港口服务等)、海洋联系型(船舶修理与制造、水产品加工机械制造、海上运动产品等)和海洋服务型(如海洋油气勘探、水产品贸易、滨海旅游、教育与科研等)三大类。

澳大利亚海洋产业的划分分为:海洋资源型产业(与海洋资源利用直接有关的产业以及相关的下游加工业,包括海洋油气业、渔业、海洋药物、海水养殖和海底采矿业)、海洋系统设计与建造业(包括船舶设计、建造和维修,近海工程和海岸工程)、海上作业与航运业(包括海上运输系统、漂浮和固定海洋结构物的安装、潜水作业、疏浚和倾废等)、海洋有关设备与服务业(包括制造业、海洋电子和仪器仪表工程和咨询公司、机械、通信、导航系统、专用软件、决策支持工具、海洋研究、海洋勘探和环境监测等;培训

和教育)。

中国海洋产业依据不同的划分标准,可以分为以下几个分类:(1)根据海洋活动的性质,《海洋及相关产业分类》(GBIT 20794 - 2006)标准,将海洋产业区分为海洋产业及海洋相关产业两个类别,具体包括29个大类、106个中类和390个小类。海洋产业是指"开发、利用和保护海洋所进行的生产和服务活动",具体包括海洋渔业、海洋油气业、海洋矿业、海洋盐业、海洋化工业、海洋生物医药业、海洋电力业、海水利用业、海洋船舶工业、海洋工程建筑业、海洋交通运输业、滨海旅游业等12个主要海洋产业以及海洋科研教育管理服务业。(2)按照三次产业分类法,海洋产业可以分为:海洋第一产业,包括海洋渔业;海洋第二产业,包括海洋油气业、海洋矿业、海洋盐业、海洋化工业、海洋生物医药业、海洋电力业、海水利用业、海洋船舶工业、海洋工程建筑业等;海洋第三产业,包括海洋交通运输业、滨海旅游业、海洋科学研究、教育和社会服务业等。(3)根据对海洋产业开发利用的先后次序及技术进步的程度,可以把海洋产业划分为传统海洋产业、新兴海洋产业和未来海洋产业。传统海洋产业指20世纪60年代以前已经形成并大规模开发且不完全依赖现代高新技术的产业,主要包括海洋捕捞业、海洋运输业、海水盐业和船舶修造业;新兴海洋产业在20世纪60年代以后至21世纪初形成,是由科学技术进步发现了新的海洋资源或者拓展了海洋资源利用范围而成长起来的产业,包括海洋油气业、海水增养殖业、滨

海旅游业、海水淡化、海洋药物等产业;未来海洋产业是指21世纪刚刚开发、依赖高新技术的产业,如深海采矿、海洋能利用、海水综合利用和海洋空间利用等。

《中国海洋产业报告(2012—2013)》区域范围是2003年《全国海洋经济发展规划纲要》划定的11个海洋经济区域,包括辽宁省、河北省、天津市、山东省、江苏省、上海市、浙江省、福建省、广东省、广西壮族自治区和海南省。报告分为主题报告、专题报告、产业规划、统计数据4部分,旨在向读者提供一个深度了解中国海洋产业总体运行情况和分行业发展特点的研究文本。

最后,衷心希望这本《中国海洋产业报告(2012—2013)》能给中国海洋产业发展以新启示,为地方政府相关部门政策制定提供一定的参考,为产业研究人员提供一份基础性资料。由于编者水平有限,书中错误或不妥之处在所难免,恳请业内专家、同行、读者批评指正!

主题报告

中国海洋产业转型
升级与空间优化

摘要：随着全球资源、环境问题的加剧，对海洋的开发利用越来越受到世界各国的重视，海洋强国战略已经成为一种全球趋势。论文在分析中国海洋产业发展现状及制约因素的基础上，综合运用相似系数、岸线增加值率、港口利用率、H－I指数等方法，研究中国海洋产业结构与产业布局中存在的问题，利用转型度、Moore值分析中国海洋产业结构转型度，通过灰色关联分析确定中国海洋产业的主导产业及产业转型升级的策略；通过11个省市"十二五"海洋产业规划的四分位图分析海洋产业空间战略，运用W－T模型的实证优化，提出中国海洋产业空间优化的政策措施。

关键词：中国　海洋产业　产业结构　产业转型　空间布局　空间优化

21世纪是海洋的世纪，对海洋的开发利用关系到国家的长远发展，海洋经济成为全球经济发展的盛宴。进入21世纪以来，越来越多的沿海国家都制定了海洋强国战略，把海洋经济发展提到了战略高度。发达国家自20世纪50年代开始，先后将国家发展战略重心转移到海洋。如日本、韩国、美国和英国都对海洋发展战略给予了空前的重视，纷纷把维护国家海洋权益、发展海洋经济、保护海洋环境列入本国的重大发展战略。中国在"十二五"规划中明确提出要"大力发展海洋经济"，"坚持海陆统筹，制定并实施海洋发展战略，提高海洋开发控制综合管理能力"，标志着中国"海洋强国战略"的全面实施。

海洋经济已成为拉动中国国民经济发展的有力引擎，成为中国经济发展的新增长点。2012年中国海洋产业生产总值突破5万亿元[1]，占国内生产总值的9.6%，海洋经济增长7.9%，略高于GDP7.8%的增速，"十一五"时期海洋经济年均增长13.5%①。从全球海洋产业的价值链角度来看，中国依然处在价值链的低端，处于加工、制造环节，附

---

① 2012年中国海洋产业生产总值调查探讨. http://www.chinairn.com/news/20130510/11373682.html

加价值和技术含量都很低。而当今全球性的"人口、资源、环境"问题越来越突出,抢夺海洋资源的战争愈演愈烈,加快海洋产业转型升级和空间优化势在必行。

论文尝试基于产业经济学和区域经济学双重视角,以 2003 年《全国海洋经济发展规划纲要》划定的 11 个海洋经济区域(包括辽宁省、河北省、天津市、山东省、江苏省、上海市、浙江省、福建省、广东省、广西壮族自治区和海南省)为研究对象,运用计量经济学的研究方法,基于海洋产业发展现状分析,剖析中国海洋产业结构和空间布局中存在的突出问题,提出结构转型升级和空间优化的策略。论文的产业分类依据国家海洋行业标准《海洋及相关产业分类》(GB/T 20794 - 2006),将海洋产业分为海洋产业及海洋相关产业两个类别,具体包括 29 个大类、106 个中类和 390 个小类。"海洋产业"是指"开发、利用和保护海洋所进行的生产和服务活动",具体包括海洋渔业、海洋油气业、海洋矿业、海洋盐业、海洋化工业、海洋生物医药业、海洋电力业、海水利用业、海洋船舶工业、海洋工程建筑业、海洋交通运输业、滨海旅游业 12 个主要海洋产业。

一、相关研究综述

(一)海洋产业结构研究综述

国外学者立足于产业同构视角,对产业结构状况进行了研究,Kim(1995,1998)发现美国在 19 世纪末 20 世纪初时期,制造业较为集中,而随着经济的发展,20 世纪中期后制造业集中度急剧下降,产业结构的差异性显著降低[2][3]。Amiti（1998）、Brulhart（2001）通过研究产业的基尼系数,发现欧盟各国地区专业化趋势略微提高,但制造业集中程度略有下降[4][5]。Chettys(2002)根据 M. Porter 集群理论对新西兰海洋产业集群演化过程与国际竞争力的提升过程进行了动态关联分析,提出集群演化过程是一个结构调整和组织成长综合作用的结果[6]。Nijdam 和 Langen(2004)对荷兰海洋产业集群中领军企业的行为进行了相关研究,认为集群化的竞争优势在于这些领军企业的行为以及他们之间的相互作用关系[7]。

国内学者通过对中国海洋产业现状以及海洋产业结构的研究,认为中国的海洋产业结构存在不合理之处,与世界上的海洋强国相比,中国对海洋的利用程度不高,海洋产业结构亟需优化升级。黄瑞芬、苗国伟、曹先珂(2008)运用霍夫曼系数、第三产业增长弹性系数等指标,从横向和纵向两个方面对沿海省市海洋产业结构进行了比较分析与评价,并提出优化海洋产业的对策[8]。李宜良、王震(2009)通过研究中国海洋产业现状及存在的问题,提出了海洋产业优化升级的对策建议[9]。武京军、刘晓雯(2010)研究了中国海洋产业的发展情况,对中国主要海洋产业进行排序,并分类,提出了各省海洋产业优化调整对策[10]。王丹等（2010）分别应用主成分分析法和 Weaver Tomas 组合系数法，研究出辽宁省海洋经济"支柱产业地位稳定，主导、潜导双向转移"的产业功能结构演变模式和以大连为稳定核心发展的空间模式[11]。王泽宇、刘凤朝（2011）运用层次分析、综合指数法对中国沿海地区海洋科技创新能力和海洋经济发展协调性进行了评价，运用协调度模型，对海洋科技创新能力与海洋经济发展的协调度进行了度量[12]。

有些学者从产业结构优化的标准出发，研究中国海洋产业结构转型升级的三次产业内外部结构标准。于海楠等（2009）运用"三轴图"法对中国海洋产业结构的演进过程进行分析，得出海洋产业结构呈现出由第一产业占主导，第二三产业迅速发展并最终由第三产业占主导地位的"三二一"结构顺序的动态演化过程[13]。翟仁祥、许祝华（2010）采用产业结构变度 M 指标、产业结构变动幅度 K 值指标、产业结构熵指数 E_t 指标等对江苏省海洋经济产业结构变动的方向、速度及效率进行定量测算[14]。也有学者提出陆域与海洋发展条件及环境不同，海洋产业结构的优化标准与陆域产业结构存在着差异，海洋产业结构的优化不能简单地将"三二一"为序的产业结构作为标准。照搬陆域产业将提高海洋第三产业比重作为标准是不合适的，要以海洋资源是否得到合理的开发为标准，突出海洋第二产业的地位。要遵循以资源开发利用为主线的海洋产业结构变动规律，采用合适的海洋产业发展对策（纪玉俊、姜旭朝，2011）[15]。

总体而言，目前的研究成果主要集中在对海洋产业的发展现状、发展中存在的问题、海洋产业的地区差异、地区发展对策研究、海洋产业结构分析、产业结构与国外比较等方面，且研究海洋产业结构转型优化升级的文献，多数研究集中在海洋产业结构的现状上，更多的是基于定性的角度，来阐述海洋产业结构不合理并提出海洋产业发展的对策。

（二）海洋空间布局综述

目前关于海洋产业的空间布局，理论和实证层面都尚未形成完整的框架体系。国外学者主要集中在对某一海区的产业布局进行研究，如对美国旧金山湾高新技术产业带的布局模式研究，强调城市——产业空间格局的战略调整；对日本海洋产业空间布局的研究，主要集中在太平洋沿岸城市工业带，考察产业发展与布局的战略调整以及产业的国际转移和扩散。Baird（1997）研究了欧洲的集装箱港口，构建了主枢纽港的生命周期模式，分析集装箱运输体系的空间布局及其形成机制[16]；Randall Bess，Michael Harte（2000）研究了新西兰渔业所有权对海产品产业布局的影响[17]；LV Stejskal（2000）认为，海洋油气业的布局必须在环境风险评估框架下，利用计算机模拟系统对油气开采工程的风险进行监控[18]；Moira McConnell（2002）从产业组织的成本效率和市场获得角度，研究德国造船业在欧洲海洋产业中的定位问题[19]；Kwaka，Yoob，Chan（2005）采用投入产出法研究了韩国 1975—1998 年海洋产业在国民经济中的作用，认为海洋产业布局存在明显的前向与后向产业关联以及生产拉动效应[20]。

中国学者对于海洋产业布局的研究相对较晚,并且主要集中在对某一区域或某一具体海洋产业的研究上。张耀光、崔立军(2001)运用层次分析法确定了辽宁海洋经济区的发展方向与重点海洋产业部门,探讨了海洋经济区的形成与布局机理[21];徐满平(2005)提出了以舟山本岛市区为核心、以主要经济增长中心为据点的舟山海洋开发的空间布局模式[22];李靖宇、袁宾潞(2007)研究了中国长江口及浙江沿岸海洋经济区实现海洋产业集群化的规划思路和产业布局的优化问题[23];韩立民、都晓岩(2007)分析了中国海洋产业布局的内涵、层次、实现方式等问题,构建海洋产业合理布局的动力模型[24];封学军、王伟(2008)通过复杂系统理论中的多智能体模拟方法,提出了港口群系统的双层规划模型,通过全局优化智能体实现对港口群各智能体间的协同优化[25];于瑾凯、于海楠等(2008)将 Weaves Thomas 模型应用到中国海洋经济区的产业布局上,通过组合指数值来分析中国海洋产业的优化布局问题[26]。

海洋产业的发展与空间布局也受到海洋经济地理学的关注,研究热点主要集中在以下几个方面:1. 从经济结构和空间区域综合分析的角度,研究海洋产业结构的演变规律、特点及调整方向;2. 通过研究港口的地域组合特征,有机地将港口建设条件和腹地的运输网络建设结合起来,研究建港条件、港口优化布局、港口在区域经济中的作用、港城关系等方面;3. 从港城关系入手,研究港口与城市间相互促进的关系,开展海陆经济一体化研究等(韩增林、张耀光等,2004)[27]。

二、中国海洋产业发展现状及其制约因素

(一)中国海洋产业发展现状

1. 中国海洋产业增长速度较快,发展初具规模

近年来中国海洋产业呈现出快速发展的态势,尤其是改革开放以来,中国海洋产业发展迅速。从 1978 年以前仅有的渔业、盐业和沿海交通运输业三大传统产业,到 20 世纪 90 年代的海洋油气业、海洋旅游业的快速发展,再到本世纪海洋化工、生物医药、海洋能发电等新兴海洋产业的兴起,使得整个海洋产业对国民经济的贡献度越来越大,尤其是近十年,中国海洋产业年平均增长速度都保持在 10%以上(见图1),海洋产业增长速度较快。

20 世纪 90 年代以来,中国海洋经济不断发展,海洋产业规模持续扩张。据统计,1979 年中国海洋产业总产值仅为 64 亿元,2003 年就达到 10 077.71 亿元,2007 年达到了 24 929 亿元,2012 年更是突破 5 万亿元,占国内生产总值的 9.6%(见图1)。截至 2007

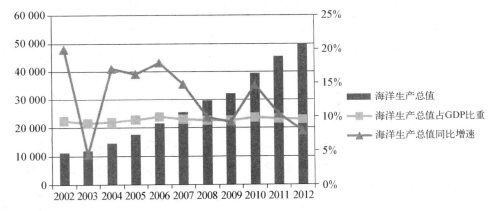

图1　中国海洋产业增长情况

年底,中国亿吨级港口增至 14 个,成为世界上拥有亿吨港口最多的国家。2011 年中国港口货物吞吐量与集装箱吞吐量已经连续九年位居世界首位,其中上海港货物吞吐量和集装箱吞吐量均保持世界港口第一。海洋油气勘探取得新突破,中石油在冀东南堡滩海新发现 10 亿吨大油田,中海油在渤海湾、北部湾等海域新发现 10 个油气田[1]。全国海洋船舶业造船完工量突破 1 800 万载重吨,新接订单超过韩国(按载重吨计),居世界第 1 位。

2. 海洋产业结构稳定性与波动性并存

近年来,中国海洋产业结构的演化从表 1 可以看出,2001—2012 年 12 年间中国海洋产业结构的发展和演变,总体上呈现出第一产业比重逐渐减少,第二三产业稳步增加的态势,形成以第三产业为主导的"三二一"和第二产业略胜于第三产业的"二三一"的产业结构类型。除了 2006 年、2010 和 2011 年三个年份第二产业所占比例略多于第三

产业,为"二三一"型的产业结构,其余年份均为"三二一"型的产业结构类型。总的来说,2001 年以来,一方面,中国的海洋产业基本上为第一产业占比低于 7%,而第二产业与第三产业平分秋色,比例相差无几的稳定状态。另一方面,海洋第二产业和海洋第三产业之间交替主导地位也体现出海洋产业结构的不稳定性。

从海洋产业第一二三产业各自内部构成与变化态势看,中国第一二三产业均波动缓慢。中国海洋第一产业所占的比重总体呈现缓慢下降的趋势,2004 年—2012 年下降的趋势变得更加缓慢,所占比例基本稳定在 5% 左右。第二产业经历着"上升—下降—上升—下降"的徘徊变动,可以分为四个阶段,第一阶段是 2001—2006 年,随着海洋船舶工业、海洋化工业和海洋工程建筑业的增速发展,第二产业比重逐渐增加;第二阶段是 2007—2009 年,在第三产业稳定发展的背景下,此消彼长,又出现了第二产业比重

---

[1]　2007 年中国海洋经济统计公报:http://www.gov.cn/gzdt/2008-02/15/content_890643.htm

的下滑;第三阶段是 2009—2011 年,随着对海洋新兴产业的重视,海洋新兴产业的增加值保持着较快的增速,同时推动了第二产业的增速;第四阶段是 2012 年,随着海洋服务业的发展,第三产业又占据了主导地位。

自 2001 年开始,国内将滨海旅游纳入海洋第三产业统计范畴,中国海洋三大产业比重发生了很大改变,使中国海洋产业基本上呈第三产业为主的产业结构类型。

表 1 中国海洋生产总值及构成比例

	海洋生产总值			海洋生产总值构成		
	第一产业	第二产业	第三产业	第一产业	第二产业	第三产业
2001	646.3	4 152.2	4 720.1	7.0	43.6	49.6
2002	730.0	4 866.2	5 674.3	6.6	43.5	50.3
2003	766.2	5 367.9	5 818.5	6.7	45.0	48.7
2004	851.0	6 662.9	7 148.2	5.8	45.7	48.8
2005	1 008.9	8 046.9	8 599.8	5.7	47.1	48.8
2006	1 228.8	10 217.8	10 145.7	5.7	47.3	47.0
2007	1 395.4	12 011.0	12 212.3	5.4	46.9	47.7
2008	1 694.3	13 735.3	14 288.4	5.7	46.2	48.1
2009	1 857.7	14 980.3	15 439.5	5.6	46.4	47.8
2010	2 008.0	18 935.0	18 629.8	5.1	47.8	47.1
2011	2 327.0	21 835.0	21 408.0	5.1	47.9	47.0
2012	2 683.0	22 982.0	24 422.0	5.3	45.9	48.8

数据来源:wind 数据库

3. 海洋产业布局形成各具特色的点—轴发展模式

海洋产业空间布局遵循"均匀分布—点状分布—点轴分布"的递进演变过程(见图 2)[28],目前中国海洋产业布局已经进入海洋产业布局演化的第三阶段,基本呈现出以环渤海、长三角和珠三角三大经济区内主要港口和主要城市为中心,以海域和海岸带为载体,以海洋资源开发为基础的海洋产业的发展以及临海产业带为轴线的区域布局体系。

中国已经逐渐形成了环渤海、长三角和珠三角三大海洋经济区,从图 3 可以看出,2006—2012 年三大海洋经济区的海洋生产总值实现了稳步快速增长,海洋经济发展势头持续趋好。2012 年,环渤海地区海洋生产总值达到 18 078 亿元,长三角地区海洋生产总值 15 440 亿元,两者海洋产业生产总值均超过 15 000 亿元,两者合计总值占全国海洋生产总值的 80%,珠三角地区海洋生产总值也达到 10 028 亿元,占全国海洋生产总值的 20%。

中国海洋经济区内的沿海城市依托其特有的海洋资源优势,并将之转化为经济发展的优势,形成了各具特色的地区海洋经济发展模式。通过对 2009 年海洋经济发展情况进行对比分析,浙江省海洋生物医药业增加值占全国海洋生物医药业增加值的 37.3%,位居全国第一;山东省海洋渔业增加值占全国海洋渔业增加值的 32.6%,继续位居全国第一;上海市滨海旅游业增加值占全国滨海旅游业增加值的 24.0%,位居全国第一;天津市海洋油气业增加值占全国海洋油气业增加值的 45.5%,位居全国第一①。

---

① 2009 年中国海洋经济统计公报. http://www.coi.gov.cn/gongbao/jingji/201107/t20110729_17759.html

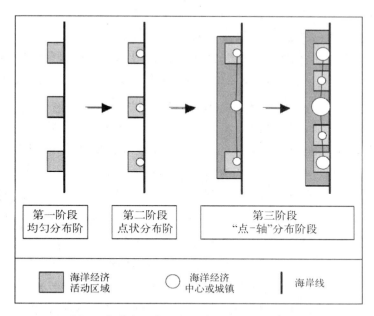

图2　海洋产业空间布局的演化过程抽象模型

资料来源：郭敬俊.海洋产业布局的基本理论研究暨实证分析[D].中国
海洋大学博士研究生学位论文,2010年

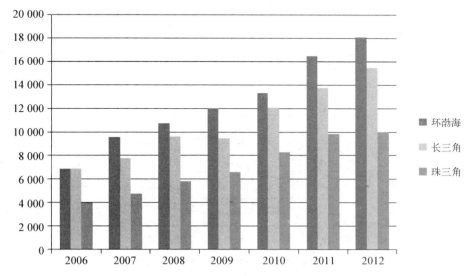

图3　2006—2012年中国三大海洋经济区海洋产业生产总值(单位：亿元)

资料来源：根据国家海洋局2006—2012年中国海洋产业生产产值整理

总体来看,广东省近海石油、旅游、电力和渔业资源具有优势,其海洋油气业产值、海洋电力产值、海水利用业产值位居全国之首,滨海旅游收入和海洋渔业产值分居第二三位。上海市海洋交通运输业产值、海洋船舶工业产值和滨海旅游业收入占全国同类产业总产值的三分之一,位居全国首位。山东省的海洋渔业、海盐业和近海油气资源比较丰富,海洋渔业总产值、海盐业产值均位居全国之首,海洋化工、海水利用、海洋工程建筑业均居第二位,海洋油气和其他海洋产业位居第三位。浙江省和福建省也充分发挥自身的海洋渔业、沿海旅游和海岛资源优势,成为中国第四和第五大海洋经济大省,浙江省的海洋生物医药业、福建省的海洋工程建筑业也位居全国之首。

4. 形成四大支柱产业,新兴产业发展前景广阔

从中国的主要海洋产业增加值情况可以看出,中国基本形成了滨海旅游业、海洋油气业、海洋渔业和海洋交通运输业四大支柱产业(见图4)。从图4可以看出,2001—2012年中国各主要海洋产业均呈现良好的增长势头。2012年,四大支柱产业增加值为16 996亿元,占海洋产业增加值的比重达到82.6%;海洋船舶工业、海洋工程建筑业、海洋化工业、海洋矿业四产业增加值均在1 000亿元左右,虽然产业增加值低于四大支柱产业,但是有着稳定发展的态势;海洋生物医药业、海洋电力业和海水利用业属于海洋战略性新兴产业,目前占海洋产业总增加值的比较还较小,但近年来发展迅速,增长速度保持在10%以上,发展前景极为广阔。

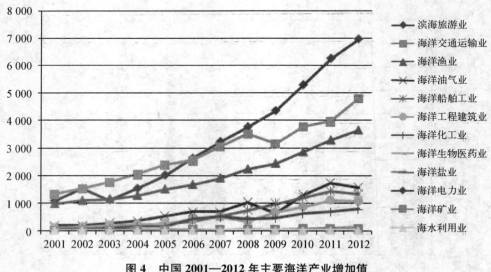

图4　中国2001—2012年主要海洋产业增加值

5. 区域海洋产业结构差异化发展

由图5可以看出,中国各沿海省市的海洋产业结构模式可分为"三二一","三一二","二三一"三类。11个省市区中,上海、

浙江、广东、广西、福建、辽宁六个省市区的海洋产业结构都呈现出"三二一"的模式,这种模式对于上海而言更加明显,第三产业占比达到60.5%,第二产业占比达到39.4%,第一产业产值占比极小,形成了第三产业为主导,第二产业为支撑的产业结构模式。天津、江苏、山东、河北四个省市呈现"二三一"海洋产业结构模式,其中最为突出的是天津。天津的第二三产业占比达到99.8%,第

一产业仅仅占了0.2%的比重,是典型的二三产业为主导的海洋产业结构类型。天津第一产业比重低和其所拥有海岸线的长度短有很大关系,其海岸线为全国最短的,长度仅154千米,而中国沿海11个省市平均海岸线长度为1 717千米,天津海岸线长度还不到全国平均水平的10%。"三一二"模式的地区仅有海南,第一二三产业的比例为23.2∶20.8∶56。

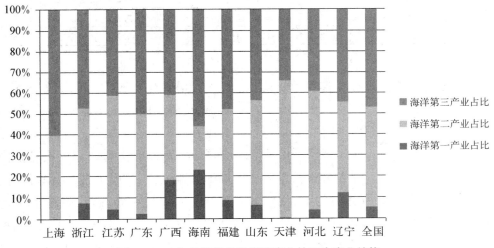

图5   2010年各沿海省份海洋产业的三次产业结构

从各省市第一二三产业所占比重来看(见表2),海南、广西、辽宁三省海洋第一产业所占比重较大,2010年为23.2%,18.3%,12.1%,上海、天津海洋第一产业所占比重较小,仅为0.1%,0.2%。其他省份第一产业比重均在10%以下。海洋第三产业比重较大的

省市有上海、广东、海南、福建、浙江等,明显的特点就是这几省市第三产业所占比重基本在50%以上。海南省的第二产业比重较低,第三产业发达,且第一产业处于基础地位,所占比重领先于其他沿海省市。天津、河北、江苏海洋第二产业比重较大,基本在50%以上。

表2   2006—2010年中国各省市海洋生产总值构成比例   (单位:%)

产业	2006			2007			2008			2009			2010		
	一	二	三	一	二	三	一	二	三	一	二	三	一	二	三
上海	0.2	48.2	51.9	0.4	45.4	54.6	0.1	44.3	55.6	0.1	39.5	60.4	0.1	39.4	60.5
浙江	7.4	39.7	52.9	6.9	40.5	52.6	8.7	42.0	49.4	7.0	46.0	47.0	7.4	45.4	47.2

（续表）

产业	2006			2007			2008			2009			2010		
	一	二	三	一	二	三	一	二	三	一	二	三	一	二	三
江苏	5.4	42.5	52.5	4.6	46.4	49.3	4.1	45.8	50.1	6.2	51.6	42.1	4.6	54.3	41.2
广东	4.4	39.9	55.7	4.6	38.3	57.1	3.8	46.7	49.5	2.8	44.6	52.6	2.4	47.5	50.2
广西	15.2	43.2	41.9	15.2	42.9	42.2	14.8	43.5	41.7	21.2	37.7	41.1	18.3	40.7	41.0
海南	18.3	29.2	52.6	23.4	22.6	58.0	20.3	26.5	53.2	24.5	21.8	53.7	23.2	20.8	56.0
福建	10.0	40.4	50.2	10.0	39.8	50.6	9.4	40.8	49.8	8.5	44.0	47.5	8.6	43.5	47.9
山东	8.3	48.6	43.1	7.6	48.1	44.3	7.2	49.2	43.6	7.0	49.7	43.3	6.3	50.2	43.5
天津	0.3	65.8	33.9	0.3	64.4	35.3	0.2	66.4	33.3	0.2	61.6	38.2	0.2	65.5	34.3
河北	2.6	50.8	47.0	2.2	51.5	46.7	1.9	51.4	46.7	4.0	54.5	41.4	4.1	56.7	39.2
辽宁	10.2	53.5	36.6	11.3	51.1	37.7	12.1	51.8	36.1	14.5	43.1	42.4	12.1	43.4	44.5
全国	5.7	47.3	47.0	5.4	46.9	47.7	5.7	46.2	48.1	5.8	46.4	47.8	5.1	47.8	47.1

数据来源：wind 数据库

（二）中国海洋产业发展中存在的制约因素

目前中国海洋经济正在稳步发展，但与此同时也存在一系列制约海洋经济持续快速发展的因素。具体表现在：海洋经济发展缺乏宏观指导、统筹规划和相互协调；海洋开发管理机制不完善，海洋执法体系、执法能力建设相对滞后；海洋渔业粗放型发展，导致渔业资源严重衰退，且近岸海域生态环境恶化、海洋环境污染的趋势尚未得到有效遏制；海洋传统优势产业面临严峻挑战，新兴海洋产业产值和增加值占比较低，港口海运、临港工业、海洋服务业的发展优势尚未得到充分发挥；海洋科技总体发展水平较低，先进技术研发及海洋方面的人才培养不足，可持续发展能力有待提升等。

1. 管理体制不完善，导致海洋产业效率不高

目前，中国的海洋管理职能部门是国家海洋局，直属国务院。国家海洋局主要负责组织和协调有关海洋工作，比如组织实施海洋调查、海洋科研、海洋管理和公益服务等。在国家海洋局的架构下，还分别设立了北海分局、东海分局、南海分局以及各沿海地方性的管理机构，形成了"国家海洋局为主管部门负责立法、制定政策、协调等，各海区和地方海洋管理机构参与共同管理的格局"。到目前为止，海洋管理体制已经日渐完善，但随着对海洋权益和海洋资源争夺的趋势日益激烈，中国现行的海洋管理体制的弊端和问题逐渐显现出来。

在海洋法规方面，中国还未设立海洋基本法，而且有关的海洋综合性法律也较少。现有的海洋法律法规也存在着一些问题，比如一些出台的法律法规缺乏相应的配套细则，又如目前中国海洋方面的法规政策基本是针对部门、行业而言的，部门之间的职能重叠导致各项法律法规出现交叉和冲突，直接影响到海洋法律法规的质量，在一定程度上导致海洋的管理体制不健全。

在海洋统计数据方面,其与陆域产业统计数据现状差距较大,中国关于海洋的统计数据仅有《中国海洋经济统计公报》《中国海洋统计年鉴》和《中国海洋年鉴》三个较权威的统计数据文献,而这些现有的海洋统计数据并不全面,还缺少较多的统计指标,这是海洋管理体制的又一不足。数据是经济决策的基础信息,海洋统计数据的缺憾,会直接影响研究机构和决策部门对海洋经济发展的研判。

在执法方面,中国海洋执法队伍庞大,执法部门多达 10 余个,主要是海监、海警、海巡、海政和海关这 5 支执法力量。目前,中国的执法力量仍是"五龙闹海",导致了执法力量过于分散,且这 5 个单位平时各司其职,缺乏相互沟通和协调,在出现突发情况或紧急事件时,缺乏应急处置的能力。

2. 海洋突发因素,导致海洋产业稳定性较差

近年来,海洋突发事件时有发生,不仅给海洋环境造成了巨大的破坏,也对中国海洋经济的发展起到了阻碍作用。从海洋环境及生态破坏角度而言,海洋突发因素的难预测性,难控制性以及影响较大,导致海洋产业稳定性较差。突发海洋污染事件、溢油事件、核泄漏事故、风暴潮、海啸等都属于海洋突发事件。2012 年,在广东、福建等海域相继发生了多起突发海洋污染事件,导致部分污染物泄漏入海,局部海域环境受到不同程度影响。海洋突发事件有着持续性强、扩散范围广、防治难和危害大的特点。2012 年对 2011 年发生的蓬莱 19-3 油田溢油事故以及 2010 年发生的大连新港"7.16"油污染

事件开展跟踪监测,结果表明,事发海域环境状况呈现一定程度改善,但油污染事件对周边海洋生态环境仍具有较大影响,海洋生物群落略有恢复,但仍处于较低水平。

从海洋产业链角度而言,主要海洋产业如海洋油气业、海洋化工业和海洋船舶工业等都是高投入、高风险和高回报的产业,产品的需求、原材料的供给、运输的能力及货物的价格对海洋产业发展具有较大影响[29]。而海洋突发因素的发生,很容易影响到海洋产业链的各个环节,尤其是对原材料供应以及销售环节产生重大的影响,导致海洋产业发展受阻。例如,2003 年滨海旅游业受非典影响,增速回落很快,2004 年又出现大幅回升。可见,海洋产业容易受到突发事件的影响,而且有一定的滞后效应,稳定性较差[29]。

3. 海洋环境污染未得到控制,导致海洋产业发展受影响

随着城市化的进程的加快,生活污水的排放、工业废水的排放、海上石油泄漏及海上养殖等使得中国海洋环境污染日益严重,这不仅会影响到海水水质,还会严重影响到海洋生物资源,破坏生物多样性,从而制约了与海洋资源密切相关的海洋产业的发展。近年来,中国也在逐渐加强对海洋环境污染的治理工作,但海洋环境污染仍未得到有效控制。

根据《2012 年中国海洋环境状况公报》,海水中无机氮、活性磷酸盐、石油类和化学需氧量等监测要素的综合评价结果显示,中国管辖海域海水环境状况总体较好,但近岸海域海水污染依然严重。符合第一类海水水质标准的海域面积约占中国管辖海域面

积的 94%,符合第二类、第三类和第四类海水水质标准的海域面积分别为 46 910、30 030 和 24 700 平方公里,劣于第四类海水水质标准的海域面积为 67 880 平方公里,较 2011 年增加了 24 080 平方公里(见图 6)。渤海、黄海、东海和南海劣于第四类海水水质标准的海域面积分别增加了 8 870、6 990、6 700 和 1 520 平方公里。劣于第四类海水水质标准的区域主要分布在黄海北部、辽东湾、渤海湾、莱州湾、江苏沿岸、长江口、杭州湾、珠江口的近岸海域。近岸海域主要污染要素是无机氮、活性磷酸盐和石油类①。

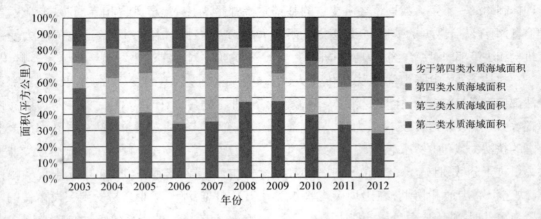

图 6 2003～2012 年中国管辖海域未达到第一类海水水质标准的各类海域面积
数据来源: 国家海洋局《中国海洋环境质量公报 2012》

4. 海洋创新能力不强,导致海洋产业竞争力弱

海洋科技是海洋资源可持续开发利用的支撑和动力,科技创新能力对产业发展至关重要,是提高海洋产业资源利用效率,提高海洋产业竞争力,发展可持续性海洋产业,提高海洋产业技术水平不可或缺的因素。尽管中国海洋经济发展较快,产值占 GDP 的比重逐渐增加,但是海洋领域的科研力量还比较薄弱,且海洋科技创新能力不强。《中国海洋统计年鉴》显示,2010 年涉海就业人员 3 350.8 万人,占地区就业人员 10.1%。中国主要海洋产业就业人员达 1 142.2 万人,占地区就业人员 3.44%。全国海洋科研机构 181 个,科技活动人员 29 676 人,占涉海就业人员的 0.089%,还不到涉海就业人员的 1%,另外海洋方面的专利仅有 3 829 件。中国在海洋科研机构建设以及人才培养方面的落后,导致海洋产品技术含量和附加值较低,在国际市场上竞争力不强。

在中国海洋科研机构中,海洋生物医药科学研究机构只有 4 个,从业人员 99 名;海洋生物工程机构仅有 2 个,技术人员 214 名;海洋工程管理服务科研机构 1 所,从业人员 568 人,这些领域的研究与开发人才较缺,极大地制约了中国海洋科技创新和科研成果转化能力。

---

① 2012 年中国海洋环境状况公报. http://www. soa. gov. cn/zwgk/hygb/zghyhjzlgb/201303/t20130329 - 24713. html

三、中国海洋产业结构转型升级研究

（一）中国海洋产业结构中存在的问题

1. 海洋第一产业内部有待优化，海洋新兴产业的增加值有待提高

首先，海洋第一产业内部有待优化。中国是世界上主要的海洋渔业大国之一，海洋渔业是中国海洋经济的重要组成部分，为海洋经济的发展做出了巨大的贡献。当前，中国海洋渔业由于资源和环境问题面临困境，发展以科技为主导和支撑的海洋渔业现代化是中国海洋渔业摆脱发展困境的根本出路。

目前，中国的海洋年捕捞量、海水年养殖量分别占世界海洋捕捞产量的 15% 左右和世界养殖总产量的 70% 以上。海洋渔业已成为中国海洋经济的支柱产业。2009 年，中国海产品总产量有 2 600 万吨，自 1989 年起已连续 20 年名列世界第一。1992 年以来，中国海水养殖产量居世界第一，是海洋渔业生产大国。海洋渔业已成为中国重要的基础性产业部门。但随着渔业资源的过度开发，长期以来追求产量，忽视环境承载能力的粗放型增长方式带来了一系列环境问题。海洋环境恶化、生态破坏问题日益严峻。同时，中国渔业产业依然处于渔业价值链的低端，产业结构有待进一步升级。且在传统海洋捕捞业发展的同时，远洋渔业、休闲渔业和海水增养殖成为当今及未来发展的新趋势。随着资源和环境制约因素的加强，实现海洋渔业从传统向现代化的转变已经成为当务之急。

其次，海洋新兴产业的增加值比重较小。海洋生物医药业、海洋电力业、海水利用业等海洋产业是极其具有生命力的新兴海洋产业，这类产业的快速发展能在很大程度上推动中国海洋产业转型升级，优化中国海洋产业结构。

随着科学技术的进步，海洋新兴产业的地位与作用日益突出，大部分海洋新兴产业都是资金—技术密集型或技术密集型产业，其产品具有高附加值、技术含量高、资源消耗低等特点。而中国海洋第二产业内部发展不平衡，海洋产业中海洋新兴产业的比重较低，依托高新技术发展较滞后，技术水平不高。2010 年中国海洋第二产业占海洋产业增加值的 47.8%，而中国海洋新兴产业增加值之和不到海洋产业增加值总量的 10%，目前海洋产业仍是传统产业占主导地位。

2. 海洋产业中第三产业发展有待升级

最后，海洋产业中第三产业发展仍显不足。中国海洋经济的发展态势良好，自 20 世纪 90 年代以来，经过十多年的产业调整，海洋产业结构已初步形成了以"三二一"为序的海洋产业结构特征（见表 3），2009 年中国海洋产业三次结构比例为 5.8：46.4：47.8，而到 2010 年中国海洋产业三次结构比例为 5.1：47.8：47.1，又呈现出"二三一"的产业结构模式，但第二产业比重仅仅

略大于第三产业。总的来说,近年来中国海洋产业三次产业结构基本上呈现"三二一"特征,但都未达到《国家海洋事业发展规划纲要》制定的海洋第三产业要达到50%以上的目标,第三产业发展仍显不足。从表2可以得出结论,2010年只有上海、广东、海南第三产业比重达到了50%以上,其余沿海8省市海洋第三产业比重均低于50%,离国家规划还有一定的距离。

目前中国海洋产业第二三产业产值基本持平,第三产业比重略大于第二产业,说明中国海洋第三产业存在很大的升级空间和发展前景,目前第三产业中,海洋交通运输业、滨海旅游业虽然有较大发展,占海洋产业总增加值的39.8%。但是与发达国家相比,在技术水平、管理水平及配套服务等方面还存在明显差距,海洋金融服务、海洋物流服务、海洋工程技术服务、信息服务等高端服务业发展较为缓慢,海洋第三产业的发展质量和水平还有待进一步提升。

3. 产业结构趋同现象存在

运用产业结构相似系数来表现产业结构的趋同现象,从表4可以看出,中国沿海11省(市、区)海洋产业结构的相似系数大部分在0.9以上,具有高度的产业同构现象,其中,最小值天津和海南的产业结构相似度也达到0.694。

表3　全国海洋生产总值构成比例

年份	第一产业(%)	第二产业(%)	第三产业(%)
2001	6.8	43.6	49.6
2002	6.5	43.2	50.3
2003	6.4	44.9	48.7
2004	5.8	45.4	48.8
2005	5.7	45.6	48.7
2006	5.7	47.3	47.0
2007	5.4	46.9	47.7
2008	5.7	46.2	48.1
2009	5.8	46.4	47.8
2010	5.1	47.8	47.1
2011	5.1	47.9	47.0
2012	5.3	45.9	48.8

表4　2010年各沿海省份海洋产业结构相似系数

地区相似系数＼地区	上海	浙江	江苏	广东	广西	海南	福建	山东	天津	河北	辽宁
上海	—	0.976	0.939	0.983	0.934	0.910	0.979	0.957	0.872	0.924	0.963
浙江	0.976	—	0.987	0.997	0.981	0.890	0.999	0.996	0.943	0.979	0.997
江苏	0.939	0.987	—	0.986	0.962	0.809	0.981	0.997	0.984	0.999	0.981
广东	0.983	0.997	0.986	—	0.963	0.869	0.995	0.993	0.945	0.978	0.987
广西	0.934	0.981	0.962	0.963	—	0.919	0.984	0.975	0.910	0.953	0.993
海南	0.910	0.890	0.809	0.869	0.919	—	0.905	0.848	0.694	0.784	0.906
福建	0.979	0.999	0.981	0.995	0.984	0.905	—	0.992	0.931	0.972	0.998
山东	0.957	0.996	0.997	0.993	0.975	0.848	0.992	—	0.969	0.993	0.992

（续表）

地区　相似　地区　系数	上海	浙江	江苏	广东	广西	海南	福建	山东	天津	河北	辽宁
天津	0.872	0.943	0.984	0.945	0.910	0.694	0.931	0.969	—	0.991	0.934
河北	0.924	0.979	0.999	0.978	0.953	0.784	0.972	0.993	0.991	—	0.973
辽宁	0.963	0.997	0.981	0.987	0.993	0.906	0.998	0.992	0.934	0.973	—
全国	0.974	0.999	0.992	0.998	0.973	0.870	0.997	0.998	0.954	0.985	0.993

数据来源：《2011年中国海洋统计年鉴》

注：全国与各省市的产业结构相似系数中，"全国"指的是全国海洋产业的三次产业结构

中国各地区海洋资源禀赋、经济基础、政策条件、人才技术等都不同，适宜发展的海洋产业也不同，而从相似系数来看，中国各地区的产业趋同现象比较严重，这在某种程度上意味着存在特色资源利用效率低，重复建设等问题。各地区海洋支柱产业及相关产业结构的趋同化，必然会造成小规模、高成本、低收益的产业格局，形成资源浪费的局面。

此外，各地海洋产业结构趋同首先必然会导致各地区的比较优势不能发挥，造成资源优势的浪费。各地区只有按照本地区的比较优势来建设发展合理的产业结构，才能促进地区经济的充分发展。其次，按照经济学中的规模经济理论，规模经济要求产业集中到一定程度，企业规模达到一定水平，而各地区的产业结构趋同则会导致不能形成规模经济，意味着各地把有限的资源都用来进行低水平的重复建设。

4. 资源利用效率低，闲置浪费较严重

由于中国的计划经济和"重陆轻海"政策影响，海洋产业结构性矛盾突出，海洋资源的开发利用率较低，资源浪费严重，规模优势还未形成，海洋经济的总体发展不能满足经济社会发展的需要。

一是沿海各省市海洋产业岸线增加值率差异较大。如表5所示，目前，全国海洋产业岸线增加值为1.27亿元/公里，分别计算沿海各省市的海洋产业岸线增加值率可以发现，沿海各省市岸线增加值率差异较大。上海、天津的岸线增加值率高于其他省市，为14.38亿元/公里、10.82亿元/公里，与广西的0.21亿元/公里、海南的0.26亿元/公里、福建的0.51亿元/公里形成鲜明的对比，上海的岸线增加值率是广西的68倍。差异较大的岸线增加值率从一定程度上说明了沿海各省市海洋资源利用率不一，广西、海南、福建及辽宁的资源利用率低于上海、天津等省市。

表5　2010年中国沿海各省市海洋产业岸线增加值率

地　区	上海	浙江	江苏	广东	广西	海南	福建	山东	天津	河北	辽宁	全国
岸线增加值率	14.38	0.99	2.05	1.5	0.21	0.26	0.51	1.59	10.82	1.22	0.78	1.27

注：岸线产值率为每公里海岸线行业的增加值，岸线产值率单位：亿元/公里

二是港口重复建设。目前中国 45 个主要集装箱港口中,利用率低于 70% 的有 21 个,低于 40% 的有 8 个。根据相关规划,到 2015 年中国沿海港口中"亿吨大港"可能激增到 33 个,甚至更多。其中盲目兴建的港口一旦闲置,不仅浪费数据惊人,而且破坏的岸线资源将难以恢复。

三是港口利用效率低。中国港口普遍存在运力过剩,数据显示,目前大连港利用率为 78%,青岛港为 68%,天津港为 55%,厦门港的利用率仅有 40%,运力过剩表明各地区建设码头的计划过于庞大[①]。

(二)中国海洋产业转型升级实证研究

1. 中国海洋产业结构转型分析

测度产业结构变动的指标一般有产业结构变动值指标、Moore 结构变化值、产业结构熵指标和产业结构超前系数指标等四大类,本文主要采用产业结构变动值指标和 Moore 结构变化值指标。

2006—2010 年中国沿海 11 省市的海洋产业结构演进过程表明,中国沿海省市的海洋产业结构转型过程在近几年处于较稳定状态。而海洋产业结构演进过程的结构变动程度(产业结构转型度)可采用公式 $K = \sum_{i=1}^{3} |q_{i1} - q_{i0}|$ 测度[②]。式中,K 为产业结构百分比变动值,q_{i1} 为报告期第 i 产业产值占总产值的比重,q_{i0} 为起点期第 i 产业产值占总产值的比重,$i=1,2,3$ 分别表示海洋经济三次产业。利用 2006—2010 年数据,计算得到中国沿海 11 省份海洋产业结构转型度(K)如表 6。计算出的 K 值越大,说明产业结构的变动幅度越大。但是该指标仅将各产业份额变动的绝对值简单相加,并不反映某个具体产业变动的情况,也不分辨结构演变中各产业的此消彼长的方向变化。

表 6   2006—2010 年中国沿海 11 省市的海洋产业结构转型度

地 区	上海	浙江	江苏	广东	广西	海南	福建	山东	天津	河北	辽宁	全国
产业结构转型度	17.5	11.4	23.9	15.1	6.5	16.7	6.7	4.0	0.8	15.2	19.9	1.2

中国沿海各省市中,江苏的海洋三次产业结构转型最大(23.9),其次是上海(17.5)。转型度最小的为天津(0.8)。从全国的角度来考察,转型度为 1.2。总体而言,各个省市海洋产业的转型度差异较大。

中国产业结构转型度差异较大的原因主要有两方面:一是各省市近年来海洋产业结构的调整力度不同,对海洋第一二三产业调整方向各异;二是中国沿海各省市海洋产业结构存在差异性,且变化程度和难度不一,导致产业结构优化进程差异性大。

为了进一步了解不同时间段中国沿海 11 省市的海洋产业结构转型度,下面运用 Moore 结构变化值来测定产业结构变动,该指标运用空间向量测定法,以向量空间中夹角为基础,将某个产业分为 n 个部门,构成

---

① 运力过剩部分大港口利用率仅过半. http://www.moc.gov.cn/zhishu/zhuhangju/shuiluyunshu/gongzuodongtai/201110/t20111027_1091515.html
② 刘志彪,安同良. 中国产业结构演变与经济增长[J]. 南京社会科学,2002(1):1-4.

一组 n 维向量,把两个时期两组向量间的夹角作为表征产业结构变化程度的指标,其计算公式为:

$$M_t^+ = \sum_{i=1}^{n} (W_{i,t} \cdot W_{i,t+1}) / (\sum_{i-1}^{n} W_{i,t}^2)^{1/2} \cdot (\sum_{i-1}^{n} W_{i,t+1}^2)^{1/2}$$

式中 M_t^+ 表示 Moore 结构变动值,$W_{i,t}$ 为第 t 期第 i 产业所占比重,$W_{i,t+1}$ 表示第 $t+1$ 期第 i 产业所占比重。

整个国民经济可以分为 n 个产业,如果我们将每一个产业当作空间的一个向量,那么,这 n 个产业就可以表示为空间的 n 维向量。当某一个产业在国民经济中的份额发生变化时,它与其他产业(向量)的夹角就会发生变化。把所有的夹角变化累计起来,就可以得到整个经济系统中各产业的结构变化情况。

我们定义矢量(产业份额)之间变化的总夹角为 θ,那么就有:

$$\cos\theta = M_t^+, \quad \theta = \arccos M_t^+$$

其中,θ 越大,表示产业结构变化的速率也越大。显然,Moore 结构变化值更细致、灵敏地揭示了产业结构变化的过程与程度,故而我们重点利用 Moore 结构变动指标来测度中国产业结构变动。我们选取了 2006—2007、2007—2008、2008—2009、2009—2010 四个时间段,分别计算中国海洋产业结构的 Moore 结构变化值,并对比四个时期 θ 变化,如果 θ 值呈现增加的趋势,表明中国海洋产业结构的变动度在加速。通过计算得到中国沿海 11 省份的海洋产业结构 Moore 结构变化值之间的总夹角 θ 的值(见表 7)。

表 7 中国沿海 11 省份的海洋产业结构 Moore 结构变化 θ 值

θ 值	天津	河北	辽宁	上海	江苏	浙江	福建	山东	广东	广西	海南
06—07	1.47	0.67	2.32	3.14	4.32	0.84	0.69	1.25	1.77	0.39	8.21
07—08	2.10	0.25	1.70	1.22	0.93	3.24	1.24	1.16	9.48	0.81	5.19
08—09	5.17	5.34	9.80	5.36	8.54	4.28	3.55	0.52	3.16	7.84	5.76
09—10	4.16	2.56	2.73	0.11	2.49	0.62	0.57	0.66	3.14	3.88	2.32

中国沿海 11 省份的海洋产业结构 Moore 结构变化值之间的总夹角都在 10° 以下,总体来说中国沿海 11 省份的海洋产业结构转型度差异较大,如 2009—2010 年天津的转型度 θ 值为 4.16°,而上海的 θ 仅为 0.11°。另一方面,θ 值变动趋势可表明中国海洋产业结构的变动度情况。若 θ 值呈现增加的趋势,可表明中国海洋产业结构的变动度在加速。反之亦然。从表 7 我们可以看出这四个时间段

中国沿海 11 省市的 θ 值基本呈现了"下降—大幅上升—大幅回落"的过程。其中,2008—2009 年的 θ 值最大,这两年海洋产业结构的转型度是最大的,而之后的 2009—2010 年的海洋产业结构的转型在放缓。

2. 中国海洋产业主导产业选择

主导产业概念是由美国经济学家赫希曼提出,此后罗斯托对其进行了明确、系统的研究,指出主导产业具有两个显著特征:

一是具有较高的创新性。创新是主导产业发展的动力和源泉,只有主导产业才能迅速引入技术创新和制度创新;二是主导产业具有极强的扩散效应,能够带动其他产业部门的发展,这种扩散效应包括前向效应、后向效应和旁侧效应等[30]。

灰色关联分析可以确定海洋主导产业,这里以海洋产业总增加值为参考序列求关联度。X_i,X_j表示序列,在k年的观测值分别为$x_{i(k)}$,$x_{j(k)}$,$X_i = [x_{i(1)}, x_{i(2)}, \cdots, x_{i(n)}]$,$X_j = [x_{j(1)}, x_{j(2)}, \cdots, x_{j(n)}]$,$i, j = 0, 1, 2, \cdots, m$,其中,$k = 0, 1, 2, \cdots, n$代表时间序列,这里分别为 2006 年到 2010 年 5 个年度;$0, 1, 2, \cdots, m$ 为关联度分析的序列,即各海洋产业的增加值。

计算步骤如下:(1)首先将序列进行无量纲化处理,即将每一序列的数据分别除以第一个数据得到一个新的序列 X'_i 和 X'_j;(2)求序列差($\Delta_{ij} = |x_{i(k)}' - x_{j(k)}'|$)以及两极差($M = \max_{ij}\max_k \Delta_{ij(k)}$,$m = \min_{ij}\min_k \Delta_{ij(k)}$);(3)取分辨系数为 0.5,计算灰关联系数 $\zeta_{ij(k)} = \dfrac{m + \xi M}{\Delta_{ij(k)} + \xi M}$,$\xi \in (0, 1)$,这里 $\xi = 0.5$;(4)最后计算灰关联度,即灰关联系数的平均值 $\gamma_{ij} = \dfrac{1}{n}\sum_{k=1}^{n}\xi_{ij(k)}$,$\gamma_{ij}$ 就是各海洋细分产业因素序列 X_j 对海洋产业总增加值序列 X_i 关联度。

表 8　中国海洋产业结构的灰色关联度分析　　　　(单位:亿元)

产业增加值	2006	2007	2008	2009	2010	灰关联度	排　序
海洋产业总增加值	21 592.4	25 618.7	29 718.0	32 277.6	39 572.7		
海洋渔业	1 672	1 906	2 228.6	2 440.8	2 851.6	0.985 6	2
海洋油气业	668.9	666.9	1 020.5	614.1	1 302.2	0.945 7	8
海洋矿业	13.4	16.3	35.2	41.6	45.2	0.818 3	10
海洋盐业	37.1	39.9	43.6	43.6	65.5	0.961 6	5
海洋船舶工业	339.5	524.5	742.6	986.5	1 215.6	0.816 3	11
海洋化工业	440.4	506.6	416.8	465.3	613.8	0.930 0	9
海洋生物医药业	34.8	45.4	56.6	52.1	83.8	0.950 7	7
海洋工程建筑业	423.7	499.7	347.8	672.3	874.2	0.953 7	6
海洋电力业	4.4	5.1	11.3	20.8	38.1	0.716 0	12
海水利用业	5.2	6.2	7.4	7.8	8.9	0.989 8	1
海洋交通运输业	2 531.4	3 035.6	3 499.3	3 146.6	3 785.8	0.967 2	4
滨海旅游业	2 619.6	3 225.8	3 766.4	4 352.3	5 303.1	0.973 9	3

数据来源:《2011 年中国海洋统计年鉴》

从表 8 计算结果可以看出,按照相关联度由大到小排列,海洋主导产业依次为海水利用业、海洋渔业、滨海旅游业和海洋交通运输业。主导产业与其他产业的关联作用强,具有较高劳动生产率和收入弹性,应大力发展。从短期来看,中国应主要发展在整个海洋产业产值中占比例高且处于主导地位的滨海旅游及海洋交通业。从长远角度看,中国要大力发展与海洋产业关联度强且科技含量高的海水利用业、海洋生物医药业、海洋电力业等海洋战略新兴产业;海洋工程建筑业、海洋油气业、海洋化工业等与海洋产业关联度也较强,同样需要协调发展。

(三)中国海洋产业转型升级的策略

针对中国海洋产业发展中存在的海洋三次产业内部结构不合理,海洋新兴产业的增加值比重较小,海洋产业中第三产业发展仍显不足。产业存在趋同现象,主导产业不明显,资源利用效率低,闲置资源浪费较严重等突出问题,提出中国海洋产业转型升级的策略应从调整海洋产业结构,培育主导产业与优势产业;实施海陆一体化发展,用先进技术改造传统产业;发展海洋战略新兴产业,提升海洋产业结构层次;大力发展海洋服务业,实现海洋产业结构升级等角度展开。

1. 调整海洋产业结构,培育主导产业与优势产业

主导产业在整个中国海洋产业中具有明显优势,在整个海洋产业结构体系中处于主体地位,并对海洋产业发展起引导、带动和支撑的作用。主导产业需要具备较强的关联效应、满足市场需求、吸引先进的科学技术、创造更多附加价值高、很高生产效率等特征。优势产业是指具有较强的比较优势和竞争优势的产业,是比较优势和竞争优

势的综合体现。培育主导产业与优势产业有利于调整海洋产业结构,缓解产业趋同现象,避免重复建设,闲置资源浪费。

主导产业和优势产业得到重点发展是保证海洋经济持续快速发展的关键。不优先发展主导产业,不重点加强优势产业培育必定会阻碍中国整个海洋经济的发展。在中国海洋产业发展中,海洋主导产业应该从社会整体发展战略出发,考虑稳定社会和谐,友好地球环境,促进经济发展等的海洋产业。比如能解决社会就业问题、缓解水资源紧张、解决全社会的交通旅游等问题的海洋产业;运用高新技术带动和促进海洋各产业发展和社会迅速发展的技术密集型海洋产业。沿海各省市应根据资源禀赋、经济基础、发展状况等选出具有特色的海洋优势产业及主导产业,避免产业结构趋同,重复发展以及资源利用率不足等问题,不仅调整了海洋产业结构,也优化了海洋产业发展方向,形成了"错位发展,互不竞争"的良好发展态势。

总之,中国要以做强优势产业、培育新兴产业、做优主导产业为原则,以科技为支撑,积极推动产业间结构转型和产业内结构升级,重点发展海洋优势产业和主导产业,建设海洋产业集聚区,充分利用海洋主导产业对其他海洋产业的引导、带动和支撑的作用,极大发挥海洋优势产业对整个海洋经济的贡献程度,努力实现海洋产业结构合理化转型和海洋产业优化升级。

2. 实施海陆一体产业联动,用先进技术改造传统产业

海洋产业的发展离不开陆地经济的支

持,要想大力发展海洋经济,必须实现海陆统筹、海陆经济一体化、海陆经济联动发展。实现海洋与陆地的产业互动和布局对接已成为沿海地区经济持续健康发展的方向。要想提高中国海洋经济的发展速度和质量,调整和优化区域海洋产业结构是一个重要前提。实施海陆一体产业联动,用先进技术改造传统产业又是实现海洋产业转型升级的其中一步。

目前中国把海洋高新技术定义为海洋监测和探测技术、海洋生物技术、海洋生态模拟系统技术、海洋深潜技术、大洋矿产资源开发技术、海水淡化和利用技术、海水化学资源提取技术、海洋能源技术、海洋信息技术、海洋空间利用和海洋工程技术十一方面。海洋高新技术产业是以海洋高新技术为依托,开采海洋资源、研发海洋高新技术的单元集合体。海洋高新技术产业最突出的特点体现在产品技术含量高、附加值高、研发投入高、涉及国家安全程度高等方面。近年来,在国家 863 计划、973 计划、国家自然科学基金、科技攻关等计划的支持下,在沿海各个省市相继出台关于海洋产业的"十二五"规划的指导下,中国的海洋高新技术取得了一定的进展,相关的海洋高新技术产业也得到高度的重视与发展。先进的海洋高新技术作用到传统的海洋产业上,能提高产品的技术含量以及附加值,促进海洋产业的转型升级,使得中国海洋产业快速可持续发展。

3. 发展海洋战略新兴产业,提升海洋产业结构层次

海洋战略新兴产业主要是指海洋高新技术产业,从技术层面看,它处在最前沿,代表了海洋产业技术发展的最高水准,具有产品技术含量高、附加值高、研发投入高等特点。在规模经济效益得到充分利用的条件下,当单靠增加投入量和扩大规模已难以取得良好效益时,海洋新兴产业的发展可以进一步提高劳动生产率,降低消耗,并获得更好的投入产出效果。这类产业通常是直接为满足最终需求服务的,因而附加价值高,技术水平先进,潜在的市场扩张能力强,对其他海洋产业具有牵动作用。根据海洋产业的演进规律,大力培育海洋新兴产业,是海洋产业转型升级的有效路径。

借鉴海洋科技发达国家的经验和模式,国家层面制定海洋科技的发展规划来确定战略性海洋新兴产业的发展方向和模式,能够规范和促进国家战略性海洋新兴产业的发展。此外,中国各沿海省市应根据各省市具体情况制定专门的战略性海洋新兴产业的规划,指引和保障其规范、有序、稳定地发展。要加快各沿海省(市)战略性海洋新兴产业的规划编制工作,编制省(市)级的《海洋战略性新兴产业发展规划》和《海洋战略性新兴产业发展"十二五"规划》,着力于对加快培育本省市战略性新兴产业进行总体部署,确定战略性海洋新兴产业的范围和重点发展方向。另外,应成立专门机构管理和协调海洋科技的发展,负责相关政策之间的统筹和协调。在税收、财政、项目、招商引资等方面支持产业发展。

对于战略性海洋新兴产业来说,人才的培养和使用对于能否快速实现跨越式发展是很关键的。在重大专项实施过程和战略性海洋新兴产业的发展中,要大力培养和造就一大批创新型人才,高度重视培养管理人才和创业型专业人才。突出抓好创新人才培养,加快培育高层次创新创业人才和科技领军人物,深入实施高层次人才引进计划,使战略性海洋新兴产业成为科技人才创新创业的平台。

4. 大力发展海洋服务业,实现海洋产业结构升级

现代海洋服务业是海洋产业链的高端,是现阶段海洋经济增长的新亮点。加快发展现代海洋服务业,是落实科学发展观、转变海洋经济发展方式、推进海洋产业结构优化升级的必然选择;是推动和落实全国海洋经济试点工作,加快推进海峡蓝色经济试验区和海洋经济强省建设的重要举措。发展海洋服务业,不仅要实现发展规模的壮大,还要实现内部结构的持续优化。改造提升海洋传统服务业,创造发展新型海洋服务业,特别重视涉海金融保险、海洋商务服务、海洋旅游、海洋信息服务等产业。

中国沿海省市应制定相应的《现代海洋服务业发展规划》,建立与现代服务业发展最初相应的宏观规划和组织协调。目前,福建省已经出台了《福建省现代海洋服务业发展规划》,制定了海洋服务业的发展目标、发展重点以及发展方向。

从发达国家经济结构变化的趋势来看,海洋经济发展方式正由"二产"为主向"三产"为主转化,海洋产业结构、就业结构、投资结构中服务业所占比重不断上升,服务业已经成为发达国家经济的主题,特别是生产性服务业已成为产业链中价值增值的主体。服务创造价值是国际分工形态变化赋予产业结构调整升级的新内涵。根据产业演进规律和中国的现有条件,实现海洋产业结构从"资源开发型"向"海洋服务型"的转变,着眼于全方位提高现有第三产业的辐射能力和开放度,加快工业经济向知识经济的演进。大力发展现代生产性服务业,建设开放型、服务型产业体系,这是实现产业转型的有效途径[31]。一要打造有利于在更大范围合作的临港产业体系。二要打造在创新和知识产权战略基础上的以生产外包的传统优势产业。三要打造以进出口贸易为龙头,以运输物流为基础,金融服务为保障,知识型服务为引领,发展旅游、餐饮、休闲等为配套的外向型服务业。四要打造向国内外提供高端服务外包的产业体系,特别是要大力发展离岸服务外包的业务和企业、产业以及相应的公共服务,使产业体系具有更广泛的和国内外城市合作的空间。

四、中国海洋产业空间优化研究

(一) 中国海洋产业布局中存在的问题

虽然中国海洋产业呈现出高速增长的态势,产业结构调整初见成效,产业布局也日渐形成,但是海洋产业的快速发展并没有与其空间布局相适应,海洋产业的开发利用尚处于海洋产业布局演进的第三阶段发展之初[32],即虽然出现了较为明显的点和轴,但点、轴内部海洋主导产业定位尚不明确,外部各海洋产业之间联动性有待进一步加强,海洋产业空间布局中仍然存在着一些问题。

1. 海洋产业布局缺乏统筹协调机制,规划体系不完善

目前,中国海洋产业分属不同的管理主体,涉及多个部委、11 个沿海省市区,各个部门职能之间相互交叉,往往出现政出多门、令出多头的混乱局面。部门之间、地方之间、部门与地方之间存在各方面的权益纷争,多头管理加上缺乏统筹协调机制,中国海洋产业布局基本上处于某种无序状态。港口航道、水产养殖、石油勘探、船舶制造、盐业生产、滨海旅游等之间发生用海纠纷与矛盾已成为普遍现象。经济部门之间的激烈竞争导致很多海洋产业项目的建设,既没有考虑经济效益的投入产出,也没有进行经济效益和社会效益的综合权衡,有的甚至违背了海域的自然属性,影响到海岸带及其邻近海域的生态平衡[33]。

2003 年国务院颁布《全国海洋经济发展规划纲要》以后,沿海各省市区也相继制定了本地的"十一五"海洋经济发展规划,2012—2013 年又制定了"十二五"海洋经济发展规划,对主要海洋产业的发展目标和空间分布进行宏观谋划。由于中国区域条件及社会经济条件不尽相同,并且没有太多的经验可以借鉴,海洋经济规划未能充分体现各个区域的差异,可操作性不强,尤其是各

个区域的产业发展重点存在着较多的雷同,规划引导效应不明显。

2. 海洋总体开发不足与局部开发过度矛盾突出

当前,在中国海洋产业布局方面,既存在着海洋总体开发不足的问题,又存在局部过度利用的问题。中国海洋开发主要集中在资源比较丰富、生产力比较高和易于开发利用的滩涂、河口、海湾区,导致近岸海域资源开发程度较高,资源环境损坏严重,而其他大片管辖海域开发还远远不足,仍处于潜在开发状态。以油气资源开发为例,2010年中国海洋油气产量首次超 5 000 多万吨,近十年间中国新增石油产量 53% 来自海洋,2010 年这一比例逾 80%,但是绝大部分来自近海海域,而远海海域基本上还处于潜在开发状态,特别是油气资源丰富的南海海域,基本没有涉足。与陆地资源相比,许多海洋资源尚未得到充分开发利用,海洋产业生产力空间布局失衡的问题十分严重。

3. 地区海洋产业发展极不平衡

从中国 11 个沿海省市区海洋经济发展情况来看,各地都呈现出快速增长的态势,但各个区域之间发展极不平衡。2010 年,中国海洋产业增加值 22 831 亿元,位居首位的广东省海洋产业增加值为 5 066 亿元,占全国的 22.19%,超过 1/5;2010 年,中国海洋产业生产总值 39 572.7 亿元,位居前三位的广东、山东和上海的海洋生产总值之和达到 20 552.7 亿元,占全国的 52%,超过 1/2;而其他省市区的海洋生产总值水平相对较低,

特别是位居后两位的海南和广西的海洋生产总值之和仅占全国的 3％[33]（见图 7）。2012 年,广东省海洋生产总值首次超过 1 万亿元,广西、海南海洋生产总值尚处于百亿元级,加在一起的总量赶不上广东的五分之一。从图 7 可以看出,2010 年中国 11 个省市区海洋生产总值与增加值地区分布不平衡的现象较为明显。

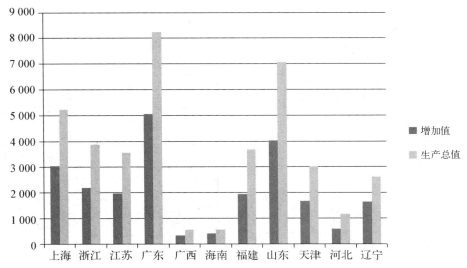

图 7　2010 年中国 11 个沿海省市区海洋产业生产总值与增加值(单位：亿元)
资料来源：根据国家海洋局 2010 年分地区海洋产业生产产值和增加值整理

从海洋产业各行业来看,多数海洋产业的分布也很不平衡,由少数几个省市区占主导地位。以 2008 年海洋经济发展情况对比进行分析,海洋渔业、海洋船舶工业、海洋交通运输业是各产业中空间分布相对平衡的,垄断地位不明显[33]。尽管如此,仅山东省的海洋渔业增加值仍占到全国的 33.8％,约为 1/3,辽宁省的海洋船舶工业增加值占全国的 26.9％,约占 1/4;广东省沿海港口货运总量占全国的 20％ 左右,约为 1/5[34];山东省海洋生物医药业增加值占全国海洋生物医药业增加值的 37.6％,超过全国的 1/3①;海洋盐业由于诸多因素影响,空间分布很不平

衡,位居首位的山东省海盐产量占全国的 67.9％。海洋油气业受资源条件的制约,产业分布十分集中,广东、天津两省市的海洋原油产量占全国的 86.60％,两省市海洋天然气产量占全国的 87.70％。这凸显出中国多数海洋产业的集中度非常高,排名前几位的省市区发展水平远远超过其他省市区,海洋产业各行业空间分布不平衡的现象十分突出。

4. 海洋产业空间集聚效应不明显

海洋产业聚集有利于打破条块分割,优化海洋产业布局的空间;产业聚集能促进产

---

①　2008 年中国海洋经济统计公报. http://www.coi.gov.cn/gongbao/jingji/201107/t20110729_17758.html

业集中度提高、产业聚集力和带动力增强、产业可持续发展能力全面提升。通过特色鲜明、辐射面广、竞争力强的海洋产业聚集区和产业集群,进而形成各具特色、优势明显的海洋产业带,提升海洋经济整体竞争力。例如,天津滨海新区已经形成了电子通讯、石油开采、石油产品加工、海洋化工、现代冶金、机械制造、生物医药品加工等七大主导产业,电子信息、生物医药、光机电一体化、新材料、新能源和环保六大高新技术产业群。七大支柱产业占滨海新区工业产值的比重超过90%,对区域发展的带动作用十分明显。与此同时,滨海新区现代物流与北方国际航运"双中心"的作用日益显著,滨海旅游和中心商务商业区建设方兴未艾,城市化进程不断加快。但是总体而言,中国海洋产业布局较为分散,像天津滨海新区这样的集聚效应明显的区域较少。

赫芬达尔-赫希曼指数,简称 H-I 指数,它是某特定行业市场上所有企业的市场份额(用 s 表示)的平方和。用公式表示为:
$$H = s_1^2 + s_2^2 + \cdots + s_n^2$$
在完全竞争条件下,H-I 指数将等于 0。在完全垄断条件下,H-I 指数将等于 1。如果市场中所有企业规模相同,H-I 指数将等于 $1/n$,H-I 指数越大,表明集中度越高。表 9 分别从地区和行业两方面分析中国海洋产业的分布均衡度。

从各地区来看,全国的 H-I 指数 0.191 5,还不足 0.2,接近于完全竞争状态,说明中国海洋产业整体的集中程度较低。各个地区,H-I 指数最高的是海洋经济发展

表 9　各省市及海洋产业的 H-I 指数

	H-I 指数		H-I 指数
全国(按地区)	0.191 5	海洋渔业	0.170 4
天津	0.215 9	海洋油气业	0.450 1
河北	0.155 3	海洋矿业	0.417 4
辽宁	0.308 1	海洋盐业	0.396 5
上海	0.414 0	海洋化工业	0.265 6
江苏	0.194 9	海洋生物医药业	0.274 7
浙江	0.180 7	海洋电力业	0.496 3
福建	0.328 2	海水利用业	0.512 0
山东	0.333 1	海洋船舶工业	0.171 0
广东	0.200 3	海洋工程建筑业	0.249 1
广西	0.668 0	海洋交通运输业	0.206 0
海南	0.410 1	滨海旅游业	0.177 7

水平最低的广西和海南,其中广西达到 0.668,超过了 0.5,集中程度较高,海南为 0.41,集中程度也较高;其次,H-I 指数较高的为海洋经济发展水平较高的上海,达到 0.414,呈现出一定的集聚特征;大部分省市区 H-I 指数都很低,集聚效应不显著。

从海洋各产业来看,海洋渔业的产业发展最均衡,各省市区海洋渔业的发展相对平均,且都列为各省市区海洋产业发展的主导产业;此外,海洋船舶工业和滨海旅游业的发展也比较均衡,集中程度较低;海洋盐业、海洋矿业的 H-I 指数在 0.4 左右,海洋油气业的 H-I 指数接近 0.5,它们基本上都受到资源条件的影响,在一些资源条件好的地区具有较高的集中度;H-I 指数最高为海水利用业和海洋电力业,其中海水利用业的

H－Ⅰ指数为0.5120,海洋电力业H－Ⅰ指数为0.4963,海水利用业和海洋电力作为新兴产业,目前仍然处于产业发展的初期阶段,仅有少数省市发展这些新兴产业,导致这些产业的集中度较高[35]。

(二)中国海洋产业布局发展战略

根据中国沿海11个省市区海洋产业"十二五"发展规划确定的海洋产业的发展重点(见表10),按照《海洋及相关产业》分类中的12个主要海洋产业进行适当调整,对规划中优先和重点的顺序进行赋值,排在第一位赋值8,排在第二位赋值7,以此类推,在发展规划中未被提到的赋值为0。11个省市区中,被重点提到的产业相对集中的是海洋渔业、海洋生物医药业、海水利用业、海洋船舶工业、海洋工程建筑业、海洋交通运输业以及滨海旅游业7个产业,分别对重点提及的这7个产业运用四分位图进行分析。

表10　中国沿海11个省市区海洋产业的发展重点

省、市	海洋产业发展重点
天津	海洋石油化工业、海洋精细化工业、海洋装备制造业、海水利用业、海洋工程建筑业、海洋生物医药业、海洋新能源业、海洋港口运业业、海洋现代物流业、滨海旅游业、海洋科技服务业、海洋金融服务业、海洋渔业
河北	海洋交通运输业、滨海旅游业、海洋装备业、海洋盐业及盐化工业、现代海洋渔业
辽宁	海洋渔业、海洋交通运输业、滨海旅游业、船舶修造业、海洋化工、海洋生物制药、海水综合利用
上海	海洋交通运输业、海洋航运服务业、滨海旅游业、船舶工业、海洋工程装备和建筑、海洋生物医药、海洋新能源、海洋渔业

(续表)

省、市	海洋产业发展重点
江苏	海洋工程装备制造业、海洋新能源产业、海洋生物医药业、海水综合利用业、现代海洋商务服务业、海洋船舶修造业、海洋交通运输和港口物流业、滨海旅游业、临港先进制造业、海洋渔业、滩涂农林牧业、海盐化工业
浙江	港口物流、临港工业、清洁能源、滨海旅游、现代渔业、海洋科技和海洋保护
福建	海洋生物医药业、邮轮游艇业、海洋工程装备业、海水综合利用业、海洋可再生能源业
海南	滨海及海岛旅游业、海洋油气化工产业、海洋交通运输业、海洋船舶工业、海洋渔业、海洋矿产业、海洋盐业、新兴海洋产业、海洋公共服务、海洋生态环境
山东	海洋化工产业、石油化工产业、机械装备制造业、先进制造业、新能源产业、新材料产业、新医药与生物产业、新信息产业、节能环保产业、现代物流业、文化旅游业、金融保险业、科技信息服务业、现代海洋渔业、高效特色农业
广东	现代海洋渔业、高端滨海旅游业、海洋交通运输业、海洋油气业、海洋船舶工业、海洋工程装备制造业、海洋生物医药业、海水综合利用业、海洋新能源产业
广西	海洋运输业和物流业、现代渔业、滨海旅游业、海洋修造船业、临海工业

资料来源:根据天津市海洋经济和海洋事业发展"十二五"规划、河北省海洋经济发展"十二五"规划、辽宁省海洋经济发展"十二五"规划、上海市海洋发展"十二五"规划、江苏省"十二五"海洋经济发展规划、浙江省海洋事业发展"十二五"规划、福建省海洋新兴产业发展规划、海南省"十二五"海洋经济发展规划、广东省海洋经济发展"十二五"规划、"十二五"时期广西海洋经济发展规划、山东省蓝色经济发展规划整理

中国海洋产业的海洋渔业、海洋生物医药业、海水利用业、海洋船舶工业、海洋工程建筑业、海洋交通运输业、滨海旅游业在11个省市自治区被优先发展的程度如图8－14所示,从总体上来看,这七个产业在空间发展重点上都没有集中的趋向,各省市区之间各自为政,空间相互协调的状况没有出现,

各个产业发展的重点仍然十分分散,并没有相对集中的区域。

从各个产业来看,如图9、10海洋生物医药业、海水利用业作为新兴产业,得到重视的程度仍然不够,尤其海水利用业有6个省市区,即一半以上的省市区将其作为重点发展的第八位或不作为重点发展的产业,海洋生物医药业有5个省市区,将近一半的省市区将其作为重点发展的第七八位或不作为重点发展的产业,对其重视程度严重偏低。

从图8、11可以看出,海洋渔业、海洋船舶工业作为传统海洋产业,许多省市区不作为发展的重点,尤其船舶工业,有5个省市区,即有将近一半的省市区不将其作为发展重点。

从图13、14可以看出,海洋交通运输业和滨海旅游业除了天津、山东省和江苏省,其余8个省市都将其作为重点发展的前三位,空间布局上存在严重的趋同化现象。

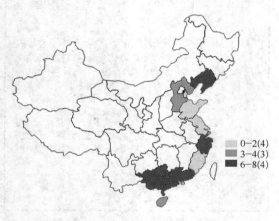

图8　海洋渔业空间分布四分位图

0-2(4)
3-4(3)
6-8(4)

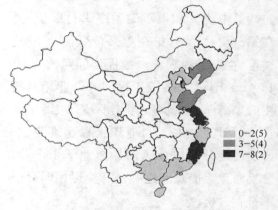

图9　海洋生物医药业空间分布四分位图

0-2(5)
3-5(4)
7-8(2)

图10　海水利用业空间分布四分位图

0-1(6)
2-4(3)
6-7(2)

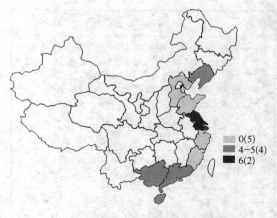

图11　海洋船舶工业空间分布四分位图

0(5)
4-5(4)
6(2)

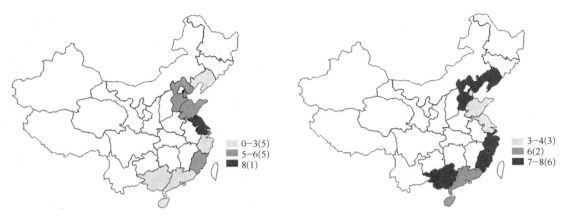

图 12　海洋工程建筑业空间分布四分位图　　　　图 13　海洋交通运输业空间分布四分位图

0-3(5)
5-6(5)
8(1)

3-4(3)
6(2)
7-8(6)

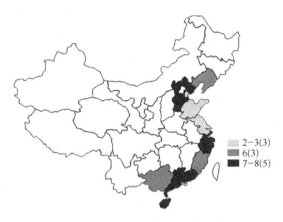

2-3(3)
6(3)
7-8(5)

图 14　滨海旅游业空间分布四分位图

（三）中国海洋产业空间优化的实证研究

从一般经济学意义上,产业布局必须遵循资源优化配置的原则,威弗—托马斯(Weaver-Thomas)模型是对地区主导产业进行定量分析的有效方法。Weaver-Thomas模型主要原理是把一个观察分布(实际分布)与假设分布相比较,以建立一个最接近的近似分布。使用该模型时,首先要把各项指标按大小排序,然后再通过计算和比较每一种假设分布与实际分布之差的平方和,以此确

定最佳拟合。若平方和最小,则说明用这种假设分布来近似实际观察分布最佳。以中国沿海 11 个省市为例,运用 Weaver-Thomas 模型,确定各地区海洋产业的优化布局。假设 EN_{ij} 为海洋第 i 产业第 j 项指标值, $i=1,2,\cdots,m, j=1,2,\cdots,n$ 。 m 为海洋产业总个数, n 为指标总个数,则对于第 n 个产业其组合指数 WT_{ni} 为:

$$WT_{ni} = \sum_{i=1}^{m} [\lambda_i^m - 100EN_i / \sum_{i=1}^{m} EN_{ij}]^2$$

(1)

$$WT = \frac{1}{n}WT_{ni} \qquad (2)$$

$$nq_i = \{n: WT_{ij} = \min WT_{ki}(k = 1, 2, \cdots, m)\} \qquad (3)$$

$$nq = \frac{1}{n}\sum_{j=1}^{n} nq_j \qquad (4)$$

式中，$\lambda_i^n = \begin{cases} \dfrac{100}{n} \cdots\cdots i \leqslant n \\ 0 \cdots\cdots i > n \end{cases}$

WT 为所有指标对应的产业综合排名值，nq_j 为第 j 指标对应的海洋产业个数，nq 为全部指标对应的海洋产业总个数。WT 值越大，则该产业的综合竞争力较强，在区域产业布局时应重点考虑。通过测算比较不同时期各海洋产业的组合指数 WT 值，确定各产业在该经济区的优劣势，以此来合理布局海洋产业，实现区际效益最大化[26]。

计算中国沿海 11 个省市区的主要海洋产业的 WT 值，通过 WT 值的大小来确定各产业综合排名，为各省市区在进行海洋产业布局时提供参考。在指标选择方面采用区位商（WT_{n1}）、区内产业增加值比重（WT_{n2}）、产业弹性系数（WT_{n3}）以及海洋产业规模（WT_{n4}）这四项指标，各省市区重点布局的产业个数 $nq = 5$ 或 6，具体计算结果见表 11。

表 11　各产业对应指标值及指标均值计算结果

		渔业	油气业	海盐	海洋船舶	海洋运输	生物医药	滨海旅游	滨海矿砂	海洋建筑
天津	WT_{n1}	602.28	2 981.63	374	455.29	424.24		353.2		
	WT_{n2}	629.33	941.58	568	525.55	259.71		623.49		
	WT_{n3}	628.13	207.35	579	549.27	16.65		623.91		
	WT_{n4}	577.06	84.97	580.6	532.67	4.99		94.9		
	WT	609.2	1 053.88	525.25	515.7	176.4		423.83		
山东	WT_{n1}	548.54	600.35	503.77	551	593.63		467.96		
	WT_{n2}	647.9	559.78	640.22	885.4	210.08		0.05		
	WT_{n3}	1.6	594.12	617.21	506.18	375.25		148.34		
	WT_{n4}	11 898.1	397.49	390.56	455.13	22.55		245.78		
	WT	3 274.03	537.94	537.94	599.43	300.38		215.78		
河北	WT_{n1}	564.68		3 530.73	217.15					
	WT_{n2}	220.83		539.72	235	16.77		0.43		
	WT_{n3}	151.04		2 295.15	475.58	354.76		398.99		
	WT_{n4}	4.91		42.02	410.33	0.8		171.68		
	WT	235.37		1 679.2	334.52	171.68		190.37		
辽宁	WT_{n1}	240.34	552.62	0.03	329.56					
	WT_{n2}	293.26	99.22	59.38	37.12	1 974.6	25.26	283.83		
	WT_{n3}	92.32	295.62	85.21	263.44	1 523	129.16	71.19		
	WT_{n4}	602.38	599.89	593.29	63.02	243.32	615.73	5.48		
	WT	307.08	386.84	184.47	173.29	1 246.9	256.72	120.72		

（续表）

		渔业	油气业	海盐	海洋船舶	海洋运输	生物医药	滨海旅游	滨海矿砂	海洋建筑
上海	WT_{n1}	600.31	606.4		401.77	984.7		196.15		
	WT_{n2}	51.98	98.9		142.92	105.39		397.35		
	WT_{n3}	255.91	278.34		7.37	280.8		1 045.1		
	WT_{n4}	557.58	614.1		219.97	260.46		487.54		
	WT	366.45	399.4		193.01	407.84		531.53		
江苏	WT_{n1}	279.75		0.05	458.42	502.02	337.84	206.07		591.9
	WT_{n2}	378.25		214.4	22.56	13.23	503.57	65.22		4.02
	WT_{n3}	17.86		191.14	372.41	384.12	402.3	330.53		399.4
	WT_{n4}	208.79		575.12	13.58	456.29	492.24	32.88		399.4
	WT	221.16		245.18	216.74	338.92	433.98	158.68		348.7
浙江	WT_{n1}	6.36		223.02		641.4		108.21	521.6	
	WT_{n2}	393.89		145.72	253.01	302.42		289.14	205.6	253.01
	WT_{n3}	20.39		189.38	176.07	133.22		125.99	224.9	176.07
	WT_{n4}	219.11		221.92	271.05	43.97		5.05	579.6	243.67
	WT	159.94		195.01	233.38	280.25		134.62	382.9	224.25
福建	WT_{n1}	77.21		405.69	586.67		1 760.02	190.4		
	WT_{n2}	309.4		372.91	85.51	599.37	226.92	242.79		
	WT_{n3}	6.39		18.33	208.75	474.65	67.83	53.5		
	WT_{n4}	1 005.7		620.62	480.75	56.39		5.84		
	WT	349.67		354.39	340.4	376.8	684.9	123.13		
广东	WT_{n1}	3 550.1	401.17	342.77	442.65					
	WT_{n2}	184.96	63.11	152.46	156.39	395.04		307.7		
	WT_{n3}	191.54	307.43	222.98	219.11	1.27		62.96		
	WT_{n4}	46.23	44.28		506.65	215.35		139.71		
	WT	993.21	204	239.4	331.2	203.89		170.88		
广西	WT_{n1}	343.56		7.2				526.92	359.8	212.18
	WT_{n2}	340.23		493.51				27.96	0.54	93.83
	WT_{n3}	10.3		691.41				315.23	377.7	245.27
	WT_{n4}	1 917.33						130.41	576.6	363.82
	WT	652.86		397.37				250.13	328.7	228.78
海南	WT_{n1}	416.84		430.04				548.78	396.3	
	WT_{n2}	192.07		96.59				331.96	495.1	
	WT_{n3}	1.66		276.6				328	354.5	
	WT_{n4}	1 402.8						77.42	595.9	
	WT	503.35		267.74				321.54	460.5	

资料来源：于瑾凯，于海楠等. 中国海洋经济区产业布局模型及评价体系研究[J]，产业经济研究，2008,33(2)：60-67.

从表 11 中国沿海 11 省市海洋各产业的平均 WT 值可以看出:

在各省市海洋产业横向比较方面,中国 11 个省市海洋产业综合排名确定的产业见表 12,其中天津市海洋产业综合排名顺序依次为海洋油气业、渔业、海盐、海洋运输、海洋船舶和滨海旅游业,其中海洋油气业优势最为明显,综合排名值为 1 053.88[26]。山东省重点考虑的海洋产业布局顺序为渔业、海洋船舶、海盐、海洋油气、海洋运输、滨海旅游,其中渔业占有绝对比重,综合 WT 值为 3 274.03,是排名第二的海洋船舶业的 5 倍之多。

表 12   中国 11 个省市海洋主导产业排名

省、市	海洋产业综合排名确定的产业
天津	海洋油气业、渔业、海盐、海洋运输、海洋船舶和滨海旅游业
河北	海盐、海洋船舶、渔业、滨海旅游和海洋运输业
辽宁	海洋运输业、油气业、渔业、海洋生物医药、海盐和海洋船舶工业
上海	滨海旅游、海洋运输、油气、渔业和海洋船舶业
江苏	海洋生物医药、海洋工程建筑、海洋运输、海盐和渔业
浙江	海洋砂矿、海洋运输、海洋船舶、工程建筑、海盐和油气业
福建	海洋生物医药、海洋运输、海盐、渔业、海洋船舶和滨海旅游业
海南	渔业、砂矿业、滨海旅游和海盐
山东	渔业、海洋船舶、海盐、海洋油气、海洋运输、滨海旅游
广东	渔业、海洋船舶、海盐、油气、海洋运输和滨海旅游业
广西	渔业、海盐、海洋砂矿、滨海旅游和海洋工程建筑业

(四)中国海洋产业空间优化的政策措施

针对中国海洋产业空间布局中存在的问题,结合海洋产业布局发展战略、Weaver—Thomas 模型空间优化的实证分析,各级政府和部门应当从战略的高度,统筹规划、科学开发,采取有针对性的措施,优化海洋产业空间布局。

1. 建立健全统筹协调机制,强化主管部门经济职能

加强涉海部门之间以及行政区域之间的统筹协调,建立健全海洋产业布局综合统筹协调合作机制。海洋产业布局管理机制要由行业分散型向综合协调型转变,成立高层次、综合性的海洋产业协调合作管理机构,以海洋经济工作领导小组为主体,其他相关部门相互配合,协调涉及众多涉海行业部门和产业部门之间的关系,制定海洋工作的方针、政策,定期集中研究海洋开发利用、治理保护等重大事务[36];建立跨区域协调机制,打破地域界线和行政分割,本着互惠互利、优势互补、结构优化、效率优先的原则,集中集约用海,克服"诸侯经济",协调港口分布、产业分工、基础设施等重点项目布局,加强区域功能互补,促进跨区域合作。

中国海洋的综合管理部门、行政主管部门是海洋局,但其职能长期以来一直局限于海域管理环保、海洋自然灾害防治等方面。应建立相对集中且功能专门化的管理机制,强化海洋经济工作领导小组对海洋开发全局管理的基础性、综合性管理功能[26]。近期,国务院新的"三定"方案明确增加海洋局开展海洋经济运行监测、评估及信息发布的职能。因此，要加强各级海洋行政主管部门的海洋经济跟踪和研判能力建设，积极做好海洋经济的运行监测和评估工作，为政府合理布局海洋产业提供决策建议和依据[33]。同时，海洋行政主管部门要与国家经济部门联合发布中国海洋产业发展指导目录，通过一系列宏观政策的调整和实施，引导海洋产业结构的优化升级，优化海洋产业空间布局。

2. 完善海洋功能区划和海洋经济规划体系

海洋功能区划制度是《海域使用管理法》和《海洋环境保护法》两部法律共同确立的一项基本制度。海洋功能区划是海洋使用规划的基础和科学依据，《全国海洋功能区划（2011—2020年）》在指导思想中明确提出"实现规划用海、集约用海、生态用海、科技用海、依法用海，促进沿海地区经济平稳较快发展和社会和谐稳定"。随着中国海洋经济快速发展，以及沿海地区工业化、城镇化进程不断加快，对海岸和近海的开发利用不断提出新的需求。这就要求我们必须做好海洋功能区划修编工作，完善国家、省、市、县四级海洋功能区划体系，以保证海洋产业合理布局，引领海洋经济又好又快发展[33]。

海洋经济规划不同于海洋功能区划，它直接对主要海洋产业的发展方向、海洋经济区域布局等作出统筹规划。为了确保海洋产业合理布局，国家、沿海省、市、县要根据新的发展形势，制定新的海洋经济规划[33]。从整个社会效益和海洋可持续发展出发，因海制宜，优化布局，扩大规模，稳定发展海洋第

一产业，加快海洋第二产业发展，大力发展海洋第三产业[26]。规划编制要采取得力措施，正确处理不合理布局的海洋产业。在编制海洋经济规划时，要注重发挥当地的资源优势和区位优势，选择好重点发展的产业；要注重与上下规划之间对接衔接，确保可操作性[33]。

3. 充分发挥沿海港口的带动作用

港口是海洋经济的发展基础和核心支点，以港口的发展带动临港产业沿海沿江布局，充分发挥港口带动临港产业开发的作用。港湾、港址资源及港口的形成与发展，为现代化港口城市的发展壮大提供了天然优势条件，并成为沿海地区经济发展的基本依托和载体[37]。中国沿海地区港口资料十分丰富（见表13），可建港口的港湾118个，可供选择建港的港址243处，其中可建中级以上泊位的164处，万吨级以上的40处，5万—10万吨的34处，15万—20万吨的5处。

表13　全国各地区港口资源分布情况

省市区	海湾数	可供选择建港的港址数量（个）			
		中级泊位以上	万吨级以上	5万—10万吨级	15万—20万吨级
辽宁	20	21	5	5	1
河北	3	6	1	1	
天津	1	1			
山东	18	24	11	11	1
江苏	2	14	1		
上海	1	3	3		
浙江	14	28	3	3	1
广东和海南	31	42	8	8	1
广西	7	8	2		
福建	21	17	6	6	1
合计	118	164	40	34	5

加强港口后方铁路、高速公路、内河等集疏运通道建设,继续推进以集装箱为核心的内陆场站体系建设,建立一体化的信息平台,实现各种运输方式在港口的有效衔接和信息共享,促进综合运输体系发展[38]。充分发挥港口的区位和政策优势,和由此带来的源源不断的人流、物流、资金流、信息流和商品流,建立保税区、物流园区和临港工业基地,促进物流航运服务、海洋船舶、海洋工程装备、石化、钢铁等相关产业发展,使港口成为沿海地区发展的一个个节点,由点成线,由线成面,形成沿海海洋产业带[39]。

4. 优先发展海洋主导产业

海洋主导产业成长性高、创新性强、产业关联度大,在区域经济发展中起主导地位,是经济发展的驱动轮,对整个区域经济发展有较强的带动作用。主导产业在产业发展的生命周期中处于成长期,在它的带动下,整个海洋经济才能得到较好发展。各地区要根据自身的资源和经济、社会基本情况,着重在区域内寻找和培育带动产业发展关联程度最大的主导产业,优先保证其发展。同时围绕海洋主导产业,相应发展其前向关联或后向关联的海洋产业,拉长产业链,形成特色鲜明、辐射力大、竞争力强的海洋产业集聚区和产业集群。

保证海水养殖业和海洋捕捞业、海洋运输业及海上石油开采业的主导地位,积极培育发展滨海旅游业、海洋渔业、海洋交通运输业、临港工业和海洋高新技术产业等优势产业,培育陆海产业集群,加快形成并不断增强全国陆海产业的综合优势,壮大海洋产业链,提高产业化水平和产业经济效益,实现中国海洋经济的和谐有序发展。

五、结 论

近年来,中国海洋产业发展迅速,海洋产业规模也在不断增大,海洋产业已经成为中国经济发展的新增长极。论文在研究国内外海洋产业结构和海洋产业布局的理论发展基础上,采用定性与定量相结合、理论与实践相结合的方法,分别从海洋产业结构转型升级和海洋产业空间优化的角度研究中国海洋产业发展的现状、目前存在的问题,并且提出下一步的发展策略。

中国的海洋产业发展现状具有发展速度较快,发展初具规模,产业结构总体趋于合理,产业空间上形成各具特色的点轴模式等特点,但是中国海洋产业的发展仍然受到管理机制不完善、易受突发因素影响、海洋环境污染未得到控制、海洋创新能力不强等的制约因素的影响,发展中仍然存在着一系列问题,产业转型升级和空间优化势在必行。

中国海洋产业结构内部仍然存在着产业同质同构化,传统产业多,新兴产业少;高能耗产业多,低碳型产业少;重近岸轻远海;重速度轻效益;重资源开发轻生态环保等问题,产业结构亟需转型升级。针对一系列如第一产业有待优化、产业增加值比较小、产业同构、主导产业不明确、转型缓慢等问题,中国海洋产业转型升级可以采用以下策略:调整海洋产业结构,培育主导产业和优势产业;实施海陆一体化产业联动,用先进技术改造传统产业;发展海洋战略新兴产业,提升海洋产业结构层次;大力发展海洋服务业,实现海洋产业结构升级。

中国海洋产业布局具有缺乏统筹协调机制、规划体系不完善、总体开发不足、局部开发过度、各省市区域间发展不平衡、区域集聚效应不明显等问题是有目共睹的,因为有必要优化产业空间、合理布局各类产业。针对这些海洋产业发展中的一系列问题,国家和地方政府也在不断努力,近期国家及各省市都出台了海洋产业"十二五"发展规划,论文通过研究各地海洋产业发展战略,利用

四分位图赋值的形式研究发现中国海洋产业发展战略依然存在重点不突出、产业集聚效应不明显等问题,优势互补的产业格局尚未形成。论文以 w－t 模型评价中国沿海 11 个省市区的海洋产业布局情况,认为近期可将海水养殖业和海洋捕捞业、海洋运输业及海上石油开采业作为海洋战略支柱产业,中远期将海洋石油工业、海洋生物医药业与滨海旅游业作为重点发展产业。

为了促进中国海洋产业空间优化,有必要建立健全统筹协调机制、强化主管部门经济职能,进一步完善海洋经济功能区划和海洋经济规划体系、充分发挥众多港口的带动作用,优先发展主导产业。根据不同地区和海域的自然资源禀赋、生态环境容量、产业基础和发展潜力,形成层次清晰、定位准确、特色鲜明的海洋经济空间开发格局。

参考文献

[1] 2012 年中国海洋产业生产总值调查探讨. http://www. chinairn. com/news/20130510/11373682. html.

[2] Kim S. Expansion of Markets and the Geographic Distribution of Economic Activities: The Trends in U. S. Regional Manufacturing Structure, 1860—1987[J]. The Quarterly Journal of Economics, 1995, 110(4): 881 - 908.

[3] Kim S. Economic Integration and Convergence: U. S. Regions, 1840 - 1987[J]. Journal of Economic History, 1998, 58(3): 659 - 683.

[4] Amiti M. New Trade Theories and Industrial Location in the EU: A Survey of Evidence[J]. Oxford Review of Economic Policy, 1998, 14(2): 45 - 53.

[5] Brulhart M. Evolving geographic Concentration of European Manufacturing Industries[J]. Weltwirtsch — Aftliches Archiv, 2001 (9): 145 - 174.

[6] Chetty, S. (2002). Disasters and transport systems: Loss, recovery and competition at the Port of Kobe after the 1995 earthquake[J]. Journal of Transport Geography, 2002, 8(7): 53 - 65.

[7] Nijdam, M. H., and Langen, P. W. de. Leader Films in the Dutch Maritime Cluster[R]. Paper presented at the ERSA Congress, 2003(32): 16 - 27.

[8] 黄瑞芬,苗国伟,曹先珂. 我国沿海省市海洋产业结构分析及优化[J]. 海洋开发与管理, 2008(3): 54-57.

[9] 李宜良,王震. 海洋产业结构优化升级政策研究[J]. 海洋开发与管理,2009(6): 84-87.

[10] 武京军,刘晓雯.中国海洋产业结构分析及分区优化[J].中国人口·资源与环境,2010(S1): 21-25.

[11] 王丹,张耀光,陈爽.辽宁省海洋经济产业结构及空间模式演变[J]. 经济地理,2010(3): 443-448.

[12] 王泽宇,刘凤朝. 我国海洋科技创新能力与海洋经济发展的协调性分析[J]. 科学学与科学技术管理,2011(5): 42-47.

[13] 于海楠,于谨凯,刘曙光. 基于"三轴图"法的中国海洋产业结构的演进分析[J]. 云南财经大学学报,2009(4): 71-76.

[14] 翟仁祥,许祝华. 江苏省海洋产业结构分析及优化对策研究[J]. 淮海工学院学报,2010(1): 88-91.

[15] 纪玉俊,姜旭朝. 海洋产业结构的优化标准是提高其第三产业比重吗? ——基于海洋产业结构形成特点的分析[J]. 产业经济评论,2011(10): 82-94.

[16] Baird A. J. Rejoinder: extending the life cycle of container mainports in upstream urban locations [J]. Maritime Policy&management, 1997(24).

[17] I. V. Randall Bess, Michael Harte. The role property rights in the development of New Zealand's seafood industry [J]. Marine Policy. 2000.

[18] LV. STEJSKAL. Obtaining Approvals for Oil and Gas Projects in Shallow Water Marine Areas in Western Australia using an Environmental Risk Assessment Framework Spill [J]. Science &Technology Bulletin, 2000,6(1): 69-76.

[19] Moira McConnell. Capacity building for a sustainable shipping industry: a key ingredient in improving coastal and ocean and management[J]. Ocean&Coastal Management. 2002(45).

[20] Kwaka Yoob Chang. The role of the marinetime industry in the Korean national economy: an input-output analysis[J]. Marine Policy,2005 (29).

[21] 张耀光,崔立军.辽宁区域海洋经济布局机理与可持续发展研究[J].地理研究,2009(3).

[22] 徐满平.舟山市海洋开发基本思路与空间布局[J].海洋开发与管理,2005(2).

[23] 李靖宇,哀宾潞.长江口及浙江沿岸海洋经济区域与产业布局优化问题探讨[J].中国地质大学学报(社会科学版),2007(2).

[24] 韩立民,都晓岩.海洋产业布局若干理论问题研究[J].中国海洋大学学报(社会科学版), 2007(3).

[25] 封学军,王伟等.港口群系统优化模型及其算法[J].交通运输工程学报,2005(3).

[26] 于瑾凯,于海楠等.中国海洋经济区产业布局模型及评价体系研究[J],产业经济研究,2008, 33(2): 60-67.

[27] 韩增林,张耀光等.海洋经济地理学研究进展与展望[J].地理学报,2004(10).

[28] 郭敬俊.海洋产业布局的基本理论研究暨实证分析[D].青岛:中国海洋大学,2010 年.

[29] 郭越等.我国主要海洋产业发展与存在问题分析[J].海洋开发与管理,2010(3): 70-75.

[30] 王焱,范玉珍.青岛海洋产业结构升级中主导产业的发展[J].全国商情(经济理论研究), 2007(4): 10-11.

[31] 俞树彪,阳立军.海洋产业转型研究[J].海洋开发与管理,2009(2):61-66.

[32] 于瑾凯,于海楠等.基于"点-轴"理论的

中国海洋产业布局研究[J],产业经济研究,2009,39(2):55-62.

[33] 吴以桥.我国海洋产业布局现状及对策研究[J].科技与经济,2001(1):56-60.

[34] 国家海洋局海洋发展战略研究所课题组.中国海洋发展报告(2010)[M].北京:海洋出版社,2010:240-241.

[35] 赵昕,余亭.沿海地区海洋产业布局的现状评价[J].渔业经济研究,2009(3):11-16.

[36] 张月锐.东营市海洋产业结构优化与主导产业选择[J].中国石油大学学报,2006(3):52-56.

[37] 许旭.中国区域海洋经济差异分析[D].大连:辽宁师范大学,2008.

[38] 公路水路交通结构调整指导意见[J].中国港口,2008(12):1-3.

[39] 田甜,白福臣.广东省海洋经济发展战略探讨[J].时代经贸,2013(7).

（执笔：上海大学经济学院，

陈秋玲　于丽丽　金彩红）

全球生产网络下中国沿海外贸加工业集聚与转移研究

摘要：中国沿海外贸加工业的形成大多与全球外包活动有关，受到全球生产网络组织结构的深刻影响。近年来，一些企业受到跨国公司或全球贸易商的控制，逐订单而居，开始了"俘获"型转移，对地区经济社会产生了深刻的影响。鉴于中国沿海外贸加工业发展成功与否对国家社会稳定、经济发展及国际竞争力的重要性，研究中国沿海外贸加工业的转移现象具有重要的现实意义。论文首先建构了外贸加工集群企业空间转移的模型，在分析中国沿海外贸加工业的地方化联系和集聚特征的基础上，研究了全球生产网络背景下中国沿海外贸加工集群企业转移的形式和态势，并对三种转移形式下中国沿海外贸加工集群企业转移的方向进行了判断。最后对中国沿海外贸加工集群企业的转移和转型进行了进一步思考。

关键词：集聚　转移　外贸加工业　中国沿海

改革开放以来，受到全球外包活动的深刻影响，中国在沿海地区形成了众多的外贸加工集群。加工贸易的发展带动了中国经济的发展，缓解了中国沿海地区的就业压力，加大了中国进出口总额，推动了中国产业结构的调整。但是也面临着诸多发展的瓶颈，如处于国际价值链低端、附加值较低、产业结构层次较低、对外依存度过高等问题。近年来，中国东部沿海一些地区进行的"腾笼换鸟"政策在加速对加工企业的"挤出效应"，再加上中西部地区积极改善投资环境、出台优惠政策以及国家的战略导向等因素，以加工贸易为代表的一系列劳动密集型产业西迁俨然已经成为了一种不可逆转的趋势。

需要认识的是，中国沿海外贸加工业集群主要由跨国公司主导，并通过依托 OEM 方式所建立的大规模生产体系和生产基地的海外迁移等方式来降低生产成本。在生产网络上表现出"低关联、高外向度"的特点，典型代表为广东深圳、东莞、江苏昆山等电子类加工贸易产业集群[1]。一些企业受到跨国公司或全球贸易商的控制，逐订单而居，开始了"俘获"型转移，对地方社会经济产生了深刻的影响。如东莞鞋业集群企业在巴西派诺蒙公司的操纵下,从东莞厚街镇到成都武侯区再到四川崇州市[2];东莞家具业集群企业在台资企业台升国际集团的引导下,从东莞大岭山向浙江嘉善转移。因此,在全球生产网络背景下,如何认识中国沿海外贸加工业的空间转移、中国外贸加工业转移的空间格局怎样,等都是关系到国家经济发展的重大命题。基于上述背景,本文从六个方面进行了研究:第一部分,引言;第二部分,模型建构;第三部分,分析中国沿海外贸加工业的地方化联系和集聚特征;第四部分,研究中国沿海外贸加工业的转移形式与方向;第五部分,结论与思考。

一、集群企业转移的模型建构

在全球生产网络中,跨国公司拥有核心能力和关键资源、占据生产网络上的高附加值的战略性生产环节,因此成为领导公司。地方企业(供应商)转移时,需考虑自身与跨国公司或全球贸易商的依存关系,网络权力关系成为企业空间决策的重要因素。因此,在集群企业地方化与转移的动态过程中,转移力主要来自网络权力、地方产业政策和生产要素成本等,地方化力则来自地方集聚产生的产业关联效应和社会联系效应,还包括运输成本。

(1) 网络权力。网络权力是指在特定的企业网络中,一个企业动员或驱使其他企业实现自身意愿,满足自身利益需求的能力[3],表现在企业经济行为中对其他关联企业的影响力和控制力。网络权力通过价值链在企业间传译,不仅意味着价值如何在不同企业间分配[4],而且意味着其经济空间属性如何通过领导公司的价值链治理表现出来。

(2) 地方产业政策。主要是指地方的产业发展政策,特别是地方的招商引资政策和产业转移政策,已经成为地方经济发展的重要因素。

(3) 要素成本。要素成本主要包括显性的生产要素和隐性的交易成本。显然,显性成本的衡量相较于隐性成本更加直观和客观,所以可以通过土地和劳动力成本来度量显性生产要素成本在生产经营环境中的变化。

(4) 产业关联效应。企业一旦与地方产业形成由于生产技术、工艺环节及价值实现之间的产品前后关联,就会产生粘性。前向关联称为价格指数效应,后向关联称为本地市场效应,二者综合表现为产业前后向关联效应。

(5) 社会联系效应。社会联系主要是社会资本。具体表现为处于企业内的个人、组织通过与内部、外部的对象长期交往、合作所形成的一系列认同关系,以及在这些关系背后沉淀下来的历史传统、价值理念、相互信任、共享规范、行为范式和规则体系[5]。从生产网络的角度来说,社会资本在企业转移的粘性因素中显得更加重要。

（6）运输成本。运输成本被新经济地理学视为影响工业集聚的最重要的影响因素。运输成本一旦超过了由于生产要素降低带来的好处，则对地区间贸易形成阻碍，企业转移不能实现。

转移力表现为促进转移的拉力和推力，地方化力表现阻碍转移的粘性。在转移力和地方化力的共同作用下，集群企业的转移存在多种选择可能性。

集群企业转移的空间过程可以运用空间盈利边际(Spatial Margin to Profitability)理论来进行解释[6]。在权力对等关系下，如图1所示。假定空间收入曲线不变，是一条直线，用 SRC 表示；空间成本曲线用 SCC 表示，这样，空间收入曲线和空间成本曲线相交的点即 M_1 和 M_2 认为企业盈利的空间界限。在 M_1 和 M_2 之间的任何区位都是盈利的，其中 P 是企业的最大盈利点，即最优区位。假定企业最初选择在最优区位点 P，但由于外部环境和企业发展条件的变化，企业转移，空间成本曲线由 SCC 变化为 SCC′，盈利空间曲线分别变化为 M_1′ 和 M_2′，最大盈利点由 P 变化为 P′。在新的条件下，过去的最优区位 P 将超出盈利空间界限，而成为企业的亏损点。

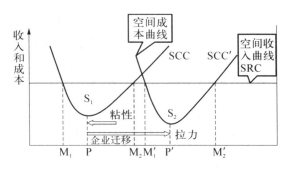

图1　网络权力对等条件下集群企业转移

在权力不对等依赖关系中，由于跨国公司具有网络治理权，可以通过整合产业链来提升利润，故在整合产业链的过程中收益曲线上升，在转移过程中从 SRC 转变为 SRC′。对供应商而言，由于权力的依附关系跟随跨国公司转移，在转移过程中经济绩效可能会降低，空间收入曲线从 SRC 转变为 SRC″（如图2所示）。

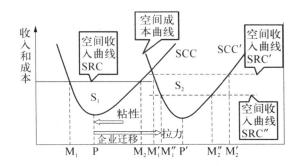

图2　网络权力不对等条件下集群企业转移

二、中国沿海外贸加工业的地方联系与集聚

（一）中国沿海外贸加工业的地方化联系

外贸加工也称加工贸易，是以"原料进口—加工—再出口"为特征的贸易形式。常见类型主要有四种：进料加工、来料加工、协作生产和境外加工贸易。就其本质而言，加

工贸易实际上是一种产业内分工,是各国在产品不同生产环节上开展国际分工并根据各自的生产环节实现产品价值链增值的对外贸易方式。

中国加工贸易起源于改革开放政策,形成于中国改革开放初期的资金短缺、外汇储备较少、原材料供应不足、技术能力有限、设备装置不足的困境,发展于无限供给的劳动力资源。1978 年,广东省签订第一份毛纺织品来料加工协议,并在珠海创办了中国第一家从事加工贸易的企业——香港毛纺厂,揭开了"三来一补"的序幕。"三来一补"也被称作来料加工装配业务,具体指的是来样加工、来料加工、来件装配和补偿贸易。"三来一补"这一贸易方式的形成,不仅充分利用了本国的优势资源,最大限度地发挥了国内的生产力,而且增加了外汇收入,促进了就业,保障了改革开放政策的顺利实施。劳动力资源的无限供给进一步扩大了加工贸易的规模。1995 年中国加工贸易出口总额首次超过一般贸易的出口总额,真正占据了中国对外贸易的"半壁江山"。加工贸易成为中国最主要的贸易方式之一。2001 年 11 月中国加入了 WTO 组织,进入了加工贸易发展的新时期。这一时期,中国积极承接以 IT 加工制造为主的高新技术产业,但仍然摆脱不了处于全球价值链低端的局面。

中国沿海外贸加工业的形成大多与全球外包活动有关,受到全球生产网络组织结构的深刻影响,从发展初期就与国际市场联系紧密,与地方企业联系较弱,具有"低本地关联,高外向度"的特点,易受跨国公司或全球贸易商订单的影响。典型代表为广东深圳、东莞、江苏昆山等电子类加工贸易产业集群。表现为主要从国际市场购入中间投入品,外销比例高,对劳动力成本十分敏感,在产业转移上具有"被俘获型"特征。

(二)中国沿海外贸加工业的地方化经济

这里用两个指标来衡量地方化经济,一是行业地区集中度;二是地区专业化程度。

1. 行业地区集中度

行业地区集中度可以大致衡量行业在地区上的集中情况和空间差异,用 CRn 来表示。

$$CRn = \sum_{i=1}^{n} X_i / X \times 100\%$$

其中,CRn 表示行业地区集中度,n 表示地区数,其取值一般为 1、3、4、5 等;X_i 是地区加工贸易总产值,X 是地区对外贸易总产值。

根据数据可获得性,将香港和澳门两个特别行政区及台湾省除外,本文研究的区域范围界定为:东部地区包括北京、天津、河北、上海、江苏、浙江、福建、山东和广东 9 个省市;东北地区包括黑龙江、吉林、辽宁 3 个省份;中部地区包括山西、安徽、江西、河南、海南、湖南和湖北 7 个省;西部地区包括广西、重庆、四川、贵州、云南、西藏、陕西、甘肃、青海、宁夏、新疆和内蒙古 12 个省区。考虑到海南省的加工贸易落后的实际情况,本文将海南省列为中部省份。计算结果见表 1。

**表1　中国东部、中部、西部和东北地区
外贸加工业集中度变化**

地区	1997	2000	2003	2006	2009	2011
CR(东部)	0.95	0.93	0.94	0.92	0.89	0.88
CR(东北)	—	—	—	0.029	0.027	0.026
CR(中部)	—	0.017*	0.036*	0.048	0.055	0.06
CR(西部)	—	—	—	—	—	—

注:"—"表示部分数据缺失,带 * 表示中部地区 7 省份
除了河南省以外的行业集中度的数值

表2　1995—2011 年中国外贸加工业地区行业集中度

年份	比重最大省份	CR1	比重第二省份	CR2	比重第三省份	CR3	比重第四省份	CR4
2011	广东	0.29	上海	0.45	江苏	0.60	山东	0.65
2010	广东	0.31	上海	0.49	江苏	0.66	山东	0.71
2009	广东	0.34	上海	0.53	江苏	0.71	山东	0.77
2008	广东	0.39	上海	0.64	江苏	0.79	山东	0.84
2005	广东	0.42	上海	0.64	江苏	0.85	山东	0.90
2000	广东	0.52	上海	0.71	江苏	0.81	山东	0.86
1995	广东	0.56	上海	0.70	江苏	0.76	福建	0.81

从表 2 中可以看出:广东省外贸加工业全国比重一度超过 50%,占据了中国外贸加工业的"半壁江山"。东部地区的广东省、上海市、江苏省和山东省多年来一直位于全国的前四位。2005 年以后,四省外贸加工业集中度 CR4 呈现缓慢下降趋势,表明有向外地扩散的迹象。

2. 区域专业化程度

区位商反映了区域产业的专业化水平。其计算公式为:

$$Q = \frac{N1/A1}{N0/A0}$$

其中 N1 为研究区域加工贸易产值;A1 为研究区域外贸总产值;N0 为全国加工贸易产值;A0 全国外贸总产值。

对全国各省的计算结果表明:① 中国东部沿海地区加工贸易专业化水平明显高

表 1 反映出中国外贸加工业主要集中在东部地区。1997 年以来,东部地区外贸加工业比重逐渐下降,而中部地区呈现出明显上升的趋势。

为了更清楚地反映外贸加工业在中国东部沿海的集中状况,本文计算了从 1995 年到 2011 年地区行业集中度 CR4(见表 2)。

于中部地区、东北地区和西部地区。② 从各地区内部来看,以 2011 年为例,东部地区以广东省最高(1.56),其次是江苏(1.36)、天津(1)和上海(0.97);中部地区,河南省最高(1.08),其他省份均在 0.5 左右,并且差异不大;东北地区以辽宁省最高(1.11),吉林和黑龙江很小,分别只有0.19 和 0.06;西部地区以四川省最高(1.22),并明显高于其他省市,宁夏居全国最低(西藏数据缺失)。

从各省市加工贸易区位商的变动来看,从 1997 年到 2011 年,东部地区,除了福建和河北有不同程度的下降、北京基本不变外,其他省市均有不同程度的提升;中部地区的河南省和西部地区的四川省增幅明显,河南省加工贸易区位商从 2003 年的 0.46 上升到 2011 年的 1.08,四川省加工贸易区位商从

2003 年的 0.38 增长到 2011 年的 1.22,表现

其加工贸易专业化程度得到不断提升。

三、中国沿海外贸加工集群企业的转移:形式与态势

(一)中国沿海外贸加工集群企业转移作用力的分析

1. 转移力

(1)网络权力。网络权力可以用跨国公司的价值链空间变化来反映。根据跨国公司价值链的动态分布来看,区域性总部和商务功能聚集在一线城市,生产功能布局于省会和一线城市周边地区[7],跨国公司的布局密度按城市等级呈现梯度递减,表现了跨国公司制造功能的梯度递减,从上海、北京、天津、苏州、广州逐步向无锡、常州、杭州、南京、大连、青岛、东莞、佛山转移,进而向内地的武汉、西安、成都、哈尔滨等转移,然后向黄石、绵阳、保定、廊坊等更低等级城市扩展。围绕中心城市向中小城市地区蔓延,形成了典型"中心—外围"结构[8]。

(2)产业政策。首先,从国家层面来看,国家 2010 年先后出台了《关于进一步做好利用外资工作的若干意见》《关于中西部地区承接产业转移的指导意见》等。为了促进中西部地区有序承接产业转移,推动建立沿海城市与中西部城市间产业转移对口合作机制,国家在上海、江苏等东部地区建立了产业转移促进中心,而且也开始在中西部地区建立承接产业转移示范基地。国家商务部先后确立了好几批中西部的重点转移城市:第一批为南昌、赣州、郴州、武汉、新乡、

焦作、合肥、芜湖、太原等 9 个城市,第二批是西安等 22 个城市。其次,从中西部省份等欠发达地区来看,中西部各地区政府积极到东部地区引资招商,并在财政、税收、信贷和土地等方面给予诸多优惠,以吸引企业向当地转移。第三,从东部省份的角度来看,东部发达地区政府也鼓励失去优势产业的迁出,积极的实施"腾笼换鸟"政策,促进当地产业转型升级。

(3)生产要素成本。要素成本主要包括显性的生产要素和隐性的交易成本。显性成本的衡量相较于隐性成本更加的直观和客观,所以可以通过土地和劳动力成本来度量显性生产要素成本在生产经营环境中的变化。

(4)土地成本。以商业营业用房价格来度量土地成本,可以看出,各城市土地用地价格都有所上涨,东部地区城市在土地价格和增长率方面均高于其他地区城市(见表3)。

表3　中国各地区 15 个代表城市商业营业用房价格比较　(单位:元/平方米)

分区	代表城市	2007	2008	2009	2010	2011
东部地区	北京	14 956	14 965	17 148	10 142	22 425
	上海	6 479	6 479	6 610	15 237	15 779
	南京	7 025	6 929	8 404	12 234	15 100
	杭州	8 815	8 931	8 332	10 355	13 421
东北地区	沈阳	6 080	6 080	6 681	7 113	7 788
	长春	4 357	4 347	5 227	6 073	6 500
	哈尔滨	3 902	3 901	5 925	5 092	7 363
	南昌	4 322	4 321	7 773	6 369	7 599

（续表）

分区	代表城市	2007	2008	2009	2010	2011
中部地区	郑州	6 567	6 780	8 311	8 418	10 030
	武汉	8 121	8 148	8 099	11 161	11 576
	长沙	6 515	6 516	5 528	8 571	9 568
	成都	6 668	6 583	6 562	8 760	9 293
西部地区	兰州	4 848	4 856	5 498	5 177	6 345
	乌鲁木齐	3 800	4 299	5 380	6 221	6 348
	昆明	7 062	6 811	7 203	7 960	7 826

数据来源：2007—2011 年房地产统计年鉴

（5）劳动力成本。东部省份中上海市和广东省的平均工资水平高于全国，分别高出 4.2% 和 7.6%，西部地区的甘肃省和陕西省的工资水平则远远低于全国的平均工资水平，具有劳动力成本优势。见表 4。

2. 地方粘性

（1）产业关联效应。经过多年的发展，中国东部沿海地区外贸加工业如电子、服装、家具等均在本地形成了较为完整的产业链，出现了大量的产业集群。如果企业转移到外地，可能会增加企业协作配套的成本，进而导致企业利润的下降。

表 4　2011 年东部、中部、西部和东北地区的各代表省份制造业平均工资

年份	全国	东部地区		东北地区		中部地区		西部地区
		上海	广东	辽宁	吉林	安徽	江西	陕西	甘肃
2011	24 138	25 150	25 938	22 621	18 099	23 398	20 916	17 360	14 639

资料来源：2011 年中国统计年鉴

（2）社会联系效应。与经济联系相比，社会资本一个最重要的特性就是个体不可携带性和不可完全复制性，在一定程度上与特定地域特点相关。东莞有些台资企业由于不满意东莞当地的治安和人才局限，迁移到长三角，但是后来又迁移回东莞了。原因是迁移出去后，企业原来嵌入在东莞本地的产业链中的社会关系网络断了，社会资本消失了。因此，从生产网络的角度来说，社会资本在企业转移的粘性因素中显得更加重要。

（3）运输成本。运输成本体现为企业生产所需原材料的运入和产品的输出费用。中国沿海外贸加工业产品和原料"两头在外"的特点决定了如果往内地转移，会大幅度增加运输成本。

（二）中国沿海外贸加工集群企业转移的形式和格局

全球价值链的提出者 Gereffi 和 Korzeniewicz 把全球价值链分为生产者驱动型（producer-driven）和购买者驱动型（buyer-driven）两种[9]，准确地反映了治理和被治理的全球生产联系，借鉴全球价值链的动力分类，本文将中国沿海外贸加工业的转移形式分为生产者驱动的转移、购买者驱动的转移和混合型驱动下的转移三种类型。

1. 生产者驱动下的转移

生产者驱动型的主体通常是在资本及技术方面有其特有优势的全球跨国寡头厂商。为了实现更多的价值创造，获取更多的技术租金及组织租金，跨国公司主要通过外包或是直接投资将价值链中的不同环节转移到不同的区位生产,自身专注于产品的研发、设计和营销等附加值高的环节,并在全球范围内整合资源。中国沿海外贸加工业主要由跨国公司主导,并依托贴牌加工(OEM)方式所建立的大规模生产体系和生产基地,从事组装和零部件加工等价值链上的低附加值工作。

对于生产型驱动的转移形式而言,转移力主要来源于网络权力、地方政策的拉力和生产要素成本上升的推力,地方化粘性主要来自地方社会资本和产业联系。基于网络内权力的不对称性,生产型领导企业在进行跨界生产扩张时,会促使其供应商以及其跨国子公司毗邻其分布(见图3)。受到网络权力的影响,一些权力层级较低的企业以"俘获"的方式被动跟随跨国公司进行转移,脱离地方,产生转移现象。

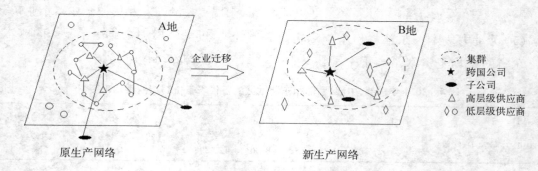

图3 生产者驱动下的集群企业转移

根据网络权力指向及其他力的作用,生产型驱动的外贸加工业转移的方向一是靠近中心城市的次级城市,二是靠近沿海的中西部地区,如广西、贵州等地。这里劳动力资源丰富,劳动力成本低;运输成本相对较低,同时具有一定的信息和技术优势,具有承接转移的综合优势。

2. 购买者驱动下的转移

"购买者驱动"型价值链的领导者是一些大型零售商、品牌商和供应链管理者,他们因为拥有品牌优势和对销售渠道的控制,通过全球采购和贴牌加工等生产方式组织起跨国商品流通网络,形成强大的市场需求。这些大购买商虽然不具有生产能力,但却能凭借对市场需求的垄断,对众多供应商产生强大的吸附力,使其实际具有了强大的

生产能力。当原材料及生产成本上升时,全球贸易商将生产活动外包至生产成本更加低廉的地区或是靠近原材料地的目标市场。受到订单和生产成本的压力,低层次供应商不得不向劳动力、土地等低成本地区转移,形成新的生产网络。中国沿海一些外贸加工企业由于原材料和产品销售具有两头在外的特点,形成了对国际厂商订单的强烈依赖(见图4)。

对于购买型驱动的转移形式而言,集群企业的转移力是生产要素成本如劳动力成本、土地成本的上升和转入地的产业转移政策的吸引,地方化粘性则来源于运输成本和地方社会联系效应。

在转移的方向上,由于这类企业加工的原材料、零部件多数要从海外运输到生产组

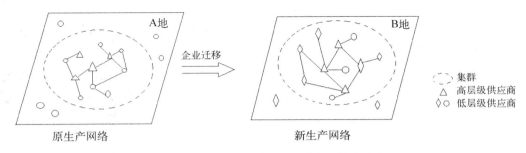

图4　购买者驱动型网络内集群企业转移形式

装地来,加工后的产品很大一部分要运往国际市场,运输成本对企业具有举足轻重的意义。如果迁移至国内中西部地区加工再出口,这无疑要加上额外的运输成本,高额的运输成本将会完全抵消甚至不能抵消内陆要素成本低的优势。因此,"两头在外"的加工贸易企业,内迁的可能性不大。其可能的方向有两个:

一是东南沿海欠发达地区。东南沿海周边欠发达地区,包括长三角和珠三角周边的一些中小城市、广西北部湾地区和环渤海地区。从区位条件来看,这里具有临海优势,交通信息条件好,原材料和运输成本低,科技相对发达;从产业发展来看,由于临近沿海发达地区,产业分工协作条件好,产业链相对完整。更为重要的是,在土地和劳动力等要素成本上具有一定的优势,同时也避免了因内迁中西部地区而产生运输成本的大幅上升。

二是海外国家。由于当前最便宜的长距离运输形式仍是水运,而东南亚一些国家,同中国的长三角、珠三角距离世界主要市场——美国、欧洲、日本的海上运输距离相当,并且这些地区的要素价格低于中国东部发达地区,因此,出于降低生产成本和运输成本的考虑,这就成为中国沿海地区加工贸易产业转移方向的可能选择。

3. 混合驱动的转移

同一产业部门也可以有两种驱动力同时存在,如在服装行业,GAP是典型的没有工厂的购买者驱动体系,而Levi-Strauss则建立了自己的垂直专业化生产体系。从许多产业的发展情况看,全球价值链动力机制有一种向购买者驱动转化的趋势。两个过去较为典型的生产者驱动型价值链——汽车和计算机产业价值链都出现了逐渐向购买者驱动转变的趋势[10]。中国沿海外贸加工业中的电子、服装产业在转移过程中,往往受到两种驱动力的共同作用,即一方面跟随跨国公司转移,另一方面受全球贸易商的影响比较大。

四、结论与思考

中国沿海外贸加工业的产业特质和发展阶段决定了其转移的空间指向。从前文分析可以看出,在全球生产网络背景下,中国沿海外贸加工业集群企业转移的形式有三个,即生产型驱动的转移、购买型驱动的转移和混合型驱动的转移,转移的方向主要有三个:一是东部地区欠发达地区,二是中西部地区,三是海外国家。即东部欠发达地区成为主要移入地,中部地区及临近沿海的西部地区具有较强的承接优势。需要指出的是,由于中国"产权区域"特征的存在,地方政府在制定产业转移政策时,重视省内转移,使产业在省内转移成为一种重要的形式,因此要注意省内梯度的划分。如广东省政府2005年出台《关于山区及东西两翼与珠江三角洲联手推进产业转移的意见(试行)》,鼓励珠三角产业向山区及东西两翼转移;江苏省政府2006年实施"南北共建工业园区"的新策略。

中国沿海外贸加工集群企业的转移对地方的影响是不言而喻的。转移可能会导致地方生产网络中断,表现为本地供应链的前向联系或后向联系缺失,中间产品的供应不足,企业不得不到外部寻找交易对象,增加企业的生产成本和交易成本。如20世纪

90年代东南亚部分国家地区由于大量台资企业的整体转移,出现当地产业网络整体规模停滞不前甚至衰落的现象。同时,对地方社会的影响是失业率可能会上升,基于社会资本的关系信任可能被破坏。当然也有可能产生积极的结果,如20世纪50年代,美资和日资企业投资台湾地区,后来由于成本压力继续转移到东南亚和中国大陆,但是这一波的转移并没有遗弃台湾地区,台湾地区反而实现了在地升级,并成功走上了国际化道路,在当今电子信息业全球价值链的"核心—半边陲—边陲"的空间分布格局中,台湾地区稳居"半边陲"的位置[11]。因此,对于中国东部地区而言,一方面要重视外贸加工集群企业转移对东部沿海地区经济社会的影响,另一方面要利用外贸加工业转移的契机加强结构调整的步伐,运用战略性思维进行产业转型的全方位调控,鼓励外贸加工企业利用国内市场规模效应,进行产业链重新整合,建立与全球跨国公司权力竞争的国内价值链体系,从产业转移的阵痛中获得转型与升级,提升产业全球竞争力。

参考文献

[1] 陈耀,冯超. 贸易成本、本地关联与产业集群迁移[J].中国工业经济,2008(3):76-83.

[2] 王缉慈. 让低端产业集群"飞"[J]. 北大商业评论,2011(4):22-29.

[3] 景秀艳. 网络权力与企业投资空间决策——以台资网络为例[J].人文地理,2009(4):50-55,86.

[4] Kaplinsky R. Globalization and unequalisation: what can be learned from value chain analysis?[J]. Journal of Development Studies, 2001, 37(2): 111-136.

[5] 常伟. 社会资本对集群内企业跨地域转移行为的影响研究[D]. 西安:西安理工大学,2010.

[6] Smith D. M. Industrial location: an economic analysis [M]. New York: John Wilcy & Sons, 1971.

[7] 贺灿飞,肖晓俊.跨国公司功能区位实证研究[J].地理学报,2011,66(12):1669-1681.

[8]　朱彦刚,贺灿飞,刘作丽.跨国公司的功能区位选择与城市功能专业化研究[J].中国软科学,2010(11):98-108.

[9]　Gereffi G. International trade and industry upgrading in the apparel commodity chain[J]. Journal of International Economies, 1999,48(1):37-70.

[10]　蒙丹.全球价值链驱动机制演变趋势及启示[J].发展研究,2011(2):9-12.

[11]　叶庆祥.跨国公司本地嵌入过程机制研究[D].杭州:浙江大学,2006.

（执笔：浙江师范大学经济与管理学院,朱华友）

中国海洋工程装备产业现状和
转型升级探讨

摘要：发展海洋工程装备是开发利用海洋资源的必要前提,是维护中国海洋权益、能源安全,实现经济可持续发展的必然要求。中国海洋工程装备产业总体处于产业链的低端,产业发展存在诸多问题,亟待转型升级。本文首先概述了全球海洋工程装备产业概况,从中国发展海洋工程装备产业的必要性出发,分析了中国海洋工程装备产业的发展历程及现状,并归纳了产业发展过程中存在的问题,最后针对促进中国海洋工程装备产业转型升级提出几点对策。

关键词：海洋工程装备　产业现状　转型升级

一、全球海洋工程装备产业概况

(一) 海洋工程装备概况

海洋工程装备是人类在开发、利用和保护海洋所进行的生产和服务活动中使用的各类装备的总称,具有技术含量高、可靠性要求高、产品成套性强,以及多品种、小批量的特点。海洋资源丰富,各种资源的开发和利用,都需要相应的海洋资源开发装备。海洋油气资源的勘探开发技术较为成熟,数量规模大,是未来一段时期海洋工程装备制造业的最主要产品。其他如海上风能发电、潮汐能发电、海水淡化和综合利用等方面的装

备技术也基本成熟,发展前景较好。随着波浪能、海流能、海底金属矿产、可燃冰等海洋资源的开发技术不断成熟,相关装备也将得到发展。

海洋油气勘探、开采虽然涉及众多类型的海洋工程装备,但大致可以分为三类:钻井类设备、生产类设备、辅助类设备。

(1) 钻井类装备

目前海洋中的油气钻井设备主要可分为固定钻井类设备与移动钻井类设备。固定钻井类设备,主要包括导管架式平台、混

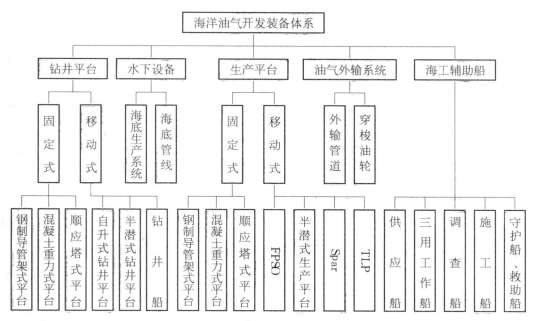

图1   海洋工程装备一览
资料来源：中国船舶工业市场研究中心

凝土重力式平台、深水顺应塔式平台。固定式钻井平台大都建在浅水中，它是借助导管架固定在海底而高出海面不再移动的装置，平台上面铺设甲板用于放置钻井设备。支撑固定平台的桩腿是直接打入海底的，所以钻井平台的稳定性好，但因平台不能移动，故钻井的成本较高。移动钻井类设备，主要包括着底式与浮动式。前者有座底式平台和自升式平台，后者包括半潜式平台和钻井船。

（2）生产类装备

生产类设备亦可分为固定式生产设备与浮动式生产设备。由于前者只能在浅海生产且无法移动，随着油气开发逐年走向深海，因此需求逐渐减少，目前生产设备已经以浮动式为主。浮动式生产设备包括：自升式生产平台、张力腿式生产平台(TLP)、单

圆柱式生产平台(Spar)、半潜式生产平台、浮式生产存储及卸货装备(FPSO)，最近几年又钻井生产储油装卸船(FDPSO)浮式、LNG生产储卸装置(LNG－FPSO)等其他新型产品。

（3）辅助类装备

在海洋工程中，辅助类装备相对于钻井类装备技术难度较低，单项产品的资金投入也较少，市场进入门槛较低。其中许多装备不仅可以用于海洋油气开采过程，在其他海洋工程的施工中亦可应用。海洋工程辅助船舶主要负责运送人员、物资、设备，以及调查、测量、安装、维护等工作，包括守护船、潜水作业船、起抛锚拖船、三用工作船、常规供应船、平台供应船、交通船、工作船、救助拖船、物理勘探船、大型近海起重船、导管架下水驳船、铺管船和救护船等。其中，三用工

作船(AHTS)和平台供应船(PSV)是主要船型。

(4) 配套设备

海洋油气开采所需要的配套设备分为专用配套设备和通用配套设备两大类。专用配套设备主要指钻井采油辅助设备,包括海洋采油专用设备、海洋修井设备、海洋油井试油设备、海洋测井设备、海洋录井设备和海洋供应与维修设备等。通用设备主要指除专用设备之外的、海洋油气勘采过程中使用的设备,包括船舶动力与电力系统、锚泊定位系统、安全与消防系统、水下作业与潜水设备系统、海水与淡水供给系统、水处理与环保系统、空调与冷藏系统、救生系统、通信网络系统、检测仪表与自动化系统、空中运输系统和气象配套电子记录仪等。

(二)海洋工程装备产业全球竞争格局

海洋工程装备具有高技术含量、高投入、高风险的特征,对生产厂商的技术能力和资金实力要求非常高,行业进入壁垒高筑。目前,全球海洋工程装备市场已经形成了三层级梯队式竞争格局,欧美垄断了海洋工程装备研发设计和关键设备制造,处于产业价值链的高端;韩国和新加坡凭借自身在造修船方面的优势,已经在自升式平台、半潜式平台、钻井船和浮式生产系统等主流海洋工程装备领域占据较大的市场份额,并具备部分产品的关键设计能力,推出的产品也已经为国际主流所接受;而中国和阿联酋等主要从事浅水装备建造、开始向深海装备

进军。

第一层级,美国及欧洲,是全球最早发展海洋工程的国家,具备超强的研发和设计能力。在全球产业转移的浪潮下,欧美企业已经基本退出了海洋工程装备总装建造领域,但凭借其长期开发海洋油气实践所积累的工程经验和技术储备,它们仍掌握着市场主导权。在总承包商领域,如 Transocean、SBM、Prosafe、ENSCO 等掌握着世界大多数海洋油气田开发方案设计、装备设计和油气田工程建设的主导权。在设计领域,Gusto MSC、Ulstein、F&G(已被中交股份收购)等占据主导。同时欧美企业仍是关键配套设备的供货商,如钻井包、动力定位系统和推进系统等专用设备。

第二层级,韩国和新加坡,具备超强的建造和改装能力,较强的研发设计能力和工程总包能力,主要从事高端海洋油气钻采装备的模块建造与总装,设备安装调试,部分产品的设计与工程总包。

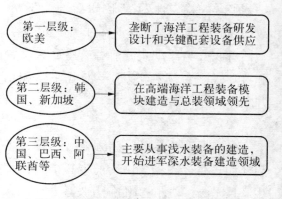

图2　海洋工程装备产业全球竞争格局

第三层级,中国、巴西、阿联酋等,具备一定的建造能力和研发设计能力,主要从事

浅水装备的建造,开始进军深水装备建造领域,并从事装备的改装和修理。中国企业经过多年发展,在海洋工程装备领域已经初具规模,虽然总体上还与韩国和新加坡的企业有一定差距,但部分已经开始进军高端领域,如中集来福士、上海外高桥船厂等已经在建造第 6 代半潜式钻井平台上具备一定

经验,中远船务也承接了国内首艘钻井船的生产订单。巴西则计划投入巨资开发新发现的几个深海大油田,该国政府也想借此振兴国内的造船业,通过以市场换技术来实现发展。阿联酋的船厂也已经在建造自升式钻井平台领域初具规模,在阿拉伯湾和印度具备一定的区域优势。

二、中国大力发展海洋工程装备产业的必要性

(一)海洋油气是未来全球新增量的主要来源

　　未来较长一段时期,石油和天然气仍将是全球主要能源,海洋特别是深海成为重要的新增量来源。根据《BP 世界能源统计 2012》,2011 年全球石油消费增长 0.7%达到 40.6 亿吨,在全球能源消费中占比为 33.1%,天然气消费增长 2.2%,达到 3.2万亿 m^3 ,约占全球能源消费 23.7%,是全球能源消费的主要构成部分。预计 2011—2030 年间,随着全球经济增长,石油消费仍有约 0.6%的年增长率,天然气有望达到 2.1%,而随着陆上和近岸石油的日益枯竭,占全球资源量约 33%的海洋石油日益扮演重要的角色。1990 年海上石油产量占全球总产量约 25%,到 2000 年提升到 31%,2010 年为 33%,其中深海石油从 1990年忽略不计提升到 2000 年的 2%,然后又迅速提升到 2010 年的 9%,预计到 2020 年海上石油产量占比将会提升到 34%,其中深海占比 13%。

(二)中国能源安全形势严峻,急需大力勘采海洋石油

　　1. 中国对外能源依赖度日益增加,能源安全形势严峻

　　随着经济的快速发展,中国对能源的需求也迅速增长,原油消费量从 2001 年的 2.3亿吨增长到 2011 年的 4.5 亿吨,年复合增长率达到 7.1%,天然气消费量也从 276 亿 m^3 增加到 1 309 亿 m^3 ,年复合增长率达到16.8%,但相应产量增速却远低于消费增长,导致原油对外依赖度从 2001 年不到 30%快速提升到 2011 年的 55%左右,天然气也在 2007 年首次成为净进口国,到 2011 年净进口量已占到消费量的 22%左右。按照国际惯例,如果一国的原油进口依存度达到或者超过 50%,则说明该国已进入能源预警期。《全国矿产资源规划(2008—2015)》和《能源蓝皮书(2010年)》分别预测 2020 年中国石油对外依存度将达到 60%、64.5%。在全球能源由欧美主导的格局下,中国对外能源依赖度不断提高成为能源安全一个不可忽视的重要问题。

2. 陆地石油资源紧缺,向海洋转移是大势所趋

目前,中国现有的陆上油田大部分已超过30年,开采难度逐渐加大,陆上石油资源供给已达到顶峰,每年产量保持在2亿吨左右,油气勘采重点将向资源储量丰富、勘采仍处于初期的海洋领域转移。中国近海石油储量占全国石油总储量约14%,深海石油储量更甚之,将成为未来较长一段时间内,缓解中国石油供需缺口的重要突破口。中国海上石油资源丰富,已发现300多个可供勘探的沉积盆地,面积大约有450多万平方公里。中国沿海大陆是环太平洋油气带的主要聚集区,目前探明的油气资源主要集中于渤海、黄海、东海及南海北部大陆架,预测石油资源量为275.3亿吨,天然气资源量为 $10.6×1\,012\,m^3$;合计油当量约375亿吨,占全国石油总储量的30%以上。目前,中国海上油气勘采仍处于起步阶段,石油开发率仅为18.5%,天然气开发率仅为9.2%,未来勘采潜力巨大。

(三)装备瓶颈限制深海勘采,危及海洋主权

受制于装备瓶颈,目前中国海上石油勘探主要限于500米水深以内的近海区域。中国深海油气开发的技术水平远落后于世界先进国家,缺少必要的深海油气资源钻探、开采和生产装备,成为中国海洋石油勘采的关键掣肘。日本、韩国、越南等邻国已经纷纷在南海和东海等石油储量丰富的深海油田大举开采石油,不仅导致中国海上石油资源的流失,甚至将危及到中国的海洋主权,深海勘采已迫在眉睫。

中国的海洋石油主要储藏在南海、东海、渤海和黄海等海域,而其中储油量大的东海和南海长期属于争端海域,邻国纷纷进行石油勘采。以水深在500—2 000米的南沙群岛海域为例,南海面积约350万 km^2,蕴藏着大量的矿藏资源,其中油气资源尤为丰富,位于中国境内(即南海"九段线"以内约200万 km^2)的石油地质资源量约在230亿至300亿吨之间,天然气总地质资源量约为16万亿 m^3,占中国油气总资源量的三分之一左右,其中70%蕴藏于153.7万 km^2 的深海区域。由于之前中国坚持"主权属我、搁置争议、共同开发"的原则,加上自身装备技术所限,对于南海的开发只限于北部湾周围,距离"九段线"边缘还很远。而与中国相反,越南、马来西亚、菲律宾、文莱和印度尼西亚五国进军南海石油资源的脚步却十分迅猛,目前五国联合国外石油巨头在南海海域的钻探油井达1 380多口,年石油产量约6 000万吨,其中相当一部分位于"九段线"以内。

深海勘探的不足,一方面将导致中国大量海上石油资源的流失;另一方面,如果在2020年前不能解决争议海域的争端,按照国际法规定将归占有方拥有,若中国长期不能对南海等深海领域进行石油勘采,将面临丧失海洋主权的巨大危险。

(四)未来海洋工程装备市场将保持景气

1. 海洋能源开发成为全球趋势,将激活全球海洋工程装备市场

据统计,在近10年发现的大型油气田

中,有近60%位于茫茫大海,海洋工程装备及海洋结构物的需求已经呈现出快速增长态势。在未来相当长的时期内,石油仍将是全球最重要的能源,石油需求仍将保持持续增长。为缓解目前全球石油气供需的矛盾,海洋油气开发将成为世界油气生产最主要的增长点,并为海洋工程装备制造业的发展提供更广阔的市场空间。2011年,世界海洋工程装备市场订单金额达690亿美元,创历史最高纪录,同比增长130%,这也是海洋工程装备订单首次超过同期新船订单金额,成为世界船舶工业新订单的主要来源。另外,在发展新能源的背景下,海上风电场建设正进入高速发展期,需要大量的海上及潮间带风力发电装备、海上及潮间带风机安装平台(船)、海上风机运营维护船等装备,估计2011—2015年间的年均市场规模也将达到110亿美元。

2. 中国将大力开发海上油气资源,海洋工程装备产业迎来大机遇

中国70%的海洋油气资源藏于深海,而中国深海油气储量探明率远低于世界平均水平。中国海洋原油和天然气的发现率分别仅为12.3%和10.9%,而世界平均探明率为73%和60.5%。初步勘测结果表示,仅南海北部的天然气水合物储量就已达到中国陆上石油总量的一半左右。渤海、南海等海域的近海油气田的开发已具一定规模,包括绥中油田、秦皇岛油田、东方气田、崖城气田等,而深海油田基本还处于未勘探阶段。中国目前油气需求的一半左右来自进口,从能源安全的角度看,中国"十二五"期间必然加大开发海洋油气,从而增加对深海海洋工程装备的需求。

2009年6月,工信部发布的《船舶工业调整和振兴规划》指出,要大力发展海洋工程装备,培育新的经济增长点,为建设造船强国和实施海洋战略奠定坚实基础。海洋工程装备被当作能够优化国内造船企业产品结构的高技术含量和高附加值产品。2012年2月,工业和信息化部、发展改革委、科技部、国资委、国家海洋局联合制定的《海洋工程装备制造业中长期发展规划》提出中国海洋工程装备制造业的发展目标:2015年,中国海洋工程装备制造业年销售收入达到2 000亿元以上,工业增加值率较"十一五"末提高3个百分点,其中海洋油气开发装备国际市场份额达到20%;2020年,年销售收入达到4 000亿元以上,工业增加值率再提高3个百分点,其中海洋油气开发装备国际市场份额达到35%以上。海洋工程装备作为战略性新兴产业,未来将大力培育和发展,中国海洋工程装备产业将迎来历史性发展大机遇。

表1   中国近年海洋工程装备产业主要相关政策一览

时间	政策规划	主 要 内 容
2009.6.1	《船舶工业调整和振兴规划 2009—2011》	规划到2011年海洋工程装备市场占有率达到10%,若干个专业化海洋工程装备制造基地初具规模,海洋工程装备开发取得突破。加大技术改造力度,加强关键技术和新产品研究开发,提高船用配套设备水平,发展海洋工程装备,培育新的经济增长点,为建设造船强国和实施海洋战略奠定坚实基础。

（续表）

时间	政策规划	主　要　内　容
2011.3.1	《关于加快培育和发展战略性新兴产业的决定》	明确指出，面向海洋资源，大力发展海洋工程装备。
2012.3.1	《海洋工程装备制造业中长期发展规划》	重点打造环渤海地区、长三角地区、珠三角地区三个产业集聚区，培育 5—6 个具有国际影响力的海工装备总承包商和一批专业化分包商。2015 年，年销售收入达到 2 000 亿元以上……
2012.5.1	《高端装备制造业"十二五"发展规划》	面向国内外海洋资源开发的重大需求，以提高国际竞争力为核心，重点突破 3 000 米深水装备的关键技术，大力发展以海洋油气为代表的海洋矿产资源开发装备……
2012.8.1	《海洋工程装备产业创新发展战略(2011—2020)》	为增强海洋工程装备产业的创新能力和国际竞争力，推动海洋资源开发和海洋工程装备产业创新、持续、协调发展指明了方向。

资料来源：互联网搜集整理

三、中国海洋工程装备产业发展现状及存在的问题

（一）中国海洋工程装备产业发展历程

经过几十年的发展和进步，中国海洋工程装备制造业已经初具规模。中国海洋工程装备的发展大致经历了两个阶段：

1. 起步阶段

中国海洋石油工业起步于 20 世纪 50 年代。1966 年，中国完成了第一座桩基式钻井平台的设计，同年 12 月完成独立设计的混凝土桩基钢架固定式 1 号钻井平台的制造。20 世纪 70 年代，从日本引进自升式钻井平台"渤海 2、4、6、8 号"，与此同时，中国自行设计和建造了"渤海 3、5、7、9 号"等自升式钻井平台，以及"滨海"系列起重船、海上打桩船等大型海上设备。经过了前期的自升式平台引进和随后的自主设计、制造，2000 年以后中国海洋工程装备骨干企业在 FPSO 方面有了很大的进展。国内的 FPSO 生产、制造主要由中国重工旗下的大船重工集团和中国船舶旗下的外高桥造船厂完成，其中以大连重工集团为多（主要是改造业绩）。在设计方面，中船集团 708 所完成了绝大多数国内建造 FPSO 的设计工作。

2. 发展阶段

2006 年以后，中国的海洋工程装备制造进入了一个新的阶段。这不仅仅是由于国内企业可以自主建造新的、具有里程碑意义的产品，而且国内海洋工程装备制造企业格局发生了新的改变、一批新的海洋工程装备后起之秀在国内和国际舞台上崭露头角。

在钻井平台领域，2010 年，中国首座自主设计、代表当今世界 3 000 米深水半潜式钻井平台最高水平的第六代半潜式钻井平台"海洋石油 981"已经顺利出坞。该平台具有勘探、钻井、完井与修井作业等多种功能，

最大作业水深 3 000 米,钻井深度 10 000 米。在钻井船领域,中远船务已经于 2010 年 8 月开始建造世界上目前在建的最大的超深水钻井船"大连开拓者号"。该船可以在水深 3 050 米海域进行钻井作业,钻井深度12 000 米,可储油 100 万桶。在海工辅助船方面,太平洋造船集团、中船集团和中船重工位列三甲。在设备改装方面,中远船务也和中船集团、中船重工齐头并进。在主要设备方面,中远船务和中船重工都有不错的表现,中集来福士也有出色斩获。太平洋造船和福建东南船厂则在辅助船领域占据不错的份额。另外,在国际海洋工程装备领域,中集来福士、中远船务、振华重工、熔盛重工,太平洋集团及 TSC 海洋集团等在国际海洋工程装备市场已经开始征途并有出色斩获。

(二)中国海洋工程装备产业格局

海洋工程装备是一个资金、技术和人员密集型行业,与造船一样,目前中国海洋工程市场的主导力量仍主要为国有企业,主要市场参与者包括中集烟台来福士、中远船务工程集团有限公司、中国重工、中国船舶、振华重工和招商局重工等,参与的民企主要有熔盛重工、三一重工等,零部件厂商主要有亚星锚链、巨力索具等。

从参与企业类型来看,可分为造修船企业、石油系统企业和机械制造企业三类。修造船类代表企业为中船集团、中船重工、中远船务、太平洋重工等,主要特点是在设计、制造、安装大型海上钢质结构物方面有优势,在项目管理方面有经验;石油系统类代

表企业为中海油、中石油下属工程公司,主要特点是在油气处理模块及相关系统的设计制造方面具有优势,依靠内部需求,通过国际合作设计建造能力发展比较快;机械制造类代表企业为振华重工、中集集团、四川宏华等,主要特点是在资本运作、企业管理、市场营销等方面具备很强的实力。

表2　中国海洋工程装备产业格局

企业类型	代表企业	主　要　特　点
造修船企业	中船集团、中船重工、中远船务、太平洋重工等	在设计、制造、安装大型海上钢质结构物方面有优势,在项目管理方面有经验。
石油系统企业	中海油、中石油下属工程公司	在油气处理模块及相关系统的设计制造方面具有优势,依靠内部需求,通过国际合作设计建造能力发展比较快。
机械制造企业	振华重工、中集集团、三一重工等	在资本运作、企业管理、市场营销等方面具备很强的实力。

资料来源:中国船舶工业市场研究中心

(三)中国具备承接全球海洋工程装备制造中心的优越条件

中国具备显著的成本优势、拥有优良的海洋工程装备建造基地,随着国家对海洋工程装备行业政策支持力度的加大,海洋工程装备向中国转移是大势所趋。在基础设施方面,中国拥有漫长的海岸线和众多优秀的港口,能够建设众多船舶和海工生产基地。中国具有优良的大型海洋工程装备建造基地,拥有上海长兴岛基地、广州龙穴基地和青岛海西湾基地等,其中振华重工的上海长兴岛基地拥有世界仅有的 5.4 公里临水岸

线码头,能制造安装超大型海洋工程装备。另外,中国在原材料和劳动力成本方面优势明显,在生产成本不断上升的大环境下,将成为吸引海洋工程装备向中国转移的又一重要因素。随着中国海洋工程装备行业的发展和政府投资的加速,海洋工程装备将逐渐向中国转移。

中国已成功承接全球船舶制造中心的转移,成为全球第一大船舶制造大国。海洋工程装备与船舶在设计、制造环节具有一定的相似性,船舶制造企业向海洋工程装备领域拓展已成为全球海洋工程装备制造的主流发展趋势,伴随着全球船舶制造业向中国的转移,海洋工程装备中心也将逐渐转向中国。目前,全球海洋工程装备制造中心已由欧美转移到韩国和新加坡,下一步转向中国是大势所趋。

(四)中国海洋工程装备产业发展存在的问题

1.研发及核心配套设备能力薄弱

中国企业已经全面涉足从上游的海洋工程装备产品设计、配套设备制造到下游的海洋工程装备总包建造的整个产业链。尽管如此,在设计和上游核心装备领域,中国海洋工程装备制造企业仍主要依赖国外企业。虽然从市场价值来说,建造环节比其他

环节的市场价值要大许多,但是从整个海洋工程装备产业来说,这仅仅是产业链的一个环节,而且是利润率最低、投资回报周期最长的一个环节。从产业链方面来说,海洋工程装备产业可以分成设计、建造、安装和维护四个主要业务领域。其中设计包括工程设计、海洋工程装备设计和其他海上设施设计。欧美企业是当今公认世界海洋油气资源开发的先行者,也是世界海洋工程技术的引领者。就海洋工程设计业务领域来说,欧美企业在各类深水产品的设计方面处于遥遥领先的地位,并垄断了工程设计以及生产装备、工程施工装备和其他海上设施的深水产品设计。目前,世界著名海洋工程装备设计企业主要是欧美企业和个别日本企业,比如美国 F&G 公司、日本 MODEC 公司、挪威 Aker Kvaemer、意大利 Saipem 等。

由于海洋工程装备对安全性、可靠性要求极高,因此对部件的要求也很高。目前,海洋工程装备总成本中,配套设备比重超过 50%,其中 70% 以上需要进口,而大功率长寿命柴油发电机组、动力系统、深水锚泊系统等关键设备 95% 需要进口。设计和关键设备依赖进口导致建造项目管理协调难度大、生产周期长、成本更高、售后服务响应速度慢,影响了中国企业的竞争力。

图3　海洋工程装备价值链构成

2. 制造环节处于中低端领域

中国企业虽然在海洋工程产业链的制造环节占有一席之地，但也主要处于制造环节的中低端领域。一方面，目前中国企业承揽的主要是技术门槛较低且技术成熟定型的海洋工程产品的建造项目，如自升式钻井平台、1 500米以内作业水深的半潜式钻井平台和浅水工程施工装备等，而很少承揽到附加值较高的第六代深水钻井平台和深水工程施工装备等高端产品建造项目。另一方面，中国企业在建造业务领域的参与度还不够深入，大多数情况下只负责钢结构的建造和总装集成。这些工作内容属于建造业务领域中技术含量较低的部分，而高技术和高附加值的核心配套产品和零部件基本上都是由欧美企业提供。

四、中国海洋工程装备产业转型升级对策

（一）加大科技创新力度

1. 加快自主型号的研发

研发能力薄弱是当前中国海洋工程装备产业发展的软肋。在研发领域，新加坡采取的是合作引进、消化吸收加自主研发的策略，而韩国凭借在船舶建造领域积累的实力采取的是自主研发的策略，经过不断积累，新加坡在自升式钻井平台、半潜式钻井平台都拥有了被市场广泛认可的自主设计型号，韩国在钻井船、FPSO、LNG FPSO、固定式平台等领域都研发出了自主型号。目前中国海洋工程装备厂商也越来越重视研发的投入，产出也有所显现，如中远船务的SEVAN DRILLER圆筒型半潜式钻井平台、中国重工的DSJ - 300、400自升式钻井平台系列、中国船舶的"海洋石油981"半潜式钻井平台等，中交集团收购F&G公司之后也提升了外高桥船厂的设计能力。自主型号不仅能够形成品牌效应，减少了特许费用，并能够通过更加优化的管理和建造流程提升建造效率，从而提升竞争力。海洋工程装备骨干企业要立足于科技创新，完善重点技术研究，加快自主型号的研发和推出。

2. 实施重大科技专项攻关

面向国内外海洋资源开发的重大需求，以提升主流海洋油气开发装备和海洋工程船舶的研发制造能级和市场竞争能力为核心任务，培育专业设计能力，启动一批主流海洋工程装备和关键配套设备的核心技术研发和产业化项目重大科技专项攻关，依托海洋工程装备骨干企业，尽快实现关键技术的突破，掌握总体设计技术和建造技术；依托关键配套设备生产商，尽快实现核心配套设备的进口替代。

3. 深化基础共性技术研究

整合研发资源，依托企业技术中心、科研院所、有关高校和国家重点实验室、国家工程实验室、国家工程技术研究中心等研究机构，深化结构设计、流体力学、安全评估、风险控制等基础共性理论研究，加强海洋工

程装备、核心系统和配套设备等领域的共性技术研究,开发共性设计软件,开展海洋工程装备建造标准体系研究,突破关键系统的总体设计和集成技术,提升综合集成能力,缩小与世界先进水平的差距。

(二) 促进国内外交流与合作

组织和引导海洋工程装备骨干企业、配套单位、科研单位以及主要用户建立多元战略联盟,在科研开发、市场开拓、业务分包等方面开展深入合作。鼓励产业技术创新战略联盟围绕产业技术创新链开展创新,推动实现重大技术突破和科技成果产业化。鼓励总装建造企业建立业务分包体系,培育合格的分包商和设备供应商。

支持国内企业把握经济全球化的新特点,积极开展国际交流与合作,充分利用各种渠道和平台,探索各种对外合作模式,加快融入全球产业链。促进海洋工程装备骨干企业与国内外知名石油公司和工程总承包商合作,从分包起步逐步提高市场知名度和工程总承包能力;鼓励与国外知名专业设计公司及中间商合作,提高前期设计能力和市场响应能力。鼓励境外企业和科研机构在中国设立研发机构,支持国内外企业联合开展装备的研发和创新,鼓励合资成立研发机构。

(三) 培育具有国际竞争力的产业集群

目前,国内已经诞生了一批优秀的海洋工程装备骨干企业,在一些高技术含量的装备生产技术上取得了突破,并在东部沿海的

山东、江苏、上海、浙江等省市已经形成了多个海洋工程装备产业集群。

积极推进海洋工程装备骨干企业管理精细化和信息集成化,全面开展生产体系流程再造,构建综合、扁平化的海洋工程经营生产技术管理业务体系,改进计划体系,建立准时化、拉动式生产计划模式,推进编码体系、数据库标准化建设,提升骨干海洋工程装备研发制造企业运营管理能力。依托骨干海洋工程装备研发制造企业,在工程设计、模块制造、配套设备工艺、技术咨询等领域培育具备较强市场竞争力的专业化分包商。加大配套产业招商引资和合资合作力度,拓展核心系统和配套产品系列,推进海洋工程装备核心配套领域的发展。通过典型的工程总承包项目实现从分包到总包的能力突破,培育形成较完整的海洋工程装备产业链。逐步完善技术创新体系,提高工程管理水平,快速扩大市场份额,壮大产业规模,培育具有国际竞争力的产业集群,形成现代化的海工制造业体系。

(四) 推进现代生产性服务业发展

大力发展工程设计、软件开发、技术咨询、产业中介和法律咨询等现代服务业;提高海洋工程装备企业市场服务水平,加快骨干企业全球营销服务网络建设。鼓励研发单位与风险投资机构合作,创建风险投资基金;鼓励产业资本与金融资本融合,加大信贷融资支持力度;鼓励金融机构按照市场化原则,在符合国家政策导向和有效防范风险的前提下,灵活运用多种金融工具,支持信

誉良好、有市场、有效益的海洋工程装备制造企业加快发展。

（五）加强人才队伍建设

以国家科技重大专项、战略性新兴产业重大项目等为载体，加大领军人物培育力度，积极推进创新团队建设，形成高层次科技人才和管理人才的梯队集聚；以国家新型工业化示范基地为载体，促进创新型、复合型技能人才的培养。鼓励多层次、多渠道、多方式的国际科技交流与合作，鼓励引进海外工程总承包管理人才、研发团队领军人才和高水平复合型人才。鼓励企业积极创造条件，营造良好的人才发展环境，引进研发设计、经营管理方面的境外高层次人才和团队。优化人才培养和使用机制，加强创新型研发人才、高级营销人才和项目管理人才、高级技能人才等专业人才队伍的建设，培育海洋工程装备领域的国家级专家，扩大海洋工程装备高端人才队伍。

参考文献

[1] 陈明义.培育壮大我国的海洋工程装备制造业[J].发展研究,2011(5).

[2] 刘全,黄炳星,王红湘.海洋工程装备产业现状发展分析[J].中国水运,2011(3).

[3] 张广钦.关于进军海工装备市场的几点想法.2010年中国国际海洋工程发展论坛[C].文集,2010.

[4] "海洋工程装备热"的冷思考[N].中国工业报,2012-10-19.

[5] 中国海洋装备业迅速崛起[N].中国三星经济研究院,2011-08-26.

[6] 刘荣,管孟.海洋工程装备,中国身在何处[EB/OL].招商证券,2012-10-8.

[7] 李俭俭.海洋工程杨帆起航,再演船舶振兴之辉煌[EB/OL].方正证券,2011-3-3.

[8] 海洋工程装备制造业中长期发展规划[R],2012-2.

（执笔：上海大学经济学院，石灵云）

中国海洋船舶工业区域
差异比较分析

摘要：论文基于产业经济学视角，运用定性和定量分析相结合的方法，在概括中国海洋船舶工业发展特点的基础上，主要以中国船舶工业年鉴数据为依据，从产业发展环境、产业规模、市场结构等六个方面分析了中国长三角、环渤海和珠三角三大地区的海洋船舶工业发展差异，最后得出结论。

关键词：海洋船舶工业　三大地区　区域差异

海洋船舶工业的发展不仅为船舶工业提供技术支撑，更为国家海防建设、交通航线以及海洋开发提供主要的装备保障，尤其关系到国家海上经济利益，对国民经济发展具有重大意义。

改革开放以来，尤其是 20 世纪 90 年代以后，中国船舶工业经历了快速发展期。1994 年中国造船量达到世界第三水平，仅次于日本和韩国。2010 年，中国造船量达 6 120.5万载重吨，首次超过韩国，跃居世界首位。尽管中国船舶工业达到了一定的规模，但存在着一系列问题，如自主研发设计能力不强、船舶配套设施落后、创新意识不强等，这些问题制约着海洋船舶工业的发展。近年来，受国际金融危机影响，国际航运市场持续低迷，新增造船订单严重不足，新船成交价格不断走低，产能过剩矛盾加剧，导致很多船舶企业难以为继，中国海洋船舶工业发展面临前所未有的挑战①。

中国目前已经形成了长三角地区、环渤海地区、珠三角地区三个大型的海洋船舶工业区域，加快三大海洋船舶工业基地的集群化建设，是中国从造船大国发展成为造船强国的必经之路。由于三大地区的地理环境、经济条件、产业基础等各不相同，三大地区海洋船舶工业的发展有较大差异。

---

① 船舶工业加快结构调整促进转型升级实施方案(2013—2015). http://www. gov. cn/zwgk/2013 - 08/04/content_2460962. htm

一、研究回顾

马红燕(2008)对长三角地区的船舶产业进行研究,认为长三角地区有良好的地理优势和产业基础,船舶配套产业在全国也具有竞争力。但长三角船舶产业存在一系列问题,如重复建设、产业同构、技术层次低、船舶配套业不完善等,严重制约着该地区船舶产业的进一步发展[1]。张捷、杨伦庆(2012)对广东省的船舶工业进行研究,认为广东船舶工业与长三角和环渤海两大造船基地相比存在较大差距,主要表现在:总量规模小,产业布局分散,船舶配套业发展滞后,产业结构不合理,人才专业缺乏等方面,并提出应优化产业布局、推动产业结构转型升级、探索发展新模式等一些措施[2]。

关丽丽(2009)从船舶产业转移的角度提出,近年来,日韩船舶制造业面临资源短缺、劳动力成本上升的压力,比较优势逐渐减弱,船舶制造业向中国转移,但转移的大多是低技术含量、低附加值的低端船舶制造。船舶产业的转移有利于先进技术和管理经验的流入,同时外商的进入给中国造成了资源和环境压力[3]。

邵桂兰等(2011)从船舶产业竞争力的角度进行研究,认为随着中国船舶产业世界市场占有率提高,产业竞争力不断增强。但同日韩两国的差距仍然较大,主要表现为产品附加价值低,缺乏自主创新等方面。她提出,中国应借鉴日韩的发展经验,调整出口市场结构,出台相应的船舶产业扶持政策,促进船舶产业转型升级[4]。

符洁亮(2012)从船舶产业集群的角度出发,对中国船舶产业整体发展现状和区域分布状况进行研究,主要分析了环渤海地区船舶产业集群的发展状况,认为在目前中国的三大船舶产业集群区域中,环渤海地区集中现象明显,有很大的发展潜力。但环渤海地区各省市的船舶产业集聚度不均衡,其中,辽宁省的集聚程度最高,河北省的集聚程度最低。所以,环渤海地区可以通过技术创新、错位竞争等一系列措施来提高船舶产业集聚度,提升产业整体竞争力[5]。

目前国内的研究主要集中在船舶工业的国际比较、国内整体现状的研究等方面。对特定地区的研究,主要集中于对长三角地区和环渤海地区海洋船舶工业的研究,对珠三角海洋船舶工业的研究较少。本文基于产业经济学视角,结合区域经济学的分析方法,对中国长三角、环渤海和珠三角三大地区海洋船舶工业的发展进行了比较研究。

二、中国海洋船舶工业发展特点

(一)国内外发展特点

根据中国船舶工业协会数据,世界造船业产能过剩现象严重,大多数船舶企业面临订单减少、利润下滑等问题。2010 年,中国造船完工量为 6 560 万载重吨,市场占有率达到 43.6%,超过韩国,跃居世界第一[2]。2012 年,国际金融危机的滞后影响全面显现,中国造船三大指标同比下降,船舶出口量下滑,但各项船舶经济指标比较平稳,船舶工业总产值小幅上升。另外,中国造船三大指标已超过日本和韩国,位居世界首位(如图 1 所示)。2013 年国际形势有所好转,今年一季度,全球新承接订单量为 2 058 万载重吨,较去年同期增长 44%;中国新接订单量较上年同期增长了 17.1%,重点企业在高附加值订单上有所突破,但产业结构不合理、技术研发薄弱等问题仍然存在,加上日元贬值、人民币升值对中国海洋船舶工业带来的冲击,使得中国海洋船舶工业依然面临严峻考验[6]。

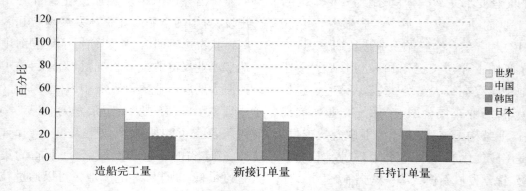

图1   2012 年世界三大造船指标比较
数据来源:中国船舶工业行业协会网站: http://www.cansi.org.cn/

就海洋船舶工业增加值来看,2001 年,中国海洋船舶工业增加值为 109.3 亿元,经过十年的快速发展,2010 年的增加值达到了 1 215.6 亿元。可见中国的海洋船舶工业产值不但一直呈上升态势,绝对增加值也在逐年增加,十年来增加值翻了近 10 倍(如图 2 所示)。

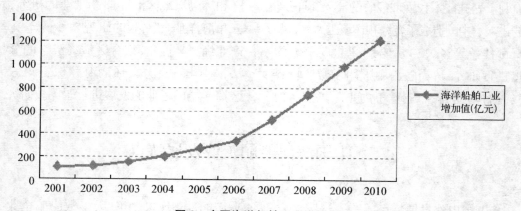

图2   中国海洋船舶工业增加值
数据来源:《中国海洋统计年鉴 2011》[7]

从船舶制造企业规模来看,中国大型船舶企业较少,中小企业占大多数。2010年,造船完工量在300万载重吨以上的船舶企业仅有5家,分别是上海外高桥造船有限公司、江苏新时代造船有限公司、江苏熔盛重工集团有限公司、泰州口岸船舶有限公司和大连船舶重工集团有限公司,其中有四家位于长三角地区,一家位于环渤海地区。

从区域分布现状来看,中国的海洋船舶工业已形成三大船舶工业基地、八大省市集聚区和若干小型船舶配套业基地。三大海洋船舶工业基地是长江三角洲地区、环渤海地区和珠江三角洲地区,三大基地在造船总量上占据全国的绝大多数份额。八大省市集聚区分别是上海、浙江、江苏、广东、辽宁、山东、福建、湖北,这些地区大都已经形成相当规模的海洋船舶工业基地[5]。

从城市的分布来看,中国海洋船舶工业主要集中在上海、宁波、大连、青岛、广州、南通、泰州等城市,从造船量上看,这些城市的造船总量占了全国造船总量的70%,可见中国海洋船舶工业的城市集聚现象非常明显[5]。

(二)三大地区发展特点

1.长三角地区

从造船三大指标来看,2008年以来,长三角地区造船完工量呈上升趋势,2010年以后,受国际金融危机滞后效应的影响,加上整个国际船舶市场低迷,该地区手持订单量和新承接订单量均呈下降趋势。

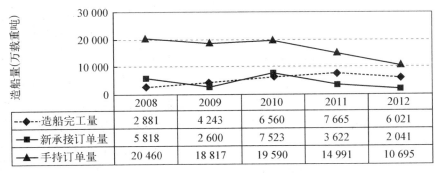

	2008	2009	2010	2011	2012
造船完工量	2 881	4 243	6 560	7 665	6 021
新承接订单量	5 818	2 600	7 523	3 622	2 041
手持订单量	20 460	18 817	19 590	14 991	10 695

图3　长三角地区造船三大指标
数据来源:2008年数据为中国船舶工业年鉴数据,其余各年份均为中国船舶工业协会统计数据

从主要造船企业来看,长三角地区汇集了众多大规模的船舶制造企业,有产业基础雄厚的江南造船有限责任公司、国内造船能力最大的上海外高桥造船有限公司、填补中国大型集装箱船和LNG船空白的沪东中华造船(集团)有限公司、国内首家中外合资造船企业南通中远川崎船舶工程有限公司、近年来新发展起来的江苏新世纪股份有限公司等,这一批规模较大造船企业的造船水平居全国前列[8]。

从船舶配套业来看,长三角地区的船舶配套产业在国内有一定的竞争优势。如江苏的南京、镇江、泰州、南通,浙江的宁波、舟山和台州都有船舶配套基地。沪东重机股份有限公司是中国三大船用大功率低速柴油机制造企业,是中国船用低速主机的主要生产厂家。

2. 珠三角地区

考虑到数据的可得性,本文涉及珠三角地区的所有经济数据均用广东省的数据代替。

新世纪以来,珠三角地区海洋船舶工业快速发展,能够生产几乎所有类型的民用船舶,在高技术船舶领域也取得了重要突破。近年来,企业主要生产中小型船舶,如成品油船、原油船、散货船、化学品船、挖泥船、多用途船等,以及滚装船、半潜船、公务船、游艇等一系列高附加值产品,而且已形成一定的竞争力[2]。

就造船企业来看,近年来企业结构调整初见成效,部分企业已经走上了适合自身产品定位的特色化发展道路。其中,广州广船国际股份有限公司接获了2艘30.8万吨超大型油船(VLCC)订单;广州中船黄埔造船有限公司承接和制造了一批新型海监、渔政船等公务船和海洋平台供应船;广东江龙船舶制造有限公司中山基地建成投产后订单充足,2012年完成工业产值近3亿元。

虽然如此,但依然存在一系列问题,珠三角地区海洋船舶工业的产业链不齐全,本土船舶配套产业规模小、产业结构不合理、自主研发设计能力弱,在很大程度上限制了

海洋船舶工业的发展。该地区整体造船规模偏小,万吨级以上造船船台,造船船坞的数量远低于长三角地区,大型造船设施不足制约了该地区造船规模的扩大。另外,信息技术在船舶企业中没有得到很好的应用,高技术产品基本依靠进口,使得该地区船舶工业一直处于产业链的中低端,产品附加价值低。

3. 环渤海地区

环渤海地区在中国海洋船舶工业发展过程中占有重要的地位,全国海洋船舶工业产值中大约有20%多由环渤海地区船舶企业创造。2010年,环渤海地区的辽宁、山东省海洋船舶工业总产值分别排在全国第二、第五的位置,且船舶工业体系较为完善。

环渤海地区的大连、葫芦岛、山海关、青岛四大造修船基地已经全部建成,天津临港造修船基地也已取得阶段性成果。在船舶制造业方面,该地区的大连船舶重工集团有限公司、渤海船舶重工有限公司、青岛北海船舶重工有限公司具有较大企业规模,在区域经济带动作用方面发挥着重要作用;在船舶修理业方面,山海关船舶重工有限公司、大连中远船务工程有限公司以及青岛北海船舶重工有限公司修船分厂等企业都在全国占有较大的市场份额;在船舶配套业方面,大连三十里堡临港工业区和大连船舶配套产业园都已经建成,在该地区具有很强的影响力,各种船舶配套产品的生产在国内也具有较强的竞争优势[5]。

三、中国海洋船舶工业区域差异分析

（一）发展环境：长三角占优，珠三角较弱

1. 自然环境

长三角地区位于长江入海口，地理位置优越，是中国对外开放较早的地区之一；环渤海地区海岸线长，海域广阔，有丰富的海洋资源，目前世界海洋船舶工业主要集中在日本和韩国，环渤海地区离日韩更近，具备承接船舶产业转移的优势；珠三角地区海岸线长，海域面积大，与东南亚地区隔海相望，毗邻港澳，海陆交通便利，是南方地区对外开放的重要门户。

另外，地区码头长度和泊位个数也是影响海洋船舶工业发展的重要因素，2010年，中国沿海规模以上港口生产用码头长度595 483米，泊位4 661个，万吨级以上泊位1 293个。其中，长三角地区码头长度为170 952米，环渤海地区166 057米，珠三角地区最短，仅为144 742米，可见长三角和环渤海地区码头长度相当，珠三角地区相对处于弱势地位。就码头泊位数来看，长三角地区总数仍然领先，但万吨级泊位数小于环渤海地区（如图4所示）。

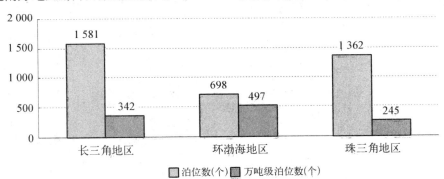

图4　三大地区生产用码头个数

数据来源：《中国海洋统计年鉴2011》

2. 政策环境

上海作为中国的直辖市之一，有独特的政策优势，加上中国（上海）自贸区的成立，将为海洋船舶工业发展创造更大的市场和良好的融资环境；根据《船舶工业中长期发展规划》，到2015年使中国不仅成为世界造船大国，也要成为世界造船强国。在2010

年，环渤海的造船能力与长三角持平，均为900万载重吨，到2015年将超越长三角，达到1 100万载重吨①。所以，在未来一段时间，环渤海地区海洋船舶工业将有很大的上升空间；国务院批准实施的《广东海洋经济综合试验区发展规划》明确提出了要"加快船舶工业结构优化升级，合理布局海洋船舶

---

① 船舶工业中长期发展规划(2006—2015). http://news. xinhuanet. com/politics/2007 - 12/26/content_7316625. htm

工业,打造世界大型修造船基地"[2]。

3. 经济环境

长三角地区是中国经济最发达的区域之一,有雄厚的制造业基础,一直是中国最重要的海洋船舶工业集中地。上海是全国经济最发达的城市,也是全国最大的造船城市,江苏的南通、泰州等也正在打造新的船舶配套生产基地;环渤海地区是中国传统的重工业基地,工业体系完善,城市和工业发达,有坚实的装备制造业基础;珠三角地区是中国最早对外开放的地区,经济发展水平高,对外贸易发展快,国际经济交流频繁,航运物流业发达。2010 年,长三角地区人均地区生产总值为 5.5 万元/人,环渤海地区为 3.9 万元/人,珠三角地区为 4.4 万元/人,就人均地区生产总值来看,长三角地区经济最发达,珠三角地区次之,环渤海地区最差。

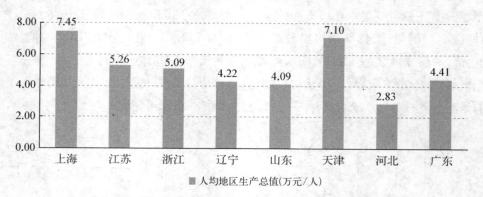

图5 2010 年三大地区各省市人均地区生产总值
数据来源:根据《中国海洋统计年鉴 2011》数据计算

4. 社会环境

长三角地区先进的管理水平、发达的现代服务业"和良好的基础设施",为这一地区海洋船舶工业的发展提供了良好的软环境。同时,该地区还拥有比较完善的船舶配套设施和人才优势,该地区科教资源丰厚,高端人才多,对人才的吸引力度大,为海洋船舶工业的发展提供了人才保障;环渤海地区伴随山东"蓝色海洋经济区"、辽宁沿海经济带和天津滨海新区、河北曹妃甸经济区的规划建设,这些沿海地区的优先发展将为海洋船舶工业的发展创造更大的机遇[8];珠三角地区劳动力成本低,对外开放程度高,市场经济体制机制比较完善,有利于船舶企业竞争,提高市场效率,但该地区专业技术人才比较缺乏。

5. 科技环境

长三角地区科技优势明显,该地区集中了全国大多数的科研与教育机构,拥有雄厚的科技实力,综合科研与教育水平达到全国领先水平,是全国科技人才最密集的地区之一。在船舶制造研究方面,长三角地区拥有上海交通大学、上海海事大学、中国船舶研究中心等十多家主要科研院所的专业支持;在综合人才培养方面,有众多"985"工程院校,如复旦大学、上海交通大学、同济大学、南京大学、东南大学、浙江大学等一批全国一流大学的人才支持;环渤海地区有中国海洋大学等面向海洋的高校和科研院所,为海洋船舶工业的发展提供了强大的人才和技术支撑,但该地区在船舶关键环节设计方面比较弱;珠三角地区专门研究海洋的科研院校较少,主要有广东海洋大学,科研实力相比其他两大地区明显偏弱。

表 1　中国三大船舶制造区域发展环境比较

要素分析 ＼ 地区	长三角地区	环渤海地区	珠三角地区
自然因素	地理位置优越,海岸线短、海域面积小、海洋资源欠丰	海岸线长,海域面积大,海洋资源丰富,离日韩较近	海岸线长,海域面积大,地理位置优越
政策因素	上海作为直辖市有政策优势,地方政府的支持力度大,中国(上海)自贸区成立	海洋功能区的建设政府重视	国家和地区发展规划明确了船舶产业的重点发展地位
经济因素	雄厚的制造业基础,经济区位优势明显,资金充足	坚实的装备制造业基础,工业发达,经济水平较差	航运物流业发达,经济发达
社会因素	海洋人才有优势,管理水平先进,社会软环境好	海洋功能区建设带动船舶工业发展	市场经济体制完善,劳动力成本低,专业技术人才缺乏
科技因素	综合科技实力强	船舶设计环节技术弱	科技实力偏弱

(二)产业规模:长三角占全国一半以上,珠三角份额最小

2010 年,中国船舶企业工业总产值达到 6 731.4 亿元,规模以上企业 2 179 家,中国已成为世界第一造船大国。如图 6 所示,长三角地区船舶工业总产值 3 828.6 亿元,占全国船舶工业生产总值的一半以上。

其中,江苏省造船完工量、新接订单量、手持订单量三大指标分别占全国的 34.5%、39.4%、37.9%,三大指标均位居全国之首;环渤海地区船舶工业总产值 1 558.8 亿元,约占全国总量的四分之一;珠三角地区船舶工业总产值最少,仅占全国总量的 7.27%。

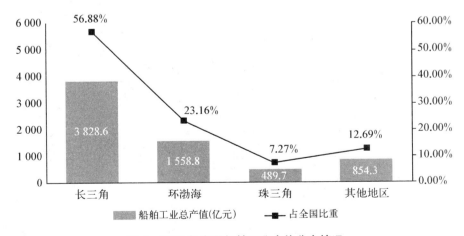

图 6　2010 年中国船舶工业产值分布情况

数据来源:《中国船舶工业年鉴 2011》[9]

(三) 市场结构:珠三角市场集中度最高,长三角区位熵最大

本文选用市场集中度来比较三大地区的市场结构绝对差异,用区位熵测度海洋船舶工业的地区集中程度。

1. 市场集中度

市场集中度是对整个行业的市场结构集中程度的测量指标,它用来衡量企业的数目和相对规模的差异,是市场势力的重要量化指标。本文用行业集中率 CR_4 计算海洋船舶工业市场集中度。令 X_i 表示各船舶企业工业产值,则海洋船舶工业集中度可表示为: $CR_4 = \sum_{i=1}^{4} X_i / \sum X_i$,即是某地区前四家企业海洋船舶工业产值之和与所有船舶企业产值之和的比值。

2010 年,长三角地区海洋船舶工业总产值为 3 828.6 亿元,其中,造船产值排名前四的企业依次为江苏韩通船舶重工有限公司、上海外高桥造船有限公司、江苏新时代造船有限公司和金海重工股份有限公司,产值分别为 217.5 亿元、190.5 亿元、180.3 亿元和130.0 亿元,由此计算得出长三角地区海洋船舶工业的市场集中度为 18.8%。同理,环渤海地区海洋船舶工业的市场集中度为 21.1%;珠三角地区海洋船舶工业市场集中度为 38%。三大地区中,珠三角地区海洋船舶工业市场集中度最高,大于 35%,属于中低集中型市场,有利于大企业做大做强,增强市场竞争力;长三角地区市场集中度最低,削弱了该地区海洋船舶企业的整体竞争力。

2. 区位熵

区位熵是指一个地区特定部门的产值在地区工业总产值中所占的比重与全国该部门产值在全国工业总产值中所占比重之间的比值。本文中海洋船舶工业的区位熵是地区海洋船舶工业从业人员数与该区域全部就业人数之比和全国海洋船舶工业从业人员数与全国所有就业人员数之比相除所得的商,即 $Le = \dfrac{e_i / E_i}{E_0 / E_1}$,其中, e_i 表示海洋船舶工业在 i 地区的从业人数, E_i 表示 i 地区总就业人数, E_0 为海洋船舶工业在中国总从业人数, E_1 为中国总就业人数[10]。按公式分别计算三大地区各省市造船业、船舶配套业和修船业的区位熵,结果如下(见表2):

表2 三大地区各省市海洋船舶工业区位熵

地 区		总就业人数(万人)	造 船 业		船舶配套业		修 船 业	
			船舶制造业从业人数(人)	区位熵	船舶配套业从业人数(人)	区位熵	修船及拆船业从业人数(人)	区位熵
长三角地区	上海	924.7	19 355	3.1	13 325	8.5	15 667	9.6
	江苏	4 731.7	198 397	6.3	43 674	5.5	19 079	2.3
	浙江	3 989.2	57 181	2.1	13 707	2.0	22 901	3.3
环渤海地区	辽宁	2 238.1	44 312	3.0	18 565	4.9	33 502	8.5
	山东	5 654.7	37 901	1.0	10 032	1.0	989	0.1

（续表）

地　区		总就业人数（万人）	造　船　业		船舶配套业		修　船　业	
			船舶制造业从业人数（人）	区位熵	船舶配套业从业人数（人）	区位熵	修船及拆船业从业人数（人）	区位熵
环渤海地区	天津	520.8	5 826	1.7	756	0.9	1 053	1.1
	河北	3 790.2	2 770	0.1	504	0.1	5 883	0.9
珠三角地区	广东	5 776.9	33 323	0.9	4 299	0.4	20 172	2.0
全　国		76 105	508 746	1.0	128 814	1.0	134 388	1.0

数据来源：根据《中国统计年鉴2011》和《中国船舶工业年鉴2011》数据整理计算

（1）造船业：江苏省造船业区位熵为6.3，远高于第二位的上海市，辽宁省和上海市相当，在八省市中，江苏、上海、辽宁、浙江、天津五省市的造船业区位熵系数均大于1.5，说明船造船业在这些地区的专业化程度较高，发展海洋船舶制造业具有明显的比较优势；山东省的造船业区位熵系数等于1，说明发展海洋船舶制造业有一定的优势，适合进一步发展海洋船舶制造业；广东省的造船业区位熵系数小于1，河北省仅为0.1，远远低于1，说明海洋船舶制造业集聚程度较低，专门化水平低，相比全国而言，发展海洋船舶制造业处于劣势地位。

（2）船舶配套业：在船舶配套行业，上海市区位熵系数最大，江苏省次之，辽宁省位于第三位，其中上海、江苏、辽宁、浙江四省市的船舶配套业区位熵大于1.5，表明这些地区船舶配套产业专业化水平高，发展优势明显；山东省船舶配套产业的发展接近全国整体水平，处于均势状态；天津市、广东省和河北省船舶配套产业区位熵系数都小于1，这三个地区船舶配套产业处于相对劣势地位。

（3）修船业：上海和辽宁的修船业区位熵系数最高，分别为9.6和8.5，远远高于其他省市，说明两地区在修船领域处于全国领先地位，具有很强的竞争优势；此外，修船业区位熵系数大于1.5的省市还有浙江、江苏和广东省，这些地区在修船方面优势显著，发展修船业的空间很大；而山东省修船业区位熵系数仅为0.1，在全国处于严重劣势地位，这与山东省海洋大省的形象不符。所以，山东省在未来要加强修船业的发展。

表3　三大地区海洋船舶工业情况比较

地　　区		造船业	船舶配套业	修船业
长三角地区	上海	优势	优势	优势
	江苏	优势	优势	优势
	浙江	优势	优势	优势
环渤海地区	辽宁	优势	优势	优势
	山东	均势	均势	劣势
	天津	优势	劣势	均势
	河北	劣势	劣势	劣势
珠三角地区	广东	劣势	劣势	优势

注：LQ＞1.5为优势；1.0＜LQ＜1.5为均势；LQ＜1为劣势

(四)产业集群:长三角集聚程度最高,珠三角最低

中国的海洋船舶工业主要分布在长三角、环渤海和珠三角三大地区,区域集聚现象非常明显[5]。分地区来看,长三角地区海洋船舶工业集聚程度最高,但船舶配套设施比较分散,重复建设现象严重。环渤海地区海洋船舶工业的集聚程度较高,但集聚很不均衡。珠三角地区集聚程度最低。通过对2010年中国船舶造船总量进行统计分析,得出的结论如图7所示,环渤海地区、长三角地区和珠三角三个地区造船总量占了全国的92.3%。其中,长三角地区所占比例最高,达到68%以上;环渤海地区所占比例在四分之一左右;珠三角地区所占的比例最小,为6.33%。

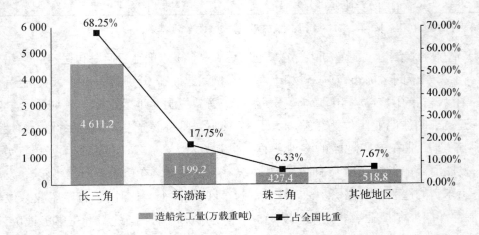

图 7　2010 年中国船舶工业产量分布图

数据来源:《中国船舶工业年鉴 2011》

从船舶企业的分布来看,中国船舶企业主要分布在长三角地区,尤其是大型的船舶企业,其次是环渤海地区,珠三角地区船舶企业最少。2010 年,长三角地区规模以上船舶企业共有 1 124 家,占全国企业总数的一半以上,环渤海地区有 403 家,珠三角地区174 家。三大地区船舶企业总数为 1 701 家,占全国船舶企业总数的 78%。

(五)生产效率:长三角最高,其余两大地区较低

用海洋船舶工业从业人员人均产值来衡量生产效率,由图 8 可以看出,三大地区各省市船舶工业生产效率最高的是上海市,高出全国整体水平约 53 万元/人。除此之外,辽宁、山东、浙江和江苏省的生产效率均高于全国整体水平。说明长三角地区海洋船舶工业的整体生产效率最高,远高于全国整体水平;由于天津市和河北省的生产效率低于全国整体水平,拉低了环渤海地区的整体效率,使得该地区的平均生产效率低于全国整体水平,所以,该地区生产效率有很大的提升空间;珠三角地区的生产效率和全国整体水平基本持平。

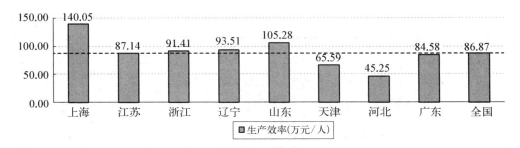

图 8 三大地区各省市海洋船舶工业生产效率

数据来源：根据《中国船舶工业年鉴 2011》数据整理计算

（六）重点企业：主要集中在长三角和环渤海地区

2011 年国内船厂排名显示,排名前 20 的企业中,长三角地区占了 14 家,主要有上海外高桥造船有限公司、沪东中华造船(集团)有限公司、江南造船(集团)有限责任公司和南通中远川崎船舶工程有限公司等一些大型造船企业;环渤海地区有 3 家,珠三角地区仅有 1 家企业。其中,排在前三位是大连船舶重工集团有限公司、上海外高桥造船有限公司和沪东中华造船(集团)有限公司。

大连船舶重工作为环渤海地区的"龙头"船舶制造企业,岸线长 9 016 米,有 30 万吨级造船船坞 2.5 座,是目前国内唯一有能力提供产品研发、设计、建造、维修、改装、拆解等全寿命周期服务的船舶企业集团。大连船舶重工资产总额近 1 000 亿元,年销售收入超过 200 亿元。企业造船实力雄厚,可以承担从千吨级渔船到三十万吨级超大型油轮,从常规散货船、油船到万箱级集装箱船、大型 LNG 船等各吨级、各种类船舶的设计建造任务。大连船舶重工也是中国首家具有自升式钻井平台自主知识产权和总承包业绩的海洋工程装备制造企业。

上海外高桥造船有限公司被誉为"中国第一船厂",虽然发展历史较短,但造船总量和经济效益连续八年稳居国内造船企业首位,2011 年,公司造成完工量达 814.8 万载重吨,成为国内首家造船总量突破 800 万载重吨大关的企业。另外,公司拥有自主品牌的好望角型绿色环保散货轮,它已成为国内建造最多、国际市场占有率最大的中国船舶出口"第一品牌",在国际上有很大的影响力。

沪东中华造船(集团)有限公司有先进的数字技术和大量高级技术人员,科技研发实力强,建立了数字化造船信息管理系统,形成了工艺流程先进,技术精良,管理先进的一体化造船模式。

表 4 中国海洋船舶工业重点企业

造船企业	所属地区	规 模	主 要 产 品
大连船舶重工集团有限公司	环渤海地区	年销售收入超过 200 亿元,年造船能力约 600 万载重吨	散货船、油船、万箱级集装箱船、大型 LNG 船
上海外高桥造船有限公司	长三角地区	年造船能力达 800 万载重吨	VLCC、好望角型散货船、集装箱船

（续表）

造船企业	所属地区	规 模	主要产品
沪东中华造船(集团)有限公司	长三角地区	年生产能力超过 220 万载重吨	LNG 船、LPG 船、集装箱船、油船、散装货船
江苏新世纪造船股份有限公司	长三角地区	—	油轮、集装箱船、散货船
渤海船舶重工有限责任公司	环渤海地区	年造船能力达 200 万载重吨	散货船、原油船/成品油船、VLCC
广州广船国际股份有限公司	珠三角地区	年造船能力小于 100 万载重吨	滚装船、客滚船、半潜式运输船
江苏扬子江船厂有限公司	长三角地区	年造船能力超过 250 万载重吨	散货船、集装箱船、自航自卸船
江南造船(集团)有限责任公司	长三角地区	年造船能力小于 100 万载重吨	LPG 船、大型自卸船、汽车滚装船
南通中远川崎船舶工程有限公司	长三角地区	年生产能力超过 200 万载重吨	散货船、集装箱船、油轮、汽车滚装船
上海船厂船舶有限公司	长三角地区	年造船能力大于 110 万载重吨	散货船、运木船、多用途船、集装箱船、冷藏船、滚装船、客船、海洋救助船

资料来源：根据《中国船舶工业年鉴 2011》资料和各公司网站资料整理

四、结 论

长三角地区在宏观环境、技术、人才和政策等方面都有绝对优势,船舶工业规模很大,企业整体竞争力强,海洋船舶工业生产效率最高,尤其是上海市在全国有很强的竞争优势,但长三角地区船舶工业市场集中度均低于其他地区,主要是因为船舶配套业比较分散造成的,这在某种程度上削弱了该地区在其他方面的优势,制约了海洋船舶工业的发展;环渤海地区海洋船舶工业发展环境较好,产业规模较大,但各省市船舶工业发展不均衡,辽宁省发展最好,河北省产业整体发展水平落后。另外,船舶配套业发展相对滞后,制约了造船业的发展。所以,该地区应积极改善船舶配套能力,加大码头、港口等基础设施建设。同时,应该加强地区内合作交流,促进地区内各省市海洋船舶工业平衡发展;珠三角地区在发展环境和生产效率方面均处于劣势地位,但市场集中度较高,有利于集中有限的资金、技术和人才,发挥更大的规模经济效应和协同效应。该地区应该增加科研投入,注重专业人才培养,支持重点企业设计创新,增强企业整体自主研发能力。

参考文献

[1] 马红燕,张光明.长三角船舶产业现状分析与发展策略研究[J].江苏科技大学学报,2009,8(4):34-37.

[2] 张捷,杨伦庆.广东船舶工业发展现状及对策建议[J].当代经济,2012(8):38-39.

[3] 关丽丽.我国船舶制造业承接韩日产业转移研究[D].青岛:海洋大学,2009.

[4] 邵桂兰,马丽娜.我国海洋船舶出口竞争力分析[J].中国港口,2011(1):44-47.

[5] 符浩亮.环渤海地区船舶产业集群竞争力评价研究[D].哈尔滨:哈尔滨工程大学,2012.

[6] 中国船舶工业行业协会网站:http://www.cansi.org.cn/.

[7] 国家海洋局.中国海洋统计年鉴2011[M].北京:海洋出版社,2012.

[8] 王会,张光明.长三角地区船舶工业分布现状与对策分析[A].第三届长三角地区船舶工业发展论坛论文集[C].2007.

[9] 杨霞.环渤海地区船舶制造业集聚研究[D].大连:辽宁师范大学,2011.

[10] 中国船舶工业年鉴编辑委员会.中国船舶工业年鉴2011[M].北京,2012.

[11] 张光明,袁林,李根.基于区位熵理论的江苏船舶产业优势分析[J].中国造船,2009,291(5):5-7.

（执笔：上海大学经济学院，

何淑芳　于丽丽）

中国海洋交通运输业的发展及区域比较

摘要: 中国海洋交通运输业是海洋经济中的支柱产业之一,其产值在主要海洋产业中高于大多数行业,但是从时间跨度上来看,海洋交通运输业的占比持续下降。作为海洋交通运输业重要构成的港口规模差别较大,其提供的运输能力也相应有所不同。分北部、东部和南部三大海洋经济区来看,其货物吞吐量基本上是各占三分之一,而客运则以南部占大多数,在货物运输方面,三大区域的分工并不明显,而每个区域内的港口间则有所分工。

关键词: 海洋交通运输业　发展现状　区域

海洋交通运输业是指以船舶为主要工具从事海洋运输以及为海洋运输提供服务的活动,包括远洋旅客运输、沿海旅客运输、远洋货物运输、沿海货物运输、水上运输辅助活动、管道运输业、装卸搬运及其他运输服务活动。

一、海洋交通运输业的地位

现代化交通运输方式包括铁路、水路、公路、航空和管道运输等五种,各有其不同的技术经济特征和适用范围。与其他国际货物运输方式相比,海洋运输主要有以下特点:(1) 通过能力大,海洋运输可以利用四通八达的天然航道,它不像火车、汽车受轨道和道路限制;(2) 运量大,海洋运输船舶的运载能力远远大于铁路运输车辆和公路运输车辆,一艘万吨船舶的载重量,相当于250—300个火车车皮的载重量;(3) 运费低,海洋运输运量大,航程远,分摊于每货运吨的运输成本较少,在外贸运输中更是具有独特优势。

(一) 海洋交通运输业与国民经济发展关系密切

海洋运输业的发展水平,不仅反映一个国家经济的对外联系和开放程度,而且也在一定程度上反映一个国家的经济发展水平。当今世界,经济全球化的进程不断推进,国际贸易活动日益频繁,国际货运量飞速增长,海洋运输业作为重要的国际性交通运输方式,凭借其运量大、成本低廉等优势,重要性不断提高。当前国际上经济发达的国家基本上都是海洋运输业发达的国家。

1. 海洋交通运输业是运输行业的重要组成部分

交通运输业在现代社会的各个方面起着十分重要的作用。是社会化大生产和现代社会发展的基础条件之一,是保证人们在政治、经济、文化、军事等方面联系交往的手段,也是衔接生产和消费的一个重要环节。

由于独具的自然、技术、经济特性,海洋运输在各种运输业中占有重要的地位,尤其是在洲际国际大宗物资的运输中占有特殊地位。海洋运输为工农业生产、基本建设、人民生活需要运输能源、原材料及各种产品,完成了经济发展所需的物资交流,为国民经济的发展提供保证。2011年,中国海洋运输完成货运量20.58亿吨,占全国货运总量的5.57%,其中沿海货运量14.30亿吨,远洋货运量6.28亿吨,完成货物周转量67 551亿吨千米,占全国货物周转量的42.40%,其中沿海货物周转量18 635亿吨千米,远洋货物周转量48 915亿吨千米[①]。

2. 海洋交通运输业促进相关产业的发展

海洋运输为采掘业、加工业和农业等生产部门完成了流动中的生产过程,是国民经济体系中的重要环节。

海洋运输影响着海洋开发、海洋渔业的发展,影响着国际工业的合作和中国经济特区、沿海港口城市的进一步对外开放。促进了船舶工业的发展,推动船舶的更新换代,使新型船只不断出现,海运还需要各种航海仪器和设备,促进相关工业的发展。

3. 海洋交通运输业与外贸产业关联度高

海洋作为一种天然的交通介质,将世界上大多数国家和地区连接到了一起。海洋作为天然通道在全球化中充当着各国经济联系纽带和运输大动脉的角色,对现代国际社会和各国的经济、政治都具有不可替代的作用。据统计,二战后世界海运业年均增长8%—10%,平均十年运量增长一倍左右,目前世界上主要的大洋航线共有10条,海洋运输承担了全世界70%的货运量,在海上运输货物的构成中,大宗战略物资的运输占首要地位,其中能源运输的比重占运输总量的50%。

中国目前已与170多个国家和地区有贸易往来,其中90%以上的外贸进出口任务是通过海洋运输来完成的[②]。改革开放以来30多年里,进出口总额以平均每年17.8%的速度增加,进出口货物量的80%由海运业来完成。海洋交通运输充分发挥了远距离运输中的低成本优势,为中国的进出口贸易发展提供了积极的支持。

---

① 本段中的数据根据《中国海洋统计年鉴 2012》和《中国海洋经济发展报告 2012》中的相关数据计算。
② 数据引自参考文献 3,P243。

（二）海洋交通运输业在海洋产业中的地位

1. 海洋交通运输业是海洋经济中的支柱产业之一

任何海上作业活动都离不开海洋交通运输的支持,在海洋经济的发展过程中,海洋交通运输业做出了巨大的贡献。海洋交通运输业历史悠久,从远古渔民驾船出海捕鱼,到如今发展成为一个专业化的行业,运输船舶的大型化、现代化,港口作业的规模化、智能化等技术的出现,使海洋运输业经历了从小到大、从弱到强的发展历程。虽然近年来,海洋油气、海洋医药等产业纷纷兴起并稳步发展,海洋运输业在海洋经济中的支柱地位仍牢不可破,并一如既往地推进着海洋经济的发展。

2. 海洋经济的发展离不开海洋交通运输的支持

海洋运输业属于海洋经济中的第三产业,其服务的特性不仅仅体现在推动国内外贸易的发展中,还体现在对滨海旅游、海洋水产等其他海洋产业的支撑与推动中。如果我们能够加大发展海洋运输业的力度,使其与国民经济、区域经济以及其他海洋产业发展的速度相匹配,那么不但可以直接提高海洋经济的总产值,还能更好地推动其他各项海洋产业的发展,以间接推动海洋经济的发展。

海洋交通运输业还会推动其他海洋产业的发展,比如,海洋交通运输业的发展可以拉动港口城市的经济、增加城市对于电力的需求,从而促进海洋电力的发展;海洋交通运输业的发展可以促进城市的对外交流,吸引更多的游客前往,从而推动滨海旅游业的发展;海洋交通运输业的发展可以加快物资的流动,加大海产品的需求,从而推动海洋渔业的发展;海洋交通运输业的发展更是直接带来了修船和造船业的兴起。

二、中国海洋交通运输业的发展现状

（一）发展迅速

随着经济全球化步伐的加快,海洋交通运输业呈现"船舶大型化、航运深水化和运输集装箱化"的发展趋势。中国海洋交通运输业发展迅速,运力不断提高,截至2010年底,超过亿吨的港口有20余个,货物吞吐量连续7年保持世界第一[①]。

在2001年全世界集装箱吞吐量排名前10位的港口中,中国只有2个[②],分别是上海位列第五、深圳位列第八。到2011年,有5个中国大陆的港口进入世界前10位,集装箱吞吐量之和占10个港口总和的50.24%,其中上海港以年吞吐量3 174万标准集装箱

---

① 数据选自《全国海洋经济发展"十二五"规划》。
② 不包括港澳台地区,后同。

位居世界第一,深圳港、宁波—舟山港分别排在第四位和第六位①。

表 1　全世界 2011 年集装箱吞吐量
居世界前 10 位的港口统计

(单位:万标准箱)

港　　口	所属国家或地区	吞吐量
上海	中国	3 174
新加坡	新加坡	2 994
香港	中国	2 437
深圳	中国	2 257
釜山	韩国	1 618
宁波-舟山	中国	1 472
广州	中国	1 425
青岛	中国	1 302
迪拜	阿联酋	1 300
鹿特丹	荷兰	1 190

截至 2011 年底,中国沿海主要港口生产用码头泊位共 4 733 个,其中万吨级以上深水泊位 1 366 个,分别是 2001 年的 3.25 倍和 2.60 倍。共拥有海洋运输船舶 12 357 艘,总吨位 7 788 万吨位。

2011 年,中国海洋旅客运输量共计 10 473 万人次,旅客周转量 41.15 亿人千米,分别是 2001 年的 1.69 倍和 1.15 倍,其中远洋旅客运输量 929 万人次,旅客周转量 10.57 亿人次千米。海洋货物运输量 205 808 万吨,其中远洋货物运输量 62 817 万吨,是 2001 年的 3.40 倍。海洋货物周转量 67 551

亿吨千米,其中远洋货物周转量 48 915 亿吨千米,货物运输量的增长速度超过旅客运输量,说明海洋运输业的发展主要集中在货运方面。

(二) 在海洋产业中地位重要

2011 年中国海洋交通运输业增加值、从业人员等指标在海洋产业七大行业中的占比处于比较重要的地位。

表 2　2011 年海洋交通运输业
在海洋产业中的地位

指　　标	数　值	在海洋产业中所占比重	在海洋产业各行业中排名
增加值	4 217.5 亿元	22.36%	2
从业人员	82.5 万人	7.07%	3
科研机构研发人员	946 人	22.93%	2
研发经费投入	2.52 亿元	10.97%	3

2011 年中国十二个主要海洋产业②增加值 18 865.2 亿元,其中海洋交通运输业增加值 4 217.5 亿元,占 22.36%,在主要海洋产业各行业中排名第二位,仅次于滨海旅游业。

2011 年海洋产业从业人员 1 167.5 万人,其中海洋交通运输业从业人员 82.5 万人,占海洋产业从业人员的 7.07%,在海洋产业各行业中排第三位,仅次于海洋渔业和滨海旅游业。

---

① 2001 年的数据来自《世界航运发展报告 2008》,2011 年的数据来自《中国海洋统计年鉴 2012》。
② 在中国海洋统计年鉴中,主要海洋产业包括海洋渔业、海洋油气业、海洋矿业、海洋盐业、海洋船舶工业、海洋化工业、海洋生物医药、海洋工程建筑业、海洋电力业、海水利用业、海洋交通运输业、滨海旅游业等十二个行业。

2011 年海洋交通运输工程技术科研机构研发人员共 946 人,占海洋产业科研机构从业人员总数的 22.93%,在海洋产业的七大行业中,排列第二,仅次于海洋能源开发技术。研发经费总投入 2.52 亿元,占海洋产业研发总支出的 10.97%,排列第三,仅次于海洋能源开发技术和河口水利工程技术。

从业人员增长速度与海洋产业同步,研发人员数量和研发经费投入排名比较靠前,产值比重排名第二位,仅次于滨海旅游业。

(三)在海洋产业中的产值占比有所下降

虽然海洋运输业仍然保持了在海洋经济中作为支柱产业的地位,但是从历年数据的比较来看,海洋交通运输业的平均增长速度低于海洋产业整体,2001 年至 2011 年,中国海洋产业增加值平均每年增长速度为 37.79%,而海洋交通运输业增加值平均每年增长速度仅为 22.04%(见图1、图2)。

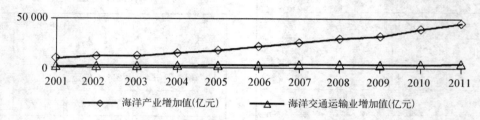

图1　海洋产业和海洋交通运输业历年增加值

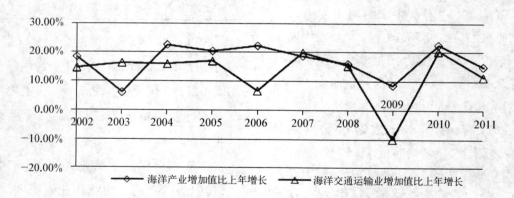

图2　海洋产业和海洋交通运输业历年增加值增长率

此外中国海洋交通运输业增加值在海洋产业中的比重波动较为明显,2001 年海洋交通运输业增加值在主要海洋产业中所占的比重为 34.13%,2005 年这一比重为 33.02%,到 2011 年下降到 22.36%。总体上呈现不断下降的态势,并且下降速度有所加快(见图3)。这一现象一方面与近年来海洋新兴产业的快速发展和滨海旅游业的兴起有关,另一方面也说明当前中国的海洋交通运输业亟需改变发展方式,提高产业附加值。

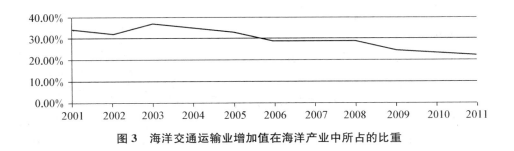

图3　海洋交通运输业增加值在海洋产业中所占的比重

三、中国海洋交通运输业的特点

（一）受到自然条件影响显著

海洋交通运输业是自然条件与地理指向性较强的产业。海岸线的长度、建设深水港的自然条件以及气候等因素都是海洋交通运输业发展无法回避、也难以改变的客观条件。

中国大陆和岛屿的海岸线总长约 3.2 万余公里，其中基岩海岸 5 000 多公里，深水岸段 400 余公里，拥有多处建港条件优良的海湾，面积在 10 km^2 以上的港湾 160 多个。但港口资源在地理上分布不均衡，海岸可分为基岩海岸、淤泥质海岸和砂砾质海岸三种类型，资源主要集中在基岩港湾和大中河口，而平原海岸（如渤海湾、苏北沿岸等）岸线平直、海滩宽阔的地段，水浅坡缓，淤积严重，港口资源贫乏。

虽然随着现代建港技术的发展，即使环境条件不太好的港址，也可根据经济发展或某种任务的需要建设成人工港，但建设费用高昂，维护成本大，因此，海洋交通运输业的发展根本上还是受到自然条件的限制。

（二）产值规模受外贸形势影响大

海洋交通运输的主要优势体现在长距离运输上，其主要业务来源是进出口贸易，因此，其产值水平与外贸进出口额有较强的相关性。从图4可以看出，中国海洋交通运输业增加值与外贸进出口货物总额几乎是同步波动的，在 2009 年，受国际金融危机的影响，中国外贸进出口货物总额较上年的增长率是－16.27％，与此同时，海洋交通运输业增加值也呈现负增长，比 2008 年下降 10.08％。

（三）受石油价格和运输成本的影响

联合国贸发会的研究表明，油价每上升 10％ 将使得海洋运输中集装箱运输的成本提高 1.9％—3.6％，以及每吨铁矿石运输成本提高10.5％和原油运输成本提高2.8％[1]。海洋运输距离长，燃油成本在运输成本中所占比重大，国际石油价格波动对海洋运输业的效益影响很大。

---

① 数据引自参考文献[2]。

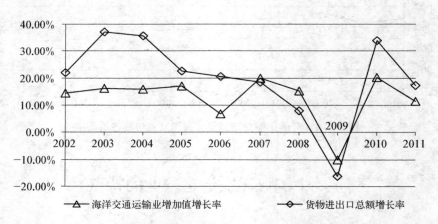

图 4　海洋交通运输业增加值与外贸进出口总额的关系

(四) 市场集中度高

由于资金门槛高,技术专门化程度强,行业进入难度大,海洋交通运输通常集中度较高。2010 年中国航运企业经营的船队规模排名前二十位的企业拥有船舶总数为 3 456 艘,总载重运力为 12 769.6 万吨,其中前三名企业拥有船舶总数 2 936 艘,占84.95%,总载重运力为 9 738.9 万吨,占76.27%[①]。

四、中国海洋交通运输业发展的区域比较

受到自然条件、经济发展状况和产业结构区域差异的影响,海洋交通运输业的发展存在着明显的区域性特征。

2008 年交通运输部组织开展了全国第三次港口普查,有 28 个港口列入规模以上港口[②](见表 3),2011 年码头泊位数排名前五位的是上海港、宁波-舟山港、广州港、温州港和北部湾港,五个港口的码头泊位总数占到全国的 46.14%,而万吨级以上泊位数排名前五位的是上海港、宁波-舟山港、天津港、大连港和深圳港,其万吨级以上泊位总数占全国的 38.36%。

2011 年货物吞吐量排名前五位的是宁波-舟山港、上海、天津、广州和青岛,货物吞吐量占全国的 41.79%。旅客吞吐量排名前五位的是海口、湛江、厦门、大连和宁波-舟山港,旅客吞吐量占全国的 66.79%。

---

① 根据中国交通运输年鉴相关数据计算。
② 据查证,列入交通运输部规模以上港口名录的港口是年吞吐量在 1 000 万吨以上的。

表3　沿海规模以上港口码头泊位和吞吐量(2011年)

港　　口	码头泊位		旅客吞吐量		货物吞吐量	
	个数(个)	#万吨级以上	(万人)	#离港	(万吨)	#外贸
合计	4 733	1 366	7 325	3 713	616 292	252 318
丹东	34	17	18	9	7 636	581
大连	198	79	680	338	33 691	10 672
营口	69	44	5	3	26 085	5 415
秦皇岛	66	42	6	3	28 770	1 244
天津	143	98	25	12	45 338	22 162
烟台	82	53	444	222	18 029	7 421
威海	15	10	124	65	3 002	1 591
青岛	75	59	17	8	37 230	26 394
日照	48	41	11	5	25 260	16 690
连云港	53	38	14	7	15 627	9 158
上海	606	150	154	78	62 432	33 778
宁波-舟山	625	129	651	321	69 393	31 611
台州	172	6	207	103	5 099	982
温州	239	15	204	102	6 950	425
福州	125	43	4	2	8 218	3 319
泉州	104	19	9	4	9 330	1 941
厦门	134	60	1 099	550	15 654	8 035
汕头	86	18	—	—	4 005	1 035
深圳	160	68	384	211	22 325	17 503
广州	487	65	80	42	43 149	9 914
湛江	153	31	1 196	617	15 539	5 464
北部湾港	227	56	30	15	15 331	8 906
#北海	52		30	15	1 591	635
钦州	65	22	—	—	4 716	1 660
防城	110	26	—	—	9 024	6 611
海口	52	10	1 266	639	6 549	285
洋浦	29	14	—	—	3 101	1 513
八所	10	8	—	—	997	200
其他	514	137	667	342	72 221	17 173

注：根据2009年4月调整后的规模以上港口统计范围统计

国家海洋经济"十二五"规划中,将中国海洋经济按区域划分为北部、东部和南部三大海洋经济区。每个区域海洋经济发展定位不同,因而海洋交通运输业分工也有所差异(见图5)。

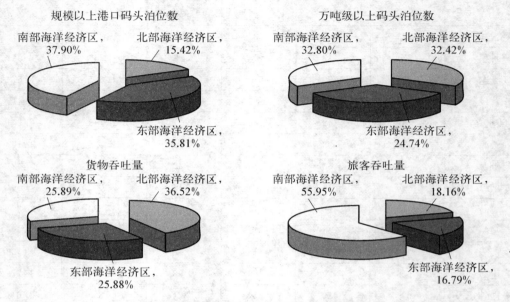

图 5　三大海洋经济区规模以上港口基本情况

(一)能源矿产运量大的北部海洋经济区

北部海洋经济区由辽东半岛、渤海湾和山东半岛沿岸及海域组成。这一区域是中国北方地区对外开放的重要平台,在海洋交通运输业方面有比较悠久的历史,大连港、秦皇岛港和烟台港都有百年以上的历史,天津港是中国最大的人工深水港。目前这一区域共有规模以上港口 9 个,码头泊位数 730 个,其中万吨级以上码头 443 个,2011年规模以上港口共完成货物吞吐量 225 041 万吨,旅客吞吐量 1 330 万人次,分别占全国的36.52%和18.16%。

北部海洋经济区南北跨度较大,各地海运条件差异明显。辽东半岛沿岸是面向东北亚的出海通道,规模以上港口包括丹东港、大连港和营口港,其腹地范围包括东北三省和内蒙古自治区东部,丹东港和营口港以粮食、煤炭、油品、矿石、钢材等货物运输为主,大连港除了承担货物运输外,也承担这一地区客运的大部分任务。

渤海湾沿岸背靠北京、天津两个直辖市,以及河北、山西等省,腹地内制造业基础雄厚,科技发达,矿产资源也比较丰富,海洋交通运输业需求旺盛,规模以上港口有秦皇岛港和天津港。秦皇岛港是中国北煤南运、晋煤外运的主要港口,是世界第一大能源输出港。天津港管道运输线路齐备,陆路交通体系发达,已建成了立体交通集疏运体系,海陆联运条件好。具备提供船舶融资、船运保险、资金结算等航运金融业务的能力。

山东半岛沿岸有优良的海运自然条件,

这一区域海岸线总长 3 122 公里,适合建港的海湾有 24 处,已建成烟台港、威海港、青岛港、日照港等 4 个规模以上港口。这些港口的服务范围除华北大部分区域外,还包括西北的部分地区。都具有包括煤炭、原油、液体化工品、粮食、水泥、钢材、铁矿石和集装箱货物等各种货物的综合运输能力,烟台港和威海港同时也是北方地区的重要客运港口。

(二)海运服务业先进的东部海洋经济区

东部海洋经济区由江苏、上海、浙江沿岸及海域组成,规模以上港口包括连云港、上海港、宁波-舟山港、台州港和温州港。这一区域的经济外向型程度高,港口航运体系完善,国内规模最大的两个港口上海港和宁波-舟山港都位于这一区域。目前共有规模以上港口 5 个,码头泊位数 1 695 个,其中万吨级以上码头泊位数 338 个,分别占全国的 35.81% 和 24.74%。万吨级以上码头泊位数占比明显小于码头泊位总数占比与这一区域的海域泥沙淤积多有关。

虽然发展海洋交通运输业的自然条件有限,但是这一区域经济发达,对外贸易量大,随着科技的进步,港口建设和码头作业技术得以提高,能够克服自然条件的限制,使海洋运输业的发展满足市场需求。东部海洋经济区服务于长江流域各省区,腹地范围广阔,经济背景良好。2011 年,共完成货物吞吐量 159 501 万吨,旅客吞吐量 1 230 万人次,分别占全国的 25.88% 和 16.79%。其

中上海港集装箱货物吞吐量 3 174 万标准箱,连续第 8 年位居世界第一。作为建设中的国际航运中心,上海的海洋交通运输业发展已经突破以货物和旅客运输为主的传统服务,而是更加重视航运信息、船舶交易签证、船舶拍卖、船舶评估等延伸服务,同时强调航运软环境建设,从而提高了海洋运输业的附加值。宁波-舟山港除了品种齐全的综合性货物运输外,还承担了本区域一半以上的海洋旅客运输任务。

(三)客货运输并重的南部海洋经济区

南部海洋经济区包括福建、珠江口及其两翼、北部湾、海南岛沿岸及海域。这一区域海域辽阔,海岸线长,是中国海洋交通运输业发展自然条件最好的区域。共有福州港、泉州港、厦门港、汕头港、深圳港、广州港、湛江港、北部湾港、钦州港、防城港、海口港、洋浦港和八所港等 13 个规模以上港口,共有码头泊位数 1 794 个,其中万吨级以上码头泊位数 448 个,分别占全国的 37.90% 和 32.80%。2011 年共完成货物吞吐量 159 529 万吨,旅客吞吐量 4 098 万人次,分别占全国的 25.89% 和 55.90%。

这一区域地理位置特殊,福建沿岸是连接海峡两岸的枢纽,珠江口是面向港澳的通道,广西北部湾是中国通向东盟国家的门户,海南岛则是中国大陆的最南端。除了承担全国三分之一左右的海洋货物运输外,与其他两大区域不同的是,南部海洋经济区的海洋交通运输业承担着超过一半的旅客运输任务,反映了这一区域的海上客运条件便

捷,比如对于海南岛来说,与岛外的交通联系主要依靠海运。此外,海洋旅游业的发展也是这一区域海上旅客运输量大的一个重要原因。其中 2011 年全国旅客吞吐量最大的三个港口——海口港、湛江港和厦门港,都位于著名的旅游城市。

五、结　论

中国海洋交通运输业历史悠久,实力雄厚,在海洋经济和交通运输业中都拥有举足轻重的地位,从数据来看,海洋交通运输业在海洋产业中的重要性排名一直处在第 2 位左右,但自 2001 年以来其占比的绝对值持续下降。由于各地自然条件的差异,作为海洋交通运输业重要构成的港口规模差别较大,其提供的运输能力也有相应的不同。北部、东部和南部三大海洋经济区的货物吞吐量基本上是各占三分之一,而客运以南部为主。在货物运输方面,三大区域的分工并不明显,而每个区域内的港口间则由于规模差异而有所分工。

参考文献

[1]　全国海洋经济发展“十二五”规划,2012 年 9 月.

[2]　瓮曼莉.中国海运业发展趋势及其经济影响[J].物流工程与管理,2013(6):45 - 46.

[3]　李珠江、朱坚真.21 世纪中国海洋经济发展战略[M].北京:经济科学出版社,2007.

[4]　张晋青.环渤海区域海洋运输业发展研究[D].大连:辽宁师范大学,2012:1.

[5]　殷克东等主编.中国海洋经济发展报告(2012)[M].北京:社会科学文献出版社,2012.

（执笔:上海大学经济学院,谢叙祎）

滨海旅游业的区域经济效应分析

摘要：滨海旅游业的区域经济效应分为正的经济效应和负的经济效应，文章在已成型的经济效应分析方法上，综合利用中国沿海地区的相关统计数据，对滨海旅游业的区域经济正效应进行分析研究。

关键词：海洋经济　滨海旅游业　经济效应

滨海旅游在全世界范围都是一种非常受旅游者喜爱的休闲度假方式，从最近的旅客分布上来看，沿海地区一直是最吸引旅游者的区域，近年来对滨海旅游的需求量总体上来看是有增无减。中国作为海洋大国，拥有近300万平方公里的海域与32 000公里长的海岸线，其中大陆岸线为18 000公里，位居世界第四位；另外，中国的滨海旅游资源非常丰富，滨海旅游业也已经有了一定的发展，这些条件都为中国进行滨海旅游的开发及发展提供了良好的基础。同时，中国的滨海旅游产业具有产业联动性强、就业容量大、行业带动性高、发展速度快、旅游服务需求多等特点，有利于带动或影响地区经济发展。

一、研究背景及思路

从地理分布上来看，中国主要的滨海省市有11个，他们由北到南依次是：辽宁省、河北省、天津市、山东省、江苏省、上海市、浙江省、福建省、广东省、广西壮族自治区和海南省，这是本文的研究范围。根据国家海洋局相关统计数据显示，2012年，全国海洋生产总值50 087亿元，同比增长7.9%，海洋生产总值占国内生产总值的9.6%，主要海洋产业增加值20 575亿元，同比增长6.2%。滨海旅游业是对海洋产业增加值贡献最大的产业，占主要海洋产业增加值的33.9%，全年实现增加值6 972亿元，同比增长9.5%[1]；可以看到，海洋产业在中国经济中的比重很大，而滨海旅游业在海洋经济中又占据着绝对重要的地位。

与此同时,中央及各个沿海地区相关政府部门近年来也不断出台相关的政策措施和发展规划,为滨海旅游产业的优化发展保驾护航、指明方向,力图使滨海旅游产业在自身发展的同时对地区经济的发展起到良好的带动作用。

文章研究的样本地区主要是中国十一个沿海省市区主要的滨海旅游城市,通过搜集样本地区内的各项旅游相关数据和地区经济数据,使用回归分析、贡献率计算、投入产出法等方法,分析研究滨海旅游的就业效应、创汇效应和创收效应。

二、文献回顾

最早进行旅游业经济效应方面研究的是1899年意大利的博迪奥(L. Bodio)发表的《关于意大利的外国旅游者的移动及其花费》这篇论文,这是目前可查阅到的最早的研究旅游经济效应的文献[2]。

意大利的特罗伊西(Troisi, 1955)的研究拉开了旅游经济学界对旅游的经济效应研究的序幕。主要的研究内容包括旅游投资与收益的比较、旅游宏观经济部门与旅游微观经济部门及旅客开支对旅游目的地的经济和社会产生的作用。

国内的有关研究开始于20世纪90年代。就研究内容方面来讲,主要集中在可持续发展、滨海旅游的环境与资源、发展的不足及问题和相关的研究综述等方面。

依邵华(2005)运用剥离系数的方法,就旅游业对国民经济贡献及其就业效应进行了测算,为解决就业问题提供了理论上的依据[3]。

张广海、田继鹏(2007)从滨海旅游资源评价、滨海旅游资源开发、滨海旅游环境影响及保护、滨海旅游社会文化影响、滨海旅游经济影响、海岛旅游研究六个方面系统回顾国内外研究进展,并得出大尺度系统研究中国滨海旅游,将是一个趋势这样一个判断[4]。

徐晗(2010)通过定量分析和定性分析,对吉林长白山地区的旅游业促进区域经济发展的效应进行分析,并且根据分析结论做出长白山地区旅游业的发展规划[5]。

周武生(2010)从微观和宏观两个层面,对2003年到2009年各指标的纵向比较以及与社会其他行业、其他滨海旅游区域的横向比较,得出了广西省的滨海旅游经济效应大、贡献率高,并且提出滨海旅游业作为北海的支柱型产业等观点[6]。

随着对旅游业的持续研究与探索,当前形成了三种研究旅游业影响的主要方法,分别是:投入产出法、旅游乘数法和旅游卫星账户法。这些研究成果与研究方法都为本文提供了研究基础。

三、区域经济影响的主要类型

（一）滨海旅游业就业效应

发展滨海旅游业能为当地提供大量的就业岗位，就业效应的存在有着经济和社会方面的意义。而研究表明滨海旅游业能有效缓解了就业压力。据世界旅游组织统计，旅游产业每增加一个直接就业机会，就会给社会带来五到七个就业机会[7]。滨海旅游产业的就业岗位提供主要有直接提供和间接提供两种。直接提供就是由滨海旅游业内企业所提供的岗位，如滨海旅行社、滨海旅游度假区服务，等。间接增加的就业机会主要是指支撑和营造滨海旅游发展的船舶制造业、滨海建筑建造、交通运输业，等。

（二）滨海旅游业创汇效应

滨海旅游业的创汇效应是平衡国际收支的重要方式，也是主要沿海地区外汇收入的重要组成部分。国家之间贸易往来的目的就是为了赚取外汇收入，在当前经济全球化的大背景之下，为了能够在国际贸易的舞台上占有一席之地就要努力扩大外汇收入并壮大外汇渠道。通常扩大外汇收入有两种方式：一是贸易外汇，即通过实体货物的出口来赚取外汇。二是非贸易收入，即通过提供劳务和技术服务等方式赚取外汇。滨海旅游所创外汇就是属于第二种非贸易外汇[8]。尤其滨海旅游是在开放程度较高的沿海地区，外来游客相比较其他内陆旅游在创汇效应上更加有优势。

（三）滨海旅游业创收效应

滨海旅游的直接收入与间接收入能够为沿海地区的国民生产总值推波助澜。直接收入表现为滨海旅游者在当地消费服务与商品所形成的旅游地的收入。间接收入是指由滨海旅游行为引发的一系列旅游地间接的收入。例如交通运输费用、旅店住宿费用，等。据相关文献研究表明，对滨海旅游收入的衡量标准，目前国内学者最常使用的主要有以下几种：滨海旅游总收入对 GDP 的贡献率、旅游业增加值对 GDP 的贡献率以及滨海旅游业总产值对 GDP 的贡献率等。

四、滨海旅游业的区域经济效应分析

（一）就业效应

这部分内容主要就通过综合就业系数的方法，并应用相关经济数据对滨海旅游产业的就业效应进行分析计算。

综合就业系数可以反映直接和间接就业效应之和，主要通过两个步骤来进行计算[9]：

就业系数＝滨海旅游产业就业人数/滨海旅游产业增加值…………… (1)

综合就业系数＝里昂惕夫逆矩阵中相应系数×就业系数 ………(2)

里昂惕夫逆矩阵内容：

$$C=(C_{ij})_{m×n}=(I-A)^{-1}$$　其中 A 为直接消耗系数矩阵，I 为单位矩阵。

里昂惕夫逆矩阵的元素 $C_{ij}(i, j = 1, 2, \cdots, n)$ 称为里昂惕夫逆系数。表明第 j 个产业部门增加一个单位最终使用时对第 i 个产业部门的完全需要量。

考虑到数据的可得性和分析结果的准确性，文章选取的分析范围是中国比较有代表性的两个滨海旅游大省：浙江、广东。所使用的投入产出表均为各自省份的 2007 年包含旅游业部门的版本。下面来看这两个沿海省市的例子。

1. 浙江省滨海旅游业就业效应

2010 年浙江省滨海旅游业直接就业人数为 407.6 万人[10]，产业增加值为 480 亿元[11]。从而可以得出就业系数为 0.923 36（每十万元产业增价值的就业人数）。

通过以上步骤的一系列相关计算可以得到里昂惕夫逆矩阵中旅游业的相应系数，进而得到滨海旅游产业的综合就业系数，由于将与 144 个部门相关联的综合就业系数悉数列出太过庞杂，因而此处仅选取主要的综合就业系数较大的一组产业部门（如表 1 所示）。

表 1　2010 年浙江省滨海旅游业综合就业系数表

产　业	综合就业系数	产　业	综合就业系数	产　业	综合就业系数
石油和天然气开采业	0.207 1	造纸及纸制品业	0.024 7	电信和其他信息传输服务业	0.020 4
废品废料	0.025 0	道路运输业	0.046 6	批发业	0.030 8
电力、热力的生产和供应业	0.068 8	城市公共交通业	0.006 3	零售业	0.011 5
住宿业	0.116 0	保险业	0.108 9	商务服务业	0.062 3
餐饮业	0.167 2	房地产开发经营业	0.009 3	旅游业	1.087 0
环境管理业	0.020 8	公共设施管理业	0.064 5	144 部门总计	3.073 2

资料来源：根据《浙江省 2007 年投入产出表》；《中国海洋统计年鉴 2011》；浙江统计信息网：浙江海洋统计研究公布数据整理推算

依据该表的数据可以得到如下结论，即浙江省内滨海旅游产业的增加值每增加一个亿就能够带动滨海旅游业内和其他部门就业人数共 3 073.2 人，由此可以看到滨海旅游业为浙江省带来的就业效应大小。而在产业内部增加的就业人数为 923.3 人，也就是说直接从业者人数与整个社会带动的就业人数之比大约是 1∶3.3，这一比例体现的是对间接就业者的带动关系，也就是说浙江省的滨海旅游业每增加一个就业人数会在其他产业内增加 3.3 个左右。相对于整个旅游业平均水平中 1∶5 的关系来说还是偏低,说明浙江省滨海旅游业的就业效应尚未完全发挥出来,应当进一步挖掘其就业效应。

　　2. 广东省滨海旅游业就业效应

　　广东省 2009 年滨海旅游业产业增加值为 767 亿元[12],产业内直接就业人数为 784.1万人[10]。通过简单计算可得就业系数为:1.113 06(每十万元产业增加值的就业人数)。同样运用相应的综合就业系数计算方法可以得到 2009 年广东省滨海旅游业的综合就业系数表,此处仍只列出综合就业系数较大的一部分(如表 2 所示)。

表 2　2007 年广东省滨海旅游业综合就业系数表

产　业	综合就业系数	产　业	综合就业系数	产　业	综合就业系数
汽车制造业	0.019 8	仪器仪表制造业	0.086 8	废品废料	0.012 7
电力、热力的生产和供应业	0.103 0	道路运输业	0.022 8	住宿业	0.239 9
电信和其他信息传输服务业	0.014 0	银行、证券等金融业	0.099 8	装卸搬运和其他运输服务业	0.215 5
餐饮业	0.243 6	批发零售业	0.029 2	保险业	0.072 9
房地产业	0.032 1	商务服务业	0.098 1	旅游业	1.113 1
环境管理业	0.028 2	其他服务业	0.019 7	135 部门总计	3.519 6

资料来源:根据《广东省 2007 年投入产出表》;《中国海洋统计年鉴 2011》整理推算

　　通过该表可以看出,广东省滨海旅游业增加值每提高 1 个亿,就能够为滨海旅游业和其他相关产业部门产生 3 519.6 人的就业岗位,此为广东省滨海旅游业的综合就业效应值。另外,滨海旅游业每亿元增加值能够在其产业内部产生 1 113.06 个就业岗位,从而直接从业者人数与整个社会带动的就业人数之比大约是 1:3.16,略低于旅游业的平均值。

(二) 创汇效应

　　分析滨海旅游外汇收入效应的外汇收入数据全部选取自《中国海洋统计年鉴》,由于年鉴的 2008 版本与 2011 版本中对主要沿海城市的统计选取范围不一样,其中 2011 版中的主要沿海旅游城市的选取数量小于 2008 年版中的选取数量。为了保证整体数据选择范围原则是一致的,文章以 2011 年版中选取沿海城市范围为准,对 2008 年版的中国海洋统计年鉴中外汇总收入进行了重新计算,得出总值。城市选择范围为以下 25 个沿海城市:天津、秦皇岛、大连、上海、南通、连云港、杭州、宁波、温州、福州、厦门、泉州、漳州、青岛、烟台、威海、广州、深圳、珠海、汕头、湛江、中山、北海、海口、三亚(见表 3)。

　　搜集相同沿海城市的生产总值,来代表中国沿海地区的经济发展情况,同滨海旅游外汇收入进行比较分析(如表 4 所示)。

表3　中国主要沿海城市滨海旅游外汇收入　　　　（单位：万美元）

年　份	2005	2006	2007	2008	2009	2010
天津	50 901	62 590	77 871	100 139	118 264	141 951
秦皇岛	9 257	10 407	13 073	10 169	11 909	12 022
大连	40 000	46 500	58 125	65 835	72 748	80 386
上海	355 588	390 399	467 297	497 172	474 402	634 092
南通	13 531	17 496	24 728	28 368	30 933	36 066
连云港	4 601	6 096	7 789	7 959	9 173	10 747
杭州	75 804	90 870	112 665	129 610	137 995	169 008
宁波	24 833	33 703	43 070	46 874	48 650	59 066
温州	9 097	10 926	14 083	16 109	17 797	21 115
福州	27 266	25 225	59 868	65 750	77 400	84 300
厦门	55 233	59 083	71 880	81 865	90 194	108 552
泉州	37 728	42 888	49 398	65 980	64 771	66 737
漳州	1 400	9 026	22 469	11 653	12 685	15 455
青岛	41 493	54 262	67 507	50 030	55 178	60 103
烟台	13 207	16 590	22 950	26 708	31 081	37 707
威海	7 086	8 929	12 447	13 734	16 083	19 151
广州	228 466	279 728	319 147	313 035	362 396	466 127
深圳	200 869	226 550	262 328	270 399	276 026	315 896
珠海	70 148	87 389	90 240	94 823	102 670	122 339
汕头	5 950	6 093	5 936	6 491	4 910	5 016
湛江	1 483	1 604	1 785	1 891	2 237	2 716
中山	21 027	21 682	21 678	22 702	20 434	27 591
北海	642	969	1 401	1 559	1 721	2 173
海口	4 023	4 111	4 126	3 702	3 089	3 756
三亚	7 451	17 066	24 408	26 255	19 497	24 504
总计	1 307 084	1 530 182	1 856 269	1 958 812	2 062 243	2 526 576

资料来源：根据《中国海洋统计年鉴2008》；《中国海洋统计年鉴2011》中统计数据整理

表4　中国主要沿海城市地区生产总值　　　　（单位：亿元）

年　份	2005	2006	2007	2008	2009	2010
天津	3 906	4 463	5 253	6 719	7 522	9 109
秦皇岛	491	552	665	809	877	931
大连	2 290	2 569	3 131	3 858	4 349	5 158

（续表）

年　份	2005	2006	2007	2008	2009	2010
上海	9 125	10 297	12 001	13 698	14 901	16 872
南通	1 470	1 758	2 112	2 510	2 873	3 415
连云港	454	527	615	750	941	1 150
杭州	2 900	3 441	4 103	4 781	5 098	5 949
宁波	2 480	2 864	3 435	3 964	4 334	5 163
温州	1 588	1 834	2 157	2 424	2 527	2 926
福州	1 482	1 657	1 974	2 296	2 521	3 123
厦门	1 030	1 163	1 375	1 560	1 623	2 054
泉州	1 623	1 901	2 276	2 795	3 002	3 565
漳州	702	717	864	1 002	1 102	1 400
青岛	2 612	3 206	3 786	4 401	4 853	5 666
烟台	2 012	2 042	2 885	4 309	3 728	4 358
威海	1 170	1 369	1 583	1 795	1 969	1 944
广州	5 154	6 081	7 140	8 287	9 138	10 604
深圳	4 951	5 814	6 802	7 787	8 201	9 511
珠海	635	750	887	992	992	1 038
汕头	650	740	850	974	1 035	1 203
湛江	604	770	892	1 050	1 156	1 403
中山	823	1 034	1 238	1 409	1 564	1 826
北海	183	215	244	314	335	398
海口	254	350	396	443	490	590
三亚	74	109	122	144	175	230
总计	48 663	56 223	66 786	79 071	85 306	99 586

资料来源：根据各地区统计局网站及其他相关信息网站整理

　　2008 与 2011 两个数据统计时期的人民币美元兑换汇率均约为 6.8，按此汇率每年的人民币与美元换算比例统一计算单位为亿元，如表 5 所示。

表 5　2005—2010 年中国主要沿海城市外汇收入及其换算

年　份	2005	2006	2007	2008	2009	2010
外汇收入(万美元)	1 307 084	1 530 182	1 856 269	1 958 812	2 062 243	2 526 576
换算后外汇收入	888.817 12	1 040.524	1 262.263	1 331.992	1 402.325	1 718.072
地区 GDP 总值	48 663	56 223	66 786	79 071	85 306	99 586

下面通过建立线性回归模型对中国主要沿海城市的滨海旅游外汇收入对地区国民生产总值的影响进行回归分析。

采用模型：$Y=bX+c$；其中，Y 是中国主要沿海城市的国民生产总值，X 是当地滨海旅游所创造的外汇收入，b 为滨海旅游外汇收入对地区国民生产总值的影响系数，c 是常数项。用统计学软件 SPSS 进行分析。

得到回归方程：$Y=64.5X-9\,593.1$ 拟合优度指标 $R^2=0.968$，说明方程拟合程度较好。t 值较大说明通过了 t 检验。相关系数和检验结果如表 6 和表 7 所示。

表6　回归分析结果 1

模型	R	R 方	调整 R 方	标准 估计的误差
1	.984a	.968	.960	3 806.206 516

表7　回归分析结果 2

模型	非标准化系数		标准系数	t	Sig.
	B	标准 误差			
1 （常量）	−9 593.141	7 641.582		−1.255	.278
外汇收入	64.520	5.873	.984	10.986	.000

回归结果显示 X 项的系数为 64.52，即可以认为，沿海地区的滨海旅游业每增加 1 单位的外汇收入，地区国内生产总值上涨 64 个单位左右，沿海城市的旅游外汇间接效应是十分显著的。

(三) 创收效应

1. 滨海旅游业的直接创收效应

本部分内容通过中国滨海旅游业产业增加值对沿海地区的 GDP 以及沿海地区第三产业总产值的影响，来了解滨海旅游产业对沿海地区的创收效应。

数据上，由于按照各个沿海城市进行数据搜集过于困难，所以文中采取中国十一个沿海省市区作为基准区域搜集地区 GDP 及第三产业总产值。而滨海旅游业增加值按照有关年鉴及统计公报中的相关统计进行搜集整理，通过相应的计算可以得到滨海旅游业对地区 GDP 和第三产业总产值的贡献率（如表 8 所示）。

表8　2003—2011 年滨海旅游业地区经济贡献率

年份/项目	滨海旅游产业增加值	年增量	沿海地区GDP	年增量	沿海地区第三产业总产值	年增量	对地区GDP贡献率	对第三产业贡献率
2002	1 523.7	—	69 369.98	—	26 937.11	—	—	—
2003	1 105.8	−417.9	83 210.49	13 840.51	30 216.93	3 279.82	−0.030	−0.127
2004	1 522	416.2	99 817.25	16 606.76	34 917.65	4 700.72	0.025	0.089
2005	2 010.6	488.6	118 173.54	18 356.29	44 633.73	9 716.08	0.027	0.050
2006	2 619.6	609	138 313.56	20 140.02	52 333.57	7 699.84	0.030	0.079
2007	3 225.8	606.2	161 170.63	22 857.07	63 035.15	10 701.58	0.027	0.057
2008	3 766.4	540.6	194 387.14	33 216.51	73 352.75	10 317.6	0.016	0.052

(续表)

年份/项目	滨海旅游产业增加值	年增量	沿海地区GDP	年增量	沿海地区第三产业总产值	年增量	对地区GDP贡献率	对第三产业贡献率
2009	4 352.3	585.9	212 124.21	17 737.07	86 380.4	13 027.65	0.033	0.045
2010	5 303.1	950.8	250 833.33	38 709.12	102 482.66	16 102.26	0.025	0.059
2011	6 258	954.9	293 995.04	43 161.71	121 521.28	19 038.62	0.022	0.050

资料来源：根据《中国统计年鉴》2003—2012、《中国海洋统计年鉴2011》、中国海洋统计公报2012整理计算

可以看到,滨海旅游产业的增加值对地区GDP的贡献率,除因2003年的"非典"风波导致数值为负、2008年金融危机导致数值低于0.02外,其他年份均处于0.02—0.03的水平,且变化并不明显。说明滨海旅游产业的区域创收效应近年来并未有明显的增长趋势。造成这一现象的原因,初步推断与沿海各地区的经济平衡发展有关。相比较来看,滨海旅游业的增加值对沿海地区第三产业总产值贡献率虽然始终保持在0.05的水平之上,但下降比较明显。说明滨海旅游业对整个沿海地区的第三产业推动作用呈现出不断下降趋势。

2. 滨海旅游业的间接创收效应

利用模型 $Y = bX + c$,根据表4.5中的数据进行回归分析,由于2003的情况比较特殊,所以时间点直接从2004年开始。Y 为沿海地区GDP年增量,X 为滨海旅游产业增加值年增量,b 为自变量系数同时也作为反映间接创收效应的大小目标值,c 为常数

项。通过应用SPSS软件进行回归分析,有如表9和表10所示结果:

表9　SPSS回归分析结果1

模型	R	R方	调整R方	标准估计的误差
1	.856a	.733	.688	5 839.769 62

表10　SPSS回归分析结果2

模型	非标准化系数		标准系数	t	Sig.
	B	标准误差	试用版		
1 （常量）	−2 315.994	7 358.525		−.315	.764
产业增加值年增量	44.508	10.967	.856	4.058	.007

根据以上分析结果可得一元线性回归方程: $Y = -2 315.9 + 44.5X$　$R^2 = 0.733$　$t = 4.058$ 拟合度较合适,同时 t 值较大即 t 检验也通过。

该结果可简单表述为:滨海旅游产业增加值的年增量每提高一个单位,就会使得沿海地区国民生产总值年增量提高44.5个单位,也就是滨海旅游业间接创收效应。

五、结论与讨论

本文以中国沿海地区为分析对象,主要　通过实证的方法分析了中国滨海旅游业的

区域经济正效应。

在滨海旅游业的就业效应方面,浙江和广东两个滨海旅游大省的滨海旅游业的每亿元产业增加值能够产生大量的就业机会,但两个地区的间接就业效应相比整个旅游业的间接就业效应并不是特别突出。针对最后的总体就业效应较好但间接带动比例数值偏低的结论,后续研究将寻找问题的原因所在,进一步提高滨海旅游业的间接就业效应。

在滨海旅游业的创汇效应方面,对中国25个城市的回归分析结果表明,中国滨海旅游业的创汇效应是非常显著的。这对拉动地方经济增长和平衡国际收支等方面都有良好的促进作用。因此,应当充分利用滨海旅游业在创汇方面的优势,通过提升创汇效应来进一步加强滨海旅游业的区域经济正效应。

在滨海旅游业的创收效应方面,文章从两部分来进行分析,第一部分利用滨海旅游业增加值来计算其对沿海地区GDP的贡献率和对沿海地区第三产业总产值的贡献率,并且得到两点结论:第一,中国滨海旅游产业的地区GDP贡献率比较稳定;第二,滨海旅游业对沿海地区第三产业总产值的贡献率呈现出逐年下降的态势。针对以上两点结论就需要进一步研究滨海旅游业在沿海地区发挥创收效应中存在哪些问题,以及这两个贡献率的变化情况是经济发展中的正常现象还是其他原因导致的。第二部分是利用回归分析求得间接创收效应的大小,分析结果表明滨海旅游业的间接创收效应比较显著。

综合全文可知,文章从三个方面:就业效应、创汇效应和创收效应来分析滨海旅游产业的区域经济正效应,并得到了初步的结论。在结论的基础之上需要进一步分析存在哪些问题以及存在问题的原因并寻找解决的办法,从而不断提高和扩大滨海旅游业对沿海地区的经济发展贡献与影响。

参考文献

[1]　中华人民共和国旅游局网站:http://www.cnta.gov.cn/html/2013-3/2013-3-1-13-52-05854.html.

[2]　田里.旅游经济学[M].北京:高等教育出版社,2002.

[3]　依绍华.旅游业的就业效应分析[J].财贸经济,2005(5).

[4]　张广海、田纪鹏.国内外滨海旅游研究回顾与展望[J].中国海洋大学学报(社会科学版),2007(6).

[5]　徐晗.旅游业发展的区域经济效应研究[D].长春:吉林大学,2010.

[6]　周武生.广西滨海旅游经济效应分析[J].人民论坛,2010(5).

[7]　中国经济导报网站:http://www.ceh.com.cn/ceh/jryw/2009/4/11/45253.shtml.

[8]　MBA智库网站:http://wiki.mbalib.com.

[9]　苏东水.产业经济学(第三版)[M].北京:高等教育出版社,2010.

[10]　中国海洋统计年鉴[M].北京:海洋出版社,2011,2008.

[11]　浙江统计信息网站:http://www.zj.stats.gov.cn/art/2012/2/6/art_281_48995.html.

[12]　广东省社会科学院海洋经济研究中心、广东新经济杂志社课题组.广东省滨海旅游业调研报告之一:广东省滨海旅游资源分析与发展历程[J].新经济,2011.

(执笔:上海大学经济学院,

祝影　路光耀)

中国海水淡化与综合利用业区域差异及空间优化分析

摘要：论文基于如何更好地发展海水淡化与综合利用业，以解决淡水短缺问题，主要从国内外海水淡化与综合利用产业的对比分析入手，从发展环境差异、供需差异、技术差异、政策差异以及产业布局差异角度分析了中国各省市海水淡化与综合利用业的区域差异，并以沿海11省市的区域差异为研究对象，探究区域差异的原因以及产业布局优化问题。

关键词：海水淡化　区域差异　产业布局　布局优化

近年来，为解决淡水资源危机问题、促进经济社会可持续发展，海水淡化与综合利用业已经成为许多沿海国家的重大战略措施。世界上各沿海国家及地区都积极开展海水淡化与综合利用。地球上水的总储量约为13.9亿 km^3，其中，97.5%的水为海洋咸水，不能直接被人们利用。仅有2.5%的水是淡水，约为0.36亿 km^3。但实际上，我们真正可以使用的淡水资源仅占地球总水量的0.26%[1]。

陆地淡水资源的稀少，海洋海水资源的丰富，使得世界先进国家尤其是干旱国家把目光投向了海洋。20世纪60年代初，海水脱盐技术在美国、西班牙、科威特取得了一定的进展（Querns[2]，1966；Sadhwani et al[3]，2005）。半个世纪以来，海水淡化产量取得了较大的突破，77%的海水淡化产量来自中东和非洲北部地区

的贡献（Lattemann&Hopner[4]，2008）。经济学者对海水淡化产业的研究主要是产业价值评估与对生态环境的影响[5]。Mezher et al[6]（2011）从能量需求、生产成本、对环境的影响以及技术提升空间等角度对海水淡化技术进行了综合性评估，强调应着重发展能够商业化的淡化技术。Lattemann&Hopner[4]（2008）研究发现，海水淡化浓盐水排放以及淡化工厂污水处理等核心技术的薄弱，在很大程度上抑制了海水淡化产业的发展。

中国20世纪80年代初期在西沙建成了第一座海水淡化装置之后，学者们首先将研究重点放在海水淡化技术的选择上，谭永文等[7]（2007）认为通过国家产业化关键技术开发和计划的实施，中国基本确定了以反渗透法作为海水淡化的主要方法。关于海水淡化成本的探讨中，多数学者认为海水淡化

的成本可以进一步降低。杨波等[8](2003)首次提出通过海水淡化、海水直接利用、化学资源开发产业的相互关联,形成海水资源综合利用的产业链,降低海水淡化成本。刘北辰[9](2005)和周洪军[10](2009)认为海水淡化的成本尽管不是很高,但发展相关获利产业来延长产业链仍可以分摊成本。也有学者对生态系统的影响进行探讨,学者们将重点放在了海水淡化过程浓盐水的排放以及淡化工厂排放的污染物对海洋生态系统的影响上(周洪军[10],2009;周巧君等[11],2010)。国内的一些学者认为中国海水淡化和综合利用业的发展前景较好,并开始从产业现状及存在的问题出发,探讨中国海水淡化和综合利用业的布局优化及发展政策调整。沈明球[12](2010),韩凯[13](2011)等都对中国海水淡化与综合利用业进行了现状归纳描述,并探讨了发展趋势。詹红丽等[14](2012)在分析中国海水资源化利用的发展现状及存在的问题及原因后,提出中国海水淡化和综合利用的发展前景,并以南方沿海地区、北方沿海地区及海岛为单位,提出产业布局方向。

综上所述,国内外研究文献讨论的焦点集中在三个方面:一是对海水淡化成本的探讨;二是对生态系统影响的分析;三是对中国海水淡化与综合利用业现状及发展前景的研究。本文着重研究中国沿海 11 省市的海水淡化与综合利用业的区域差异,并探究空间布局优化问题。

本文研究的海水淡化与综合利用业主要有三个方面:一是海水直接利用,即海水替代淡水作为工业用水和生活用水;二是海水淡化,即海水淡化之后用作饮用水;三是海水综合利用,即提取化学物质等。

一、国内外海水淡化与综合利用业发展现状

(一)国内外海水淡化与综合利用业产业规模比较

海水利用已被许多沿海国家用于解决淡水短缺问题、促进经济社会可持续发展的重大策略。每年约 6 000 亿立方米左右的海水直接作为工业冷却水,替代了大量宝贵的淡水资源;全世界每年从海洋中提盐 5 000 万吨、镁及氧化镁 260 多万吨、溴 20 万吨等。在海水淡化产业方面,沙特阿拉伯是世界上海水淡化厂和产水量最多的国家,占全球海水淡化总量的 22%,目前共有海水淡化厂 25 个,其中 11 个分布在西部的红海沿岸,4 个在东部波斯湾畔,日产水总量近 200 万立方米[1]。其次是美国、阿联酋,分别占全球海水淡化市场的 15% 和 11%。相比之下,中国只占了全球海水淡化市场的 1.6%,仅高于以色列和新加坡(见图 1)。

(二)国内外海水淡化与综合利用业关键技术比较

全球目前所采用的淡化方法主要有多

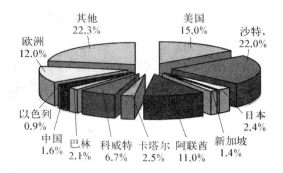

图1　全球海水淡化产业规模比较

级闪蒸蒸馏法、低温多效蒸馏法以及反渗透膜法等三大主流技术(如表1);从全球角度讲,多级闪蒸蒸馏法所占的比例最大,为69%,应用范围最广;其次是反渗透膜法占19%,低温多效蒸馏占12%;从地区来看,欧洲则主要采用反渗透膜法,其比例占到了61%,反渗透膜法是近年来逐渐兴起的一种海水淡化方法,对环境没有污染,并且随着膜技术的发展其成本也在逐渐降低,具有良好的市场发展前景[1]。关键技术就是反渗透膜的制造,欧洲以此种淡化方式为主导,这与其具有先进的技术与一流的人才,经济、科技都比较发达有关;中东地区则因为气候炎热,普遍采用多级闪蒸蒸馏法,这也是比较传统的淡化方法;以上三种淡化方式

表1　各大洲日产量100吨以上海水淡化方法比例

地区	多级闪蒸蒸馏法(MSF)	低温多效蒸馏(MED)	反渗透膜法(RO)	其他
全球	69%	12%	19%	比例极小
欧洲	21%	17%	61%	1%
中东地区	84%	8%	7%	1%
亚洲	35%	33%	31%	1%
非洲	63%	18%	19%	比例极小

在亚洲地区的分布目前是比较均衡的,从其发展过程来看,多级闪蒸蒸馏法、低温多效蒸馏法所占的比例是逐渐下降的,而反渗透膜法所占的比例则是逐渐上升的,并且具有良好的发展前景[1]。

中国从海水淡化所采用的方法看(见图2),反渗透和低温多效蒸馏是海水淡化工程中应用最多的方法。反渗透法以38万t/d的产水量,排在第一位,约占68.1%;低温多效蒸馏法以17.1万t/d的产水量,排在第二,约占30.6%;多级闪蒸蒸馏法0.6万t/d的产水量,排在第三,约占1%[18]。

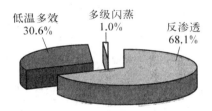

图2　海水淡化方法产水量比例图

从已建成投产的装置数看(如图3),反渗透法有64套,约占85.7%,而低温多效仅有7套,约占9%[18];多级闪蒸蒸馏法有1套,约占1.3%,其他海水淡化2套,约占2.6%。海水淡化方法所占产水量和装置数比例的差异是由于装置规模造成的,低温多

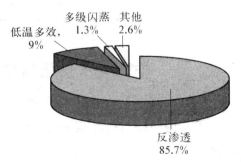

图3　海水淡化各类型装置产水量比例图

效蒸馏装置的平均产水量为 24 428 t/d,而反渗透装置的平均产水量仅为 5 938 t/d。从产水量看,用于市政供水的合计产水量为 15.036 万 t/d,占总产水量的 26.9%;用于工业用水的合计产水量为 40.62 万 t/d,占总产水量的 72.8%;其他合计产水量为 1 704 t/d,占总产水量的 0.3%[15][18]。

(三)国内外海水淡化与综合利用业装置设备差距

国外海水淡化装置技术较为成熟,海水淡化三大核心反渗透膜、高压泵、能量回收装置等技术,仍被美、日、德等发达国家所垄断。不过中国已成为继美国陶氏、海德能、科氏和日本东丽等公司之后成为全球第五个具有反渗透膜生产能力的企业。中国在海水淡化技术研究、装备制造、工程建设等方面取得了多项技术成果,建设了一批示范工程,在工程设计和运营管理方面积累了经验。但总体而言,缺乏大型海水淡化装置设计、加工制造、安装调试及运行维护的工程实践,关键设备制造工艺集成度不高,一些核心技术还没有掌握,部分关键设备仍不得不依赖进口。据统计,目前中国已有海水淡化工程和装备的 60% 以上采用国外技术和产品,能量回收装备、反渗透膜及组器和高压泵反渗透海水淡化技术三大关键技术装备,除高压泵外都依靠进口(见表2)。

表 2　海水反渗透海水淡化技术三大关键技术装备国内外发展状态

	能量回收装备	反渗透膜及组器	高 压 泵
国外	美国 ERI 公司的压力交换器、瑞士 CALDERAG 公司的 DWEER 功能交换器、挪威阿科凌能量回收塔。	美国陶氏反渗透膜;美国海德能公司反渗透膜;美国纳尔反渗透膜;韩国世韩反渗透膜;日本东丽反渗透膜	美国泵工业公司研制的单级离心泵;德国凯士比集团的海水淡化高压泵设备。
国内	功交换式能量回收产品主要有杭州水处理技术研究开发中心的差压交换式能量回收装置(ER-CY)和等压交换式能量回收装置(ER-DY)。	杭州北斗星膜制品有限公司:纳滤和微滤膜,超滤膜,反渗透膜等膜组件。海水淡化的膜国内刚处于起步阶段,还要经过市场考验。	南方泵业的海水淡化高压泵;浙江大学教授王乐勤等科研人员自主研发的反渗透海水淡化系统的大功率高压泵,日处理能力达到 5 000 吨。
对比状态	目前能量回收装备被少数几个发达国家所掌握,国内还处于研发阶段,所用的能量回收设备全部依靠进口。	反渗透膜脱盐率国内是 99.5%,国外达到 99.8%;单支膜的掺水量相差 10% 左右。国内的反渗透膜及组器依赖进口。	国内技术较成熟,不依赖进口。

二、中国海水淡化与综合利用业区域差异及原因探究

(一)中国海水淡化与综合利用业的发展环境差异

总体而言,中国海水淡化与综合利用业的内外部发展环境"优劣共存、喜忧参半"。如表1所示。其中,自然要素主要按照海岸线长度(如图4)以及海洋环境来评定;政策

表3　中国海水淡化与综合利用产业 SWOT - NPEST 分析矩阵

细分行业	要素分析	优劣势(SW)					机遇挑战(OT)		结　论
		N	P	E	S	T	O	T	
南方沿海	上海	劣势	劣势	优势	优势	优势	较好	一般	上海市经济、人才、技术条件优越,但自然与政策存在劣势。发展重点应是海水淡化技术及设备研发、海水直接利用与综合利用。
	浙江	均势	优势	优势	均势	均势	较好	较激烈	在政策和经济方面存在优势,日淡化海水能力占中国总量的1/3,占据了全国海水淡化市场60%以上的份额。2010年海水淡化与综合利用增加值达361.5亿元,居全国领先地位。
	江苏	弱势	劣势	优势	优势	优势	较好	较激励	江苏省在自然、政策两方面呈现弱势和劣势,不利于海水淡化与综合利用的发展,但在经济、社会、技术三方面均有优势,有利于海水淡化与综合利用的发展。
	广东	优势	均势	均势	优势	优势	很好	较激烈	拥有3 368公里的海岸线居全国第二,可见自然要素具优势。经济基础与政策条件一般,但社会因素及技术支持方面具有优势。总之,广东省发展海水淡化与综合利用业机遇很好。
	广西	均势	弱势	劣势	劣势	劣势	较差	一般	广西省在自然、政策、经济、社会、技术等方面均不占优势。自然因素处于均势。
	海南	弱势	弱势	劣势	劣势	劣势	较差	一般	海南省在自然、政策、经济、社会、技术等方面均不占优势。在自然、政策两方面弱势。
	福建	优势	劣势	均势	弱势	弱势	一般	一般	福建自然条件优越,海域面积13.6万平方公里,超过陆域面积,海岸线3 752公里居全国之首。《厦门市海水综合利用规划》显示重点为海水淡化和海水直接利用(海水冲厕)。
北方沿海	山东	优势	优势	弱势	优势	均势	很好	一般	山东省自然与政策条件有优势,目前山东海水淡化日产水量达3.2万立方米,占全国总量一半以上,为解决沿海地区水资源短缺问题探出了新路。
	天津	劣势	优势	优势	均势	优势	较好	一般	较早发展海水淡化的地区之一,政策方面受支持力度大,经济方面也有优势,且在海水淡化与利用领域的技术研发、示范和产业化程度居国内领先水平。
	河北	劣势	均势	弱势	弱势	劣势	较差	较激烈	河北省是资源性缺水的省份,"十一五"期间,实施海水淡化"328"工程 总投资达31亿元。在自然和技术方面很不利于海水淡化与综合利用业的发展,在经济和社会方面也较弱。
	辽宁	均势	均势	均势	均势	弱势	一般	较激励	辽宁在自然、政策、经济、社会四方面均呈现均势,且在技术支持方面较弱。总体而言,不是很利于发展海水淡化与综合利用产业。

优劣势分析分别划分为优势、均势、弱势、劣势四个等级;机遇分析划分为:很好、较好、一般、较差四个等级

挑战分析划分为:很激烈、较激烈、一般、没有竞争四个等级

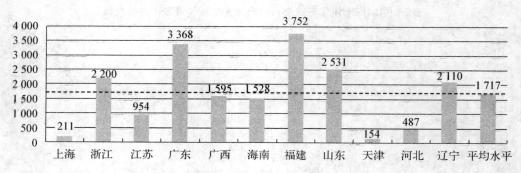

图4 各沿海省份海岸线长度(单位:公里)

数据来源:《中国海洋统计年鉴2011》

条件参考2005年《海水利用专项规划》的海水直接利用指标和海水淡化目标;经济基础在考虑各地区经济的条件下,主要由人均地区生产总值来划分;社会因素由各地区海洋科研人才总量以及人员学历构成共同决定的;技术支持按照海洋科研机构科技论著情况以及海洋科研机构科技专利情况总体情况来分析。

在自然因素方面,中国海岸线总长度18 000千米,如图4所示,福建、广东和山东的海岸线长度为3 752千米、3 368千米和2 531千米位居全国前三位,在自然因素方面具有优势。上海、天津、河北的海岸线均低于500千米,大大低于沿海11个省市的海岸线平均水平1 717千米。在自然因素方面呈现劣势。此外,呈现均势的有浙江、辽宁、广西,而海南、江苏在发展海水淡化与综合利用的自然因素方面具有弱势。

在政策条件方面,天津、山东、浙江这三个省在政策条件方面具有优势。《海水利用专项规划》显示,2020年天津、山东、浙江的海水淡化目标分别为50万吨/日、45万—50万吨/日、30万—40万吨/日;海水直接利用目标为100亿立方米/年、245亿立方米/年、70亿立方米/年。河北、辽宁、广东在政策条件方面处于均势。处于弱势的有海南、广西两省。江苏、福建、上海2020年海水淡化目标低于2万吨/日,且海水直接利用目标仅为60亿立方米/年、20亿立方米/年、15亿立方米/年,明显处于劣势。

经济基础在考虑各地区经济的条件下,主要由人均地区生产总值来划分;具有优势的省份是天津、上海、江苏、浙江,这四省市人均GDP均在5.9万元以上。具有均势的省市为辽宁、广东、福建,这四省市人均GDP低于优势省份,但也排在前7名。山东、河北经济基础处于弱势。人均GDP较低的海南、广西均低于全国人均GDP水平,处于劣势地位。

社会因素由各地区海洋科研人才总量以及人员学历构成共同决定的;全国海洋科研机构从业人员35 405人。优势地位的省市有上海、江苏、山东、广东,四省市的海洋科研人才分别为3 370人、3 090人、3 610人和2 795人,四省市总科研人才占全国海洋科研机构从业人数的36.33%;上海、江苏、山东、广东,四省市科技活动人员中研究生学历人才为 2 700 人,占四省海洋科技活动人员的比例为 25.3%。均势的省市有浙江、天津、辽宁;弱势的省市有福建、河北,两省海洋科研人才总数为 1 548 人;海南、广西为处于劣势的省份,两省海洋科研人才总数仅为 643 人,科技活动人员中研究生学历人才为 89 人,占四省海洋科技活动人员的比例为 17.6%。

技术支持按照海洋科研机构科技论著情况以及海洋科研机构科技专利情况的总体情况来分析。海洋科研机构科技论著情况包括发表科技论文数量及出版科技著作种类,海洋科研机构科技专利情况为拥有发明专利总数。综合海洋科研机构科技论著情况以及海洋科研机构科技专利总体情况,居优势地位的省市有上海、江苏、广东;居均势地位的省市有山东、浙江、天津;居弱势地位的省市有福建、辽宁;居劣势地位的省市有海南、广西、河北。

(二)中国海水淡化与综合利用业的供需差异

中国人多水少,水资源短缺,沿海地区特别是北方沿海地区是中国最缺水的地区之一。2011 年天津人均水资源占有量仅为 72.8 立方米,是全国严重缺水城市之一(见图 5)。随着滨海新区开发开放步伐的加快,水资源短缺问题已经成为制约天津及滨海新区经济社会快速可持续发展的瓶颈,根据规划,到 2015 年整个滨海新区对水资源的净需求量将达到 6 亿立方米。此外,还有上海、河北、人均水资源占有量较少,分别为 163.1 立方米、195.3 立方米,少于 200 立方米,而海南、福建、广西、浙江的人均资源占有量高于全国平均水平,位居前四位,分别为 5 538.7 立方米、4 491.7 立方米、3 852.9 立方米,但部分地区存在水质性缺水。上海、天津、河北、山东、江苏五省人均水资源拥有量大大低于国际公认的人均 1 000 立方米的严重缺水标准。

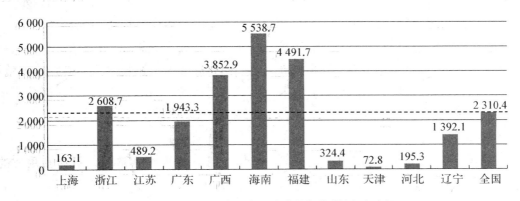

图 5　2011 年各省份人均水资源拥有量(立方米)

数据来源:《中国海洋统计年鉴 2011》

2011 年中国沿海 11 省(自治区直辖市)GDP 总量 289 050 亿元,总人口 58 072 万人,土地面积 129.2 万 km²。沿海地区国土面积占全国的 13.5%,人口占全国的43.1%,创造了全国 61.1％的 GDP,人均 GDP 达到全国的 1.72 倍,在中国经济社会生活中占有举足轻重的战略地位[16]。多年平均来水条件下,现状年中国沿海地区缺水总量 177 亿 m³,主要缺水地区集中于北方沿海(天津河北辽宁和山东等地区),缺水量达 148.8 亿 m³[17]。

中国水资源供需情况如图 6 所示,中国的水资源形势严重,只有上海、辽宁和天津三省市供需不存在缺口,其余沿海省份均存在需求大于供给的情况。

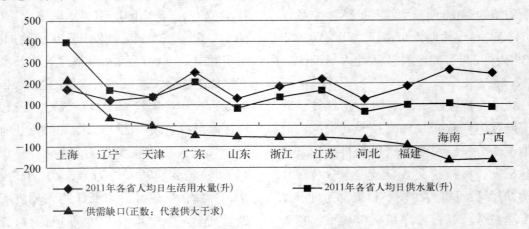

图 6　2011 年各省份水资源供需情况

数据来源:《中国海洋统计年鉴 2011》
注:各省人均日供水量由全面供水总量和各省份常住人口数计算而来

上海、辽宁、天津三省市的人均水资源拥有量低,但不存在供需缺口。而海南、广西人均水资源拥有量高,而供需缺口较大。究其原因,上海市供水系统完善,人均日供水量最高,而人均日生活用水量处于中间水平。上海是典型的水质性缺水城市,淡水资源受到污染,污水处理的成本大大低于海水淡化的成本,提高处理能力就能满足人们对淡水的需求。

辽宁、天津人均水资源占有量较少,但是人均日常生活用水量水平较低,供水与需求较平衡。供水能力较高在于海水淡化工程的支撑作用。在辽宁、天津两地海水淡化工程较成熟,47％的海水淡化工程布局在辽宁和天津,且海水淡化装置产水能力处于较

高水平,有效缓解了辽宁、天津缺水的情况,使得天津、辽宁在水资源供需达到了均衡水平。其他省份存在着不同程度的缺水情况,属海南和广西供需情况最为紧张,原因在于年降水量较少。其中广东、浙江、江苏、福建等南方沿海省市存在着水质性缺水的情况,北方沿海省市的山东、河北资源性缺水情况较为紧张。

(三) 中国海水淡化与综合利用业的政策差异

根据中国 2012 年发布的《国务院办公厅关于加快发展海水淡化产业的意见》,到 2015 年发展目标是中国海水淡化能力达到 220 万—260 万立方米/日,对海岛新增供水

量的贡献率达到 50% 以上,对沿海缺水地区新增工业供水量的贡献率达到 15% 以上;海水淡化原材料、装备制造自主创新率达到 70% 以上;建立较为完善的海水淡化产业链,关键技术、装备、材料的研发和制造能力达到国际先进水平。

2005 年国家发布的《海水利用专项规划》明确了未来 15 年内海水利用的发展目标、规划布局与重点实施工程,提出了 2020 年海水淡化水目标为 250 万—300 万吨/日,海水直接利用目标为 1 000 亿吨/年(见表 4)。

表 4　2010—2020 年中国海水利用发展目标

	海水淡化水量		海水直接利用量	对沿海地区用水占比
	万吨/日	亿吨/日	亿吨/年	
2010	80—100	2.6—3.3	550	16%—24%
2020	250—300	8.3—9.9	1000	26%—37%

资料来源:《海水利用专项规划》

《海水利用专项规划》显示,海水淡化主要集中在天津、河北、山东、浙江、大连、青岛等地区(见表 5)。

表 5　国内主要省份城市 2010—2020 年海水淡化及海水利用规划

省 市	海水淡化目标(万吨/日)		海水直接利用目标(亿立方米/年)	
	2010 年	2020 年	2010 年	2020 年
天津	20—25	50	40	100
河北	15—18	20—25	30	40
辽宁	6—8	15—20	25	35
山东	20—25	45—50	129	245
江苏	0—0.5	1—2	15	60
上海	0—0.5	3—5	5	15

(续表)

省 市	海水淡化目标(万吨/日)		海水直接利用目标(亿立方米/年)	
	2010 年	2020 年	2010 年	2020 年
浙江	15—20	30—40	60	70
福建	0—0.5	1—2	10	20
广东	1—2	5—10	100	130
广西	0—0.5	1—2	20	40
海南	0—0.5	3—5	15	25
大连	8—10	15—20	20	40
青岛	18—20	35—40	15	25
宁波	1—2	10—15	3	10
厦门	0—0.5	3—5	10	15
深圳	1—2	3—5	90	140
合计	80—100	250—300	590	1010

资料来源:《海水利用专项规划》,2005 年

中国海水淡化与综合利用业的政策差异原因主要在于沿海各省市发展环境、资源拥有量,以及缺水程度。海水淡化目标与海水直接利用目标侧重地区各有不同,天津、山东、浙江海水淡化目标较大,这三地区缺水程度较严重,对淡水需求也较大,且有着适合海水淡化发展的环境。海水直接利用目标较大的为山东、广东、天津三地区,工业较发达,海水可以代替淡水,作为工业用水和部分生活用水直接利用。海水冲厕、海水消防是直接利用海水的另一大途径。在青岛等地,这类用水已开始直接采用海水。香港地区从五十年代开始利用海水冲厕,目前每天用海水约 60 万立方米,占全部冲厕用水的近 80%,形成了一套完整的处理系统和管理体系。

三、中国海水淡化与综合利用业空间布局优化

(一)中国海水淡化与综合利用业空间布局差异

1. 研发力量：集中在天津

目前,中国有南北两大海水淡化技术研究机构：杭州水处理技术研究中心和天津海水淡化与综合利用研究所。

1972年,国家海洋局成立杭州水处理技术研发中心,这是中国最早成立的关于膜和膜过程研究开发的单位之一,并且参与了多个海水淡化项目的建设。1982年,建成中国第一座海水淡化站——西沙永兴岛海水淡化站;1997年,在浙江省嵊山建成中国第一座自主设计制造的500吨/日海水淡化项目;2000年,中国第一座1 000吨/日海水淡化设备研制成功并投入使用;2003年,在山东荣成建成万吨级海水淡化项目。

1984年国家海洋局和天津市政府共同组建了天津海水淡化与综合利用研究所。

根据研究所总工程师阮国岭介绍,目前天津海水淡化与综合利用研究所已经形成了产学研相结合,有一支高素质的科研团队,同时还能够将科研成果迅速转化,成立了相关的设备制造和工程建设公司,承揽了国内外很多海水项目的建设,海水淡化设备出口产值达10亿美元。

2. 装置工程：浙江、辽宁、河北

截至2010年底,中国已建成投产的海水淡化装置总数为76套,总产水能力55.78万t/d(见图7)。在已建成投产的76套海水淡化装置中,山东省占21套,合计产水能力5.96万t/d;浙江省占23套,合计产水能力6.37万t/d;辽宁省占14套,合计产水能力7.1万t/d;河北省占6套,合计产水能力10.49万t/d;天津市占5套,合计产水能力21.7万t/d;广东省占3套,合计产水能力3.02万t/d;其他沿海省市占4套,合计产水能力1.14万t/d[15]。

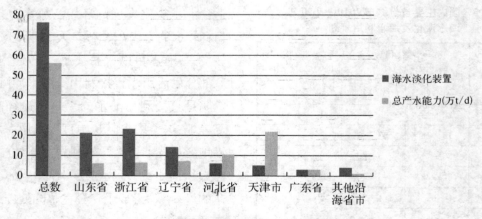

图7　中国沿海省市海水淡化装置布局比较图

中国在建和已建海水淡化工程产能达79.9万吨/天,反渗透海水淡化工程与低温多效海水淡化工程数量相当,其中80.3%的海水淡化工程布局在北方沿海(辽宁、河北、天津和山东),产能达64.26万吨/天。辽宁共有海水淡化工程10项,总产能达5.456万吨,占北方沿海地区总海水淡化能力的10%,这其中海水淡化技术大部分是反渗透法。河北海水淡化工程5项,其中低温多效3项,反渗透2项,该地工程总产能达11.75万,占北方沿海地区海水淡化工程总产能的18.3%。天津已建和在建海水淡化工程有6项,其中低温多效工程3项、反渗透工程2项,多级闪蒸工程1项,工程总海水淡化能力达31.4万t/d,占北方沿海地区已建和在建的海水淡化能力的48.9%。山东已建和

在建海水淡化工程达13项,其中反渗透海水淡化占8项以上,该地总海水淡化能力达15.654万t,占北方沿海地区总海水淡化能力的25.3%[18]。

南方沿海海水淡化工程共有7项,主要采取反渗透技术,海水淡化总能力达9.816万t/d。占中国在建和已建海水淡化工程产能的19.7%。其中,浙江海水淡化工程共3项,共有海水淡化能力5.716万t/d,占南方沿海海水淡化能力的58.2%,主要分布在温州、台州两地。福建沿海海水淡化工程共1项,位于福建宁德市,产能1.08万t,占南方沿海海水淡化总产能的11.7%。广东沿海地区已建海水淡化工程共3项,海水淡化产能达3.02万t,占南方沿海淡化总产能的30.8%[18](见图8)。

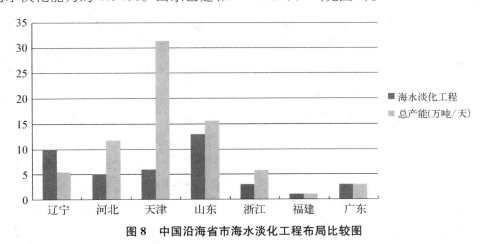

图8　中国沿海省市海水淡化工程布局比较图

3. 设备制造:天津、广州、杭州

目前,中国已经形成了一批具有相当实力和竞争能力的国内海水淡化工程和设备制造企业,中国众和海水淡化工程有限公司、天津膜天膜工程技术公司、杭州北斗星膜制品有限公司、滨海环保装备(天津)有限公司、青

岛华欧海水淡化有限责任公司,等。

能量回收装备、反渗透膜及组器和高压泵是反渗透海水淡化技术三大关键技术装备,目前这三大关键技术装备除高压泵外都依靠进口,但中国在装备研发方面也有很大的进展。目前,国内多家上市公司已涉足膜

组件、高压泵、能量回收等关键部件和热法海水淡化核心部件，以及化工原材料和相关检验检测技术的研发等领域。在高压贡方面，南方贡业 2009 年开始承担研发制造 10 万吨级海水淡化高压泵，并于 2012 年完成样品的研发与制造。反渗透膜方面，南方汇通和控股 42% 的子公司北京时代沃顿科技有限公司已具备反渗透膜生产技术，但性能还不及国外。在海水淡化管方面，海水含有大量腐蚀性物质，处理海水用的运输管也需要具备较强的耐腐蚀性。海亮股份具备这种海水淡化管的生产能力。

此外，目前国内规模最大的海水淡化产业基地浙江海水淡化技术装备制造基地坐落在杭州钱江经济开发区。闪蒸式海水淡化装置、蒸馏式与反渗透船用海水淡化装置的生产方面主要有中国船舶重工集团公司。另外，上海的上海电气集团制造中国首套万吨级低温多效蒸馏海水淡化装置的主设备蒸发器和凝汽器[24]。

(二)中国海水淡化与综合利用业布局优化策略

1. 研发力量：鼓励上海成为产业研发主力

上海市作为中国的经济和金融中心，经济实力雄厚，R&D投入逐年增加，其中 2010 年全年投入达 477 亿元，相当于全市生产总值的 2.83%。上海拥有人才、资金、市场等方面的自然优势，在海水利用业技术研发、装备制造等产业链环节上也具有比较优势，而中国目前研发力量的布局主要在杭州和天津，而没有利用好上海的布局优势。上海

临港海洋高新技术产业化基地是中国布局海水淡化与综合利用业产业链上研发环节的重点领域，基地拥有与各高校在科研及教育资源上合作的优势，大批海洋科技和管理人才集聚的优势[24]。

2. 装置工程：增加河北省装置工程数量

山东、天津、河北的人均资源占有量极少，低于 300 立方米/人，达到了严重缺水标准。从图 7 也可以看出，中国天津的海水淡化装置较少，然而总产水能力却居全国之首。山东、浙江、辽宁三省海水淡化装置位居全国前三，然而总的产水能力却远远低于天津。山东、浙江和辽宁的装置产水能力有待提高。河北省的总产水能力也较小，而在本文第二部分区域供需差异比较中，河北省是中国供需缺口较大的省份，总产水能力小和海水淡化装置工程少的现状亟待优化。

3. 设备制造：提高广州、浙江设备制造能力

目前，中国在天津、杭州、青岛、上海等众多地区都建设了一批海水利用工程和设备制造企业。就设备制造企业布局而言，应加大设备制造企业的生产能力，集中人力、物力和资金，进行关键技术和装备的研发生产。过多地区负责产业链上的设备制造环节，不利于整个产业链的发展，设备制造环节适宜于布局在海水淡化装置工程需求较多的省市周边，一来可以减少产品的运输成本，二来也可以方便企业根据各地的具体情况了解各地的需求，改善产品。如上海市人均水资源占有量较少，但从第二部分供需差

异可见,上海市的水资源供需基本能平衡,发展海水淡化产业就目前而言需求不足,市场较难开辟。在这种环境下,对上海而言,发展海水直接利用和海水综合利用较为明智,在海水淡化方面利用上海市的资源做好研发工作,放弃设备制造工作较为合理。综上所述,中国海水淡化与综合利用业设备制造环节的最佳布局即在广州、山东和浙江等地布局海水淡化的设备制造企业,并提高广州和浙江的设备制造能力。

四、总　　结

本文主要以中国沿海 11 个省市区为单位,讨论了中国海水淡化与综合利用产业的区域差异及空间布局问题。

从发展环境差异看,自然资源禀赋、经济发展程度、社会人才资源、科研技术实力以及政策等差异造成了沿海各省市海水淡化与综合利用产业发展条件不一,北方沿海的辽宁、河北、天津和山东以及南方沿海的浙江、广东等省市适宜发展海水淡化业。上海、天津两地具有发展海水淡化技术及装备研发的条件。浙江、广东等地有着发展海水淡化与综合利用设备制造的良好环境。

从供需差异上看,上海、辽宁、天津三省市的人均水资源拥有量低,由于人均日常生活用水量水平较低,上海市供水系统完善,辽宁、天津供水能力有海水淡化工程的支撑,故不存在供需缺口。其余省市均存在不同程度的供需缺口,而海南、广西年降水量较少及供水能力不足,虽然人均水资源拥有量高,但是供需缺口最大。

从政策角度差异看,天津、山东、浙江三地区由于缺水程度较严峻、淡水需求较大、发展环境较好等条件,海水淡化目标较大。综合考虑沿海各省市发展环境、资源拥有量以及缺水程度,海水直接利用目标较大的为山东、广东、天津三地区。

从产业布局角度看,研发力量南北分布较均衡,南有杭州水处理技术研究中心,北有天津海水淡化与综合利用研究所。但考虑到上海是金融中心,经济基础及人才汇聚,有着良好的海水淡化与综合利用业技术与装备的研发基础,适合布局该产业的研发力量。装置工程与设备制造等产业链上环节布局较为合理,在一定程度上缓解了水资源紧张的局面,但还需增加河北省的装置工程数量,提升产水能力,提高广州、浙江等设备制造能力。

参考文献

[1] 韩杨. 我国发展海水利用业的背景与布局条件研究[D]. 大连:辽宁师范大学,2007.

[2] Querns, W. R. No New Water [J]. Desalination,1966, Vol. 23,No. 1 - 3.

[3] Sadhwani,J. J. , Veza,J. M. and Santana,C. Case Studies on Environmental Impact of Seawater Desalination[J]. Desalination, 2005, Vol. 185,No.

1-3.

[4] Lattemann,S. and Hopner,T. Environmental Impact and Impact Assessment of Seawater Desalination [J]. ,Desalination,2008, Vol. 220,No. 1-3.

[5] 丁娟,葛雪倩. 国内外关于海洋新兴产业的理论研究:回顾与述评[J]. 产业经济评论. 2012, 11(2):85-100.

[6] Mezher,T. , Fath, H. , Abbas, Z. and Khaled, A. Techno-economic Assessment and Environmental Impacts of Desalination Technologies [J]. Desalination,2011, Vol. 266,No. 1-3.

[7] 谭永文,谭斌,王琪. 中国海水淡化工程进展[J]. 水处理技术,2007(1):1-3.

[8] 杨波,余建星,阮国岭. 我国沿海地区海水资源开发利用的现状和发展趋势[J]. 海洋技术, 2003(2):66-71.

[9] 刘北辰. 海水资源的开发与利用[J]. 苏南科技开发,2005(4):25-26.

[10] 周洪军. 我国海水利用业发展现状与问题研究[J].海洋信息,2009(4):19-23.

[11] 周巧君,费学宁,周立峰,李婉晴. 海水淡化与水资源可持续利用[J]. 水科学与工程技术, 2010(5):3-5.

[12] 沈明球,周玲,郝玉. 我国海水综合利用现状及发展趋势研究[J]. 海洋开发与管理,2010, 27(7):23-27.

[13] 韩凯,刘艳萍. 我国海水综合利用现状及发展趋势[J].科技信息,2011(17):69-70.

[14] 詹红丽,郭有智,杨彦,甘奕维,战伟庆. 我国海水利用发展综述[J]. 水利发展研究,

2012(12):40-43.

[15] 王琪,郑根江,谭永文. 中国海水淡化工程运行状况[J]. 水处理技术,2011,37(10):12-13.

[16] 国家统计局. 中国统计年鉴 2012[M]. 北京:中国统计出版社,2013.

[17] 詹红丽. 我国海水利用发展综述[J]. 水利发展研究,2012(12):40-43.

[18] 刘冬林,王海锋,庞靖鹏,张旺. 我国海水淡化利用模式分析[J]. 河海大学学报(哲学社会科学版),2012,14(3):62-64.

[19] 中国海水淡化产业研究分析报告[R]. 北京:中国社会经济调查研究中心,2010.

[20] 张于. 海水淡化技术以及我国发展现状[J].中小企业管理与科技(下旬刊),2011(9):68-69.

[21] 阮国岭,赵河立,于开录. 一个海水淡化"典型性案例"分析[J]. 海洋世界, 2006(8): 16-19.

[22] 宋建军,刘颖秋. 加快海水利用步伐,发展海水淡化产业[J]. 宏观经济研究,2004(9): 37-41.

[23] 丁娟,葛雪倩. 国内外关于海洋新兴产业的理论研究:回顾与述评[J]. 产业经济评论,2012, 11(2):85-100.

[24] 姚剑峰,杨德利. 上海市海水利用业发展的 SWOT 分析[J]. 江苏农业科学,2012(12): 395-397.

(执笔:上海大学经济学院,
金彩红　于丽丽)

中国海洋渔业现状与趋势分析

摘要： 随着海洋战略的推进，海洋渔业在发展中的地位也愈加凸显。文章就中国海洋渔业现状、海洋渔业产业链状况以及海洋渔业深入问题进行了分析，发现中国北部沿海地区资源日渐衰竭发展速度减缓，东部沿海和南部沿海地区发展势头良好；产业存在结构雷同，三次产业配比不合理，组织化程度低等问题；"三渔"问题仍然存在，制约着海洋渔业的发展。作者根据分析，大致得出中国海洋渔业发展趋势，一是从区位上由北向南，由近及远，二是从产业上，产业链由缺失到完整，由低级向高级发展。

关键词： 海洋渔业　产业链　"三渔"问题

传统的渔业是指捕捞、养殖鱼类和其他水生动物及海藻类等水生植物以取得水产品的社会生产部门。一般分为海洋渔业、淡水渔业。随着社会经济的发展，产业链条的延伸，现代意义上的渔业应该是指与水产品的养殖、捕捞、交换和消费相关以及为实现水产品增值和转移提供服务的环节和过程。中国海洋渔业发展迅速在带动劳动力就业、保障食物安全、促进生态文明建设、维护海洋权益等方面发挥了重要作用，发展海洋渔业意义重大，但海洋产业在发展的同时也面临一系列挑战和问题。近海渔业资源环境保护任务艰巨、捕捞渔船作业安全保障滞后、养殖业基础支撑体系薄弱、海洋渔业科技水平不高、国际海洋渔业资源开发能力亟需提升等是海洋渔业发展面临的突出问题，要进一步做大做强海洋渔业，必须围绕保障食物安全、生态安全、生产安全和海洋权益的总体要求，合理规划产业布局，聚焦产业发展重点。文章就目前海洋渔业的现状进行阐述和分析，而后对产业发展趋势进行总结讨论。

一、海洋渔业现状分析

（一）水域情况

中国有丰富的渔业资源。江河、湖泊、水库、沼泽和稻田是主要的内陆水域资源，有20万平方公里的淡水水域。海岸线总长度3.2万公里,其中大陆海岸线1.8万公里,岛屿海岸线1.4万公里。有沿海海涂面积2万平方公里,海洋渔场有40多个,其中渤海和黄海有15个,东海有5个,南海有22个。

表中所列渔场中,位于渤海、黄海中的几大渔场资源出现了不同程度的枯竭,如辽东湾渔场、莱州湾渔场,这种现象说明北方的海洋渔业资源受到污染的影响逐渐开始减少,呈现出发展疲态,这种现象出现是因为渔业资源产权不确定,管理不到位,制度不完善,过度开发同时缺乏保护措施造成的。相反,东海、南海渔业资源依旧丰富,尤其是南海渔业资源,捕捞产品多数属于高档

鱼类,具有较高的经济价值,总体来说,南部沿海地区海洋渔业发展潜力大。

(二)水产品产量

近三十年来,随着中国经济体制的不断改革和对外开放政策实施的逐步到位。中国渔业产业结构经过数次调整,得到了迅速发展,水产品总产量从1985年的705万吨到2011年的5 603万吨,23年增加了4 887万吨,增长了6.93倍,海水产品产量从1985年的420万吨到2011年的2 908万吨,增长了6.92倍。人均占有量从1985年不足10公斤增长到2011年的41.38公斤,产量上显著提升(见图1、图2)。

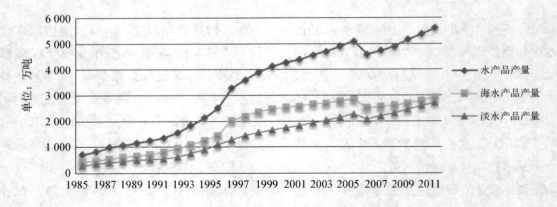

图1　中国1985—2011年水产品产量
资料来源:根据1986—2012年《中国渔业统计年鉴》整理

统计分析数据显示,中国水产品产量在2000年后进入了一个稳定增长阶段,海水产品产量一直大于淡水产品产量,从增长率来看,除个别年份因统计数据调整导致增长率较大变动以外,近年中国水产品的增长率一直保持在稳定的水平。

(三)水产品结构

按照目前的划分,海洋渔业内部可以分为以获取海洋资源为目的的海洋捕捞、海水养殖的海洋渔业第一产业;以水产品加工、渔用机具制造、渔用饲料、渔用药物、渔业建筑为主的海洋渔业第二产业;以及水产运输、水产仓储、休闲渔业为主的第三产业。这种传统

的划分方法可以清晰地了解整个产业的结构、发展状况,便于整体架构。或者采用渔业主体行业的办法,可以分为海水养殖、海洋捕捞、海水产品加工以及海洋休闲渔业。这样可以就关注的重点来分析对应的领域,解决具体

问题。近十年中国渔业产业结构可见图3。

第一产业从 2002 年 62.81% 下降到 52.54%,下降了 10.27%。整体来看依然是以第一产业,即养殖、捕捞为主,二三产业产品加工、运输服务为辅。

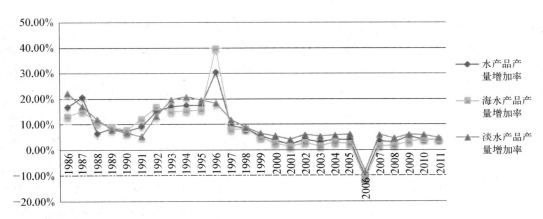

图2　中国 1986—2011 年水产品增加率
资料来源:根据 1986—2012 年《中国渔业统计年鉴》整理

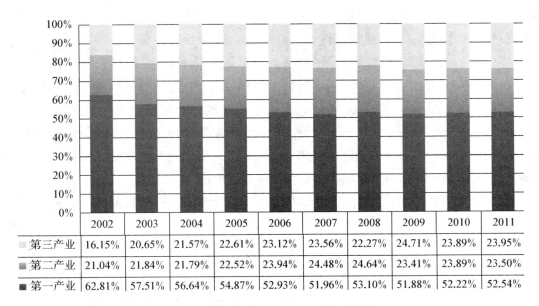

图3　2002—2011 年中国渔业产业结构
资料来源:根据 2003—2012 年《中国渔业统计年鉴》整理

(四) 海洋渔业管理制度①

1. 休渔制度

休渔制度是根据渔业资源的繁殖、生长、发育规律和开发利用状况,划定一定范围的禁渔区(保护区、休渔区),规定一定的禁渔期(休渔期),在禁渔区内或禁渔期间禁止某些渔具渔法的使用或全面禁渔的一系列措施和规章制度的总称。中国休渔制度主要包括设立禁渔区和禁渔期、伏季休渔、水产种质资源保护区建立等管理制度。

关于禁渔区和禁渔期,最初是国务院在1955年颁布的《关于渤海、黄海及东海机轮拖网渔业禁渔区的命令》规定渤海、黄海和东海部分海域仅能以调查、实验研究为目的的作业。随后1979年2月颁布了《水产资源繁殖保护条例》对禁渔区做出具体规定。同年12月,由国家水产总局发布的《关于调整渤海区机动渔船拖网禁渔区的通知》,进一步加强对产卵场和育肥场的保护。1986年,禁渔区和禁渔制度被写入《渔业法》。2000年又对《渔业法》中的禁渔区、禁渔制度进行了一次完善,规定了违反制度的法律责任。

伏季休渔是在夏秋两季实行的一种渔业资源保护措施。早在1992年,农业部发布关于《东、黄、渤海主要渔场渔汛生产安排和管理的规定》,对主要渔场设定了伏季休渔时间和休渔类型。由于《规定》在个别条款上难以操作,1995年,"关于修改《东、黄、渤海主要渔场渔汛生产安排和管理的规定》的通知",对相关条例进行了修改。随后在

1998年、1999年、2000年及2001年对黄海、东海、南海以及闽粤交界海域的伏季休渔问题做出了相关修改和规定。中国在实施伏季休渔制度上逐步完善,但实施的时期太晚,错过了黄金时期,制度成效有限,对保护资源的收效已不能有明显的效果。

水产种资源保护区是在2000年修正的《中华人民共和国渔业法》中提出的,规定在部分高价值水产种资源生产区域建立保护区,任何人不得在区域内从事捕捞工作。2006年,国务院发布的《中国水生生物资源养护行动纲要》提出建立水产种资源保护区需要制定的相应管理办法。2007年,农业部制定了《水产种资源保护区规定工作规范》(试行),对保护区做出了具体规定。目前中国已建立国家级水产种资源保护区40余处,覆盖了大部分海域。

2. 捕捞许可制度

渔业捕捞许可是为了保护和合理利用渔业资源,控制捕捞强度,调整渔业生产结构,维护渔业生产秩序,保障生产者合法权益,由渔业行政管理机关根据公民、法人或其他组织的申请而赋予符合法定条件的申请者从事捕捞的权利或从事捕捞的资格的许可制度。

渔业捕捞许可制度是投入控制制度和进入限制制度。中国早期的有入渔制度,使20世纪70年代海洋渔业资源出现了较为严重的衰竭情况。1979年,农业部颁布了《水产资源繁殖保护条例》,将制度转变成为进

---

① 桑淑屏,《中国海洋渔业资源管理制度研究——以青岛市为实证分析》.中国海洋大学.2008

入限制制度。1986 年,《中华人民共和国渔业法》正式确立了捕捞许可证制度。2000年,修订的《渔业法》强化了这一制度,并规定了取得捕捞许可的条件。2002 年农业部发布《渔业捕捞许可管理规定》,进一步强化了捕捞许可证制度,并对捕捞许可证的取得条件和管理做出了更加细致严格的规定。新《渔业法》中规定,"捕捞许可证不得买卖、出租和以其他形式转让",说明中国捕捞许可制度是"一船一证"制度,责任落实到船东。

捕捞许可证在中国实施了近 20 年,期间不断得到完善,对中国渔业生产起到了保护作用,提高了渔民收入,但与制度设立之初的预期目标尚有距离。

3. 海洋捕捞渔船控制制度

为解决渔业资源和捕捞强度之间的矛盾,1981 年国务院批准农牧渔业部《关于近海捕捞机动渔船控制指标的意见》,要求对近海捕捞机动渔船实行有效控制,对沿海省、市的捕捞渔船数和功率指标数进行核定,由此出台了控制捕捞渔船数和渔船功率数的行政措施,简称"双控"制度,1992 年和1997 年分别发布了"八五"和"九五"期间控制海洋捕捞强度指标的实施意见,不再片面追求捕捞总量的增长,转向注重经济效益的提高。2003 年,农业部又制订了《关于2003—2010 年海洋捕捞渔船控制制度实施意见》,要求全国的海洋捕捞渔船数和功率数进一步减少。规定由农业部负责全国海洋捕捞渔船"双控"指标的分解和监督管理工作,各海区渔政渔港监督管理局负责本辖区海洋捕捞渔船"双控"指标实施的督察与统计汇总等工作。要求沿海各省、自治区、直辖市人民政府根据国家下达的"双控"指标,结合本地区的实际情况制定出 3 至 4 年应减船数、功率数的计划,报农业部核准。要求重点压减持《临时渔业捕捞许可证》渔船,以及从事拖网、帆张网、定置张网作业的渔船。

长期以来,由于增强捕捞力量的惯性力和地方保护意识的掺入,"双控"制度并没有得到有效的实施,反而愈控愈增。根据 1999年 3 月联合国粮农组织(FAO)渔委会(COFI)的年会通过的有关加强渔业管理的"国际行动计划"中的"负责任渔业行为准则"提到:减少 1/3 捕捞能力,是保护渔业资源的重要措施。如果按照这个准则的要求,我们目前应当减少的渔船数是 7.4 万艘,而不止是 3 万;功率应减至 859.8 万千瓦,而不是 1 142.6 万千瓦,很显然,"双控"的力度是不够的。地方保护主义庇护下悄悄进行的增船行动并没有真正得到遏止。

4. 最小网目尺寸制度

最小网目尺寸概念最早提出于 1986 版《渔业法》,该法第二十条规定:不得使用小于最小网目尺寸的网具进行捕捞,但同时规定最小网目尺寸由县级以上人民政府渔业行政主管部门规定,所以该项工作实际上并未得到开展。

2000 年新修订的《渔业法》对最小网目尺寸制度进行了修改和完善,第三十条规定"禁止使用小于最小网目尺寸的网具进行捕捞。捕捞的渔获物中幼鱼不得超过规定的比例"，同时规定最小网目尺寸由国务院渔业行政主管部门或者省、自治区、直辖市人民政府渔业行政主管部门确定，该法还增加了使用小于最小网目尺寸网具的法律责任。

2003年6月，农业部下发了《关于做好全面实施海洋捕捞网具最小网目尺寸制度准备工作的通知》，并于2003年10月发布了《关于实施海洋捕捞网具最小网目尺寸制度的通告》，决定从2004年7月1日起，全面实施海洋捕捞网具最小网目尺寸制度，并针对不同海区、不同网具、不同捕捞品种的最小网目尺寸做出了具体规定。2004年，农业部修订发布了《渤海生物资源养护规定》，在《关于实施海洋捕捞网具最小网目尺寸制度的通告》的基础上，对渤海主要捕捞作业网具的最小网目尺寸进行了补充规定，同时对渤海区渔业资源重点保护品种设定了最低可捕标准。

5. 捕捞渔民转产制度

海洋捕捞渔民转产转业简称"双转"。意思就是通过渔船的报废拆解，渔民弃捕上岸，退出捕捞转移到其他行业。其实质是通过减船减人，削减捕捞能力，保持渔船捕捞能力与国内可捕海洋渔业资源的动态平衡，达到国内海洋渔业资源可持续利用的目的。

2001年8月，农业部、财政部和国家计委召开了"沿海捕捞渔民转产转业工作会议"，标志着"双转"工作的全面展开。2002年7月，农业部和财政部颁发了《海洋捕捞渔民转产转业专项资金管理暂行规定》，决定从2002年起三年内，由中央财政每年安排2.7亿元转产转业资金，用于沿海捕捞业

减船转产补助，并增加3 000万元专属经济区渔政执法经费。2003年9月，根据减船转产政策执行一年来的情况，农业部和财政部经认真研究并征求有关方面意见，对《海洋捕捞渔民转产转业专项资金使用管理暂行规定》进行修订，出台了《海洋捕捞渔民转产转业专项资金使用管理规定》，该规定对中央减船补助范围和标准进行了调整。同时，在转产转业项目安排上，增加了转产渔民培训类项目，并与各地减船和转产渔民数相匹配。

由于经费有限及渔民意识难以转变等现状，"双转"政策进展缓慢。

6. 捕捞限额制度

捕捞限额制度的雏形见1986的《渔业法》，该法第二十一条规定：禁止捕捞有重要经济价值的水生动物苗种。因养殖或者其他特殊需要，捕捞有重要经济价值的苗种或者禁捕的怀卵亲体的，必须经国务院渔业行政主管部门或者省、自治区、直辖市人民政府渔业行政主管部门批准，在指定的区域和时间内，按照限额捕捞。

捞限额制度正式形成于2000年新修订的《渔业法》，2000年12月1日起施行的新《渔业法》第二十二条明确规定，"国家根据捕捞量低于渔业资源增长量的原则，确定渔业资源的总可捕捞量，实行捕捞限额制度。"捕捞限额由国务院渔业行政主管部门确定，报国务院批准后逐级分解下达；对超过上级下达的捕捞限额指标的，在其次年捕捞限额指标中予以核减。它标志着中国的渔业管理特别是捕捞业的管理，已从过去商品短缺

时期通过大力发展捕捞业,从解决吃鱼难问题,逐步过渡到现在的鱼产品供需平衡,并日益注重按照自然生态规律办事,走可持续发展道路,对渔业资源实行量化管理这种国际上通行的、行之有效的渔业管理制度上来。目前的条件,使该项制度尚停留在法律的文本之中,制约了制度的实行。

7. 渔业资源增殖制度

渔业资源增殖制度的内容:渔业资源增殖保护费、渔业资源增殖保护费的使用以及渔业资源增殖。

渔业资源增殖保护费的征收始于 1983 年 9 月 1 日,国务院在批准原农牧渔业部《关于发展海洋渔业若干问题的报告》。目前中国采用的办法是 1997 年 12 月 25 日农业部和国家物价总局发布的《黄渤海、东海、南海区渔业资源增殖保护费征收使用暂行办法》。办法规定:凡国家授权由海区渔政监督管理机构发放捕捞许可证的渔船,在发放或年审捕捞许可证的同时,征收渔业资源增殖保护费。渔业资源费用于渔业资源的增殖和保护,海区渔政分局应严格按照办法规定的使用范围,根据本海区的实际情况确定增殖与保护之间的使用比例,在年底编制下年度的渔业资源费收支计划和本年度的决算,上报审批后实施。

渔业资源增殖保护费的使用。根据"统一领导,分级管理"的原则,国家规定对各级渔业行政部门及其渔政管理机构所征收的渔业资源费实行比例留成,一部分上缴统筹使用的办法,并做出如下规定:沿海省级人民政府渔业行政主管部门征收的海洋渔业资源费 90% 由其留用,10% 上缴海区渔政渔港监督管理局用于大范围的渔业资源增殖保护项目;省级人民政府渔业行政主管部门征收的内陆水域渔业资源费由其自行安排使用;省级所辖市、县人民政府渔业主管部门征收的渔业资源费上缴省、自治区、直辖市的比例,由省级人民政府渔业主管部门和同级财政部门确定。渔业资源增殖保护费的使用必须按照"用之于渔"的原则,主要用来增殖渔业资源,包括购买放流苗种,购置培育苗种所需配套的设备,修建人工鱼礁,保护珍贵、濒危和名贵渔业资源品种,增殖渔业资源科学研究以及相关渔政管理等。

渔业资源增殖。2003 年,农业部印发了《关于加强渔业资源增殖放流工作的通知》,要求渔业行政主管部门将放流工作纳入政府生态环境建设计划。2004 年,农业部发布了《渤海生物资源养护规定》,鼓励单位和个人投资,增殖渤海生物资源,同时对流放的苗种和区域做出了规定。2006 年,国务院批准并印发了《中国水生生物资源养护行动纲要》,提出要合理确定适用于渔业资源增殖的水域滩涂,重点针对已经衰退的重要渔业资源品种和生态荒漠化严重水域,采取各种增殖方式,加大增殖力度,扩大增殖品种、数量和范围。2007 年,农业部将开展渔业资源增殖作为"为农民办理的 16 件实事"之一,下发了《关于做好 2007 年水生生物资源增殖放流工作的通知》,进一步加强和规范水生生物资源增殖放流工作。目前中国大陆沿海的人工鱼礁建设处于规模化发展的过程当中。

二、海洋渔业产业链

海洋渔业是人类从海洋中获取海洋动物资源、海洋植物资源等自然资源,并对其进行一系列生产加工等活动。行业的运行机制可见图4。

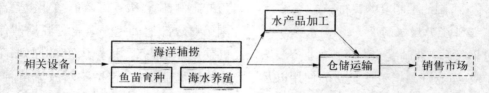

图4　海洋渔业产业链

早期主要靠捕捞与养殖拉动,当产品产量达到一定规模时,拉动行业升级的动力转移至产品加工技术及服务领域。休闲渔业作为新兴的渔业模式,给传统渔业发展带来了不少冲击,由于其特殊性,本文不详加阐述。探讨重点仍限于捕捞、养殖、加工此类渔业主体行业。

(一)海洋捕捞业

海洋捕捞业处于整个产业的中游,附加价值较低,但占据了产业链的主导地位,是整个产业链不可缺少的一部分。2006—2011年,鱼类、甲壳类、贝类、藻类、头足类捕捞产量见表1。

表1　2006—2011年中国海洋捕捞产量　　单位:万吨

年份	鱼 类	甲壳类	贝 类	藻 类	头足类	其 他	海洋捕捞总量
2006	822.42	207.04	74.36	3.28	104.77	31.67	1 243.55
2007	762.88	205.76	74.16	3.28	58.91	31.04	1 136.03
2008	789.59	194.58	64.38	3.66	63.79	33.63	1 149.63
2009	804.03	201.89	66.97	2.76	64.33	38.63	1 178.61
2010	825.51	204.33	62.21	2.46	65.83	43.25	1 203.59
2011	863.99	209.12	58.40	2.73	69.52	38.14	1 241.93

资料来源:2007—2012年《中国渔业统计年鉴》

2011年海洋捕捞(不含远洋)的产量是1 241.93万吨,占海水产品产量的42.70%,同比增加39.34万吨,较上年增长3.18%;其中,鱼类产量863.99万吨,同比增加38.34万吨,增长3.19%;甲壳类产量209.12万吨万吨,同比增长4.79万吨,增长2.35%;贝类产量58.40万吨,同比减少3.82万吨,下降6.11%;藻类产量2.73万吨,同比增长0.27万吨,增长11.07%;头足类产量69.52万吨,同比增长3.69万吨,增长5.61%。除了贝类捕捞量逐年下降,其他各类海产品捕捞量保持相对稳定的产量。

远洋捕捞方面,2011 年产量为 114.78 万吨,比 2010 年增长 2.49% 左右。

就海洋捕捞而言,近海捕捞的产量一般会维持在一个固定的产量以保持生态的平稳和长期捕捞,避免过度捕捞导致资源衰竭。而公海的远洋捕捞的渔业资源没有明确的归属,捕捞方式会倾向于粗放式的捕捞。从该产业的升级方向来看,海洋捕捞更需要注重节约人力资源提升捕捞效率,维护生态平衡保证渔业资源的可持续性。

(二)海水养殖业

海水养殖业处于整个产业链中游,与捕捞业类似,附加价值不及上下游产业高,但具有重要地位。目前中国海水养殖业的产量已经超过海洋捕捞,缓解了近海渔场枯竭的压力,标志着中国海洋渔业重心从捕捞向养殖转变,是产业链的一次升级,也是未来的发展趋势。

2006—2011 年,鱼类、甲壳类、贝类、藻类养殖产量见表 2。

表 2　2006—2011 年中国海水养殖产量　　　　　　　　　　　　　　　　　　单位:万吨

年　份	鱼　类	甲壳类	贝　类	藻　类	其　他	海洋捕捞总量
2006	63.17	81.48	1 113.59	134.98	14.91	1 408.13
2007	68.86	91.90	993.84	135.55	12.12	1 302.27
2008	74.75	9.42	1 008.09	138.60	24.80	1 255.56
2009	76.79	101.69	1 053.05	145.65	28.04	1 405.22
2010	80.82	106.11	1 108.23	154.01	33.01	1 482.30
2011	96.41	112.71	1 154.36	160.17	27.65	1 551.13

资料来源:2007—2012 年《中国渔业统计年鉴》

2011 年中国海水养殖产量 1 551.13 万吨,占海水产品产量的 52.99%,同比增长 69.02 万吨,增长 4.66%。其中,鱼类产量 96.41 万吨,同比增加 15.60 万吨,增长 19.31%;甲壳类产量 112.71 万吨万吨,同比增长 6.60 万吨,增长 6.23%;贝类产量 1 154.36 万吨,同比增长 46.13 万吨,增长 4.16%;藻类产量 160.17 万吨,同比增长 6.04 万吨,增长 3.92%;

近年来中国海水养殖保持持续的增长态势,如图 5;具体按品种分类的养殖产品参见表 2。

海水养殖业的发展已经证明了海水养殖能够为整个产业链提供足够且种类丰富的原料,是将来产业发展的重点。目前中国通过增加海水养殖面积来增加海水养殖产量基本达到一个瓶颈阶段。要产量进一步提升,海水养殖技术、鱼苗育种等相关的上游产业发展是关键。

(三)水产品加工业

水产品加工业属于海洋渔业第二产业,在这一环节,捕捞养殖产品通过加工能够获得较高的附加价值,产品成品依赖于自身品种、加工技术、需求市场等因素,是具有技术要求的一环。中国的水产品加工行业一直处于一个持续上升的阶段,加工量历年来也保持着上升态势(见图 6)。

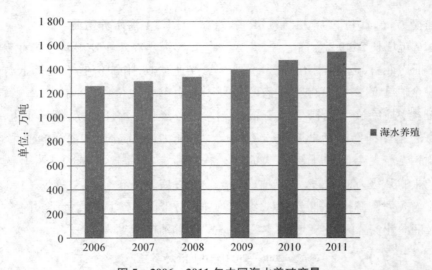

图5　2006—2011年中国海水养殖产量

资料来源：根据2007—2012年《中国渔业统计年鉴》整理

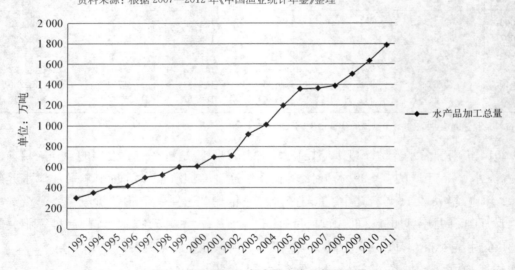

图6　1993—2011年中国水产品加工总量

资料来源：1994—2012年《中国渔业统计年鉴》整理

如图6所示，我们可以看出中国水产品总量除了在1998年出现过大幅下降之外，从1993—2010年中国的水产品加工总量基本处于上升趋势。尤其是2000年以来增加迅速。2000年中国水产品加工总量仅为621.52万吨，到2010年中国水产品加工总量已经达到1633.25万吨，增长了162%，年均增长率达10.14%。

水产品加工量持续上升，加工率接近50%，但落后于发达国家的70%，说明加工效率仍有提升空间，加工技术的进步能够给产业链提供更多的附加价值，除了食用，更多的可以用于海洋药物等多层次领域。

三、中国海洋渔业现阶段发展成果

十六大以来,中国渔业保持了全面、协调、可持续发展的良好势头,渔业经济发展取得巨大成就。2011年,渔业经济总产值15 005.01亿元,比2002年增长了3.8倍,在农业产值中的比重稳定在10%左右,其中渔业产值7 883.96亿元,海洋渔业产业3 429.81亿元,较2010年增长14.53%;全国水产品总产量5 603.21万吨,比2002年增长了1 648.35万吨,年均增长4.17%,其中海洋渔业产量2 908.04万吨,较2010年增长3.95%;渔民人均纯收入10 011.65元,比2002年增加4 960.65元,年均增加496.06元,平均增速9.82%①。

十年间,渔业各产业发展势头良好,养殖、捕捞、加工流通、休闲渔业全面发展,产业结构进一步优化。产业结构升级有效推动渔业经济的快速发展,其中第三产业产值增长快于第二产业,日益成为渔业经济发展最具活力的增长点。

(一)传统捕捞业历经调整和改造

从2002年开始,各地稳步推进捕捞渔民转产转业,十年累计淘汰报废老旧渔船近3万艘。船网工具指标管理进一步加强,研发建设了全国海洋渔船动态管理系统,整合了渔政、渔港监督和渔船船检管理数据,初步实现了船网工具指标、渔船检验、渔船登记、捕捞许可证发放等管理环节的相互衔接,为建立全国统一的渔船管理数据库奠定了基础。严格实施海洋捕捞渔船双控制度,有效控制了捕捞渔船盲目增长的势头。渔船装备得到改善,2011年生产机动渔船平均单船功率数为29.50千瓦,是2002年的2.06倍。海洋捕捞生产结构不断调整,拖网、帆张网等对资源影响较大的作业方式不断减少,海洋生物资源开发合理有序进行。捕捞业执法监督力度加大,组织开展打击非法生产、非法造船、清理整顿"三无"船舶和船名船号整治等执法行动,维护了捕捞生产和渔船渔港管理秩序。十年来,中国国内捕捞年产量基本稳定在1 300万吨左右。

(二)远洋渔业进一步发展壮大

远洋渔业实现了从单一拖网到拖、钓、围等多种形式转变,从小型渔船向大型现代化船队转变;大洋性渔业得到了跨越式的发展,其所占比重增加到58%。积极引进金枪鱼围网等渔船,大型渔船数量迅速增加,船舶类型更加齐全。公海作业海域进一步拓展,东南太平洋渔场得到了开发,南极磷虾开发取得了实质性进展,捕捞对象从传统底层鱼类资源拓展到鲣鱼、竹荚鱼等三大洋10多个重要远洋渔业种类。作业海域分布进

---

① 数据来源:《2012中国渔业统计年鉴》。

一步扩展,分布在 37 个国家的专属经济区和太平洋、大西洋、印度洋公海和南极海域。2011 年,获得远洋渔业资格的企业共 116 家,经批准作业渔船 2 227 艘,总产量、总产值分别为 114. 80 万吨、125. 90 亿元,分别比 2002 年增长 20.86% 和一倍,对公海渔业资源的占有份额提高到了 10%。

(三)水产健康养殖全面推进

近十年来,中国坚持"以养为主"的发展方针,依靠科技进步,积极调整品种结构和生产方式,大力推进生态健康养殖,促进了水产养殖的标准化、集约化。目前已经形成湖泊水库、稻田河沟、浅海滩涂等多种国土资源开发利用,池塘养殖、稻田养殖、大水面养殖、集约化养殖等多种养殖模式并存的多元化发展态势。截至 2012 年底,创建了标准化健康养殖示范场(区)1 700 多个,工厂化循环水养殖、深水抗风浪网箱养殖等集约化养殖方式迅速发展;以"两带一区"为代表的优势水产品养殖区域布局基本形成。水产养殖面积实现了大幅增加,养捕比例由 2002 年 63∶37 提高到 2012 年的 76∶24,中国水产养殖产量占国内水产品总产量的 70%,在世界水产养殖总产量中的比重也达到了 70%。

(四)水产加工业快速发展

在市场需求拉动下,尤其是在出口贸易的带动下,依靠引进生产线和技术,造就了一大批集生产、加工、运销、服务为一体的综合性水产龙头企业,大幅提升了水产加工能力,增强了渔业经济效益和市场竞争力,增加了渔民收入。中国水产品加工呈现出综合性、高值化、多品种的态势,形成了以小包装、便利化、冷冻冷藏为主,调味休闲食品、鱼糜制品、生物材料、功能保健食品、海洋药物和工艺品等十多个门类为辅的水产品加工生产体系。现有各类水产加工企业近9 600家,年加工能力达到 2 400 万吨以上,水产品加工率比 2002 年提高近 10 个百分点,形成了以山东半岛、辽东半岛、雷州半岛为主的水产品加工基地。

(五)新兴产业蓬勃发展

渔业的文化功能得到越来越多地发挥。休闲垂钓、旅游餐饮促进了城乡交融,观赏鱼游进了千家万户,各种形式的以渔会友、以渔招商发展迅速。经国务院批准,农业部发起并成立中国休闲垂钓协会,得到了社会广泛的关注和积极参与。近十年来,积极鼓励并逐步发展了休闲垂钓、观光旅游、观赏渔业、渔文化保护与开发等多种形式的休闲渔业。这些休闲渔业日益显示其高效益,为渔业和渔区经济发展带来了新的生机和活力。休闲渔业产值保持了平稳快速增长,年均增幅达 30%,休闲渔业在渔业第三产业以及渔业经济总产值中的比重逐年增加。据不完全统计,目前中国建成了 40 000 个左右的休闲渔业基地、企业、网点等。部分地区的休闲渔业收入占渔业总产值的比重达到20%。近年来,增殖渔业已被列为中国现代渔业五大产业之一,近海及内陆大水面放流型增殖渔业、人工渔礁型增殖渔业、特色产品原产地保护型增殖渔业、移植驯化型增殖渔业等如火如荼地在全国各地开展起来。一些地方政府已经把发展增殖渔业纳入政府生态建设规划和部门的产业规划；随着鼓励增殖渔业发展的相关政策的宣传深入开展，增殖渔业发展的社会氛围得到很大改观。此外，渔业碳汇的产业化、市场化将成为中国节能减排的重要方式，大大推动中国低碳经济的发展。

四、海洋渔业深层次问题

（一）产业结构调整

近年来中国积极推进渔业和渔区经济结构战略性调整，推动传统渔业向现代渔业转变。各地以市场为导向，以资源为依托，围绕产业增效继续推进渔业产业结构调整，大力实施渔业产业化，促进产业升级换代。水产养殖业正在从数量型向质量效益生态型转变，养殖面积和养殖产量继续增长，水产品优势养殖区域布局更加合理，名优品种养殖比例继续扩大，优质、高效、生态、安全养殖模式大面积推广。减船转产工程继续实施，捕捞强度盲目增长的势头得到初步遏制，捕捞产量持续保持负增长。远洋渔业总体保持稳步发展，大洋性渔业比重持续上升。水产品加工流通业发展迅猛，以出口为导向的水产品生产、加工、流通体系进一步完善，渔业产业化经营水平进一步提高。休闲、观赏、旅游渔业发展迅速，成为渔民增收的新途径①。从现阶段来看，中国调整优化海洋渔业产业结构面临的问题如下：

1. 产业发展与近海生态环境之间的矛盾尚存

工业和生活污水大量排放，以及突发性污染事故、工程建设项目对鱼类栖息地的严重破坏，再加上养殖生产高密度，自身污染严重，致使海洋渔业水域生态环境受到严重污染和损害，天然渔业资源和养殖业都面临威胁，尤其是污染破坏了部分经济鱼类的近岸产卵场和养殖水域，使鱼类繁殖能力严重下降，加剧了渔业资源的衰退。中国近岸海洋生态系统面临的主要生态问题目前愈加突出。《中国海洋环境质量公报》显示，近年来，中国近岸局部海域水质略有好转，但总体污染程度依然较高，污染海域面积有增加趋势。

中国近岸局部海域污染相对严重，近岸以外海域水质保持良好，这一态势多年来没有发生改变。2012年中国近岸局部海域水质污染严重，劣于第四类海水水质标准严重污染海域面积约6.78万km^2，比2011年增加2.40万$km^2$②。全海域水质污染面积的增加与2012年江河入海径流量大幅增加，

---

① 杨林.海洋渔业产业结构优化升级的目标与对策研究[J].海洋经济,2011,4.
② 数据来源：《2012年中国海洋环境质量公报》,http://www.coi.gov.cn/gongbao/huanjing/201304/t20130401_26428.html.

导致河流携带的污染物入海量大幅增加。劣四类海域主要分布于大中型河口、部分海湾和大中城市近岸海域。海水中的主要超标物质是无机氮、活性磷酸盐和石油类。

(1) 生物环境丧失。众所周知,生物只能适应某些自然条件,故在决定生态系统内种群结构时,自然条件往往发挥着更重要的作用。围海工程极大地改变了海洋生物赖以生存的自然环境与自然条件,滨海湿地环境和生态功能大量永久性丧失。比如渤海湾沿岸众多工程建设项目用海需求巨大,导致2004年以来渤海湾生态监控区内丧失的海域面积超过300 km²。围填海等工程使莱州湾四分之三岸线平直化,近岸生态功能受损。

(2) 生物多样性降低。海洋渔业水域污染致使海湾生态系统的海洋生物群落结构发生明显改变,群落结构趋于简单化,附近海区生物种类多样性普遍降低,优势种和群落结构也发生改变,这一点不管在表层的浮游植物、浮游动物还是在底栖生物调查中都得出同样的结果。进而导致外来物种的入侵,正常的生态平衡被打破。

2. 产业雷同现象比较突出,未出现结构优化升级态势

长期以来,传统的经营方式使经营者没有完全根据"市场-生产"的原则预测市场需求空间和潜力。信息不对称、市场意识差,大多数生产者难以及时得到完整、准确的市场信息,仅凭借直观的感觉或者盲从心理,决定生产经营项目,导致产品趋同。同时,渔民资本积累水平低,过于分散,尚不具备独立对市场做出反应的能力,作为产业结构调整的主体,难以对产业结构变化做出贡献。从第一产业来看,海水养殖业存在养殖品种单一、结构雷同、养殖方式落后、新的优良品种少,名特优产品的养殖比例低的问题。在第二产业,水产品加工仍然以冷冻、冰鲜等初级加工为主,产品加工深度不够,深加工、精加工能力十分薄弱,加工转化和增值率低,加工品附加值不高。第三产业目前以水产流通业为主导产业。与其他渔业发达国家相比,中国的水产品物流业刚刚兴起,水产品批发市场等传统分销渠道是中国水产品流通的中心环节,真正从事规模化运作的第三方水产品物流公司比较缺乏。同时,在物流观念上,中国许多水产企业普遍对于物流的价值认识不深。一些企业仍坚持传统的"大而全、小而全"观念,没有意识到第三方物流企业的信息和知识将带来的价值增值,依然自行承担物流活动。这样不仅无法发挥物流的规模效应,而且由于运营方式雷同,造成仓库闲置,车辆空驶,从而增加了物流成本。

3. 三次产业配比结构不合理

从图1.3可以看到,改革开放以来,中国渔业第一产业(捕捞业和养殖业)在渔业经济总产值的比率继续下降,从"九五"末的68.56%下降到2012年的52.54%,而第二产业(渔业工业和建筑业,2012年23.50%)和第三产业(渔业流通和服务业,2012年23.95%)产值的比重小,表明产品深加工和产业化水平较低;第二产业和第三产业的产值在总产值中占的比重较小(2012年为

47.45%),表明渔业的产业高度化水平仍然较低。中国水产品产量占世界总产量的三分之一左右,位居世界第一位,但加工和综合利用方面与世界水平相比差距十分明显。中国水产品加工量比例不到总产量的三分之一。事实证明,依靠开发初级资源和低廉劳动力的现有模式,不仅不利于提高渔业企业经营利润和附加值,而且很难再维持渔业经济的持续高速发展。

4. 组织化程度低,难形成规模经济效应

从生产组织来看,中国渔业集团作业较少,零星作业、分散管理、各自为政的现象大量存在,投入能力较低,抗御风险能力较差,这在一定程度上不仅制约了新品种、新技术普及推广,也使渔业经济难以形成规模和合力,不利于产业结构的优化升级、产业竞争力的提升。再者,水产品进出口组织化程度也较低,把握市场经济规律难度较大,这即造成了中国目前渔业产品进出口市场纷乱无序的状况,又使渔业产业不适应不断增多的国外反倾销、反补贴以及所谓的紧急限制进口措施等复杂的对外贸易形势。这也给渔业产业结构调整带来巨大压力。

5. 科研技术和创新水平无法海洋渔业产业结构优化升级的需要

目前,中国渔业科技由于受体制等多方因素的制约,现有的科研能力和创新水平无法满足渔业增长方式转变的迫切需要,主要表现为如下几点:第一,适于养殖的优良水产苗种遗传改良率仅为 16%[①],远低于种植

业和畜牧业。第二,水产养殖病害多发、频发,且呈逐年加重趋势。第三,疫苗等安全、有效的专用渔药研发滞后,导致在养殖、保鲜、运输、加工过程中不合理使用农药、兽药或化工产品的现象较为普遍。第四,海水鱼类养殖饲料主要依赖投喂天然鱼虾,资源浪费现象严重。第五,由于缺乏可靠的活鲜运输设备和冷藏运输工具,中国水产品运输方式大都是相当原始的常温运输,据统计,中国水产品物流环节上的损失率在 25%—30%左右,即四分之一的水产品在物流环节中被消耗。而发达国家的损失率则控制在 5%以下。

(二) 三渔问题

"三渔"问题是渔业、渔村和渔民这三个问题的总称。它囊括了整个渔业问题的核心点,是整个渔业的共通问题,涉及技术、制度、社会、文化等多方面因素,在此就目前比较重要的问题仅作简要介绍。

1. 渔业问题

狭义渔业包括养殖业与捕捞业。广义渔业除此之外还包括渔船、渔具、渔用仪器的修造与供应、水产品加工等。从 20 世纪 80 年代以来,中国渔业实行市场化改革,渔业生产迅速发展,保证中国水产品有效供给,解决了大中城市"吃鱼难"的问题。"十五"期间,中国渔业经济发展较快成为了农业经济的重要增长点[②]。目前,中国渔业已

---

① 韩立民,任广艳."三渔"问题的基本内涵及其特殊性[J].农业经济问题,2007(6):93-97.
② 全国渔业发展第十一个五年规划[J].中国水产,2006(12).

基本完成由"以捕为主"的狩猎型渔业向"以养为主"的集约型生产方式的转型。但是，中国渔业经济的增长依然依赖规模的扩张，这种重数量不重质量、重规模不重效益的发展方式对渔业经济的发展产生了制约。当前，中国渔业发展面临的问题主要有：

海洋渔业面临日益严峻的资源和环境约束。在工业化和城市化发展进程中，优良的渔业水域、滩涂被大量占用，传统的养殖区域受到挤压。大量排放的工业和生活污水、突发性污染事故以及工程建设项目等对鱼类栖息造成破坏，渔业水域生态环境受到严重污染和侵害。加之新的海洋制度建立后，国际社会对公海渔业资源管理日趋严格，各国对公海资源开发争夺日益激烈。

渔业结构调整步伐缓慢。中国渔业在资源和市场的开发上仍带有一定盲目性，不同程度地出现了区域性和结构性的产品过剩、价格下跌等问题。产业结构调整的启动和保障机制尚不健全，渔业产业化水平还比较低，进程缓慢。

水产品缺乏国际竞争力。入世以来，中国水产品因市场化水平低、生产成本过高、存在质量及污染等问题而缺乏国际竞争力。

渔政管理的法制设施待加强。中国的渔政管理机构设置不规范，体制不顺，渔业资源开发和保护的矛盾日益突出。另外，由于中国渔政执法人员的素质有待进一步提高，执法机构经费紧张，执法装备难以改善，影响了渔业行政执法的公正和效能。

2. 渔村问题

渔村的社会结构和社会分工比较简单，人口密度低，素质较差，同质性强，较少流动，乡土文化浓厚。目前，中国渔村面临的主要问题如下：

经济发展较落后。许多偏僻的渔村生产力极不发达，经济结构不合理，粗放型经济增长方式没有得到根本转变，经济增长的技术含量很低，经济发展与资源环境的矛盾比较突出。

基础设施条件有待完善。渔村建设规划滞后，道路狭窄，交通不便，缺乏系统的供水、供电设施。渔港等渔业基础设施建设滞后，通讯条件差，能源建设不足，金融、保险、信息服务、技术推广以及检验检测等机构不健全。

社会事业发展滞后。渔村教育、技能培训缺乏经费保障机制，办学条件差，存在严重隐患。医疗卫生资源严重不足、水平不高，公共卫生体系建设薄弱。文化信息资源少，服务体系不完善，难以满足渔民群众多层次、多方面的精神文化需求。社会保障制度尚未建立，有的渔民缺乏基本的生活保障。

3. 渔民问题

渔民是指居住于海岛渔区、以从事渔业生产为主要职业的劳动者。当前时期中国渔民主要以养殖、捕捞和水产品加工为主要作业方式。中国渔民面临的主要问题有：

渔业劳动力总量过剩，转移困难。海洋捕捞能力的增长与有限的作业渔场及脆弱的渔业资源的矛盾日益突出，捕捞压力过大，资源衰退严重，使得渔业劳动力总量过剩，捕捞渔民转产转业势在必行。但是，多数渔民文化素质低，缺乏从事其他行业的技能，加之渔业产业化程度低，渔区经济结构单一,资金缺乏,渔民的就业门路狭窄,跨行业转移的难度较大。

渔民收入增长缓慢,负担过重。近些年来渔民收入水平得到一定提高,但是,海洋渔业资源衰退局面在近期内难以扭转,千瓦捕捞量下降,燃油等渔业生产成本呈不断上升趋势,海洋捕捞效益大幅下降,渔民收入难以实现较快增长,有些地区甚至出现了捕捞渔民收入大幅减少的现象。另外,涉渔税费种类繁多,多头管理,重复收费,渔民负担依然很重。

渔民的经济利益和平等权利得不到有效维护。作为分散经营的社会群体,渔民基本上单一地面对市场,市场谈判地位很低,长期以来一直是水产品价格的被动接受者,抵御风险的能力很弱。另外,渔民不能完全享有与城市居民同等的权利,难以享受公共卫生、医疗和教育带来的实惠。

渔民失海、失业问题日益突出。由于城市开发、港口建设、海底电缆铺设、滩涂围垦等占用渔业水域、滩涂的现象逐年增多,加之一些地方推行海域有偿使用制度和海域拍卖制度,造成大批渔民失海和失业。从目前情况看,对失海、失业渔民缺乏相应的安置和补偿措施,严重损害了渔民利益。

五、海洋渔业发展趋势

目前世界渔业发展主要趋势:传统的近海渔业资源日趋枯竭,人类对海洋环境和生态资源的保护意识和力度增强;海水养殖成为人类获取动物蛋白质的重要来源,海水增养殖日益受到重视,高效养殖技术不断深入推广和应用;水产品加工日趋精深化,加工业产业链得到了更多的延伸,绿色和有机水产品为人类提供更多的营养;渔业在生活休闲、观光度假、文化传承等方面的多功能得以体现,休闲渔业发展快速。

结合当前中国海洋渔业的状况,产业的整体发展趋势可以从两个角度进行探讨。

(一)区位角度:由北向南,由近及远

从中国资源分布的情况来看,北部沿海地区发展出现疲态,渔业资源逐渐衰竭,而中部沿海地区发展迅速,南部沿海地区不断有丰富的渔业资源被发现,由于海洋渔业本身属于资源密集型产业,产业中心转移势必会由北部沿海向中部沿海及南部沿海地区转移。另外,南海地区渔业生态保存良好,通过现有制度保护可以得到良好的循环,且南海盛产高档海产品,尤其是在南沙群岛的礁盘内,龙虾、苏眉、石斑鱼、青衣、公螺等数不胜数,渔业产出极高。阳光、水温及形态丰富的海流是别的地区难以拥有的得天独厚的地理条件和气候条件,造就了南海这个天然大渔场,非常适合中国未来海洋牧场的建设。

捕捞海域由近海转向远海。在目前国

家大力发展船舶、海洋工程装备、航运等对近海会造成严重污染的产业,近海资源受到挤压的背景之下,海洋渔业产业发展与近岸海洋生态环境之间存在短期难以调和的矛盾,由于短期之内这种矛盾无法通过技术或政策手段延缓或解决,海洋渔业的发展方向势必要做出相应的改变。具体来说,捕捞业由近海转向远海。由于技术条件限制,远洋捕捞提出有一段时间,但发展并不快,现在国家对船舶行业的重视必然会给船舶技术带来改变,促使渔业生产方式发生变化,使产业得到提升。

(二)产业角度:补链、升级与模式革新

积极进行补链工作,完善产业链发展。目前中国渔业存在"卖原料、卖初级产品","同质化严重、附加值低","多了卖不出、少了后悔没多投苗"等现象。现象反映了中小水产公司的困境:育苗种利润高,技术门槛高;养殖利润低,市场和自然风险大;加工利润稍高但原料不足难以产业化;流通利润最高,但非常难以做大;做全产业链实力又不够。随着中国渔业的进一步发展,未来渔业必然从产品竞争转变为产业链竞争,不仅要面对国内市场,更要面对世界市场,因此,整合渔业产业链的资源,打造完整良性循环的产业链是目前亟需进行的工作。

进行产业升级。产业升级的重点在于捕捞、养殖与加工,升级的关键需要围绕"效

率"问题来展开。对于捕捞业来说,捕捞技术改进提升捕捞效率,能解放人力资源,节约捕捞成本,减少环境污染。对于养殖业来说,优秀的种苗和科学的养殖方式能够有效提升产能,而且今年来养殖业成为带动渔业产量增长的主要行业,势必会占用更多的优质资源。加工业需要进一步深加工,不仅要提升加工率,而且还要进行深度加工,比如鱼类加工可将鱼肉加工成鱼糜及制品,将鱼骨加工成易于吸收的鱼骨钙食品,将雨披和鱼鳞加工成在美容、医药、保健品等应用十分广泛的胶原蛋白,把一条鱼充分利用,让每个环节产生效益。

产业模式革新。中国海洋渔业乃至整个渔业从整个产业结构来看都是以第一产业为主,2011年渔业(养殖、捕捞)产值占整个产值的52.54%,第二产业23.5%,第三产业23.95%。数字说明产业仍然停留在资源采集的低级阶段,产业发展重点需要向二三产业转移。这种转移目前来看需要具备三个条件:第一,渔业资源有良好的循环,采集的规范措施和监督措施及能力完善;第二,科技水平充分支持;第三,符合市场需求的产品。前两点针对产业升级而言,最后一点针对市场。产品能否挖掘出市场的潜在需求是关键,比如目前新兴的海洋休闲渔业,其模式是否能够吸引住消费者,产生长期需求,决定了整个产业能否踏上新的台阶。

参考文献

[1] 董晓晓.我国海洋渔业生态化转型及其国际合作研究[D].中国海洋大学,2012.

[2] 侯晓静.我国传统海洋优势产业发展战略

及国际借鉴——以海洋渔业为例[D].青岛:中国海洋大学,2012.

[3] 郑斯思,谭春兰.海洋渔业可持续发展研究进展[J].山西农业科学,2011,39(1):76-78,94.

[4] 曹忠祥.我国海洋经济发展的现状、问题与对策[J].中国经贸导刊,2012(12).

[5] 佘远安,吴昊,孙昭宁.中国海洋渔业:成就、问题和发展思路[J].中国渔业经济,2012,30(3):97-102.

[6] 杨瑾.大力发展远洋捕捞业,振兴海洋经济[J].海洋开发与管理,2012,11:97-99.

[7] 张晓梅.我国海洋渔业低碳化发展及国际合作研究[D].青岛:中国海洋大学,2012.

[8] 杨瑾,王维.建设海上牧场,振兴渔业经济[J].海洋开发与管理,2011,9:126-129.

[9] 李励年,周雨思,缪圣赐.日本渔业概况[J].渔业信息与战略,2012,2(27):157-165.

[10] 任新君.我国海洋渔业资源利用现状分析[J].渔业致富指南,2009.

[11] 桑淑屏.中国海洋渔业资源管理制度研究——以青岛市为实证分析[D].青岛:中国海洋大学,2008.

[12] 陈文河.海洋渔业管理体制建设的初步分析[J].海洋开发与管理,2009,26(3):64-66.

[13] 韩立民,任广艳."三渔"问题的基本内涵及其特殊性[J].农业经济问题,2007,6:93-97.

[14] 吴凯,卢布.中国海洋产业结构的系统分析与海洋渔业的可持续发展[J].中国农学通报,2007,23(1):367-370.

[15] 杨林,马顺.海洋渔业产业结构优化升级的目标与对策研究[J].海洋经济,2011,1(4):35-41.

[16] 王建友.渔民市民化与"三渔"问题探析[J].农业经济问题,2011(3):72-75.

[17] 吴万夫.关于我国渔业60年发展规律的探讨[J].中国渔业经济,2009,27(6):12-18.

附录:

表1　中国海洋渔场分布

序号	渔场	地理位置	主要产鱼种	状况
1	辽东湾渔场	渤海 38°30′N 以北,面积约 11 520平方海里	小黄鱼、带鱼、对虾、海蜇、毛虾、棱子蟹、马鲛鱼、黄姑鱼、真鲷、梅童、青鳞鱼、鲻鱼、鲅鱼	捕捞过度,资源已开始衰退
2	滦河口渔场	渤海滦河口外,面积约 3 600 平方海里	小黄鱼、带鱼、对虾、海蜇、毛虾、棱子蟹、马鲛鱼、黄姑鱼、真鲷、梅童、青鳞鱼、鲻鱼、鲅鱼	20 世纪 80 年代后资源枯竭
3	渤海湾渔场	渤海 119°00′N 以西,面积约 3 600平方海里	小黄鱼、带鱼、对虾、海蜇、毛虾、棱子蟹、马鲛鱼、黄姑鱼、真鲷、梅童、青鳞鱼、鲻鱼、鲅鱼	定置网和近岸网具作业
4	莱州湾渔场	渤海38度30分N以南,黄河口海域	小型鱼类、虾蛄、梭子蟹、毛虾	资源枯竭
5	海洋湾渔场	黄海北部	鲲鱼、玉筋鱼、细纹金狮子鱼	重要的产卵场所
6	海东渔场	海洋岛渔场东部,面积约 4 320 平方海里	鲲鱼、玉筋鱼、木叶蝶等	

（续表）

序号	渔场	地 理 位 置	主 要 产 鱼 种	状　况
7	烟威渔场	所在海区山东半岛北部,38°30′N以南,面积约7 200平方海里	鳀鱼、细纹狮子鱼、小黄鱼、绒杜父鱼、鲐鱼、鲆鲽类、鳕鱼、马鲛鱼、对虾、叫姑鱼、黄姑鱼、带鱼、真鲷、对虾、鹰爪虾	
8	威东渔场	烟威渔场东部,面积约2 880平方海里	细纹狮子鱼	
9	石岛渔场	所在海区黄海中部(122—124°E,36—38°N)	鳀鱼、鲱、鲆鲽类、鲐、马鲛、鳓、小黄鱼、黄姑鱼、鳕、带鱼、对虾、枪乌贼	多种经济鱼虾类北上、南下进行产卵、索饵、越冬洄游的必经之地,北方海区主要渔场之一
10	石东渔场	石岛渔场以东海域	细纹狮子鱼、绒杜父鱼、高眼鲽、玉筋鱼	
11	青海渔场	山东半岛南部,35°30′N以北,122°00′E以西,面积4 320平方海里	鳀鱼、银鲳、斑鲦、高眼鲽、鲐、马鲛、鳓、小黄鱼、白姑鱼、鲈鱼、带鱼、对虾、青鳞鱼	
12	海州湾渔场	黄海南部范围为34°00′—35°30′N,121°30′E以西,面积为7 900平方海里	鲛鱼、鳀鱼、鳓、小黄鱼、白姑鱼、鲈鱼、带鱼、毛虾、黄鲫、鲅鱼、金乌贼	近年来由于资源保护不力,已形不成渔场
13	连青石渔场	黄海南部海域	带鱼、蓝点马鲛、鲐鱼、对虾、鱿鱼、黄姑鱼、小黄鱼	有很大的开发价值
14	连东渔场	濒临韩国西海岸,范围为34°00′—36°00′N,124°00′E以东	鳀鱼、玉筋鱼、绵鳚色球层、高眼鲽、小黄鱼、鲛鳞	以前有韩国渔船从事围网、张网、流网和延绳钓等作业
15	吕泗渔场	黄海西南部范围为32°00′—34°00′N,122°30′E以西海域,面积约9 000平方海里	黄海西南部范围为32°00′—34°00′N,122°30′E以西海域,面积约9 000平方海里	产量越来越低,鱼龄越来越小
16	大沙渔场和沙外渔场	吕泗渔场的东侧,其范围为32°00′—34°00′N,122°30′—125°00′E,面积约为15 100平方海里	海鳗、小黄鱼、带鱼、黄姑鱼、鲳鱼、鳓鱼、蓝点马鲛、鲐、鲹、太平洋褶柔鱼、剑尖枪乌贼和虾类等	适合于拖网、流刺网、围网和帆式张网作业
17	长江口、舟山渔场及江外、舟外渔场	长江口外,钱塘江口外	鱼类365种。其中属暖水性鱼类占49.3%,暖温性鱼类占47.5%,冷温性鱼类占3.2%;虾类60种;蟹类11种;海栖哺乳动物20余种;贝类134种;海藻类154种	中国渔业资源最丰富,产量最高的渔场
18	鱼山、温台渔场及鱼外、温外渔场	浙江省中部、南部沿海	带鱼、大黄鱼、绿鳍马面鲀、白姑鱼、鲳鱼、鳓鱼、金线鱼、方头鱼和鲐鲹鱼、乌贼	
19	闽东、闽中、台北渔场及闽外渔场	福建省北部、中部沿海、台湾省东北部	带鱼、大黄鱼、大眼鲷、绿鳍马面鲀、白姑鱼、鲳鱼、鳓鱼、蓝点马鲛、竹荚鱼海鳗、鲨、蓝园鲹、鲐鱼、乌贼、剑尖枪乌贼、黄鳍马面鲀等	对拖网、单拖网、灯光围网、底层流刺网、灯光敷网和钓等

（续表）

序号	渔场	地 理 位 置	主 要 产 鱼 种	状 况
20	闽南、台湾浅滩渔场及台东渔场渔场	福建省南部	金枪鱼、青干金枪鱼、舵鲣、脂眼鲱、绒纹单刺鲀、鲷类、蛇鲻、带鱼、金色小沙丁鱼、大眼鲷、白姑鱼、乌鲳、鳓鱼、蓝点马鲛、竹荚鱼、鲐鱼、蓝园鲹、四长棘鲷、中国枪乌贼和虾蟹类等	单拖、围网、流刺网、钓和灯光敷网
21	台湾浅滩渔场	位于 22°00′—24°30′N，117°30′—121°30′E，面积约为 9 500 平方海里	金枪鱼、青干金枪鱼、舵鲣、脂眼鲱、绒纹单刺鲀、鲷类、蛇鲻、带鱼、金色小沙丁鱼、大眼鲷、白姑鱼、乌鲳、鳓鱼、蓝点马鲛、竹荚鱼、鲐鱼、蓝园鲹、四长棘鲷、中国枪乌贼和虾蟹类等	单拖、围网、流刺网、钓和灯光敷网
22	台湾南部渔场	位于 19°30′—22°00′N，118°00′—122°00′E	浮游动物台湾南部渔场以 1998 年 1 月调查为例,浮游动物共有 53 种	中上层和礁盘鱼类资源丰富,适合于多种钓业生产
23	粤东渔场	位于 22°00′—24°30′N，114°00′—118°00′E	蓝圆鲹、竹荚鱼、大眼鲷、中国枪乌贼等	蓝圆鲹、竹荚鱼、大眼鲷、中国枪乌贼等
24	东沙渔场	位于 19°30′—22°00′N，114°00′—118°00′E	瓦氏软鱼、脂眼双鳍鲳、竹荚鱼、深水金线鱼、长肢近对虾、拟须对虾等	东沙群岛附近海域适于围、刺、钓作业
25	珠江口渔场	南海北部位于 20°45′—23°15′N，112°00′—116°00′E，面积约74 300 平方公里	蓝圆鲹、金色小沙丁鱼、黄鲷、圆腹鲱、鲐、竹荚鱼和深水金线鱼	中国南海近海的重要渔场之一,是拖网、拖虾、围网、刺、钓作业渔场
26	粤西及海南岛东北部渔场	粤西及海南岛东北部	蓝圆鲹、深水金线鱼、黄鲹马面鲀	中国南海近海的重要渔场之一,是拖网、拖虾、围网、刺、钓作业渔场
27	海南岛东南部渔场	海南岛东南部	蓝圆鲹、颌圆鲹、黄鲷、竹夹鱼、深水金线鱼等	是拖网、拖虾、围网、刺、钓作业渔场
28	北部湾北部渔场	北部湾北部	鲐鱼、长尾大眼鲷、中国枪乌贼	是拖网、拖虾、围网、刺、钓作业渔场
29	北部湾南部及海南岛西南部渔场	北部湾南部及海南岛西南部	金线鱼、大眼鲷、蓝点马鲛、乌鲳、带鱼等	是拖网、拖虾、围网、刺、钓作业渔场
30	中沙东部渔场	中沙东部	南海重要渔场,盛产金带梅鲷、旗鱼、箭鱼、金枪鱼等多种水产	金枪鱼延钓鲭、刺、钓作业渔场
31	西、中沙渔场	中沙群岛西北部、西沙群岛南部	是捕捞金枪鱼、马鲛鱼、红鱼、鲣鱼、飞鱼、鲨鱼、石斑鱼、金带梅鲷、旗鱼、箭鱼	金枪鱼延钓鲭、刺、钓作业渔场
32	西沙西部渔场	西沙西部		是拖网作业渔场、金枪鱼延绳钓渔场

（续表）

序号	渔场	地理位置	主要产鱼种	状　况
33	南沙东北部渔场	南沙东北部		金枪鱼延绳钓渔场、底层延绳钓、手钓作业渔场
34	南沙西北部渔场	南沙西北部		金枪鱼延绳钓渔场、底层延绳钓、手钓作业渔场
35	南沙中北部渔场	南沙中北部		金枪鱼延绳钓渔场、底层延绳钓、手钓作业渔场
36	南沙东部渔场	南沙东部	南沙群岛位于东经109度30分至117度50分，北纬3度40至11度55分之间，由大大小小200多个岛礁沙洲滩组成，其中多数不具备适宜人类居住的自然环境。鱼类有褐梅鲷(石青鱼)、真鲹(吉尾鱼)、斑条䲗(吹鱼)及金枪鱼类等；贝类有乌蹄螺、砗磲；爬行动物有海龟、玳瑁；棘皮动物中有梅花参(菠萝参)、二斑参(白尼参)、黑尼参(乌圆参)、蛇月参(赤瓜参)、黑狗参(黑参)等	鲨鱼延钓、手钓、刺网和采捕作业
37	南沙中部渔场	南沙中部		鲨鱼延钓、手钓、底层延绳钓渔场作业
38	南沙中南部渔场	南沙中南部		鲨鱼延钓作业渔场
39	南沙南部渔场	南沙南部		拖网作业、鲨鱼延钓作业渔场
40	南沙西部渔场	南沙西部		拖网作业、鲨鱼延钓作业渔场
41	南沙中西部渔场	南沙中西部		底拖网作业渔场、金枪鱼延绳钓渔场
42	南沙西南部渔场	南沙西南部		底拖网作业渔场、金枪鱼延绳钓渔场

表 2　中国 1985—2011 年水产品产量与增加率　　　　　　　（万吨）

年份	水产品产量	海水产品产量	淡水产品产量	水产品产量增加率	海水产品产量增加率	淡水产品产量增加率
1985	705	420	285	—	—	—
1986	824	475	348	16.88%	13.10%	22.11%
1987	995	548	407	20.75%	15.37%	16.95%
1988	1 061	606	455	6.63%	10.58%	11.79%
1989	1 152	661	491	8.58%	9.08%	7.91%
1990	1 237	713	524	7.38%	7.87%	6.72%
1991	1 351	800	551	9.22%	12.20%	5.15%
1992	1 557	934	624	15.25%	16.75%	13.25%
1993	1 823	1 076	747	17.08%	15.20%	19.71%
1994	2 143	1 242	902	17.55%	15.43%	20.75%
1995	2 517	1 439	1 078	17.45%	15.86%	19.51%
1996	3 288	2 013	1 275	30.63%	39.89%	18.27%

（续表）

年 份	水产品产量	海水产品产量	淡水产品产量	水产品产量增加率	海水产品产量增加率	淡水产品产量增加率
1997	3 602	2 176	1 425	9.55%	8.10%	11.76%
1998	3 907	2 357	1 550	8.47%	8.32%	8.77%
1999	4 122	2 472	1 651	5.50%	4.88%	6.52%
2000	4 279	2 539	1 740	3.81%	2.71%	5.39%
2001	4 381	2 572	1 810	2.38%	1.30%	4.02%
2002	4 564	2 646	1 918	4.18%	2.88%	5.97%
2003	4 705	2 686	2 019	3.09%	1.51%	5.27%
2004	4 902	2 768	2 134	4.19%	3.05%	5.70%
2005	5 101	2 838	2 264	4.06%	2.53%	6.09%
2006	4 584	2 510	2 074	−10.14%	−11.56%	−8.39%
2007	4 747	2 551	2 197	3.56%	1.63%	5.93%
2008	4 896	2 598	2 297	3.14%	1.84%	4.55%
2009	5 164	2 681	2 434	5.47%	3.19%	5.96%
2010	5 373	2 795	2 575	4.05%	4.25%	5.79%
2011	5 603	2 908	2 695	4.28%	4.04%	4.66%

资料来源：1986—2012 年《中国渔业统计年鉴》

（执笔：上海大学经济学院，黄天河　于丽丽）

中国海洋新能源产业发展的 SWOT 分析

摘要：随着资源与环境问题的不断突出，发展海洋新能源产业作为国民经济可持续发展的重要战略日益受到国内外广泛的重视。文章对国内外海洋新能源开发利用的现状进行了总结，同时运用 SWOT 分析方法综合分析了目前中国海洋新能源发展的优势、劣势以及存在的机遇和挑战，在此基础之上构建中国海洋新能源产业 SWOT 策略矩阵，为合理开发利用海洋新能源、缓解中国沿海及海岛地区的能源问题提供理论依据和决策建议。

关键词：海洋新能源　　SWOT 分析　　策略矩阵

伴随着经济的高速发展，中国对于能源的需求也不断增加，目前已经成为世界第二大能源消费国，据中国科学院能源需求研究报告预测：2020 年中国能源需求量将达到 28.88—38.80 亿吨标准煤，届时原煤缺口约为 3.21—11.74 亿吨，石油和天然气均有巨大缺口[1]。

海洋新能源主要包括潮汐能、波浪能、潮流能、温差能、盐差能及近海风能等，具有清洁无污染、蕴藏量丰富且可再生等特点。据能源专家预测，海洋新能源将是 21 世纪重要的辅助能源之一，能够为沿海及岛屿地区提供大量的能源补充，并且随着经济和科学技术高速发展，海洋新能源的开发利用程度还将得到大大提高。

海洋新能源资源是中国重要的可再生能源资源，其开发利用对于缓解中国能源供给压力、改善能源结构、减少环境污染、促进沿海及海洋经济发展具有重要的意义。但现阶段由于受到技术、成本、管理、维护等诸多因素的制约，海洋新能源产业的发展较为缓慢，目前在中国能源消费中的比重也相对较低，如何实现海洋新能源产业的进一步发展，以更好满足中国经济社会可持续发展的需要是中国政府和新能源企业面临的关键问题。

一、研究回顾

近几年，学者对于海洋新能源的研究日趋增加，其中多数学者对于发展海洋能源产业持支持观点。熊焰、王海峰等(2009)从中国的能源需求角度出发,指出海洋可再生能源在满足国家能源需求、改善能源结构、减少环境污染、促进海洋经济发展等方面能够发挥重要的作用,中国应重点加快海洋可再生能源勘查评价、信息系统建设以及海洋可再生能源发展规划的制定工作,大力推进海洋可再生能源开发利用[2];马龙、陈刚、兰丽茜(2013)也有类似的观点,提出使中国海洋能开发应尽快形成"一个前提"、"一个规划"和"五个体系建设"框架,即:以中国沿海地区海洋能资源的详细调查与储量评估为前提,做好中国海洋能开发利用发展总体规划,加强海洋能开发利用标准体系、技术体系、环境影响评价体系、综合利用体系和监管体系建设[3]。

罗国亮、职菲(2012)通过分析中国海洋能产业发展所面临的瓶颈、问题,对发展海洋新能源持谨慎态度,认为中国海洋能的发展需要在充分考虑技术成本、设备造价、输电线路成本、输电成本、维护成本等因素的基础上谨慎前行,在追求规模的同时必须考虑其经济性。同时,还要充分论证海洋能发展对海岸、海洋环境的影响,做好海洋生态保护工作[4]。

关于发展的政策建议,王金平、郑文江和高峰(2012)对一些发达国家或地区近几年出台的有关海洋新能源开发计划的主要内容进行了梳理、分析、介绍了这些国家或地区海洋新能源未来的发展目标、发展路线图等,以此为借鉴对中国海洋新能源产业的发展提出了建议:包括密切跟踪主要国家最新研发动向,评估中国海洋可再生能源潜力的基础上,适时制定国家级发展战略,在机构、企业和政府之间建立密切合作平台,使海洋新能源真正服务于社会经济发展等[1];贤俊江(2012)同样从全球角度出发,分析认为当前各个国家虽然都掌握了一定海洋新能源开发利用技术,但目前还并没有一个国家在技术上处于绝对领先地位,各国之间在技术上有着较强的互补性,并以此为基础通过博弈利益分析的角度证明了国际合作对于海洋新能源产业的发展是十分必要的,指出中国应秉承传统合作方式,扩大合作领域,积极参与国际合作平台建设[5]。杨瑾(2011)通过叙述国内外海洋新能源的开发进展状况及对其前景的分析,认为海上丰富的风能资源以及当前开发利用技术的可行性,预示着海上风电将成为一个发展十分迅速的市场,中国应加大海洋风电场的建设[6]。

此外,王传崑、施伟勇(2008)利用国内有关海洋能资源调查计算的成果,对中国各类海洋能资源的储量及其分布做了全面的介绍,并对各类海洋能资源的能量密度及开发利用环境条件进行了评价,分析指出中国沿岸及毗邻海域的海洋能资源主要以东南部沿岸海域最多,且能量密度较高,开发利用条件较好;中国海洋能资源的能量密度与全世界相比较,温差能和潮流能较高,潮汐能和波浪能较低[7]。

当前国内关于海洋能产业的研究主要集中在发展的内部条件,包括存在的问题以及具备的优势,并由此提出改善建议或发展意见,结合影响产业发展的外部环境的研究较少。本文主要利用 SWOT 方法,综合分析影响中国进一步发展海洋新能源产业的内部条件和外部环境,指出目前产业发展所拥有的优势与机遇,面临的劣势及挑战,并以此为依据构建出 SWOT 策略矩阵,为更加合理化地开发利用海洋新能源资源提供建议。

二、国内外海洋新能源开发利用现状

(一) 国外海洋新能源开发利用现状

当前世界各国都承受着能源危机、环境问题带来的巨大压力,对于新能源资源的开发利用也愈发重视,作为新能源的重要组成部分,海洋新能源资源的开发也自然成为各国研究的重点领域。

欧洲各国在海洋新能源的研究与开发方面处于领先地位:法国在潮汐能的利用方面拥有一定的优势,拥有世界上最大的潮汐能电站——法国朗斯潮汐电站;英国、葡萄牙在波浪能研究中作出了较为突出的贡献,英国爱丁堡公司建设了世界上首座波浪能商业电站,是波浪能发电商业化的重要标志,而由里斯本大学、葡萄牙工业技术研究院等联合建造的 0.5 MW 岸式振荡水柱波浪电站,额定功率高达 400 kW,是世界上目前最大的波浪电站;在潮流能的研究开发方面,英国也处于领先地位,目前正在筹建第一座商业化规模的潮流能电站;丹麦、荷兰、德国在海上风能的研究领域拥有优势地位,由丹麦东能源公司建成的 Horns Rev 2 风电场位于离丹麦海岸 30 公里的北海海面,面积约为 35 平方公里,是目前世界上最大风电场,每年生成的电力相当于约 20 万个家庭的年用电量;挪威于 2008 年建成了世界第一座盐差能电站。

美国、日本、加拿大等发达国家也十分重视海洋新能源开发与利用,在各自制定的能源政策中,都着重强调了海洋新能源的关键地位,其中,日本在温差能的研究开发方面较为深入,在一些关键技术研发方面处于世界领先地位,迄今共建造了 3 座海洋温差试验电站。

从目前国外的发展情况看,海洋新能源开发利用的现状、特点如表 1 所示:

表 1　国外海洋能开发利用现状

类别	开发利用现状
潮汐能	技术已经较为成熟,其开发利用的经济效益显著
波浪能	技术趋于成熟,已经进入到大规模的商业化开发利用阶段
潮流能	处于大容量装机的应用试验阶段,具备了商业化开发的条件
温差能	仍处于小容量装机的应用试验阶段阶段
盐差能	尚处于原理研究阶段,没有建造出盐差能发电装置
海上风能	技术较为成熟,已经进入到大规模的应用时期,预计到 2020 年,风电成本将降低到可以与常规化石能源电力相竞争的水平,从补充能源上升为世界的主导能源之一

（二）中国海洋新能源开发利用现状

虽然与发达国家相比，中国在海洋新能源开发的很多领域还存在一定差距，但随着山东长岛海上风电场、上海东海大桥海上风电场、浙江三门潮汐电站工程、福建八尺门潮汐能发电项目等诸多相关工程项目的启动、建成，中国在开发海洋新能源开发利用领域已取得了重要进步。

1. 潮汐能开发利用现状

从技术水平看，中国潮汐能开发利用技术是所有海洋新能源中最为成熟的一个。到目前为止，中国已建成的潮汐电站共有8座，仍处于运行当中的包括浙江江夏潮汐电站、海山潮汐电站和山东白沙口潮汐电站等3座。其中江夏潮汐电站是中国最大的潮汐电站，也是世界第三大潮汐电站，现已正常运行发电20年，该电站总装机量为3 900 kW，代表了中国的潮汐能发电技术的最高水平。目前中国潮汐发电总量仅次于法国和加拿大，位居世界第三位[8]。

中国的潮汐电站规模都比较小，目前尚不能制造新型的5 000 kW以上的潮汐发电高效能机组，即使是江夏潮汐电站，其总装机容量也只有世界第一大潮汐能发电站——法国朗斯潮汐电站（24万 kW）的1/75，可以看出技术水平仍有较大提升空间。

2. 波浪能开发利用现状

中国对波浪能的研究和开发始于20世纪70年代，虽起步较晚，但发展速度较快。2005年，由中国科学院广州能源研究所设计的世界上首座独立稳定的波浪能电站于广东汕尾市顺利建设完成，该电站是一座与当地电网并网运行的岸式波浪能发电站，最大发电量为100 kW，所有保护功能均在计算机控制下自动进行，标志着中国海洋波力发电技术已达到实用化水平和推广应用条件，也说明了中国波浪能开发利用技术处于世界前列。此外，中国还计划在2020年前，于山东、海南和广东三省各新建1座1 000 kW级的波浪能电站[9]。

3. 潮流能开发利用现状

中国对潮流能的研究开始于1982年，进入21世纪以后，包括哈尔滨工程大学、东北师范大学以及浙江大学多所高校先后开展了潮流能发电研究，2002年在浙江舟山市龟山水道建成的由中国自行设计并建造的70 kW潮流实验电站"万向Ⅰ号"，以及2005年在潮流水道建成的40 kW潮流实验电站"万向Ⅱ号"，在当时均属于世界领先水平，但由于后期缺少经费和技术支持，项目运行不久后就搁置[10]。此后国内的潮流能发电技术一直没有大的进展，目前技术水平落后于发达国家。总体来说，在试验电站建设方面中国积累了一定的经验，但目前尚无潮流能发电的成熟产品，仍止步于实验阶段。

4. 温差能开发利用现状

目前中国温差能技术还处于起步阶段，尚未建成海况运行的实验电站。

5. 盐差能开发利用现状

目前中国盐差能领域的研究仍处在基础理论研究阶段，尚未开展能量转换技术的实验，离示范应用还有较长的距离。

6. 海上风能开发利用现状

中国海上风能的开发利用技术较为成熟,经过连续多年的快速发展,目前中国风电装机容量已居世界第 1 位。上海东海大桥海上风电场总装机容量为 102 MW,年上网电量达 2.67 亿 kW·h,是中国首座大型海上风电场,也是全球除欧洲外第一个海上风电并网项目。2010 年 7 月,该风电场全部风机安装到位并网发电,标志着中国发展海上风电的实质性突破。目前中国仍在大力推动海上风电发展,以期实现从以陆上风电开发为主向陆上和海上风电全面开发转变,目标是成为海上风电大国。

通过技术引进和消化吸收,中国的海洋风电技术已基本成型,但在基础建设、并网接线、设备安装等方面的仍存在不足,同时欠缺建设和运营海上风电场的相关经验。

三、中国海洋新能源产业发展的 SWOT 分析

(一) 优势(S)

1. 自然资源优势

中国海域面积超过 470 万平方公里,大陆海岸线长达 1.84 万公里,海岛的岸线总长约为 1.4 万公里,海岸线总长超过 3.2 万公里,居世界第四位,为世界上海岸线最长的国家之一。

中国海洋可再生能源发展也因此具有天然的资源优势:据调查统计,中国沿岸和海岛附近的潮汐能资源蕴藏量约为 1.1 亿 kW,可开发潮汐能资源理论装机容量达 2 179 万kW,理论年发电量约 624 亿 kW·h;波浪能理论平均功率约 1 432 万 kW;潮流能理论平均功率 1 394 万kW;近海(不包括台湾省)50 m 等深线以浅海域 10 m 高度风能储量约为 9.4 亿 kW,约为陆上风能资源的 3.7 倍[7]。中国主要海洋能储量分布如表 2 所示。

其中,东南沿海及海岛地区最具资源优势:中国东海沿岸全部为一二类资源区,

表 2　中国主要海洋能储量分布

(单位: 万 kW)

	潮汐能	波浪能	潮流能	近海风能
辽宁	59.66	25.5	113.05	7 631
河北	1.02	14.4	—	3 484
山东	12.42	161	117.79	14 355
江苏	0.11	29.1		17 061
上海	70.4	165	30.49	4 008
浙江	891.39	205	709.03	10 305
福建	1 033.29	166	128.05	21 123
台湾	5.62	429	228.25	—
广东	57.27	174	37.66	12 457
广西	39.36	7.2	2.31	2 523
海南	9.06	56.3	28.24	1 236
全国	2 179.6	1 432.5	1 394.87	94 183

数据来源: 根据《中国沿海潮汐能资源普查》、《中国沿海农村海洋能资源区划》数据整理

注: 潮汐能、波浪能、潮流能为理论装机容量,近海风能为储量

70%以上的海洋能资源均分布在常规能源严重缺乏的华东沪浙闽沿岸,特别是浙闽沿

岸在距电力负荷中心较近处,已经拥有不少具有较好自然环境条件和较大开发价值的大中型潮汐电站站址,为相关产业的进一步发展提供了良好的基础。此外,中国黄海、渤海、南海区域也多为二类资源区,开发前景广阔。

2. 科研水平优势

(1) 科研人员方面

近几年,中国对于海洋开发的重视度越来越高,对于海洋专业高学历人才的需求也日益增加,为此大量高等院校开始新增海洋相关专业,培养出一大批海洋专业人才。2009 年,全国各高等院校共设海洋相关研究

生专业点数 409 个,海洋专业研究生毕业人数合计达 3 271 人,较 2008 分别增长了40％、80％。从事海洋能源开发的科技活动人员数量也因此获得大幅增加:2008 年,中国海洋能源开发研究机构科技活动人员只有 139 人,其中研究生以上学历者仅 25 人,但到了 2009 年,海洋能源开发科技活动人数猛增至 1 902 人,其中研究生以上学历者达到 1 144 人,增长速度惊人,如图 1 所示。

海洋新能源产业属于高新技术产业,技术密集型特点突出,大量高学历、高素质科研从业人员为产业的发展提供了充足的人才资源保障,起到了积极的推动作用。

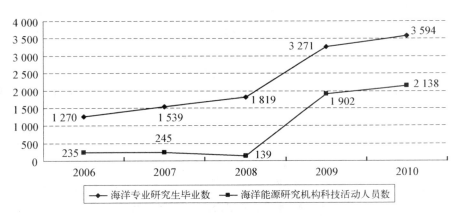

图 1　海洋能开发科研人员情况
数据来源:根据《中国海洋统计年鉴》2007—2011 年数据整理

(2) 科研成果方面

中国海洋能产业科学技术产出指标数据呈现出的变化态势与科研人员情况相一致:2006—2008 年期间,中国海洋能源各项科学技术指标水平较低,2009 年,随着人才资源的迅猛增长,包括发表科技论文篇数、课题数及专利授权数在内的各项科学技术指标均出现显著增长,且至 2010 年依旧保

持增长态势,显示出中国在海洋能研究领域具有较高的科研水平,如图 2 所示。

3. 资金投入优势

2006—2010 年中国海洋能源开发研究机构经费收入情况如图 3 所示,至 2010 年,中国海洋能源开发研究经费收入已达 25.88亿元,相比于 2006 年增长近 18 倍,这也反映出中国对于海洋能源开发技术研究的投入

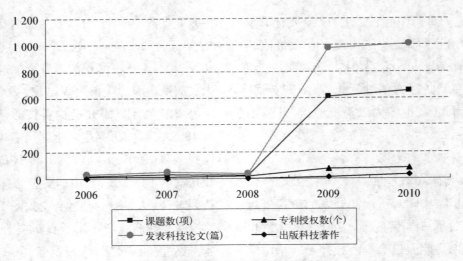

图 2　海洋能源开发科学技术产出情况

数据来源：根据《中国海洋统计年鉴》2007—2011 年数据整理

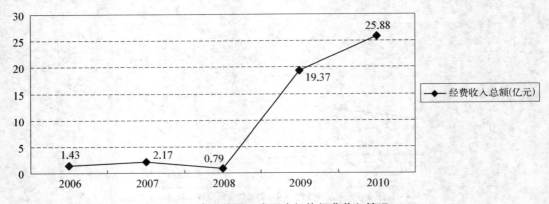

图 3　海洋能源开发研究机构经费收入情况

数据来源：根据《中国海洋统计年鉴》2007—2011 年数据整理

力度和重视程度越来越大。

此外,2010 年 6 月,财政部正式设立海洋可再生能源专项资金,用于支持海洋能技术研发、产业化及示范项目建设等。据《中国海洋能发展年度报告(2012)》数据显示,2012 年中国海洋可再生能源专项资金已投资 6 亿元,对海洋能技术研发、工程示范、公共服务平台建设等进行全面支持,专项资金实施三年来,拉动社会投资 3.2 亿元。

正是基于专项资金的推动,中国已初步形成以广东波浪能示范区、浙江潮流能示范区、山东技术研究与实验区为核心的中国海洋能开发布局。此外,由该专项资金支持研制的一批具有自主知识产权、符合中国海洋能资源特点的关键技术和装备,也已取得重要进展:中山大学承担的"新型高效波浪能发电装置的研发与应用"项目正在阳江市海陵岛开展海试,在工程海试期间,经历了强台风"纳莎"（2011）和"杜苏芮"（2012）的正面袭击,发电装置没有遭受破坏,达到抗台风的标准;中科院广州能源研究所在前期"鸭式"波浪能装置研发基础上,开发出一种全新的"鹰式"波浪能发电装置,在转换效率及能量捕获能力等方面都有了较大提高[11]。

4. 产业基础优势

近年来,中国海洋新能源产业发展速度明显加快,增长态势良好,已拥有一定的产业规模及基础。如图4所示,2010年中国海洋电力业增加值达38.1亿元,较2009年增长80.1%,增长幅度远高于其他海洋产业。此外,据2011年中国海洋经济统计公报数据显示,2011年中国海洋电力业继续保持快速增长势头,全年实现增加值49亿元,较上年增长25.0%,增速仍处于第一位。

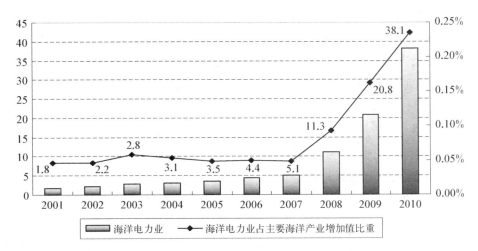

图4　中国海洋电力业增加值及占主要海洋产业比重(单位:亿元)
数据来源:根据《中国海洋统计年鉴2011》数据整理

(二) 劣势(W)

1. 产业链发展问题

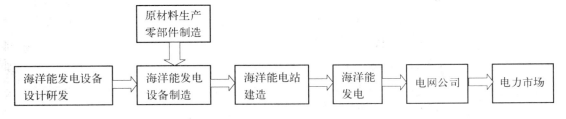

图5　海洋新能源产业链

(1) 上游产业

海洋新能源产业链如图5所示。目前

中国海洋新能源产业链上游存在设备研发、制造技术不成熟,设备本土化程度低等问题。以海上风能为例,虽然目前已基本掌握大型风电机组的制造技术,能够生产单机容量 2 MW 以上适合海上风能资源的风电机组,但是大型兆瓦级风电机组的总体设计技术和重要零部件的设计制造技术尚未掌握。自主创新能力薄弱,缺乏具有自主知识产权的风电技术。目前国内引进的许可证有的是国外淘汰技术,有的图纸虽然先进,但受限于国内配套厂的技术、工艺、材料等原因,导致国产化的零部件质量、性能均低于国际水平。购买生产许可证技术的国内厂商要支付昂贵的技术使用费,其机组性能价格比较低,在初期无明显优势[12]。

(2) 中游产业

海洋能电站建设相比传统火力、风力电站而言,存在周期长、投资回报率低等问题,以潮汐能发电为例,法国朗斯潮汐电站总的基建费用高达 1 亿美元,中国建设一座较大规模的潮汐能电站预计的平均每千瓦投资约为 20 000—30 000 元,比风力发电高出2—3 倍,比水力发电高 3—4 倍,比火力发电高出 5—6 倍。因此,依照成本进行核算,潮汐能的电价很高,例如目前中国最大的潮汐能电站——江厦潮汐试验电站的上网电价是2.58 元/度,与光伏、风电等其他可再生能源相比明显缺乏竞争优势。特别是由于潮汐电站位于海湾处,围垦面积较大,往往与别的项目产生冲突,而从投入与回报来看,建设潮汐电站通常不会是地方政府的首选。世界较大的潮汐电站至今运行正常,证明潮汐发电在技术上是可行的,可是从 20 世纪 80 年代至今,近 20 年来几乎没有建新的潮

汐电站,主要原因是经济性和潮汐电站对其他海洋功能的影响。

(3) 下游产业

海洋新能源发电具有随机性强、波动性大、出力不稳定、调峰调频能力差、不能大规模储存的特性,在接入电网时容易使电网安全稳定运行风险增加,因此并网接入条件比较严格。而中国电网建设又相对滞后,如2010 年底中国风电装机容量约为 4 183 万千瓦,并网容量约为 3 107 万千瓦,在电装机容量方面首次超过了美国,但是发电量只有500 亿千瓦时,仍低于美国。国外先进水平未并网容量通常不会超过 10%,而中国一般高达 30%以上,这大大影响了新能源发电效率和效益水平的提高。

2. 总体规划问题

海洋新能源产业的发展是一个长期的过程,包括英、美、日等众多发达国家均制定了各自的海洋新能源产业的发展规划,用以明确发展目标和各项任务要求、安排。以英国政府为例,近年来,英国在海洋可再生能源研究方面表现得尤为积极,不仅出台了相关的政策法规,还制定了详细的海洋可再生能源战略规划,以明确发展方向,保障海洋可再生能源产业顺利发展。其制定的《海洋能源行动计划》不仅设定了英国海洋能源领域到 2030 年的远景目标,还概括了为实现这一目标,在私人和公共两个方面所需要采取的各项措施及行动。该行动计划特别将将英国海浪及潮汐技术划分为真实条件的试验阶段、小规模阵列阶段、大规模阵列阶段和工程扩建阶段共 4 个阶段,具体举措包

括：设立一个全国性的战略协调小组，为海洋能源发展制定详细的路线图；引导私有资金进入海洋能源领域；推动海洋能源技术研发；建立海洋能源产业链[1]。

相比发达国家而言，中国在海洋能开发利用规划的制定上还存在明显不足：虽然于2007年印发了《可再生能源中长期发展规划》，并在重点领域发展中明确提出要大力推进海洋能资源的开发及利用，但关于新能源开发利用及其产业化推进提出了发展目标和任务要求方面，其重点主要是集中在水力发电、风力发电、生物质能发电以及太阳能发电等领域，明显缺乏有关海洋新能源开发利用系统、详细的规划和发展战略，这也使得中国海洋新能源产业的整体发展仍处于试验、探索阶段，急需有关部门学习发达国家经验，在结合中国海洋新能源资源的分布特点和发展现状的条件下，制定出海洋新能源产业总体的发展规划。

3. 管理体制问题

与其他传统能源一样，中国对于海洋新能源的开发利用过程中会涉及能源主管部门等多个部门以及企业，存在多头管理、跨部门监管等问题，例如，国家将海洋能的研究、开发与管理职权交与了国家海洋局，但项目的审批、电价的制定等工作仍交由国家发改委管理，此外，行业监管与执法职权由国家电监会行使，财政扶持与税收优惠职权由财政部与税务总局行使，上网和价格结算工作还与国家电网等企业有关，等。

可以看到一系列涉及海洋新能源开发、利用与管理等核心权力都被分散到国家各个职能部门、机构，这必然会产生部门、机构之间的职能交叉、权责不清等诸多问题，进而会影响整体工作的效率，对于产业发展极为不利。

（三）机遇（O）

1. 市场前景机遇

（1）能源、电力需求不断加大

在能源消耗方面，"十一五"期间，中国一次能源生产总量连续五年位居世界第一，2011年，中国一次能源生产总量达到31.8亿吨标准煤（如图6所示）。在宏观经济平稳发展的背景之下，预计中国能源消耗总量还将继续保持稳定增长的态势。

在电力消耗方面，在1980—2012年30多年间，中国全社会用电量增长了16.8倍，年均增速达到9.2%。2012年，中国全社会用电量为49591亿kW·h，同比增长5.5%。采用电力弹性系数法对中国电力需求走势进行预测：2001—2010年间中国国内生产总值年均增长12.1%，同期社会用电年均增长10.5%，电力弹性系数为1.15，其中"十一五"期间弹性系数约为1.05（如表3所示）。考虑到目前中国仍处于工业化阶段，参照发达国家发展经验，预计中国2011—2020年期间电力弹性系数仍将维持在1左右，可以估算出，2015年中国全社会用电量将超过6万亿kW·h，2020年将达到8万亿kW·h。

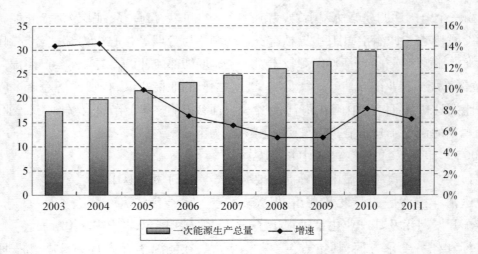

图6　中国一次能源生产总量情况

数据来源：根据《中国统计年鉴2012》数据整理

表3　2001—2010年中国电力消费弹性系数

	电力消费增长率	国内生产总值增长率	电力消费弹性系数
2001年	9.3%	8.3%	1.12
2002年	11.8%	9.1%	1.30
2003年	15.6%	10.0%	1.56
2004年	15.4%	10.1%	1.52
2005年	13.5%	11.3%	1.19
2006年	14.6%	12.7%	1.15
2007年	14.4%	14.2%	1.01
2008年	5.6%	9.6%	0.58
2009年	7.2%	9.2%	0.78
2010年	13.2%	10.4%	1.27
平均值	12.1%	10.5%	1.15

数据来源：根据《中国统计年鉴2011》数据计算整理

其中对于中国沿海地区而言，一方面，由于经济普遍较发达且人口密集度高，对于电力的需求也相对更加旺盛，据《中国统计年鉴(2012年)》数据显示，中国沿海十个省市(不包括台湾)2011年电力消费量之和为24 432.22亿千瓦小时，占全国电力消费量总和的比重达51.95%(如图7所示)。而另一方面，这些地区常规能源的资源大多较为短缺，因此往往出现电力供不应求的情况，以上海市为例，其近30%的用电量需外省市提供。对于新能源，特别是自身资源储量丰富的海洋新能源开发利用拥有迫切的需求。

（2）能源结构急需调整

目前，中国能源结构主要以煤炭为主，2012年其占中国一次能源消费总量的比重达76.9%(如图8所示)；全国煤电装机规模已达7.58亿kW，占总装机的66.2%。

正是由于对煤炭等化石能源的巨大依赖，中国所面临的环境保护、节能减排等问题也日益凸显：2011年，中国二氧化碳排放量占全球排放总量的近30%，高居世界第一，而其中燃煤发电碳排放占全国碳排放总量的将近50%；全国二氧化硫排放总量中，电力行业排放量占40%以上。

中国在《国民经济和社会发展第十二个五年规划纲要》中明确提出，到2015年，非

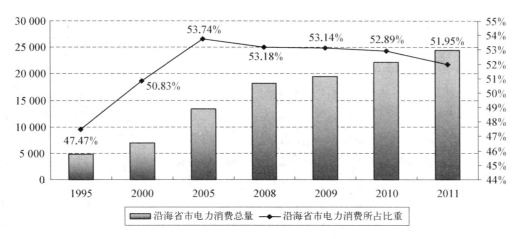

图7　沿海省市主要年份电力消费情况

数据来源：根据《中国统计年鉴 2012》数据整理

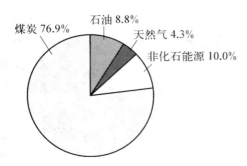

图8　中国一次能源生产结构

数据来源：根据中国统计公报 2012 年数据整理计算

化石能源占一次能源消费比重要提高到11.4%（如表4所示），并且把发展新能源提升到了战略高度，鼓励传统能源企业向新能源行业转型。《能源发展"十二五"规划》也指出："推动能源生产和利用方式变革，调整优化能源结构，构建安全、稳定、经济、清洁的现代能源产业体系，对于保障中国经济社会可持续发展具有重要战略意义"[13]。

（3）海洋新能源开发前景广阔

需求的加大以及能源结构的逐步调整，使新能源的开发利用前景广阔，而海洋新能

表4　"十二五"期间中国能源发展主要目标

指　标	2010 年	2015 年	年均增长率	属性
一次能源消费总量（亿吨标准煤）	32.5	40	4.3%	预期性
非化石能源消费比重	8.6%	11.4%	-2.8%	约束性
全社会用电量（万亿 kW·h）	4.2	6.15	8.0%	预期性
煤炭二氧化硫排放系数（克/kW·h）	2.9	1.5	-12.4%	约束性
煤炭氮氧化物排放系数（克/kW·h）	3.4	1.5	-15.1%	约束性

数据来源：根据《国民经济和社会发展第十二个五年规划纲要》数据整理

源作为重要的可再生能源之一，同样拥有巨大的市场需求：一方面，能够对中国沿海省市陆上区域的能源供应起到重要补充作用，有效缓解能源需求压力；另一方面，对于解决海岛开发、建设、管理过程中的能源短缺问题具有重大意义。中国拥有面积大于 500 平方米的海岛近 7 000 个，其中有居民海岛 400 多

个,此外,黄岩岛等南沙岛礁的驻守和开发,以及三沙市的建设都有较大规模的能源需求。由于这些岛屿大都远离大陆,因此采用常规供电的投资巨大,就近开发利用海洋可再生能源是最符合海岛客观条件的选择。

国务院批准的《全国海岛保护规划》明确提出在西沙群岛等 30 多个海岛建立海岛可再生能源独立电力系统示范基地,以提高偏远海岛供电能力和解决无电人口用电问题,并提供专项资金重点支持海洋能资源丰富地区建设的海洋能大型并网电力系统示范以及关键技术产业化示范[11]。

2. 宏观政策机遇

自 1995 年出台《新能源和可再生能源发展纲要》中首次明确指出海洋新能源发展的重点领域后,政府各相关部门多次出台相关政策、法规,努力为推进海洋新能源产业的发展搭建保障和支撑体系。

2009 年修订的《中华人民共和国可再生能源法》明确提出将海洋新能源纳入到可再生能源的范畴,规定"国家扶持在电网未覆盖的地区建设可再生能源独立电力系统,为当地生产和生活提供电力服务";"国家财政设立可再生能源发展专项资金,用于支持偏远地区和海岛可再生能源独立电力系统建设";"国家对列入可再生能源产业发展指导目录的项目给予税收优惠",这部法律的实施使中国新能源的研究与开发工作有法可依,为海洋新能源的开发、利用工作提供了有效的法律保障。此外,国家海洋局协同财政部制定并颁布了《海洋可再生能源专项资金管理暂行办法》,制定了《2010 年海洋可再生能源专项资金项目申报指南》,国家科技支撑计划还设立了"海洋能开发利用关键技术研究与示范"重点项目,目前各项扶持项目正在积极稳妥地开展。此外,关于海洋新能源中各个领域,政府或有关部门均制订了大量政策、规定以扶持相关产业发展,以海上风能为例,表5 列举了近年来各有关出台的关于中国海上风电发展主要举措和规定[14]。有力的政策支持无疑给海洋新能源产业高速发展带来了良好的契机。

表 5 近年来中国海上风电发展主要举措和规定

时 间	举措和规定名称	海上风电相关内容
2008 年 3 月	《可再生能源发展"十一五"规划》	明确沿海风电基地准备工作,近海风电技术研发、试验、设备制造和试点示范工作
2009 年 1 月	《近海风电场工程规划报告编制办法(试行)》	规范近海风电场规划
2009 年 4 月	《海上风电场工程规划工作大纲》	对海上风电场工程规划的工作范围、原则、内容、方法、职责、组织管理等进行规定
2010 年 1 月	《海上风电开发建设管理暂行办法》	规定海上风电发展各环节的程序和要求,明确各部门分工
2010 年 3 月	《风电设备制造行业准入标准(征求意见稿)》	将海上风电设备行业列入优先发展内容
2011 年 7 月	《海上风电开发建设管理暂行办法实施细则》	进一步明确海上风项目建设的具体程序和管理要求
2012 年 7 月	《国家战略性新兴产业发展规划》	明确海上风电发展目标,及重点工作领域、内容
2013 年 1 月	《能源发展"十二五"规划》	指出国家将积极开展海上风电项目示范,促进海上风电规模化建设

资源来源:刘林,葛旭波等. 我国海上风电发展现状及分析[J]. 能源技术经济,2012,24(3): 66 - 72.

3. 发展环境机遇

中国海洋新能源产业的发展是在全球化的背景下兴起的。海洋在世界范围内是相互连通的，海洋新能源产业的发展所需的科研和技术水平高，具体的产业项目建设周期很长，所需投资巨大，且具有高风险性。这些特点都决定了一个国家的力量很难在较短的时间内对海洋新能源产业进行开发。

目前中国已和瑞典、美国、英国、韩国、日本等发达国家在海洋新能源开发领域签署了一系列合作协议。2011年，中国与苏格兰签署了一系列的合作备忘录，近两年的时间，已经涌现不少成功的案例。如苏格兰的Clyde Blowers公司与江苏新瑞机械有限公司成立了合资企业，生产涡轮设备；苏格兰可再生能源公司还与中国气象局合作，对福建至山东万公里海岸线上建设风电的项目进行了可行性评估[5]。

在当前，海洋新能源产业发展整体处于初级阶段，各个国家都掌握了一定的技术，在技术上有较大的互补性。随着国际间合作的日益密切，中国新能源产业也将迎来良好的发展环境机遇。

（四）威胁（T）

1. 行业竞争加剧

（1）行业发展态势普遍良好

中国在发展新能源领域已经取得非常大的进展，2007年印发的《可再生能源中长期发展规划》，明确提出要大力推进包括水电、风电、太阳能及生物质能在内的新能源产业，并制定了相应的发展规划和目标。据国家"十二五"规划预计，到2015年，中国水力发电装机容量将达到2.9亿kW；风能发电装机容量将达到1亿kW；太阳能发电装机容量在"十二五"期间年均增长率近90%，达到2 100万kW[13]（如表6所示）。

表6 "十二五"中国新能源发展主要目标

指　　标	2010年	2015年	年均增长率	占总装机容量比重（2015年）
总装机容量（亿kW）	9.7	14.9	9%	—
其中：水电（亿kW）	2.2	2.9	5.7%	19.5%
风电（万kW）	3 100	10 000	26.4%	6.7%
核电（万kW）	1 082	4 000	29.9%	2.7%
太阳能（万kW）	86	2 100	89.5%	1.4%

数据来源：根据《国民经济和社会发展第十二个五年规划纲要》数据整理

（2）海洋新能源无明显竞争优势

在政策支持上，相比陆上新能源，国家对于海洋新能源的关注程度较小，缺乏政策号召，虽近几年情况得到一定改善，但仍存在由于缺乏政策上保障，相关设备制造业无力聚集充足资金进行研发、研发成果只停留在实验室致使投入于实验室的资金无法回收等尴尬境况。

在开发成本上，由技术水平的不成熟衍生出相比其他新能源以及油气资源开发所需资金更多的投入使得企业"望而却步"，缺乏价格竞争优势，如何在稳定成本的基础继续生产是企业最担忧的问题，此外，维护难度大以及高设备质量要求也进一步延缓了其发展进程。

2. 政策变化风险

随着新能源发电装机和发电量的不断增加，相关财政补贴和可再生能源发展基金征收的压力也逐渐加大，政府可能视新能源发展状况调整可再生能源电价分摊情况，相关财政补贴和上网电价补贴有减少的可能[15]。

而由于新能源产业现阶段的发展主要是在政府部门的大力推动下进行，特别是当前海洋能开发利用技术水平还不够成熟，发电成本较高，整个产业的成本效益水平和宏观产业政策息息相关，由于任何产业政策支持都存在着一定的时限，如果海洋新能源相关领域技术发展未能实现明显突破，产业盈利能力不能在一定时期内达到或超过市场化的平均水平，那么一旦相关产业支持政策发生改变，海洋新能源产业无疑将面临着亏损的风险。

（五）SWOT 策略矩阵的构建

基于上述有关中国海洋新能源产业发展内部优势、劣势，外部机遇、威胁等各项因素的分析比较，本文构建出中国海洋新能源产业 SWOT 策略矩阵如表 7 所示：

表 7　中国海洋新能源产业 SWOT 策略矩阵

	优势(S) 1. 自然资源优势 2. 科技水平优势 3. 资金投入优势 4. 产业基础优势	劣势(W) 1. 产业链发展问题 2. 总体规划问题 3. 管理体制问题
机遇(O) 1. 市场前景 2. 宏观政策 3. 发展环境	(S—O 策略) 以国家制定的海洋新能源各项发展政策为导向，充分发挥自身优势，全面提升中国海洋新能源开发国际竞争力； 紧抓市场机遇，明确重点发展区域、领域，加快推进优势产业集群，发挥集聚效应； 应推进相关产业技术领域国际合作的广度、深度，发挥海洋新能源产业的溢出效应，将外部效应内部化，促进中国海洋新能源产业快速发展。	(W—O 策略) 将海洋新能源开发纳入战略体系，明确发展的战略目标及重点，出台国家层面的海洋新能源产业发展规划，确定时间表和路线图，建设海洋新能源产业的发展规划体系； 加大国际间交流合作，学习发达国家先进发展经验，尽快弥补自身存在的问题，防止无序开发、管理混乱等现象的发生。
威胁(T) 1. 行业竞争加剧 2. 政策变化风险	(S—T 策略) 充分发挥现有扶持政策，进一步加大人力、财力及科技的投入力度，引导国内企业不断创新，提升竞争力； 延伸产业链，加强多样化经营，包括电站围垦、水产养殖旅游服务等，以增强项目投资效益； 加快建立多元化、多渠道、多层次、稳定可靠的战略性海洋新兴产业投入保障体系。	(W—T 策略) 加强海洋新能源项目的规划、论证以及评审工作，充分考虑各潜在问题、风险，强调项目之间的综合比较，审慎进行选择； 提升管理效率，包括尽快建立海洋新能源一站式统筹管理体系，明确相关主管部门以及责任主体，努力消除体制机制性障碍。

综合比较看，目前中国海洋新能源产业发展空间大，市场前景广，策略选择应当以 S—O、S—T 组合策略为主，积极开拓市场空间，促进产业增长；同时也要重视 W—O、W—T 组合策略，采取措施尽快弥补存在的各项不足，严格防范外部风险，实现产业稳定发展。

四、结　论

能源是国家经济、社会快速发展的重要基础，面对能源需求的日益增长、传统能源的日趋枯竭以及环境问题的日渐凸显，大力推进新能源产业发展已达成全球共识，大规模寻找、开发可再生替代能源已势在必行。海洋能作为新能源的重要组成部分，储量极为丰富，是世界各国争先发展的重点领域。

本文利用SWOT分析方法，详细分析了现阶段中国发展海洋新能源产业的内部条件及面临的外部环境，提出了SWOT的四种策略组合。本文认为，中国海洋新能源产业拥有广阔的市场前景，特别是对于沿海及海岛地区，其海洋能开发需求较高，在当前宏观政策的有力支持下，应当充分发挥各项优势，努力解决存在问题，加快推动产业发展，提升行业竞争力，同时全面考虑到发展中的潜在风险，并采取措施积极应对，为产业平稳较快发展提供保障。

参考文献

[1] 王金平、郑文江、高峰. 国际海洋可再生能源研究进展及对我国的启示[J]. 可再生能源，2012，30(11)：123 - 127.

[2] 熊焰、王海峰. 我国海洋可再生能源开发利用发展思路研究[J]. 海洋技术，2009，28(3)：106 - 110.

[3] 马龙、陈刚、兰丽茜. 浅析我国海洋能合理化开发利用的若干关键问题及发展策略[J]. 海洋开发与管理，2013(2)：46 - 50.

[4] 罗国亮、职菲. 中国海洋可再生能源资源开发利用的现状与瓶颈[J]. 经济研究参考，2012(51)：66 - 71.

[5] 贤俊江. 我国海洋新能源开发与产业技术推进的国际合作研究[D]. 青岛：中海海洋大学，2012.

[6] 杨瑾. 浅议海洋新能源的开发现状、发展前景及应注意的几个问题[J]. 海洋开发与管理，2011(11)：84 - 87.

[7] 王传崑、施伟勇. 中国海洋能资源的储量及其评价[A]. 中国可再生能源学会海洋能专业委员会第一届学术讨论会文集[C]. 浙江：中国可再生能源学会海洋能专业委员会，2008：169 - 179.

[8] 谢秋菊、廖小青等. 国内外潮汐能利用综述[J]. 水利科技与经济，2009，15(8)：670 - 671.

[9] 沈利生、张育宾. 海洋波浪能发电技术的发展与应用[J]. 能源研究与管理，2010(4)：55 - 58.

[10] 吕忻、郭佩芳. 我国潮流能资源开发评述[J]. 海洋湖沼通报，2011(1)：26 - 30.

[11] 中国海洋信息网：http：//www. coi. gov. cn/.

[12] 中国海洋与船舶工程网：http://www. shipoffshore. com. cn/.

[13] 艾青. 基于PEST和SWOT的山东能源集团新能源发展战略研究[D]. 济南：山东大学，2013.

[14] 刘林、葛旭波等. 我国海上风电发展现状及分析[J]. 能源技术经济，2012，24(3)：66 - 72.

[15] 提运桥. 基于综合评判和SWOT的河北省新能源发展对策研究[D]. 保定：华北电力大学，2012.

（执笔：上海大学经济学院，
曹盛　于丽丽）

中国海洋生物医药产业
发展现状、趋势与策略

摘要:论文首先对中国海洋生物医药产业的发展现状、特点及所面临问题进行分析,认为中国海洋生物医药产业发展具有产业集聚化、产业高端化、产品多元化及产学研融合化的发展趋势,并从全球价值链、政策环境、融资渠道及人才培养等角度切入提出了产业转型升级策略。

关键词:海洋生物医药产业　沿海产业带　转型升级策略

海洋生物医药产业是海洋战略性新兴产业,随着现代生物技术的发展和蓝色经济浪潮的掀起,中国海洋生物医药产业得到了飞速的发展。本文研究的海洋生物医药业,主要是指从海洋生物中提取有效成分利用生物技术生产生物化学药品、保健品和基因工程药物的生产活动。其产业链包括:海洋生物资源开发、原材料加工、生物医药产品研发、生物医药产品生产、产品流通与交易、生物医药诊疗服务、医疗保健等不同的领域。

海洋生物医药产业属于战略性新兴产业,具有准入门槛高、产业化周期长、投资风险大、投资回报高等特点。研究中国海洋生物医药产业的发展现状、趋势与策略对于中国探索海洋经济转型之路、实施海洋强国战略具有一定的现实意义。

对于海洋生物医药产业的研究还处于发展阶段,目前有一部分的研究集中在海洋生物医药技术发展现状与趋势方面,如陈来成(1994)[1]对国外的海洋生物技术发展概况进行了梳理;杨雨、秦松(2005)[2]对于海洋生物医药进行了分类;李光壁、王昶、刘占广(2009)[3]分析了海洋药物的研究进展;张书军,焦炳华(2012)[4]对于国内外海洋药物研究的现状进行了阐述,并在此基础上提出了发展的趋势分析。另一部分的研究集中在海洋生物医药产业的发展上,如马彦,苏东水(2007)[5]进行了生物医药产业价值链的整合化研究;程丹丹(2010)[6]描述了中国海洋生物医药发展的概况以及产业带分布状况;孟丽君(2011)[7]对于中国海洋生物医药发展现状做了分析;刘光东、丁洁、武博(2011)[8]基于全球价值链视角,以生物医药产业集群为例,分析中国高新技术产业集群升级问题。

一、中国海洋生物医药产业发展的现状

（一）发展速度波动较大

海洋统计年鉴数据显示,中国海洋生物医药产业增加值从 2001 年的 5.7 亿元增至 2010 年的 83.8 亿元,2011 年则增加到 99 亿元,年复合增长率达到 33.04%,连续 12 年产业增加值基本上处于增长状态,只有在 2009 年受全球金融危机的影响产业增加值有所下滑,产业增加值的增长速度极不稳定,增长幅度大起大落(见图 1)。由此可以看出,作为海洋新兴产业,海洋生物医药产业的发展具有不稳定性,这也体现出产业的高风险性和巨大的发展潜力。

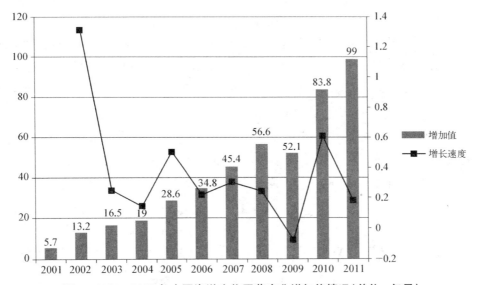

图 1　2001—2010 年中国海洋生物医药产业增加值情况(单位：亿元)

（二）产业规模持续扩大

从绝对量来看,中国海洋生物医药产业增加值从 2001 年的 5.7 亿元增至 2011 年的 99 亿元,呈总体上升的态势(见图 1)。从相对量来看,中国海洋生物医药产业的占比自 2006 年至 2010 年在逐年扩大(见图 2)。

（三）沿海产业带渐具雏形

为了抓住机遇发展蓝色经济,上海、山东、广东、江苏、福建等沿海省市纷纷将发展海洋生物医药产业作为经济的增长点来加大投入,沿海海洋生物医药产业带的雏形基本形成(见图 3)。

在这条沿海产业带上,广东省发展海洋生物医药产业的历史悠久,发展速度也位于全国前列,在发展海洋药业的过程中涌现了一大批优秀的企业,这些知名企业也成为了发展海洋医药领域的领跑者。2005 年江苏

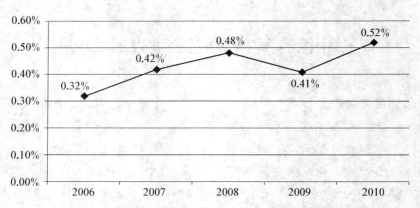

图2　2006年—2010年海洋生物医药业在主要海洋产业增加值中所占比重

省率先在泰州进行海洋生物医药产业布局和规划,着重发展生物技术和海洋药业。据前瞻网公布的研究结果表明,经过多年的发展,泰州已经成为全国唯一的医药高新区和唯一的部省共建医药园区。上海凭借多年的"聚焦张江"战略,仅张江药谷就累计引进生物医药项目300余个,共有130多家项目单位进驻基地,形成"一所、二校、三十多个研发中心"的集聚态势。山东省也是中国较早发展海洋生物医药产业的地区之一,尤其以青岛的发展最为引人注目,2013年7月青岛崂山区建成了海洋生物医药产业孵化中心,着重引入基因工程药物、疫苗、生物诊断试剂等海洋生物技术产品研发与应用项目,涌现一大批具有核心竞争力的企业。

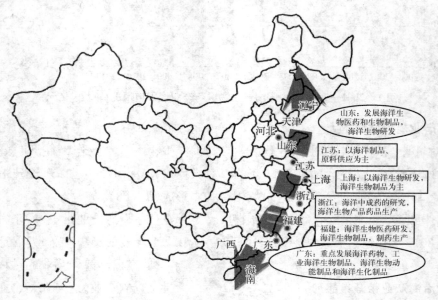

图3　中国沿海海洋生物医药产业带布局图

（四）产学研一体化模式

中国主要的海洋生物医药产业基地，产学研一体化进程不断加速。如山东青岛依托中国海洋大学医药学院，是其中极少数以海洋药物为研究方向的研究机构、中国科学院海洋研究所、国家海洋局第一研究所、中国水产科学研究院黄海水产研究所等国内知名的海洋科研院所，吸引了高水平海洋药物创新团队，集聚了具有核心竞争力的生物医药企业近60家，各级重点实验室17个，生物工程技术研究中心9个。福建厦门依托国家海洋三所、厦门大学生物医学工程研究中心、福州大学生物和医药技术研究院等一批生物医药研发机构，集聚海洋生物高新技术企业25家。上海依托上海浩思国家海洋生物疫苗工程研发中心、国家人类基因组南方研究中心、国家新药筛选中心、新药安全评价中心、上海新药研究开发中心、上海转基因研究中心、上海海洋大学海洋生物工作站等科研机构，在张江药谷引进多个项目和单位。

二、中国海洋生物医药产业发展面临的问题

总体而言，中国海洋生物医药产业发展面临着位于全球产业链低端产业规模小、资金支持不足、产业化程度低、专业人才缺乏等突出问题。

（一）位于全球价值链低端

海洋生物医药产业具有明显的全球化的特征，产业集群的发展也具有开放性。从全球产业链来看，欧美主要生物医药产业集群位于全球价值链的两端，享有高附加值，而长期以来，中国大部分生物医药产业集群主要从事的是原材料的供应（主要是中草药的种植及供应）原料药和合成药的生产，即只是从事附加值较低的全球价值链的生产制造环节，造成了中国在国际分工日益深化的情况下出现了低端锁定效应（如图4所示）[8]。

在微笑曲线形式的产业链中，所谓"微笑"，两端的"酒窝"分别是药物的核心专利和品牌——这是最核心的环节，而中间包括药物生产、甚至是应用型研发，都可以外包。

（二）产业规模偏小

中国海洋生物医药产业的发展，不管是从增加值的角度，还是发展的技术力量支撑的角度来看，总体的发展规模都比较小，还没有形成成熟的产业链和规模效益，产业的发展缺乏与国外大型生物企业的技术合作。从2010年中国主要海洋产业增加值构成来看，海洋生物医药产业的占比仅为0.52%，规模比较小（见图5）。

（三）资金支持不足

海洋生物医药产业是海洋新兴产业，风险大，投资回报周期长，因此很难获得大规

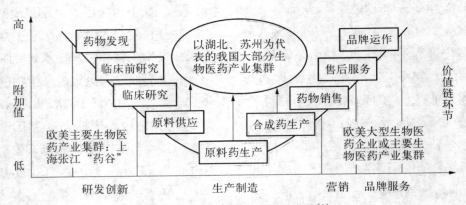

图4　海洋生物医药业的微笑曲线[8]

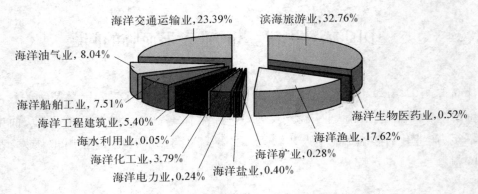

图5　2010 年主要海洋产业增加值构成

模资金的青睐,同时,科研机构经费缺乏,产业化发展的步伐就比较缓慢。以 2010 年为例,中国海洋生物医药科研机构取得的经费收入为 1 亿 3 000 万元,只占海洋科研机构经费收入总数的 0.068%,且自 2006 年以来,海洋生物医药产业的科研机构经费收入占海洋科研机构经费收入的比例持续减小(见图6),可见中国海洋生物医药产业的科研投入过低。

(四) 产业化程度低

中国海洋生物医药产业的发展时间还

比较短,"小、散、乱"现象严重,缺乏丰富的市场经验,对于市场需求的敏感度较低,企业对生物医药的研发受限于资金和人才,有了创新不能够尽快转化,导致科研成果转化率比较低。中科院院士王志珍研究表明,目前中国的科研成果转化率在 25% 左右,真正实现产业化的不足 5%,与发达国家 80% 转化率有很大的差距。产、学、研结合不够紧密,科学研究的成果没有得到充分的利用和进行最大程度的转化为满足市场需求的生产力。

中国海洋生物医药业科研成果转化难,

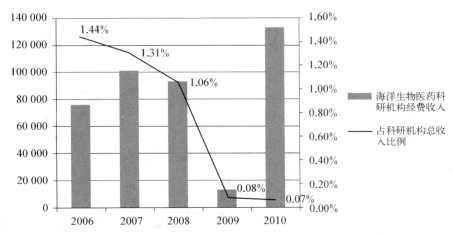

图6　中国海洋生物医药产业科研机构经费收入情况(单位：千元)

是公认的难题。中国高新技术产业导报公布的研究表明，最大的原因在于在海洋生物医药产业中，一个创新型药物从研发到最终被批准上市，整个过程需要十几年甚至更长的时间，而高投入却不一定会赢来高回报，有的药品研发出来却无法通过认证，或者投放市场后反应冷淡，巨额投入只好"打水漂"。海洋生物医药业高投入、长周期、高风险的特征十分明显，而高风险、长周期、科研转化难的特点又导致了海洋生物医药业投入低，而高投入又是海洋生物医药产业发展必要的基石。

科研成果转化率低是制约中国海洋生物医药业发展的巨大瓶颈。科研成果转化困难，产业化生产受到制约，导致中国海洋生物医药业占中国生物医药业比例极小。

(五) 专业人才缺乏

2001年海洋生物医药产业的就业人数为0.6万人，至2009年，增长为0.9万人，这一数字在2010年发展为1万。2010年中国海洋生物医药科研机构共4个，从业人员为99人，从这些数字可以看出，中国在相关产业技术研究的人才较为匮乏，但是随着产业的发展，正在吸引越来越多的人才流向这一产业，同时数据也显示出，中国海洋生物医药产业就业人员的发展速度缓慢，由于产业的高技术要求，高门槛，也在一定程度上阻碍了中国海洋生物医药产业就业人员队伍的壮大。2010年，中国海洋科研机构活动人员共有35 405人，行业平均科研机构活动人员人数为2 529人，而中国海洋生物医药产业的科研机构活动人员数量仅为99人，远低于平均水平(见图7)。这表明，海洋生物医药产业发展的技术支撑力量要明显弱于其他产业，对于高技术产业来说，这也是造成产业发展瓶颈最主要的原因。

在中国海洋生物医药产业科研机构活动人员中，接近一半的人员学历为学士，仅有2.41%的人员为博士，拥有初级职称的

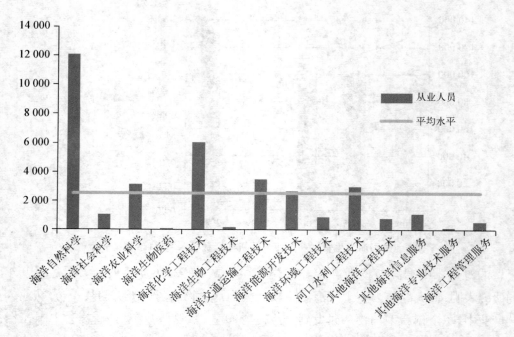

图 7 2010 年分行业海洋科研机构人员情况(单位:人)

人数最多,占比为 36.14%,其次是高级职称,表明科研机构的高水平活动人员缺乏,在一定程度上导致研究成果匮乏(见表 1),2010 年发表的科技论文仅 17 篇,专利总数为 9 个,课题数为 31 个,远低于平均水平。

海洋新兴产业所需人才缺乏,尤其是在技术创新与产品研发方面,缺乏具有独立创新能力的人才,同时,中国在海洋生物医药教育方面投入不足,导致中国缺乏发展海洋生物医药产业所需的核心生物技术,严重阻碍了产业的发展。

表 1 中国海洋生物医药产业海洋科研机构科技活动人员情况

学 历	人 数	占 比	职 称	人 数	占 比
大专生	11	13.25%	初级职称	30	36.14%
大学生	42	50.60%	中级职称	20	24.10%
硕士	15	18.07%	高级职称	21	25.30%
博士	2	2.41%	其他	12	14.46%
其他	13	15.66%			
总计	83	100%	总计	83	100%

数据来源:《2011 年海洋统计年鉴》

三、中国海洋生物医药产业发展趋势

近年来,中国海洋生物医药的研究和开发得到国家和地方政府的重视,一些扶持政策的出台促进了海洋生物医药产业的发展,呈现出产业集聚化、产业高端化、产品多元化和产学研融合化的趋势。

(一)产业集聚化

在各地政府的支持下,许多的产业基地陆续落成,如青岛蓝色生物医药产业园、福建诏安金都海洋生物产业园、江苏大丰海洋生物产业园、舟山海洋生物医药产业园、辽宁大连现代生物产业示范基地和石狮海洋生物产业科技园。产业基地的建成将为推动海洋生物医药产业的发展提供良好的平台,促成同行业的不同企业集聚于产业园内,形成完整成熟的产业链,加强企业之间的联系与信息交流,从而形成规模和集聚效应。

(二)产业高端化

通过全球价值链的分析可以看出,微笑曲线两端的附加价值高,虽然目前中国很多生产企业位于价值链中端部分,但是上海张江"药谷"则位于全球价值链的前端,享有高附加值。上海张江"药谷"是全国屈指可数的以科研为主的生物医药产业集群。目前,该产业集群已走出了依赖于资源禀赋生产低技术含量产品的阶段,其发展的主要动力来自科技研发的投入[8]。从新药研发的若干环节来看,从早期的靶点发现等基础环节,到中晚期的临床阶段,介入的企业数呈现明显的下降趋势,集群内的企业更多的是从事前期的研发环节,尤其是有一部分企业承接跨国企业的研发外包业务,而介入到后期营销环节的企业不多。

张江"药谷"的发展为中国其他地区生产企业提供了典范,也为中国海洋生物医药产业发展高端化提供了条件。除了价值链前端的研发部分,微笑曲线另一端的品牌和销售,也是中国经济转型之际将会重点支持与发展的产业部分。

(三)产品多元化

从未来发展方向看,中国海洋生物医药产业呈现出产品多元化趋势。如:山东青岛的未来发展方向聚焦于海洋功能性食品开发与生产、海洋化妆品开发与生产,以海洋生物为原料的天然食品添加剂、天然香料、深海鱼油、螺旋藻等为主攻方向,同时注重海洋生物药物开发和生产、海洋生物药物生产过程中技术的开发与应用。福建厦门以海洋药物、生物制品、功能食品、功能化妆品和海洋生物酶制剂为重点;开发海洋功能性脂肪酸、有机酸、天然色素、生物酶、医药中间体等高价值产品。上海则以海洋生物功能基因工程产品的研发与生产(药用、农业用、工业用)、新型海洋药品、保健品、化妆品、食品的研发与生产等为主攻方向。

(四)产学研融合化

海洋生物医药产业作为中国战略性新兴产业,产学研融合化的趋势非常明显。据青岛市科技局网站公布的信息显示,山东青岛正加快海洋药物研究开发院、海藻多糖提取与应用工程技术研究中心、化药制药(正大海尔)、工程技术研究中心等创新平台建

设,推进海藻纤维、人工眼角膜、海洋中药等项目产业化进程。福建厦门构建全省海洋生物医药研发、中试等公共技术服务平台,加快建设研发生产基地和产业园区,建立海洋药物重点实验室和海洋生物资源中心,国家级海洋生物育种中心。上海重视海洋生物综合加工与利用技术的研发与应用,重视海洋药物重点实验室、海洋药物仪器公共平台和海洋生物资源中心建设。

四、中国海洋生物医药产业转型升级的发展策略

(一)破解不利于产业链价值提升的低端锁定效应

要想突破这种低端锁定效应,中国必须要考虑沿着产业价值链向两端延伸,从而实现产业转型升级。加速海洋生物医药的产业化进程,应该建立科技创新体系,形成科研成果与产业结合的快通道,上游(研究)、中游(放大)和下游(生产)上下贯通,相辅相成,使海洋科技优势迅速转化为经济优势。此外,选择一些符合条件的大型制药企业作为海洋药物示范基地,参与海洋药物的开发和产业化,加速产业化进程。

(二)营造有利于产业转型的良好政策环境

政府的支持是发展中国海洋生物医药产业发展的一股强劲的助力,为了推进产业的发展,配合促进中国整体经济的转型,政府需要出台相应的政策规章,进行相关体制的建设和完善,扶持龙头企业快速发展以尽

快形成规模效益,鼓励和支持这一新兴涉海产业的发展。

(三)拓宽有利于产业发展的多元化融资渠道

海洋生物医药产业的发展离不开相关科研活动的推进,只有大量的资金才能支持科学研发不断的进步和发展。政府一方面要加大对其财政方面的支出,另一方面鼓励、组织社会资金进入,建立多渠道、多元化的融资模式。

(四)培养有利于产业升级的高素质专业人才

人才是生产力的核心要素,也是在中国海洋生物医药产业发展过程中不容忽视的重要因素。政府要加大对于教育培养人才的投入,只有培养出高素质的专业人才,才能打破生物技术方面的瓶颈,推进海洋药物的研发和市场化,从而推动产业的发展。

参考文献

[1]　陈来成.国外海洋生物技术发展概况[J].生物工程进展,1994,14(6):12-20.

[2]　杨雨,秦松.海洋生物制药现状及展望[J].中国生物工程杂志,2005:190-193.

[3]　李光壁,王昶,刘占广.海洋药物研究进展与展望[J].盐业与化工,2009,38(5):43-51.

[4]　张书军,焦炳华.世界海洋药物现状与发展趋势[J].中国海洋药物杂志,2012,3(2):58-60.

[5]　马彦,苏东水.生物医药产业价值链的整合化研究[D].上海:复旦大学管理学院产业经济学,2007.

[6]　程丹丹.海洋生物医药产业发展持续升温[J].中国卫生产业,2010,7(8):31-35.

[7]　孟丽君.我国海洋医药发展现状与展望[J].商业文化,2011,7:369-370.

[8]　刘光东,丁洁,武博.基于全球价值链的我国高新技术产业集群升级研究——以生物医药产业集群为例[J].软科学,2011,25(3):36-41.

（执笔：上海大学经济学院，

徐燕　金彩红）

提升中国航运服务
集群竞争力研究

摘要：论文从产业集群的角度研究航运服务产业，介绍了中国航运服务集群的发展现状，重点指出中国航运服务集群竞争力落后的问题，分析了制约航运服务集群竞争力提升的原因，并借鉴世界著名国际航运中心的发展经验，提出中国航运服务集群提升竞争力的对策。

关键词：产业集群　航运服务业　竞争力

当今，产业集群已成为引人瞩目的经济发展趋势，并有力地带动了区域经济发展。在现实中，航运服务业涉及众多上下游行业及企业，同样也存在着集群现象，甚至比有些产业更具典型性，比如已经发展得相当成熟的伦敦海事服务集群和荷兰海运集群、初具规模的香港海事服务集群，都充分说明了航运服务业的集群特性[1]。

近年来，国内学者对航运服务集群从不同角度展开了研究。上海国际航运信息研究中心对航运业及相关产业的范畴进行了界定。上海市发展改革委员会课题组报告首次在国内航运领域提出"产业集群"的概念，通过具体分析国际航运中心集群参与者的情况，提出国际航运中心集群要素的构成，总结出国际航运中心产业集群的层次、结构和功能特征。任艳明(2005)设计出了一套比较科学合理的评价航运产业集群竞争力的指标体系[2]。杨晋豫(2007)利用灰色评价建立了评价模型，并借助 MATLAB 软件计算出了所选择的航运集群核心竞争力的最终得分值[3]。朱岩(2009)以上海港为例，对中国现代港口航运服务产业发展现状和突出问题进行阐述，提出提升中国港口现代航运服务业竞争力的对策建议[4]。从这些研究中可以看出，中国航运服务集群的发展已经取得一定的成效，但是与国际航运中心相比，尚有较大的距离。因此，提升航运服务集群竞争力成为国际航运中心建设的重中之重。

一、中国航运服务集群发展现状特点

（一）中国港口集装箱吞吐量世界领先

近几年,中国港口硬件设施建设投资巨大,有些港口规模和吞吐量已经处于世界领先地位,特别是上海港,早已成为全球集装箱吞吐量第一的港口。2013 年第一季度,中国规模以上港口完成集装箱吞吐量 4 304.07 万标箱,同比增长 8.2%,增速与 2012 年同

期基本持平。如表 1 所示,截至 2013 年第一季度,在全球集装箱吞吐量排名前十的港口中,中国占据了六个席位,其中,宁波—舟山港以及青岛港无论同比还是环比都有一定增幅,增长势头强劲。另外值得一提的是,上海港继续保持全球集装箱吞吐量第一的地位。

表 1　2013 年第一季度全球集装箱吞吐量排名前十港口　　（单位:万标箱）

港口名称	2013 年第一季度	2012 年第一季度	同比增长（%）	2012 年第四季度	环比增长（%）
上海	774	756.9	2.3	823.1	−6
新加坡	763	753.57	1.3	783.75	−2.6
香港	543	558.8	−2.8	533.7	1.8
深圳	529	507.07	4.2	573.83	−7.9
釜山	422	408.97	3.2	428.5	−1.5
宁波—舟山	411	376.44	9.2	395.51	4
青岛	392	351.32	11.4	364.21	7.5
广州	318	323.7	−1.7	382.56	−16.8
天津	300	276.9	8.3	314.81	−4.7
鹿特丹	280	278	0.7	293.24	−4.5

数据来源:《全球港口发展报告》2013 年第一季度季报

（二）中国港口货物吞吐量保持高位

如表 2 所示,根据最新的年度统计数据,目前全球货物吞吐量排名前十的港口中,有七个来自中国。总体而言,中国各

大沿海港口的货物吞吐量无论是总量还是增速都处于世界先进水平。单就这一指标而言,中国已经是名副其实的航运大国。

表2 2012 年全球货物吞吐量前十大港口排名   (单位：亿吨)

排名	港 口	2012 年	2011 年	增速(%)	排名	港 口	2012 年	2011 年	增速(%)
1	宁波—舟山	7.44	6.94	7.2	6	广州	4.34	4.29	1.2
2	上海	7.36	7.20	2.2	7	青岛	4.02	3.75	7.2
3	新加坡	5.38	5.31	1.2	8	大连	3.73	3.38	10.4
4	天津	4.76	4.51	5.5	9	唐山	3.58	3.08	16.3
5	鹿特丹	4.42	4.35	1.6	10	釜山	3.11	2.94	6.1

数据来源：上海国际航运研究中心

二、中国航运服务集群竞争力分析

国际航运中心的确立及航运服务集群竞争力的强弱，不仅由港口设施、货物和集装箱吞吐量、造船或港机制造等硬实力决定，而且由包括航运服务、信息、研发、教育等相关行业的航运软实力决定。中国的航运服务集群在软实力方面尚处于较低水平，还不具备国际竞争力。具体而言，中国航运服务集群竞争力的薄弱主要体现在以下方面。

（一）中国航运服务集群综合竞争力偏弱

如表3所示，在由上海市浦东新区管理咨询行业协会和上海浦东国际金融航运双中心研究中心发布的"全球国际航运中心竞争力指数"（The Global International Shipping-Center Index, GSCI）排名中，仅有上海进入前10名。此外，中国内地还有天津（第14）、大连（第18）、广州（第29）、深圳（第32）、宁波（第36）、青岛（第47）、厦门（第49）等10个港口进入指数排名前50强。GSCI是世界现代航运史上编制发布的首份国际航运中心指数，该指数所考察和评价的对象来源于全球逾660个港口城市（区域），从航运能级、航运服务、航运生态等3个分项中选取58项指标作为评估的观察点。为确保公正性，指数编制过程中所采用的基础数据均取自世界著名国际组织、行业协会和咨询机构发布的公开资料。由此指数的排名可见，中国航运服务集群的软实力偏弱，减少了各港港口综合得分。目前中国80%以上的远洋货物由外国船舶所有人承运；在船舶经纪、船舶分级和登记、船舶融资租赁、海事仲裁等航运服务领域，中国的航运服务集群仍远远落后[5]。

表3 2010 年国际航运中心竞争力排名

排名	1	2	3	4	5	6	7	8	9	10
城市	伦敦	东京	香港	纽约	上海	新加坡	汉堡	洛杉矶	鹿特丹	釜山
得分	683.1	581.7	580.6	579.7	568.8	547.9	538.2	537	528.4	509.1

数据来源：全球国际航运中心竞争力指数

（续表）

层面	行业	伦敦	香港	上海
辅助层	货运服务	8	10	6
	船运经纪	10	6	2
	船舶检验	10	4	4
支持层	航运金融	10	6	2
	航运保险	10	6	2
	航运信息	10	6	2
	海事仲裁/法律服务	10	2	2
	航运教育/培训	10	6	4

资料来源：转引自《上海国际航运服务业集群发展对策》

（二）中国高端航运服务集群竞争力不足

经过多年的发展与建设，中国的航运服务业已经具备了相对完整的产业链，但高层次、高端的现代航运服务产业仍显不足。很多地区现有的航运服务集群存在着众多问题，比如企业数量多而规模小、配套服务不规范、服务资源共享程度低、市场垄断经营、高端航运服务专业人才匮乏等。中国的高端航运服务产业集群发展滞后，在航运咨询、航运金融、航运保险、航运交易、航运信息、航运商务、海事法律服务等产业链高端环节还存在不少空白点，与国际成熟的航运服务要素市场相比还有较大的差距[6]。如上海港，虽早已成为全球集装箱吞吐量最大的港口，但国际航运中心的建设还是任重道远；而伦敦，虽然货物吞吐量早已不在世界前列，但其仍是公认的国际航运中心。原因就在于伦敦的高端航运服务早已发展成熟，并对全球航运活动影响深远（见表4）。

表4　上海与伦敦、香港现代航运服务业比较（2为最低，10为最高）

层面	行业	伦敦	香港	上海
核心层	船舶运输	6	10	8
	港口服务	6	10	8
辅助层	代理服务	6	10	8
	船舶供应	4	4	4
	修理服务	8	10	8
	船员劳务	2	2	4

（三）中国航运服务整体竞争优势不明显

当前，中国的航运服务产业主要集中在产业链的低端环节，以船舶运输和港口服务等航运主业，以及货运代理、船舶代理、报关报检等劳动相对密集的初级航运服务业为主，大量的人力、物力和财力集中于劳动密集型航运服务领域。由于缺乏发展完善的产业集群，只能凭借低要素成本获得竞争优势。知识密集型、利润贡献大、辐射范围广、国际影响力强的高端航运服务业发展滞后、规模小、数量有限，没有形成规模优势，因此需要加快航运服务产业升级。首要任务是构建高水平的国际航运保险、船舶融资、航运信息服务和航运法律服务等高端航运服务业，增强软实力，以获得更好的竞争优势[7]。

三、航运服务集群竞争力偏弱的原因分析

（一）货物贸易与运输服务贸易发展脱节

近年来，中国国际海上货物运输量逐年增长，并一直位居全球首位，且长期处于贸易顺差地位（见表5）。但是，中国的服务贸

易,特别是运输服务贸易却存在着严重逆差,有些年份甚至超过服务贸易整体的逆差(见表6)。从 2005 年至 2012 年,特别是自 2009 年以来,中国运输服务贸易的逆差现象愈演愈烈,而这一时期,恰好是中国货物贸易出口增长最快的阶段。按照一般规律,一国货物贸易出口增加必然会带动本国运输服务贸易出口的增长,中国的情况正好相反,这反映出中国货物贸易与运输服务贸易发展出现非常严重的脱节现象。运输服务业处于现代航运服务体系的核心层,运输服务业的落后,必将导致整个航运服务体系的发展[4]。

表 5　2005—2012 年中国货物贸易进出口情况　　　(单位:亿美元)

年　　份	2005	2006	2007	2008	2009	2010	2012
进出口总值	14 221.2	17 606.9	21 738.3	25 616.3	22 072.2	29 727.6	38 667.6
出口总值	7 620	9 690.7	12 180.1	14 285.5	12 016.6	15 779.3	—
进口总值	6 601.2	7 916.1	9 558.2	11 330.9	10 055.6	13 948.3	—

数据来源:商务部网站

表 6　2005—2012 年中国服务贸易和运输服务贸易差额　　　(单位:亿美元)

年　　份	2005	2006	2007	2008	2009	2010	2011	2012
服务贸易	−92.6	−89.1	−76	−115.6	−295.1	−219.3	−549.2	−897
运输贸易	−130.2	−133.5	−119.5	−119.1	−230	−290.5	−448.7	−469.5

数据来源:商务部网站

(二)航运服务业的辅助与支持要素不足

航运服务集群发展需要一定的外部形态作为载体和平台,同时政策和制度环境等辅助与支持性的软件要素更是产业集群发展的重要保障。世界著名的国际航运中心的形成都离不开政府为其创造的良好的支持保障体系,例如高效的口岸服务环境、完善的自由港政策、自由的货币政策以及优惠的船舶登记政策等。与世界著名的国际航运中心相比,中国的口岸软环境还有很大的差距。中国沿海港口与内地港口之间缺乏方便的报关退税政策,大量内地货物从沿海港口中转无法享受原地报关和退税的便利,造成了相当一部分远洋货物选择了境外港口国际中转的途径,使大量有效需求和高附加值服务资源严重流失。

中国港口的现代航运服务产业功能要素主要集中在码头服务、货物运输等低附加值的低端产业,缺乏国际中转、船舶融资等中高端产业服务功能,难以满足国际航运市场对现代航运服务的基本需求。以劳动密集型为主体的航运辅助企业规模较小、经营相对分散、航运服务附加值较低;知识密集型的航运服务缺乏,尚未形成有效的航运交易市场;航运交易、航运咨询、航运融资、海事保险、海事法律、公估公证等方面的航运相关服务发展缓慢,国际性海运组织在中国的活动几乎空白[4]。

（三）高层次的创新型专业人才大量缺乏

建设国际航运中心是现阶段中国许多沿海特大型城市社会经济发展的基本目标。要实现这个基本目标,归根到底人才是决定性的因素。现代航运服务产业集群的发展在很大程度上受到人才因素的制约,人才是高层次产业结构的决定性因素。在现代经济条件下,现代航运业属于技术和资金密集型产业。随着船舶大型化发展趋势,现代船舶对技术与资金的需求日益增长,由此产生了对诸如船舶融资、船舶保险等一系列金融服务的有效需求。但是,由于受到国内银行现有金融服务体制的影响,特别是由于缺乏高层次的金融衍生产品的专业人才,中国大多数航运企业只能通过伦敦等境外银行开展船舶融资业务。同时,在港口规划、航运管理、现代物流等相关领域,中国目前也缺乏高层次的专业人才[4]。

高端航运服务产业集群积聚了大量创新因素,并且创造了有利于竞争的环境。高端航运服务产业集群内部的共生机制有利于获得规模经济,同时有利于互动式学习和技术扩散,提高自主创新能力。而中国的航运服务集群企业总体自主创新能力不足,缺乏创新型专业化人才,尚未形成功能完善的高端航运服务产业集群。所以,中国在世界航运市场上只能凭借廉价的劳动力和自然资源参与竞争。

四、提升中国航运服务集群竞争力的对策

（一）国外航运服务集群经验借鉴

1. 市场交易为主的伦敦模式

伦敦航运服务集群在全球处于领先地位,拥有数千家从事航运服务的公司或组织的办公室,其航运服务为英国经济贡献了大笔的海外收入并提供了数万个相关的工作岗位。伦敦航运服务的需求来自全球各地,而伦敦提供的航运服务是综合性的,比如船舶融资、船舶经纪、海运保险、法律服务和船舶检验等等。航运服务集群中的需求方和供给方之间形成了组织严密、自成体系的网络。伦敦的航运服务集群可以分为五大组成部分,分别是以船东为代表的航运主体、以工会为代表的行业协会、包括银行等在内的中介服务、商业顾问和研究人员等支持服务、以波罗的海航运交易所为首的海事治理与监管机构(见图1)。

航运服务为伦敦提供了大量相关的工作岗位。最近几年来从事以市场交易为主要内容的船务经纪的人数不断增加;从事保险经纪的人数所占的比例也不断上升;伦敦在海事法律服务方面也是世界领先的,不仅律师事务所从业人数迅速增加,在解决跨国航运纠纷时,英国法律也是适用范围最广的法律[8]。伦敦航运服务提供商通过航运集群持续不断地提高其技能水平,通过信息技术寻求新的、可持续的服务市场和客户基础;将高标准的航运专业知识和人力资本转

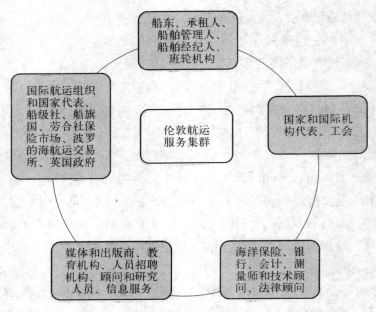

图1　伦敦航运服务集群

化为更高水平的客户服务技能；将激烈的全球竞争和日益苛刻的客户需求转化为推动产品和服务创新的动力；追求传统集群和新兴市场之间的联系和协同，积极寻求新兴市场以及利用人口结构变化鼓励进行更多的知识和经验交流。

2. 知识经济驱动的新加坡模式

作为一个中转型的航运中心，新加坡凭借优良的区位条件和优越的政策环境，数年来集装箱吞吐量位居全球前列。新加坡的航运服务集群建立在由港口、船运、船舶制造以及船舶修理活动组成的坚实的基础条件之上。它不仅是一个货物集散地和中转港口，还拥有很多船运公司，吸引了各种航运服务在新加坡集聚，比如船舶经纪、物流、船舶融资、航运保险和法律服务。在追求实体吞吐量增长的同时，在高端航运服务业方面，新加坡提出到2025年建立全球海洋知识枢纽，大力发展海洋研发，以建设全球海洋知识枢纽来推动新加坡航运集群的发展，吸引全球的航运公司到新加坡开展业务，维持新加坡航运服务集群的国际竞争力(见图2)。

新加坡政府经济调查委员会提出"让新加坡发展成为世界领先的综合物流中心，着力建成充满活力的海陆空运输能力，推动全球经济发展"。为了加强新加坡航运中心的竞争力，新加坡政府大力支持相关产业提升员工技能，并利用好信息技术和电子商务技术。同时，政府加大了对科研的投入，并设立专门的基金，助力航运技术的研发，这就是所谓的航运技术集群战略。新加坡的航运和港口管理部门发起了2千万美元的五年行动项目，用以提升中小企业的信息技术系统；同时设立了8千万的航运集群基金来推动航运服务集群的发展，该基金中的5千万

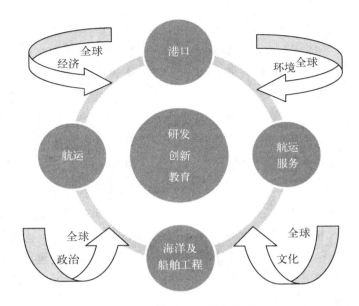

图2 新加坡航运服务集群

资料来源：Factsheet on the 3rd Maritime R&D Advisory Panel

用于培育专业人才以及发展当地的培训机构,剩下的3千万则用于减少航运企业的运营成本。在教育方面,最重要的举措包括在新加坡的大学中开设海洋法、航运经济、船舶管理和航运企业经济等四大核心专业。为了顺应航运、海事服务、港口服务、离岸海洋工程等的发展趋势,新加坡重点关注能源、环境、航运操作、油气开采和航运安全等的研究进展,提出五个重点研究的领域,即海洋环境和资源,船舶、码头和港口作业及安全,海事IT和通讯,海上运输和物流。

(二) 提升中国航运服务竞争力的战略举措

1. 健全航运服务功能要素,加快建设航运服务集聚区

航运服务集聚区是现代航运服务业发展的重要抓手和载体,应该形成下列航运服务集聚区:以航运融资、海事保险、海损理算、公证公估为主体的航运金融集聚区;以航运交易、海运咨询、航运组织、海事仲裁、船舶租赁、研究培训为主体的现代航运服务业集聚区;以港口运输服务、货运代理、报关服务等为主体的国际物流集聚区;以临港产业为主体的现代装备制造业集聚区和以海洋文化为特色的城市生活服务业集聚区。借此实现金融企业、航运服务企业和专业服务企业的错位发展、功能互补、相互促进[4]。航运中心的建设离不开高端航运服务的支持,主要表现在以下几个方面。

(1) 金融中心和航运中心相伴而生,金融中心的发展源于航运中心,航运中心的发展离不开金融的支持。目前制约中国航运、造船企业融资的瓶颈有:第一,除贷款方式外,船舶所有人企业资金来源不足和融资方式较少,航运业发行企业债券或股票上市的

难度比较大,企业吸纳社会资本的渠道不畅。第二,金融机构自身专业性不强,与船舶相关专业机构的合作不密切,难以防范船舶融资项目中的技术、市场和财务风险。为此,在金融领域,要尽快与国际通行做法接轨,解决资本流动限制、人民币非自由兑换性以及利率和汇率市场化进程缓慢等一直阻碍中国航运金融和航运保险业大规模拓展的问题。

(2)国际航运中心的建设离不开海上保险方面的支持,为此,要着眼于以下几个方面来加大航运保险对航运中心建设的支持力度:第一,完善海上保险法律环境;第二,开拓海上保险市场主体,大力吸引国际再保险集团落户;第三,加强国际间的合作交流,在条款的改编、产品的开发、资金的运用、理赔的服务甚至保险的价格等方面和国际先进的保险公司合作;第四,积极开发海上保险新产品,重点开发现代物流保险和保赔保险。

(3)建设国际航运中心必须严格依照法律程序,中国需要加快司法改革的实施步伐,而且要着眼于未来、面向世界,与国际上通行和承认的司法公约、准则以及惯例保持一致:第一,进行司法改革,解决司法权力地方化和地方、部门保护主义问题,充分实现法院依法独立行使审判权,以适应航运中心拓展高端航运服务新形势的要求。第二,完善司法解释,在有关知识产权、投资、国际贸易、金融等方面应当充分考虑 WTO 的有关规定以及国际惯例,使这些方面的司法解释尽量与国际接轨。第三,根据新的国际公约

或民间规则及时修改涉海法律法规。

2. 加快培养高端专业人才,着力改善航运发展软环境

随着大量国际航运企业的进驻和国际航线、航班的开通运行,中国的口岸需要大量国内外港航管理优秀人才。由于受到整个口岸现代航运服务产业发展水平的限制,目前中国的港航专业人才层次结构不尽合理,大量人力主要还是集中在码头运行管理、集装箱运行操作管理、港口信息管理、代理服务等低端产业层面。中国特大型港口城市都具有十分丰富的教育资源,聚集了众多的重点大学,关键是要进行资源有效整合和培养复合型人才。现有的专门类院校应该把培训重点放到多种学科交叉的课程设置方面,如财经类院校应该结合现代航运服务产业对船舶、港口建设的融资及保险服务业的需求,增加航运服务专业知识的培训;而港航专业院校则更应该强化金融保险、海事法规等非技术类课程的设置;相关部门应扶持与航运相关的高等院校的建设和发展,使高等和专业技术教育系统结构合理、体系完善,打造门类齐全、专业化程度高的高校体系。

国际航运中心口岸软环境是推进现代航运服务集群发展的基本条件。为此,要在软环境上有所突破。第一,设立船舶融资专业银行、船舶融资保险机构、国际货贷、无船承运人责任险种,鼓励互保协会运作。在现代航运服务聚集区内,实行人民币自由兑换的试点。第二,现代航运服务集聚区要尽快发展成为与国际接轨的先行先试的"政策特

区"和"功能特区"。第三,抓紧制定鼓励跨国公司在现代航运服务聚集区内设立地区总部的优惠政策,吸引跨国公司地区总部入驻。第四,积极争取国家有关部门的支持,制订专门的项目审批制度和程序,确定地方政府审批权限和范围,适当扩大地方政府的审批权限,如下放现代航运服务聚集区内包括海事保险、航运金融、航运公证等在内的航运延伸产业特许经营权的审批等。从系统的角度出发,研究与改革现有的口岸管理模式[4]。

参考文献

[1]　郭赟芳等.航运服务集群竞争力评价指标[J].世界海运,2007(4)：7-8.

[2]　任艳明.产业集群理论在上海航运产业发展中的应用研究[D].上海：上海海事大学,2005.

[3]　杨晋豫.航运集群核心竞争力研究[D].大连：大连海事大学,2007.

[4]　朱岩.提高我国港口现代航运服务产业竞争力研究——以上海港为例[J].黑龙江对外经贸,2009(5)：43-45.

[5]　中国航运事业发展与上海国际航运中心建设——交通运输部部长李盛霖在"国际航运上海论坛2010"上的演讲[J].集装箱化,2010(4)：1-3.

[6]　邹莉.产业集群视角下上海航运服务业发展研究[D].上海：上海海事大学,2006.

[7]　肖伟浩.促进我国高端航运服务产业集群发展的思考[J].港口经济,2011(5)：22-25.

[8]　王列辉.高端航运服务业的不同模式及对上海的启示[J].上海经济研究,2009(9)：99-106.

[9]　Fisher Associates. The Future of London's Maritime Services Cluster：A Call for Action [R]. 2004.

（执笔：上海大学经济学院,
毕梦昭　于丽丽）

产业规划

<h1 style="text-align:center">辽宁省海洋经济发展
"十二五"规划</h1>

　　21世纪是人类开发海洋与保护海洋并举的世纪。海洋已经成为国际竞争的重要领域,海洋开发蕴含着引领未来发展的重要创新点、突破点,海洋经济将成为社会经济发展的重要增长极,是可持续发展的战略方向。大力发展海洋经济,科学开发海洋资源,努力培育海洋优势产业,对于统筹区域发展,加快转变经济发展方式,推动辽宁老工业基地全面振兴,具有重大而深远的意义。

一、"十一五"海洋经济发展回顾

　　"十一五"时期,全省沿海地区发挥海洋资源优势,大力推进海洋经济发展,加快海洋产业建设,实现了建设"海上辽宁"从战略目标提出到具体实践和全面实施的历史跨越,辽宁沿海经济带建设上升为国家战略,海洋经济发展方式发生重大转变,海洋经济新增长点充满生机活力,传统海洋产业发展创历史性新高,新兴海洋产业突破性发展,全省海洋经济总量持续又好又快增长。

(一) 海洋经济总量持续增长

　　"十一五"期间,全省海洋经济继续快速增长,对促进区域国民经济和社会发展的作用日益凸显。2006年,海洋经济总产值完成1 468.6亿元,同比增长21.8%;增加值完成831.2亿元,同比增长18.7%,占全省生产总值9%。2007年,海洋经济总产值完成1 760.5亿元,同比增长19.9%;增加值完成981.6亿元,同比增长18.1%,占全省生产总值8.9%。2008年,全省海洋经济主要产业总产值完成2 051.4亿元,增加值完成1 144.8亿元,分别比上年增长16.5%和16.6%。2009年,全省主要海洋产业实现总产值2 569亿元,同比增长23.9%;增加值1 345亿元,同比增长17.7%。2010年,全省海洋经济总产值达3 008.69亿元,约占全国海洋经济总量的 9%,与"十五"末期相比,年均增长 19.9%;实现增加值 1 611.91 亿元,年均增长 17.9%,占全省生产总值的比重由"十五"末期的 8.7%提高到 12.1%。

(二)海洋产业结构明显优化

目前,全省已形成海洋渔业、海洋交通运输业、滨海旅游业、船舶修造业、海洋化工业和海洋油气业等六大海洋产业,海洋生物制药、海水综合利用等新兴产业也成为新亮点。海洋第一、第二、第三产业结构已由 2005 年的 47.2:22.3:30.5,转变为 2010 年的 20:35:45,第一产业比重显著降低,第二和第三产业比重大幅增加,产业结构实现了进一步的优化。

(三)海洋基础设施建设发展迅猛

"十一五"期间,全省沿海港口依托东北地区腹地经济,规模持续增长,初步形成了以大连、营口港为主要港口,丹东、锦州港为地区性重要港口,盘锦、葫芦岛港为一般港口的沿海港口布局。2010 年全省港口完成货物吞吐量 6.8 亿吨,其中,集装箱吞吐量 962 万标准箱。渔港建设也得到快速发展,仅大连就有 4 座国家中心渔港和 5 座国家一级渔港投入建设;丹东、盘锦、锦州和葫芦岛等地的国家级渔港建设也逐步展开。

(四)陆海经济互动格局清晰

全省周边海域港口运输业、海水养殖及深加工业和滨海旅游业等发展迅速,已成为我国海洋经济发展最具活力的区域之一。

辽河三角洲海洋经济区和辽西海洋经济区积极培育海洋油气业,大连长兴岛临港工业区、辽宁(营口)沿海产业基地(含盘锦船舶工业基地)、辽西锦州湾沿海经济区(含锦州西海工业区和葫芦岛北港工业区)、辽宁丹东产业园区以及大连花园口工业园区等功能区域格局清晰,陆海经济互动统筹开发建设迅速。

(五)海洋科技支撑能力增强

全省从事海洋与渔业科研工作的机构和大专院校已达 50 余个,科研人员近万人,组建了一批国家级和省级重点实验室及工程技术中心。"十一五"期间,全省完成国家"863"、"973"、科技攻关、自然科学基金及省部级重大和攻关项目近 500 项。完成了国家海洋局"908"专项,为优化海域功能规划、制定海洋保护政策,促进全省及全国海洋经济健康可持续发展提供了科学依据和技术支撑。

(六)海洋综合管理机制不断完善

"十一五"期间,全省颁布了《辽宁省海洋功能区划》、《辽宁省海洋环境保护办法》、《辽宁省海洋渔业安全管理条例》和《辽宁省海域使用管理办法》等海洋相关法规,周边海域综合监督管理和执法队伍得到加强,为区域内海洋产业经济的顺利发展提供了良好的社会保障服务环境。

纵观"十一五"期间全省海洋经济发展,虽然在发展速度和发展质量等方面得到极大的提升,但仍存在一些比较突出的问题。

一是全省海洋经济总量尚小,在全国 11

个沿海省市中列位靠后;二是海洋新兴产业发展力不足,海洋生物制药、海水综合利用及海洋发电、潮汐能利用等产业在海洋产业总值中的比重不足 1%;三是海洋生态环境压力仍然较大,如何在开发中保护、在保护中开发仍是突出问题;四是地区发展不够平衡,除大连外,受基础条件及腹地经济制约,其他沿海市海洋经济发展幅度不大;五是海洋技术装备相对落后,海洋油气资源开发、海洋预报和信息服务、海洋矿产资源勘探、海洋渔业资源开发和海洋农牧化等领域的技术装备大部分依赖进口。

二、"十二五"海洋经济发展面临的机遇与挑战

辽宁拥有丰富的海域资源,优越的区位条件,强大的科研力量,扎实的发展基础,是东北地区对外开放的门户,工业实力雄厚、交通网络发达,是我国北方沿海发展基础较好的区域。随着东北老工业基地振兴步伐的明显加大和辽宁沿海经济带战略的全面实施,辽宁沿海地区将成为全国沿海重要的经济增长极,优势产业将进一步向滨海地区集聚,城市化、工业化建设将不断加强,海域的开发、保护和管理将迎来机遇与挑战同在的时期。

(一)发展的机遇

海洋经济发展迎来历史最好机遇。中央对发展海洋经济十分重视,给予很大希望,在《中共中央关于制定国民经济和社会发展第十二个五年规划的建议》中,对发展海洋经济提出了总体要求;《中华人民共和国国民经济和社会发展第十二个五年规划纲要》,更是对发展海洋经济提出了具体目标,使海洋经济工作地位进一步提升,为大力发展海洋经济营造了空前的良好机遇。省委、省政府对开发海洋经济充满信心,沿海各级政府对发展海洋产业不懈努力,全省海洋产业规模不断扩大,海洋规划和法制体系基本形成,海域使用管理水平逐步提升,海洋生态环境保护意识日趋强烈,海洋公益服务和科技推广迅速普及,海洋执法监察力度不断加大,为全省海洋经济发展提供了良好的社会环境保障。

东北亚区域经济合作日益紧密。辽宁沿海经济带位于东北亚区域的中心,处于东北亚经济合作中的"节点"地位,与日本、韩国、朝鲜隔海隔江相望,与俄罗斯、蒙古陆路相通。凭借优越的区位条件,大力发展海洋经济,有效激活周边区域的优势资源,成为东北亚地区的制造业中心、物流中心、贸易中心和未来东北亚自由贸易区的最佳承载地,将迅速提升我省在东北亚区域的竞争力。

东北老工业基地全面振兴和陆海互动格局的形成。自中央 2003 年提出东北老工业基地振兴的重大决策以来,东北地区经济实现了快速发展。2009 年,国务院又通过了《关于进一步实施东北地区等老工业基地振兴战略的若干意见》,为东北的振兴提出了

明确方向。作为东北地区唯一出海口的辽宁沿海地带,在东北振兴战略格局中具有重要的区位优势和独特的发展空间。同时,作为工业大省,辽宁陆海互动、经济发展相辅相成的局面已经形成,为全面提升海洋经济创造了良好的机遇和发展空间。

辽宁沿海经济带发展战略全面实施。辽宁沿海经济带开发开放上升为国家战略,扩大了东北地区的腹地开发,为辽宁和东北地区创造了新的经济增长极,聚集了海洋经济开发的优势产业和先进技术,海洋产业将得到迅速激活和充分扩张,特别是辽宁沿海地区长期荒芜的滩涂将得到系统开发和综合利用,为促进海洋产业发展提供了前所未有的生产要素和生机活力。

(二)面临的挑战

海洋经济发展方式仍需转变。科学调整全省沿海区域海洋产业布局,优化产业结构,加速海洋科技创新,协调发展与保护的关系,及时转变海洋经济发展方式成为当前和今后一段时间内辽宁海洋产业面临的重要挑战;传统产业迅速升级、新兴海洋产业及时培育、有效避免区域性重复建设和恶性竞争,形成良好的海洋产业布局,也是发展海洋经济必须解答的重要课题。

港口资源亟待优化整合。港口是辽宁海洋经济发展的重要资源,目前全省的港口布局、泊位结构、岸线资源利用及建设程序等方面存在"优势不优、整体不整"现象。整合全省港口资源,实现港口群优势互补、和谐有序、区域协同发展,是"十二五"海洋经济发展中要解决的重要问题之一。

海洋生态保护任务加重。随着海洋产业的发展,开发建设用海将持续增长,沿岸海洋地貌将受到进一步影响,海洋生态环境保护任务日趋加重。加强海洋生态环境保护,提高沿海地区抵御自然风险能力,实现海洋开发与保护并重,是我省海洋经济发展必须完成的战略任务。

三、"十二五"海洋经济发展目标

(一)指导思想

以邓小平理论和"三个代表"重要思想为指导,深入贯彻落实科学发展观,全面贯彻落实党的十七届五中全会精神,适应国内外形势新变化,以落实省委、省政府大力发展海洋产业,提升海洋经济总量为目标,以提升海洋经济发展质量为约束,倾力建设现代海洋产业基地,以科学发展和加快转变经济发展方式为主线,合理开发利用海洋资源,集成要素,发挥优势,加快海洋新兴产业体系和基础设施体系建设,以培育和壮大重点产业、优势企业为龙头,集中力量打造具有区域特色的海洋产业园区,加强陆域经济与海洋经济的协调互动,实现由海洋大省向海洋经济强省的跨越。

（二）发展原则

陆海统筹原则。海洋开发以沿岸陆域为依托，海洋产业为主体，统筹陆海发展规划，把海洋产业发展更好地与沿海、海岛的优势资源开发、特色经济发展和工业化、城市化结合起来，优先进行重点区域的开发开放和重要项目的沿海布局，通过联动开发，增强陆海资源的互补性、产业的互动性和经济的关联性，建立陆海联动发展机制，实现海洋经济跨越式发展。

区域协调原则。海洋经济应注重均衡、协调发展，对海洋资源进行有序开发。各沿海区域间通过资源整合、要素整合、功能互补，实现海洋经济一体化发展；各沿海城市要把海洋经济的发展纳入到整个地区社会经济发展的规划框架内，把海洋产业发展与陆地产业调整和城市化建设结合起来，建立海陆联动发展机制，实现海洋经济与陆地经济协调发展。

整体推进和重点发展并举原则。实施海洋开发战略，要巩固对海洋渔业、海洋船舶工业、海上交通运输业和滨海旅游业等主导产业的发展，发挥主导产业的带动效应和辐射效应。着重加强海洋工程建造业和海洋装备制造业的发展，加快培育海洋新兴产业示范区建设。要突出以项目为载体，围绕海洋产业发展、基础设施建设、海洋科技创新、渔区民生改善等方面，策划一批重点项目，提升海洋经济发展水平。

科技创新原则。深入实施科技兴海战略，加大投入，加快创新能力建设，优化配置科技力量，加强人才培养。建立科技促进海洋经济发展的长效机制，注重产学研结合，加快科技成果的转化，重点发展海洋开发实用技术，有选择地发展海洋高新技术，加强重大海洋基础研究并力争实现新的突破，推动海洋经济发展由注重总量增长向注重质量和可持续发展转变。

开发与保护并重原则。贯彻科学发展观，实行开发与保护并重，合理开发海洋资源，积极保护海洋环境，树立低碳意识，大力发展循环经济和清洁生产，努力为海洋经济的发展提供可持续利用的资源和生态环境基础，增强海洋经济的可持续发展能力，为子孙后代留有更多的发展空间。

（三）发展目标

1. 总体发展目标：到 2015 年，实现从海洋大省到海洋经济强省的跨越。海洋经济总量提升，全省海洋经济主要产业总产值达到 6 000 亿元，年均增长 14.9％，增加值达到 2 900 亿元，年均增长 12.6％，进入全国沿海省市前六名。海洋综合利用能力增强，海洋资源得到科学开发，海洋科技得到充分运用，海洋意识得到明显提升，陆海互动、优势互补能力得到有效改善，海洋经济占全省经济总量比重提升。海洋产业结构合理，初步形成传统产业优化，新兴产业有效开发，海洋区位优势、资源优势和科技优势充分运用，沿海区域协调发展格局，海洋新兴产业产值翻两番。海洋产业基地形成规模，海洋产业集群化生产，海洋资源整合化开发，海洋管理及公共服务体系综合化发展，完善并扩张具有辽宁特色的十大海洋产业基地，沿海市建成具有区域特色的海洋产业园区。海洋环境保护措施健全,海洋恶性开发有效遏制,海洋功能区生态环境及时整治和修复,海洋污染得到彻底根治,海洋污染防治工程重点建设项目得到落实,形成综合防治、系统修复态势。海洋防灾减灾体系形成,海洋环境监测预报体系高度完善,实时监测预报能力总体提升,功能区质量运行保障体系健康运行,海洋防灾和应急体系进一步完善,构筑监测准确、预报及时、应对有力的海洋防灾体系。海洋经济保障机制完善,实现海洋开发、管理和服务科学化统筹,海洋调查、监测和监管数字化运行,海洋经济运行、监测和评估远程化操作,海洋技术研发、推广和普及系统化推行,海洋与渔业产业抵御灾害能力建设和政策性保险广泛开展,确保海洋经济科学、持续、高效发展。

2. 产业发展目标:

海洋渔业。水产品产量达到 482 万吨,渔业经济总产值达到 1 700 亿元,全省渔民人均年纯收入达到 17 000 元,实现渔民收入与海洋渔业经济同步增长。

海洋交通运输业。计划投资 900 亿元,新建沿海港口生产性泊位 277 个,新增货物吞吐能力 5.78 亿吨。到 2015 年,将完成港口货物吞吐量 11 亿吨。按照省政府的要求,大连港集装箱吞吐量要在 2 至 3 年内突破 1 000 万标准箱,全省港口集装箱吞吐量要在"十二五"末期达到 1 800 万标准箱。

滨海旅游业。接待海外游客 350 万人次,接待国内游客 2 亿人次,旅游业收入 2 000 亿元。

船舶修造业。造船完工达到 1 100 万综合吨,总产值 980 亿元。

海洋化工、海洋生物制药和海水综合利用等新兴产业,扩大规模且在全国范围内有一定的示范效应。

3. 海洋环境保护目标:在海洋环境方面,要明显减缓近岸海域污染和生态恶化势头,使部分污染严重的海湾、河口环境质量有明显改善。沿海城镇生活污水处理率达到 70% 以上,生活垃圾无害化处理率达到 60% 以上,近岸海域水质按功能区划达标率 90% 以上。

四、"十二五"海洋经济总体布局及发展重点

根据沿海自然资源条件和区域的比较优势,结合国家战略部署及各地经济社会发展水平,全省海洋经济将按照围绕一带发展、壮大二海建设、统筹双区功能、建设十大海洋产业基地的基本思路,深入开发建设,充分发掘区域特色,调整优化区域空间结构,加强资源整合和产业互动,构建优势互补、协调发展的区域海洋经济新格局。

(一)围绕"一带"发展

"一带"即辽宁沿海经济带。全省海洋经济发展继续以加快推进实施辽宁沿海经

济带开发开放战略为主线,大力发展海洋经济,不断丰富沿海经济带区域海洋经济增长点,进一步提升大连核心地位,强化大连—营口—盘锦主轴,壮大渤海翼(盘锦—锦州—葫芦岛渤海沿岸)和黄海翼(大连—丹东黄海沿岸及主要岛屿),实现相互间有机联系,形成核心突出、主轴拉动、两翼扩张的总体格局。明确战略定位,兼顾开发强度、资源环境承载能力和发展潜力,因地制宜,发挥优势,培育建设具有发展思路清晰、功能定位准确、产业分工合理、示范带动作用突出的重点区域和产业集群。

1. 提升大连核心枢纽和龙头拉动作用,带动区域加快发展。 加快构建东北亚国际航运中心和物流中心,完善航运基础设施和服务体系,构建辐射广、流量大、服务优的优势货品及集装箱物流基地;建设星海湾金融商务区,健全现代金融组织和服务机制,逐步形成区域性金融中心;改造升级传统优势产业,建设先进装备制造业基地、造船及海洋工程基地、大型石化产业基地、电子信息及软件和服务外包基地;大力发展集成电路、海洋与生物工程等高新技术产业。

2. 强化大连—营口—盘锦主轴。 加快大连长兴岛临港工业区建设,重点发展船舶制造、石油化工、机床、精密仪器仪表等,配套发展航运、物流、商贸等现代服务业,形成临港产业集群。加快营口沿海产业基地建设,重点发展先进装备制造、电子信息、精细化工、现代物流等产业,逐步建成大型临港生态产业区。加快盘锦辽滨沿海经济区建设,重点发展石油装备制造与配件、石油高新技术、工程技术服务等相关产业。依托沈大交通走廊和大连、营口、盘锦等重点城市,建设好各类国家级、省级开发区。

3. 扩张两翼。 渤海翼:建设锦州滨海新区,重点发展石油化工、新材料、制造业、船舶修造等产业,完成锦州湾国家炼化基地和国家石油储备基地建设;加快葫芦岛北港工业区建设,重点发展石油化工、船舶制造与配套、有色金属、机械加工、医药化工和现代物流等产业;突出培育基础好、潜力大的海洋园区并形成规模。黄海翼:积极建设庄河辽宁现代海洋产业区和工业园区、花园口经济区、登沙河临港工业区、长山群岛经济区、皮杨陆岛经济区,重点发展沿海临港装备制造、新材料、石化、能源、家居制造、服装服饰、水产品增养殖和加工、旅游、现代物流等产业;发展丹东产业园区,打造以造纸产业为主导的产业集群,发展仪器仪表、物流、汽车、电子信息、纺织服装、农副产品深加工、旅游等临港产业。

(二)强化"二海"开发

辽宁横跨渤海与黄海,"二海"资源的合理开发利用是发展海洋经济的重点。根据沿海经济发展布局、海洋自然地理区位、区域生态保护、海洋交通安全和国防安全等因素,确定区域发展方向和开发重点。其中,黄海翼和北黄海沿岸是东北地区的重要出海门户,是环黄海经济圈国际合作开发的重要组成部分,在东北亚区域大系统中和东北地区次级系统中,北黄海沿岸经济带具有不可替代的区域价值。目前,沿黄海一线的庄河、普兰店、长海县、花园口经济区以及丹东市下辖的沿海区域发展态势较慢,在一定程度上制约了东北作为国家战略区域的发展进程,削弱了我国在东北亚经济圈中的影响力,不利于区域经济的协调发展。对北黄海沿岸经济带进行战略布局,努力为参与环黄海经济圈国际合作开发奠定基础,以利于迅速壮大成长为东北地区的新增长极,进而强化其在环黄海经济圈的竞争优势。

1. **丹东海域。**区域滩涂资源丰富,物种资源繁多,湿地生态系统多样,是海洋经济贝类的重要生产基地和鸟类栖息的迁徙停歇地。区域内有北黄海的重要港址丹东港和鸭绿江口滨海湿地国家级自然保护区,重点发展精品渔业养殖、渔业加工、滨海旅游业、海洋生物制药业、港口物流业等产业。

2. **大连海域。**重点围绕北部黄海海域、长山群岛海域、中南部海域、北部渤海海域四个区域发展。

北部黄海海域,包括庄河市、花园口经济区、普兰店市、金州区的黄海海域,是我国向日韩等国际市场开放的前沿和重要支撑点,也是大连产业转移的重要方向和新兴区域增长中心,在巩固、壮大、发展现有海洋产业的同时,重点培育庄河辽宁现代海洋产业区建设,形成北部黄海海洋产业集聚群。

长山群岛海域,包括大长山、小长山、广鹿岛、獐子岛和海洋岛等海岛周边海域。坚持一岛一品、各具特色的原则,重点建设小长山岛国际海钓中心区、广鹿岛国际休闲会议中心、獐子岛国家海洋公园保护区、大长山岛旅游度假中心区,形成旅游避暑休闲综合区和国际旅游度假区。围绕发展现代渔业,重点建设国家现代渔业基地,大力推进海洋牧场建设,形成海岛生态旅游和休闲渔业链。合理安排海岛渔港、码头、跨海引水工程、跨海大桥、海底管线、海上交通等海岛基础设施建设用海需求,形成海岛现代化服务体系。

中南部海域,包括大连市区、开发区、保税区、旅顺口区和甘井子区。区内主要发展港口物流业、临海装备制造业,大连南部、旅顺沿岸以及甘井子渤海海域发展滨海旅游,羊头洼海域发展港口航运、老铁山沿岸发展海流能利用。

北部渤海海域,包括金州区渤海海域、普兰店渤海海域、瓦房店海域、长兴岛临港经济区。重点发展临港加工、船舶工业、海洋装备制造、海洋化工、旅游度假、盐业等产业。东岗海域发展核电工业,驼山、仙浴湾、西庙山和白沙湾海域发展海洋风能、滨海旅游、现代渔业等产业。

3. **营口海域。**岸线由白沙湾至辽河口,重点发展现代物流、船舶修造、生物工程等产业,白沙湾、盖州北海海域发展滨海旅游。

4. **盘锦、锦州海域。**包括盘锦和锦州沿海。辽滨、娘娘宫和锦州湾北部海域主要发展港口物流、石油装备制造、中小型船舶制造、石油化工、城镇建设等产业。锦州白沙湾海域发展滨海旅游,小凌河河口发展盐业,近海海域发展现代渔业、海上油气。

5. **葫芦岛海域。**岸线由锦州湾至绥中万家辽冀海域分界线。规划"一线八区"开发开放格局,东起打渔山园区、中经北港工业区、船舶产业区、高新技术产业园区、龙湾中央商务区、兴城临海产业区、觉华岛经济区，西至绥中滨海经济区。打造集石化、船舶、有色金属、机械加工、泵业、输配电、高新技术、仓储物流和旅游等产业为一体的沿海经济带，以利于在东北老工业基地全面振兴进程中实施辽西北突破战略。

（三）统筹"双区"功能

对域内海区按照海岸基本功能区和近海基本功能区两种功能进行科学规划，系统开发，统筹兼顾，相辅相成。

1. **海岸基本功能区**：根据沿海自然环境和自然资源特征、海域开发利用现状、环境保护及社会发展需求，划分 7 个类别 128 个海岸基本功能区。

港口航运区为 6 个：丹东港口区（包括大东港区、海洋红港区）、大连港口区（包括大港港区、黑嘴子港区、甘井子港区、大石化港区、和尚岛西港区、和尚岛东港区、大孤山西港区、大孤山南港区、鲇鱼湾港区、大窑湾港区、旅顺新港港区、长兴岛公共港区、登沙河港区、三十里堡港区、松木岛港区、庄河港、皮口港）、锦州港口区（包括锦州港本港、龙栖湾港区）、营口港口区（包括鲅鱼圈港区、仙人岛港区）、盘锦港口区（包括荣兴港区、三道沟港区）、葫芦岛港口区（包括柳条沟港区、北港港区、绥中港区、兴城港区）。

渔业资源利用和养护区 19 个：锦州湾港口区、辽宁黄海渔业区、旅顺西南渔业区、旅顺西湖咀渔业区、大潮口渔业区、瓦房店驼山渔业区、营口仙人岛渔港、辽东湾顶渔业区、辽东湾西部渔业区、庄河海洋渔港、大连湾渔港、龙王塘渔港、董砣子渔港、营口海星渔港、光辉渔港、兴城小坞渔港、锦州大有农场八支路渔港、兴城河口渔业区、烟台河口至台子里渔业区。

海岸矿产与海水资源利用区 5 个：东港盐田、瓦房店复州湾盐田、土城乡盐田、锦州绥丰盐田、兴城海滨盐田。

海岸旅游区 33 个：丹东菩萨庙旅游区、庄河黑岛旅游区、庄河蛤蜊岛旅游区、花园口旅游区、普兰店平岛旅游区、金州黑岛旅游区、金州杏树屯旅游区、城山头—小窑湾旅游区、开发区大孤山旅游区、大连市区南部旅游区、旅顺城区南部旅游区、旅顺西湖咀海蚀崖旅游区、旅顺黄泥湾旅游区、旅顺大潮口旅游区、旅顺黑石海岸旅游区、甘井子北部旅游区、金州金渤海岸—范家砣子旅游区、金州长岛—双砣子旅游区、金州兔岛旅游区、凤鸣岛南部旅游区、西中岛海滨旅游区、长兴岛北部旅游区、瓦房店仙浴湾旅游区、瓦房店驼山—排子石旅游区、营口白沙湾旅游区、盖州北海旅游区、锦州白沙湾旅游区、葫芦岛望海寺旅游区、兴城海滨旅游区、葫芦岛菊花岛旅游区、兴城龙泉寺旅游区、绥中天龙寺旅游区、绥中芷锚湾旅游区。

海洋海岸保护区 11 个：丹东鸭绿江湿地重要生态系统区、石城岛黑脸琵鹭珍稀生物物种区、大连碧流河口湿地重要生态系统区、成山头海滨地貌典型地址遗迹区、大连老偏岛—玉皇顶海洋重要生态系统区、大连斑海豹珍稀生物物种区、浮渡河口砂咀典型地质遗迹区、团山子海蚀地貌典型地质遗迹区、双台子河口湿地重要生态系统区、锦州大笔架山典型地址遗迹区、葫芦岛六股河入海口湿地重要生态系统区。

海岸工业和城镇区 27 个：东港市滨海西区工业和城镇区、庄河黑岛循环经济园区工业和城镇区、庄河口工业和城镇区、庄河港工业和城镇区、花园口工业和城镇区、皮口工业和城镇区、登沙河口工业和城镇区、大连开发区常江澳工业和城镇区、大连市小窑湾工业和城镇区、大连开发区大孤山南工业和城镇区、开发区红土堆子湾北部工业和城镇区、大连湾工业和城镇区、小平岛凌水河口间工业和城镇区、金州湾工业和城镇区、普兰店湾城镇和工业区、瓦房店松木岛工业和城镇区、长兴岛工业和城镇区、瓦房店东岗工业和城镇区、瓦房店红沿河工业和城镇区、鲅鱼圈工业和城镇区、盖州团山南部工业和城镇区、营口沿海工业和城镇区、盘锦辽滨工业和城镇区、锦州开发区娘娘宫工业和城镇区、锦州湾工业和城镇区、兴城曹庄工业和城镇区、绥中滨海经济区工业和城镇区。

海岸保留区 20 个：丹东菩萨庙保留区、庄河南尖保留区、兰店一黑岛保留区、花园口一庄河港保留区、普兰店保留区、登沙河港外保留区、大连南部保留区、大连湾西部保留区、大连湾顶保留区、大潮口保留区、旅顺黄龙尾保留区、金州稻香村保留区、长兴岛一普兰店湾保留区、东岗沿岸海域保留区、鲅鱼圈月亮湾保留区、辽东湾东部保留区、锦州海域保留区、葫芦岛二三基地保留区、兴城海域保留区、绥中荒地保留区。

2. 近海基本功能区：根据沿海自然环境和自然资源特征、海域开发利用现状、环境保护及社会发展需求，划分 6 个类别 31 个海岸基本功能区。

近海港口功能区 6 个：分别为丹东港口区(包括大东港区、海洋红港区)、大连港口区(包括大港港区、黑嘴子港区、甘井子港区、大石化港区、和尚岛西港区、和尚岛东港区、大孤山西港区、大孤山南港区、鲇鱼湾港区、大窑湾港区、旅顺新港港区、长兴岛公共港区、登沙河港区、三十里堡港区、松木岛港区、庄河港、皮口港)、锦州港口区(包括锦州港本港、龙栖湾港区)、营口港口区(包括鲅鱼圈港区、仙人岛港区)、盘锦港口区(包括荣兴港区、三道沟港区)、葫芦岛港口区(包括柳条沟港区、北港港区、绥中港区、兴城港区)。

近海渔业资源利用和养护区 6 个：辽宁黄海渔业区、浮渡河口渔业区、辽东湾顶渔业区、辽东湾西部渔业区、海洋岛红石渔港、大长山四块石渔港。

近海矿产与海水资源利用区 3 个：李家礁海域海砂资源区、葵花油气区、JZ93 油田。

近海旅游区 1 个：长山群岛旅游区。

近海海洋保护区 6 个：石城岛黑脸琵鹭珍稀生物物种区、海王九岛典型地质遗迹区、大连长山列岛海洋重要生态系统区、大连长海海洋重要生态系统区、大连三山岛海珍品珍稀生物物种区、大连斑海豹珍稀生物物种区。

近海保留区 9 个：长海乌蟒岛保留区、海洋岛保留区、长海獐子乡保留区、长海塞里岛保留区、大长山北部保留区、大连南部保留区、辽东湾东部保留区、兴城海域保留区、绥中外海保留区。

（四）"十二五"海洋经济发展重点

1. 建设海洋精品渔业基地

坚持科学发展观，按照经济循环型、资源节约型、环境友好型的发展理念，以渔业增效、渔民增收和渔业可持续发展为目标，深化渔业经济结构调整，切实转变渔业发展方式，促进渔业产业优化升级，着力提高渔业现代化水平，实现传统渔业由资源管理型向现代渔业转变。

海洋捕捞业。严格执行海洋伏季休渔制度，扎实推进近海渔民减船转产转业工作，控制近海捕捞强度，强化渔船管理。加快捕捞作业结构调整，推广节能渔船和选择性渔具渔法，减少幼鱼、低值渔获物的比例，促进近海渔业资源的合理利用。同时，大力发展远洋渔业和过洋性渔业，实施"走出去"战略，提高公海大洋性捕捞生产比重，不断提高远洋渔业组织化水平和国际竞争力。

海水增养殖业。大力推动海水增养殖业向优质、健康、高效、生态、集约化方向发展。充分挖掘从沿岸滩涂到 30 米等深线浅海渔业资源，全力推广各种黄渤海优势优质品种的浅海浮筏式养殖、深水大网箱养殖、底播增殖、滩涂增养殖以及陆地工厂化养殖，组织实施生态、健康养殖的标准化生产；

进一步加大养殖品种结构调整力度，继续增加优质高效养殖品种比例，不断提高养殖生产经济效益，建设一批无公害养殖基地和水产品出口原料基地；继续推进无公害产地认证及产品认可工作。实施"一村一品"战略，发挥各地区位及资源优势，打造品牌渔业。

水产品加工和流通业。重点发展水产品精深加工业，提高产品附加值水平，挖掘海洋资源潜力，发展合成产品、海洋医药、功能保健产品及美容产品。实施品牌战略，培育一批具有自主品牌的国家级、省级品牌产品和拥有著名商标、有机食品标志、绿色食品标志、无公害食品标志的水产品。提高冷藏、配送能力，推广保鲜、集装箱保鲜、气体置换包装保鲜和冻结保鲜等新技术。进一步发展水产品来料加工业，推动建设国家级水产品加工示范基地，推进水产加工产业集聚。重点培育若干个辐射带动能力大、产业关联度高、市场开拓能力强的渔业龙头企业。推进基地与市场对接互动，培育区域性水产品物流配送中心，鼓励多种形式的产品营销，加快建设水产品流通绿色通道，构建高效的现代水产品流通网络。

休闲渔业。充分发挥地域资源优势，注重体现海洋文化和地方特色，创新经营模式，集中各种社会资源开发建设一批集养殖、观赏、垂钓、餐饮、旅游、住宿和疗养等为一体的综合休闲渔业景区，逐步形成产业规模。加强技术培训，提高从业人员素质。开发过程中坚持保护生态环境与休闲渔业开发协调一致。

海洋牧场工程。对黄渤海海域进行整体长远规划,在近岸较深海域投放以增殖底栖和近底层鱼类为主的人工鱼礁,在适合网箱养鱼的近岸或内湾水域投放人工藻礁,在旅游城市近岸海域建设音响驯化型海洋牧场,最终在全省周边海域形成布局合理的海洋大牧场。积极探索海洋牧场建设的新技术、新模式,加快建设完善大连地区长山群岛海洋生态经济区和辽西海域海洋牧场示范区,结合各海域自然条件,统筹规划,科学布局,在沿海地区全面推广海洋牧场建设。以长海县域得天独厚的群岛资源优势为基础,重点营造集养殖、垂钓、观赏、休闲、旅游、度假、疗养、行业会展、商务洽谈、高端论坛等为一体的全方位、立体式、多功能、综合性的海洋空间区域,为国家海洋经济发展和全国海岛县的开发建设作出示范性贡献。同时,积极开发先进的生态优化技术、水产生物苗种增殖放流及跟踪技术、苗种培育及选优等技术,改善沿海海域生态环境,为海洋牧场建设提供科技支持。

专栏1:海洋精品渔业基地规划项目

(1)海洋渔业资源增殖设施建设项目。规划投资21 000万元。包括:① 营口市资源增殖设施建设项目。洄游鱼类种苗生产能力5 000万尾,以促进渤海渔业资源恢复;② 大连市资源增殖科研设施建设项目。包括放流容纳量估算、放流效果评估、环境养护修复研究。

(2)海洋生物种质资源保护与利用平台建设项目。规划投资6 000万元。建设海洋生物种质资源库、海洋生物种质利用技术创新中心。提升原良种生产和管理能力,提供资源增殖和恢复的健康

种苗。

(3)海洋微藻工程化养殖技术示范与推广项目。规划投资1 000万元。规划建立10 000平方米工厂化养殖微藻的装备生产基地,包括设备制造车间、生产中心、实验室等。

2. 建设海洋工程装备制造基地

充分发挥修船造船的传统优势,提高船舶配套和海洋工程装备制造水平。重点突破半潜式钻井平台、FPSO、铺管起重船、大型原油运输船(VLCC)、万箱级以上集装箱船、液化天然气(LNG)船等高技术、高附加值装备的核心技术,增强海洋工程装备自主设计创新能力。制造业实力雄厚的工业园区和各类经济技术开发区,要积极通过大型项目组团带动,提高产业集中度,实现产业体系结构优化升级。坚持绿色、低碳、环保理念,合理引导企业兼并重组,着力发展拥有国际知名品牌核心竞争力的大中型企业,提升小企业专业化分工协作水平。依托环渤海地区与日、韩造船强国金三角的区位与资源综合优势,重点打造大连、葫芦岛、丹东、盘营四大装备制造基地,在错位竞争、均衡发展的格局下,高标准、高规格布局一批船舶修造、海洋工程装备制造及配套项目,加快建设配套产业园区,打造规模化、差异化产业集群。

依托盘锦丰富的油气、岸线、港口资源及石油装备产业基础,在海洋石油钻井平台、钻井机械、采油设备等领域发展海洋工程装备产业,"十二五"期间规划投资10 000万元,打造盘锦千亿元规模海洋工程装备产业集群。

3. 建设东北亚航运基地

围绕大连东北亚国际航运中心建设，积极推进港口资源整合，优化港口资源配置，完善港口布局，重点开发建设丹东港海洋红、锦州港龙栖湾、葫芦岛港绥中和盘锦港荣兴等新开发港区，形成以大连、营口港为主要港口，锦州、丹东、盘锦和葫芦岛港为地区性重要港口的发展格局，打造层次分明、结构优化、区域分工合作、优势互补的港口集群，到"十二五"期末，在大连港、营口港吞吐量已分别突破 3 亿吨和 2 亿吨的基础上，力争再有 4 个港口吞吐量突破亿吨，总量达到 11 亿吨。

大连港：按照国际第四代港口建设模式，全面推进大连港口现代化建设。规划建设项目 68 个，重点建设长兴岛公共港区航道二期工程，长兴岛葫芦山湾内湾航道工程，太平湾港航道工程，旅顺双岛湾航道工程，长兴岛 30 万吨级原油码头工程，长兴岛恒力石化项目配套散杂货码头和石油化工码头工程，长兴岛北港区光汇油品及液体散货码头工程，大窑湾二期、三期集装箱码头工程，大窑湾北岸集装箱码头工程，太平湾港起步工程等。长兴岛港区开发建设 30 万吨以上浮修船坞 3 座，20 万吨级和 15 万吨级浮修船坞和海洋平台各 1 座。

营口港：规划建设项目 15 个，重点建设鲅鱼圈港区 25 万吨级航道工程，鲅鱼圈港区钢杂泊位工程，鲅鱼圈港区 A 港池煤炭专用泊位工程，仙人岛港区 2♯30 万吨级原油泊位工程和成品油及液体化工品泊位工程等。

锦州港：规划建设项目 12 个，重点建设锦州港 15 万吨级航道工程，龙栖湾港区防波堤一期工程，龙栖湾港区航道工程，四港池煤炭专业化泊位工程，三港池煤炭专业化泊位工程，龙栖湾港区码头泊位工程等。

丹东港：规划建设项目 26 个，重点建设丹东港 5—10 万吨级出海航道整治工程，海洋红港区航道工程，海洋红港区东防波堤工程，大东港区 20 万吨级矿石泊位工程，大东港通用、油品和集装箱泊位工程，海洋红港区矿石码头工程，海洋红港区多用途码头工程等。

葫芦岛港：规划建设项目 8 个，重点建设绥中煤炭码头公共防波堤工程、绥中煤炭码头 10 万吨级航道工程、绥中煤炭码头工程、绥中通用泊位工程和柳条沟港区 6♯—13♯散杂泊位工程等。

盘锦港：规划建设项目 11 个，重点建设荣兴港区 5 万吨级航道工程及 10 万吨级航道升级工程，荣兴港区防波堤工程，5 万吨级及 10 万吨级散杂货和油品码头工程等。

在加快港口建设的同时，大力发展现代化运输船队。加快调整船舶结构，重点开发和发展节能、高效的集装箱运输船，鼓励发展大动力、高效益的运输船舶，促进船舶向大型化、专业化、智能化方向发展，提高海运队伍整体素质。进一步培育集装箱干线航线，努力开辟新的远洋国际航线，加强海上通道建设。沿海国内客运以发展客货滚装运输为主，适当发展高速客轮和双体客轮，在滨海旅游区发展新型旅游船。加快省内海运业的优势整合，大力发展沿海运输、远洋运输，积极推动其他国内外海运企业之间的强强联合。推进航运企业的重组和改造，鼓励企业向集团化、规模化方向发展，树立品牌意识；促进中小航运企业采用信息技术，提高专业化和组织管理水平，节约能源消耗，降低运营成本，逐步增强行业竞争能力。

4. 建设滨海旅游度假基地

突出海滨风光、历史文化和海洋特色，进一步开发符合现代旅游需求的生态旅游、休闲度假、商务会展、工业参观和文化、探险、游船、渔村、渔业等特色旅游。实施旅游精品战略，提升滨海休闲度假、滨海文化体验、滨海生态观光三大主导旅游功能，逐步建成具有较强竞争力的国际、国内著名滨海旅游带。依托滨海大道建设，打造东北亚旅游黄金海岸带。加大沿海旅游资源的整合力度，强化滨海大旅游观念，在资源开发、设施配套、市场开拓等方面打破地区壁垒，加强联合与协作，实现滨海城市群无障碍旅游，推进滨海旅游业转型升级，打造具有地域特色的东北亚黄金旅游线路。

结合沿海地区特色，重点开发一批具有国家级、世界级水平的旅游精品。大连要以市区海岸为中心，以旅顺口、金石滩为两翼，提高原有景观的吸引力，并可利用沿海可供开发的岛礁、海湾、海上形成的海陆相结合景观群及度假带，形成一定数量的新的大型人文景观，同时开发长海县的旅游资源，建设海上观光活动、避暑、度假胜地。另外，搞好大连市区旅游建设设施，努力把大连建设成集游览、度假、娱乐、购物、会议、展览六位一体的全国乃至国际旅游名城。丹东要发挥山、江、海风光和边境城市风情的优势，以鸭绿江、凤凰山、青山沟等国家级和大孤山、天华山等省级风景名胜区为重点，突出边境、山水、生态、民俗风情等特色，开发以甲午海战和抗美援朝两大历史主题为主要内容的爱国主义教育系列旅游产品，加快东港大鹿岛甲午海战纪念馆等项目建设。营口进一步完善西部滨海（河）旅游带、中部特色旅游带、东部山岳旅游带"三带"旅游区功能，依托营口开发区和鲅鱼圈港进一步开发月亮湖景区、盖州赤山旅游区等项目。盘锦要发挥生态湿地的优势，充分利用丹顶鹤生活繁殖的最南地段及世界最大黑嘴鸥繁殖基地进行深层开发，重点建设红海滩、苇海观鹤、踏浪金滩等景区和滨海休闲、苇海休闲基地，加快鼎翔苇海生态旅游等项目建设，推出以观赏特色自然风光为主的新、奇、特旅游线路，建设成北国湿地休闲之都。葫芦岛要突出秦汉、辽、明、清和近现代战争的历史文化内涵，发挥海滨温泉优势，重点建设兴城旅游区、龙湾海滨旅游区，开发九门口、碣石宫、连山圣水池等旅游品牌，加快觉华岛旅游开发区等项目建设和绥中万家碣石度假区、九门口长城景区配套设施建设。锦州以医巫闾山、北镇庙申报世界自然文化遗产和辽沈战役纪念馆改造为契机，形成海、山、寺、馆为景点的"锦绣之州"，加快笔架山旅游开发区等项目建设，打造"辽西走廊"黄金旅游线。

"十二五"期间，规划建设长山群岛省级旅游避暑度假区。规划实施期间，海岛旅游收入将以每年 20% 至 30% 的速度递增。到 2030 年，旅游业将后来居上，产值突破 200 亿元，相当于再造 5 个长海县；大连海昌集团在未来 8 年将投资 15 亿美元，重点实施旅游项目综合开发；大连机场集团将对长海现有机场进行扩建，通过引桥向海延伸跑道，以满足波音 737 型飞机起降。

5. 建设海洋新能源基地

充分利用海洋资源，加快建立低碳新型海洋经济体系。依托现有海上风电项目，发挥自然条件优势，响应国家节能减排的大政方针，坚持自主开发、技术引进和科技创新相结合，采取政府引导、多元投资的方式，搞好技术开发和基础设施配套，加速海上风电的开发和布局，以此为模式，加快推进一批重大海上风电及其他海洋再生能源基地建设。凭借丹东海洋红风力发电场和大鹿岛风力发电场的良好基础，充分挖掘丰富风能资源，构筑丹东海上风电基地，提高产业集中度，扩大规模效应和示范效应。依托葫芦岛兴城台子里发电场，充分利用沿海风能资源，建设葫芦岛海洋再生能源业基地。重点建设大连近海及海岛风电项目，用风电推动盐化工业。在有条件的地方，加大开发利用海洋潮汐能力度，力争获得新突破。

6. 建设海洋生物医药基地

活用全球低碳经济倡导机遇，加快发展海洋生物医药产业。加大海洋生物技术人才的引进和培养，加速产学研一体化进程，利用现有海洋科技研发资源及产业化资源优势，加快海洋科技资源整合和移动，建立产学研联盟，研制具有自主知识产权、高附加值、市场前景好的新型海洋医药、保健型和功能型海洋食品及具有特殊功能的海洋生物化妆品等海洋产品。重点建设大连海洋生物医药基地，形成以海洋生物工程、海洋功能保健食品、海洋生物制药、海洋生化制品、海洋环境污染修复技术及产品为主的产业格局，把大连建设成为国家海洋生物制药产业化基地，吸引配套企业、服务企业的集聚，形成产业集群，拉动沿海各区域海洋生物医药产业快速发展。

"十二五"期间，规划进行海洋高效低毒药物开发技术。借助现代生物医药高新技术，重点开发抗肿瘤、抗感染、神经系统和心血管系统的治疗药物；开工建设海洋生物药品(海龙、海燕)新厂，年产量 1.5 亿粒，产值 5 000 万；建设海洋生物保健品龙颜补肾液(牡蛎胶囊、褐藻孢子胶囊)新厂，年产量 0.5 亿粒，产值 700 万；建设生产诱抗性海洋生物农药、有机肥料厂，实现年产 112 吨海洋生物农药、有机肥料、有机碘生产线。规划总投资 16 000 万元。

7. 建设海水综合利用基地

针对我省淡水资源不足的现状，把海水利用作为综合性产业来抓。重点发展海水直接利用、海水淡化、海水利用技术和装备制造、海水化学资源综合利用等海水利用比较优势的领域。扩大海水利用范围和规模，发展海水利用装备制造业，加强淡化海水后浓海水的循环利用，逐步实现海水利用、设备制造和技术创新相互促进的海水利用发展新模式。重点建设大连海水综合利用示范区、沿海产业基地海水利用推进区和沿海城镇海水利用推广区等 3 个区域,形成示范带动、技术优势与产业化进程紧密结合的发展格局。实施海水利用"1224 工程",即培育大连海水综合利用技术研发中心;打造葫芦岛海水利用膜技术装备制造基地和大连海水源热泵技术应用和推广示范基地 2 个海水利用装备制造基地;培育大连海水化工产业园和营口海水化工产业园建设;推进海水直接利用重点工程、海水淡化重点工程、海水源热泵技术示范工程生活用海水示范工程等重点项目建设,为我省沿海和海岛经济可持续发展提供水资源保障。

8. 建设海洋石化加工和新材料基地

继续加大海洋油气勘探开发力度,积极发展海洋油气产业,提高油气资源储备和加工能力,逐步形成油气资源综合利用产业群。综合开发利用油气加工废弃物和副产品,延伸油气资源综合利用产业链。加快建设大连国家石油储备基地,保障 30 座、10 万立方米原油储罐建设和竣工投产。推进大连石油储备基地项目第二期工程和锦州石油储备基地建设工程等国家石油储备二期项目建设,建设中石油大连 LNG 接收站,开发建设中海油锦州 25—1 气田。

围绕油气资源,大力发展原油加工、乙烯、合成材料和有机材料,构筑一批精细化工产业群。大连在现有石化基础上,积极推进百万吨乙烯、百万吨化纤原料项目,建设具有世界级规模的千万吨炼油炼化一体化生产基地;盘锦建成我国最大的重交沥青、环烷基润滑油生产基地和我国重要的化肥、聚烯烃、炼化生产基地,加快建设 46 万吨乙

烯扩建项目;营口要在仙人岛建设大型石化产业集聚区;锦州湾建成国家级炼化生产基地和国家石油储备基地。

9. 建设现代海洋服务产业基地

海上导航。依托省海洋气象台,建立海洋气象预警系统和沿海气候资源开发利用及气候变化应对系统。包括建设海洋气象信息集成与共享平台、海洋气象灾害预警系统、海洋天气发布系统、海上重大事件应急响应服务系统等重大海上活动气象服务系统;建立气候资源监测评价系统,实施气候能源开发利用与服务保障工程和沿海生态气候变化应对工程,使海洋气象系统更好地服务于海洋经济的发展。

海难救助。加强海洋安全搜救体系建设,建立全面覆盖港口及邻近沿海水域遇险、搜寻、救助现场的信息采集、处理、传输系统,实现对港口及沿岸重要水域的全面监控。充分利用现有军用和民用船只,配备适宜海上救援作业的拖航船、救护船、打捞船、疏浚船、漏油回收船以及消防船等,组建紧急救援队伍,合理布局搜救网点,完善海上救助通讯网络,采取先进的卫星导航定位系统,强化以直升机、搭载型巡逻艇和各种船只为骨干的海空联合搜救体系建设,提高我省海洋救护能力。

海事鉴定服务。统筹规划协调省海洋环境监测总站、科研机构及相关高校的科研技术力量,建立省内海事鉴定系统,为本省及周边区域的海洋污染、船舶碰撞事故、海水养殖损害、海运货损、海洋工程及设施、船舶评估、海域使用和征用补偿、救助打捞司法及溢油

等引起的海事纠纷成因进行鉴定服务。

海洋环境监测及预警预报服务。完善海洋站、雷达站、海洋观测浮标、遥感等多种观测手段构成的海洋立体实时观测网络。重点做好潮汐、海浪、海温等海洋环境常规预报，风暴潮、海浪、海啸、赤潮等海洋灾害预警报，海上交通运输、渔业生产、海岸工程、滨海旅游度假和海水浴场等海上活动专项海洋预报，以及海上搜救、海洋污染（溢油）等突发性事件的海洋预报等工作。省市县各级预报站和监测站要加强包括数据接收、资料分析和处理、预警报制作和发布等各环节的业务能力建设，要进一步完善预警报信息发布规章制度，不断规范预警报信息发布，把海洋预警信息及时报送有关部门，并及时公布以便采取有效的防范和避让措施。

突发事件应急处置。沿海各区域建立协同式海洋产业突发事件综合应急反应机制，建立专业应急队伍、应急专用设施、设备和器材库，构建突发事件应急处置组织体系。推进省内相关高校和科研院所的科研技术力量与海洋产业联合，加强突发事件应急方法研究和应急预案演练，特别要在高风险企业密集区域提高安全标准和设计要求，建立有效的物理空间隔离设施。完善突发事件损害预测评估分析方法，明确事件发生后，对事件状况评估方案和评估程序，并跟踪研究次生性危害。

"十二五"期间，规划建设省区域性渔港及渔船避风塘，建立水产品全链安全可追溯性管理机制及防线评估体系；研究低温保鲜流通链的科学模式及管家技术。启动我省相关领域的应急对策研究。规划投资 20 000 万元。

10.建设科技兴海示范基地

以我省初具规模、经济效益显著的渔业科技兴海示范基地为先导，继续实施"科技兴海"战略，把"科技兴海"放在海洋开发突出的位置，促进海洋科技与海洋产业的紧密结合，加快海洋高技术向传统海洋产业的渗透，促进传统产业的结构调整，提高传统海洋产业的附加值，增强国际竞争力。示范基地要重点加强对海洋药物技术、海水增养殖技术、食品加工技术、海洋化工技术、海洋生物工程技术等方面的研究与开发，使科研成果尽快转化为生产力，为海洋经济发展注入活力。鼓励和扶持以科技为支撑的重点海洋科技项目发展，搭建高等院校、科研院所、生产企业、金融机构交流合作平台，探索建立"学—研—产—金"科技兴海模式，建立推动新兴产业科技兴海示范基地建设，促进海洋新兴产业发展，提升海洋产业层次，"十二五"期间，海洋新兴产业产值要翻两番。

五、强化海洋资源环境生态保护，确保实现可持续发展

根据《中华人民共和国海洋环境保护法》，切实加强海洋环境保护。根据海洋功能区划制定全省海洋环境保护规划，依据各类海洋功能区的环境保护要求，切实加强沿

海湿地、海岛、海湾、入海河口、重要渔业水域等具有典型性、代表性的海洋生态系统，珍稀、濒危海洋生物的天然集中分布区，具有重要经济价值的海洋生物生存区域及重大科学文化价值的海洋自然历史遗迹和自然景观等的保护。海洋环境监测评价和监督管理工作按照各类海洋功能区的环境保护要求执行。加强对陆源污染物排海、废弃物海上倾倒、海上溢油等污染物的监测与评价，加强全省海洋环境监测体系建设，提高监视和监测水平，满足全省海洋发展和生态建设的需要。推进海洋灾害预警预报体系建设，有效提供海洋防灾减灾服务。

（一）海洋功能区生态环境整治、修复

依据海洋功能区划、海洋环境保护规划，开展功能区资源环境定期调查、监测和评价，掌握功能区运行状况。按照确保海洋功能区安全、健康、稳定运行的目标要求，制订重点海域使用调整计划，逐步开展功能受损区域的近海岸海洋生态及海域综合整治工程，加强自然岸线保护，调整不符合海洋功能区划的海域使用项目，整治受损海岸、海湾、海岛、河口生态系统，加强海洋自然灾害观测、预报与防治体系建设，切实提高海洋功能服务能力。

保护海洋生态。修复近海重要生态功能区，保护典型海洋生态系统，建立和完善各具特色的海洋自然保护区和特别保护区，特别是水生野生动物保护区、重要水生生物种质资源保护区。海洋保护区要做到资金到位、人员到位、责任到位和规章制度到位。

采取多种手段和必要修复措施，逐步恢复已受损或遭到严重破坏的渤海海域以及大连湾等南部海域的海洋生态环境。开展对笔架山、觉华岛、长兴岛、长山列岛、蛇岛等海岛的岛陆、岛基自然形态要素及环岛水域的鲍、贝、参等经济生物、珍稀物种的监控和保护，保持海岛海湾生物的数量和质量。

继续加强大连金石滩滨海度假区、营口海蚀地貌、盘锦红地毯滨海湿地、大连斑海豹、蛇岛、老铁山等国家和省级海洋保护区的建设和管理。规划建设长山列岛、觉华岛海岛型海洋生态示范区及长兴岛海洋开发和保护示范区。积极探索海洋产业持续发展与生态环境保护双赢的机制、方法和措施。

继续实行禁渔区、禁渔期和休渔制度，保护重点渔场资源。加强我省重点渔场、海湾等水生资源繁育区的保护，制定严格的监管措施。加强海珍品增养殖人工设施建设，规范放流增殖活动，扩大放流品种和规模。鼓励开展珍稀海洋生物品种的人工驯养繁殖，拓展渔业发展空间。

专栏2：继续近海渔场环境和生态系统修复工程

1. 浴场环境改造。投石、沉船、预制框架礁，海珍品增殖礁，人工渔礁等，渔礁5处，1.5亿立方米，营造良好的海洋生态环境，改善海洋生物栖繁条件，提高海洋生物资源量；

2. 生态系统修复。在渤海湾建成12万亩龙须菜养殖基地，达到年生产龙须菜鲜品40万吨，琼胶1万吨生产能力。新建或扩建一批海洋与渔业自然保护区；

3. 湿地保护与修复。环辽宁省黄渤海的湿地，

其中包括国家级保护区和国家重要湿地保护,封滩育草,人工辅助自然恢复,围堰蓄水,水通道疏浚,国家层次监测系统建设,油田开发区湿地保护等基本项目;

4. 海水工厂化养殖污水"981"龙须菜生态修复处理项目工程。七处重点工厂化养殖区,污水处理厂,117 500立方米/天,减少污染排放,改善水质。渤海湾污染治理、年污染物削减量3.6万吨。

规划项目建设总投资77 000万元。

(二)海洋污染防治

海洋污染防治必须实行以防为主、防治结合的方针,严格执行海洋功能区划和环境影响评价制度,努力改善海洋环境质量。严格控制陆源污染物排放,实施污染物排放总量控制。严格审批沿岸入海排污口,加强入海排污口及附近海域环境监测,严把工业污水和城市污水排放关,入海污水必须达标排放。妥善处理生活垃圾和工业废渣,严格禁止重金属等有毒物质和难降解污染物排放。强化污染企业的治理力度,利用高新技术改造传统工艺和技术,逐步推行全过程清洁生产。排放不达标的企业限期整改,直至关闭停产。加强沿海地区污染控制,积极发展生态型种养殖。调整沿海工业结构和布局,新建海洋和海岸工程项目必须执行环境影响评价制度和"三同时"制度。

加强海上污染控制,完善技术手段。监测监控海上流动污染源,提高对海上环境安全的应急反应能力和处理水平,减少环境损失。实施新的海上污染物排放标准,船舶油类等污染物力争达到"零排放"。

开展重点海域污染治理。根据国家渤海综合整治和管理规划,加强对锦州湾、大连湾等重点海域的污染治理,恢复海湾生态环境,改善近海海域环境质量。

专栏3:规划新建和续建一批海洋污染治理工程

1. 续建重大污染企业减排治理工程。① 营口造纸厂污水治理项目。设计规模20 000吨/日,物化生化工艺,年削减COD 16 320吨;② 辽宁时代集团印染污水回用项目(营口)。设计规模8 000吨/日,物化法过滤,年削减COD720吨;③ 营口五矿中板工业用水回用项目。设计规模30 000吨/日,年削减COD4 792吨;④ 华锦集团废水处理及回用项目(盘锦)。设计规模50 000吨/日,年削减COD17 338吨,氨氮570吨,总磷57吨,石油类369吨;⑤ 锦州金城造纸厂污水处理工程(锦州)。设计规模30 000吨/日,生化工艺,年削减COD8 213吨;⑥ 华福集团中水回用工程(营口)。设计规模6 000吨/日,物化生化,年削减COD7 336吨;⑦ 绥中电厂废水零排放工程(葫芦岛)。设计规模10 300吨/日,生化工艺,年削减COD 339吨,BOD154.5吨,SS154.5吨;⑧ 葫芦岛锌业股份有限公司西区污水处理站改造工程。设计规模5 000吨/日,化学中和,年削减Zn839吨,Cd120吨,Pb150吨,Hg0.8吨,As788吨。规划投资62 300万元。

2. 新建油气企业油污废气治理工程。① 辽河石化分公司污水处理工程(盘锦)。设计规模30 000吨/日,隔油—浮选—生化,年削减COD10 500吨,氨氮582吨,石油类4 104吨,挥发酚342吨,硫化物126吨;② 辽河冷家油田污水深度处理工程。设计规模15 000吨/日,除油、过滤,年削减COD230吨,石油类16 414吨,悬浮物49 249吨,SIO21 095吨,总硬度438吨;③ 辽河油田曙一区污水深度处理工程(盘锦)。设计规模20 000吨/日,除油、过滤、软化,年削减石油类2 988吨,悬浮物29 988吨;④ 锦州辽宁德营石油化工集团油母页岩油加工项目污水治理工程。设计规模2 400吨/日,生化工艺,年削减COD1 368吨,石油类51.84吨;⑤ 锦州港溢油应急设施建设项目。设计规模2 000吨/日,收集及处理,减少石油类排放;⑥ 中石油锦西石化分公司(葫芦岛)。设计规模10 000吨/日,膜过滤,年削减COD365吨;⑦ 锦西天然气化工有限责任公司中水回用工程(葫芦岛)。设计规模4 545吨/日,化学中和,年削减COD142.5吨,氨氮52.5吨。规划投资46 500万元。

3. 新建渔港污水综合处理工程。① 辽宁大连海洋渔业有限公司污水处理工程(大连)。设计规模6 000吨/日,生化处理,年削减COD354吨;② 辽滨渔港新建污水处理装置及渔港污水排放收集系统。油水分离及污染物处理系统1处,日处理能力50吨,解决辽滨渔港的污水排放、收集、处理等问题;③ 三道沟渔港新建污水处理装置及渔港污水排放收集系统。三道沟渔港油水分离、污染物处理系统1处,日处理能力50吨,解决三道沟渔港的污水排放、收集、处理等问题;④ 二界沟渔港新建污水处理装置及渔港污水排放收集系统。船坞、渔船污染物处理1处,重点渔业乡镇二界沟渔港水域解决二界沟渔港的污水排放、收集、处理等问题,日处理能力50吨;⑤ 凌海国家一级渔港,建业、大有、南凌渔港船排污治理工程。解决渔船产生的洗船水,生活废水及垃圾含油废水对海洋的污染损害,以及油水分离回收配套设备,实现清洁生产,年处理20万吨废水废物。规划投资15 000万元。

(三) 海洋功能区划监督、检查

省级海洋行政主管部门负责监督海洋功能区划的执行情况,要建立行之有效的海域使用管理和海洋环境保护执法监督检查机制,完善海洋功能区划监督检查业务化技术支撑体系,保证海洋功能区划的顺利实施。强化海上执法管理工作,加大对海洋功能区划执行情况的监督检查力度,加大对海洋环境质量监管力度,加大对海域使用、海洋环境保护等违法案件的处罚力度,加快整顿和规范海域使用管理秩序,对于不按海洋功能区划批准和使用海域的,批准文件无效,收回海域使用,对海洋生态环境造成破坏的要采取补救措施,限期进行整治和恢复。完善信访、举报和听证制度,加强海洋功能区划实施过程中的社会监督力度。

(四) 注重海洋生态环境建设

保护海洋资源和生态环境,加大对《中华人民共和国海洋环境保护法》、《中华人民共和国海域使用管理法》等法律法规的宣传力度,并列入普法教育计划。积极贯彻谁污染,谁治理;谁破坏,谁恢复;谁使用,谁补偿的原则,做到在保护中开发,在开发中保护。建立健全沿海地区海洋环境污染监测、监视、预报和预警系统,定期评价海洋污染源和海洋环境污染情况,加强重点海域污染监测力度。严格执行海洋开发环境审批制度,加强海洋工程建设项目环境评估,对新开工的涉海项目首先要考虑论证海洋环境污染问题。控制陆上污染源,加强陆源污染的综合整治,推行排放许可证、总量控制、限期治理和排污收费等制度,加大污染点源管理力度。

(五) 海洋保护技术支撑

以海域动态监测系统为平台,建立海域使用和海洋环境监测预报体系,提高海域使用和海洋环境的实时监测预报能力;建立功能区质量运行保障体系,保障功能区的健康运行;建立全省管辖海域的各级海洋功能区划管理和海洋环境质量管理信息系统,推进功能区划服务和管理的现代化。加强海洋调查、监测、管理、服务等应用技术的研究与开发,加强涉海工程项目特别是重大项目的海域使用论证和海洋环境影响评价,不断完善海洋功能区划和海洋环境保护与管理的技术支撑体系。

"十二五"期间,继续加强渤海大型水母灾害预报预警体系、水母灾害监视船、预警实验室、预报网络系统建设,及时掌握灾害发生动向,及早预报,减少灾害的损失,早期预警率达80%以上,规划投资8 000万元。开始海洋生态环境监测及防疫体系建设,建设海洋与渔业环境监测网络、水产品质量监督检验、赤潮监测预警与应急响应体系、水生动物防疫检疫综合实验室。规划投资6 000万元。

(六) 海域使用管理

严格实行海洋功能区划制度,养殖、盐业、交通、旅游、矿产等行业规划涉及海域使用的,应当符合海洋功能区划。沿海土地利用总体规划、城市规划、港口规划涉及海域使用的,应当与海洋功能区划相衔接。审批项目用海,必须以海洋功能区划为依据,以促进经济和社会协调发展,保护和改善生态

环境,维护功能区健康运行,保障国防安全和海上交通安全为原则。海域使用项目应当符合海洋功能区划,海域使用论证报告书应当从功能区海域使用方式、类型与空间要求、环境保护要求、维护功能区健康运行等方面明确项目选址是否符合海洋功能区划。鼓励非功能类型用海项目与海洋功能区的兼容发展,对于与海洋功能区划有冲突的应对其进行调整或重新选址。涉及公共利益、国防安全、交通航运安全、海洋能源(包括再生能源)及生态安全的用海,应在不影响功能区划、海域使用管理与环境保护要求的条件下优先保障。

加强岸线、滩涂保护。开展海岸调查评价,制定合理利用岸线和保护岸线资源规划。深水岸线优先保证港口建设需要。严禁非法炸礁、非法采砂。距海岸线12海里以内的海域限制采砂,军事用海区、海底电缆管道保护范围、航道、锚地、船舶定线制海区和重要海洋生物产卵场、索饵场及栖息场地严禁采砂。预防和控制海岸侵蚀、海水倒灌,保护原生海岸生态系统。加强对海岸自然、人文景观的保护。填海造地和围垦滩涂必须经过严格的科学论证,依法审批,并实施工程后评估制度。任何擅自开工建设的行为,都要追究法律责任。确保盐田面积,保护盐业资源。

六、保 障 措 施

(一) 完善海洋经济管理体制与机制

定期举行全省海洋经济工作会议,协调

解决产业和区域之间经济发展和资源环境保护的重大问题;构建海洋经济政策调研机

制,研究海洋经济发展面临的新形势和新问题,及时做出评估,为全省海洋经济发展重要决策提供科学依据。"十二五"期间,规划进行新一轮近海海洋综合调查与评价工作,全面更新近海基础数据,进一步查清海洋资源的现状,建立近海海洋资源环境信息数据库,建立海洋资源环境信息查询系统及综合管理决策支持系统。规划投资5 000万元。

(二)健全海洋经济科技创新体系

推进科技兴海,建立健全充满活力的科技创新体系。完善引进、培养科技人才机制,加快海洋科研机构和大专院校涉海专业建设,加速培养海洋科技开发人才和中高级科技应用人才;创新海洋高新技术,围绕海水增养殖、海水综合利用、海洋精细化工、船舶制造技术、海洋生物工程、海洋生态技术、海洋病害防治等重点领域研究攻关,突破一批产业化关键技术,搞好技术储备,增强海洋产业竞争力;推进产学研一体化,鼓励有条件的海洋企业,加大同相关科研院所的交流和合作,掌握国内外先进海洋科技技术,大力开展科技攻关和应用,提高科技对海洋经济增长的支撑作用。

(三)加大对发展海洋经济的投入

加大对发展海洋经济的支持,海域使用金按比例用于发展海洋经济,扶持引导重大海洋项目建设和产业开发;进一步引入市场机制,健全多元化投入机制,形成以国家和省市级资金引导、多种经济成份、多种经营方式、多种经营渠道并进的投资主体多元化、资金来源多渠道、经营主体多形式,能调动多方面投资海洋开发建设的新机制。运用股份制和股份合作制方式,支持企业通过股票上市直接融资,引导和鼓励广大渔民增加生产投入,使其成为海洋经济发展的主体;加强外引内联,吸引海外资金开发海洋产业,鼓励国内企业参与海洋开发,建立多种形式的生产开发基地。

(四)加大海洋执法监察力度

按照统一领导、分级管理的原则,健全涉海执法管理机构。加大执法检查力度和个案处罚力度,加大日常执法检查频率,扩大执法覆盖面,强化海上联合执法管理,要按照国家海洋局的统一部署,由单一的海洋资源管理执法逐步转向与海洋环境保护执法两者并重。加强海洋执法能力建设,进一步加强对执法人员的培训和教育,建设一支具有较高政治素质和较强保障能力的海洋执法队伍。各级海监部门要把装备建设列入重要的日程,积极争取国家和省对执法装备配备、执法经费的投入资金,逐步改善海监装备质量,建立完善装备使用管理制度,确保各项海洋法律法规的贯彻实施。"十二五"期间,规划投资16 000万元,建设省渔业安全生产通信指挥系统,增添和改善执法装备。

(五)提升公民海洋价值意识

提升海洋文化理念,调整海洋价值观,科学定位人与海洋的关系。树立海洋事业的科学发展观,重建人与海洋之间的平等关系,尊重和爱护海洋,确立科学的海洋价值观念,培养树立海洋国土观、海洋文化观、海洋生态伦理观、海洋可持续发展观、海洋资源观。提升公民海洋意识,强化海洋意识的培养,扎实开展地球日、海洋日、世界环境日等活动,充分利用新闻媒体、专题研讨会、学术报告会、技术培训会、市民体验和群众喜闻乐见的活动,宣传发展和保护海洋对人类的战略意义,树立科学开发和系统保护海洋资源的观念。

(六) 强化规划的组织实施与评估

沿海各市、县要按照全省的工作规划及部署,制订和实施本市、县海洋经济发展规划,有效推动和积极配合规划各项工作的开展。

建立规划中期评估制度,组织有关部门及专家对规划执行期间规划内容实施情况提出中期评估报告。根据评估结果对规划纲要进行调整修订。对实际运行情况明显偏离并难以完成的规划指标,省海洋渔业厅应及时提出修订方案,报请省政府审议批准实施。

建立定期公告制度。对规划实施进度情况,定期通报各级政府、各相关部门并向社会公告,接受社会对规划实施力度和完成情况的监督。

河北省海洋经济发展
"十二五"规划

海洋经济是国民经济新的增长点。加快发展海洋经济,是我省拓展发展空间、提升区域竞争力、实现富民强省目标的重大战略部署。根据党的十七届五中全会、省委七届六次全会精神和《河北省国民经济和社会发展十二五规划纲要》,为提高我省海洋开发利用和综合管理能力,实现陆海统筹发展,特制定本规划。

一、发 展 基 础

(一)"十一五"发展成效

"十一五"时期是我省海洋经济发展的重要时期,省委省政府把加快发展海洋经济作为"建设沿海经济社会发展强省"、"打造沿海经济隆起带"的重要举措,创新海洋经济发展思路,优化海洋产业结构,加快海洋基础设施建设,加强海洋资源与生态环境的保护管理,有力地促进了我省海洋经济又好又快发展,为应对国际金融危机、保持全省经济平稳较快发展提供了有力支撑,为"十二五"时期我省海洋经济加快发展和跨越发展奠定了坚实基础。

海洋经济综合实力不断增强。海洋经济总体规模不断扩大,与先进省份的相对差距进一步缩小。2010年,全省海洋生产总值达到1 100亿元,年均增长22.1%(现价)。海洋生产总值占全省GDP的比重达到5.45%,比2005年提高1.41个百分点。全省涉海从业人员达到98万人,占全省从业人员比重达到2.6%,比2005年提高0.4个百分点。沿海11县(市、区)经济发展水平跨入全省先进行列,实现地区生产总值2 184亿元,年均增长率达到21.4%。

海洋开发区域布局日趋合理。"十一五"期间,我省按照"以港建区、以区促港,以港兴城、以港兴市"的发展思路,以港口为依托,加快工业向沿海转移,秦皇岛、唐山、沧州三市的临港经济技术开发区得到快速发展,以沧州临港化工业、唐山临港重化工业、秦皇岛滨海旅游业为特色的区域经济布局逐步形成。曹妃甸国家级循环经济示范区和沧州渤海新区建设加快推进，逐步成为我省海洋经济发展的示范区和带动区。

海洋产业体系不断完善。2010年，全省主要海洋产业产值达到548.7亿元，是2005年的2.64倍，年均增长率达到21.4%，海洋交通运输业、滨海旅游业、海洋工程建筑业、海洋渔业、海洋盐业及盐化工业等海洋支柱产业快速发展。海洋经济三次产业结构由2005年的7∶56∶37调整到2010年的4∶54∶42，第三产业比重逐步提高。

海洋基础设施建设快速推进。港口建设取得突破性进展，2010年底，全省沿海港口生产性泊位达到116个，比2005年增加36个；万吨级以上泊位达到97个，所占比例达到83.6%，比2005年上升1个百分点；煤炭、矿石、原油、集装箱等专业化泊位达到51个，设计通过能力达到40 745万吨/30万TEU。完成货物吞吐量6亿吨，比2005年翻一番。疏港交通体系初步形成，大秦铁路、朔黄铁路逐步扩能，迁曹铁路建成通车，沿海高速、唐曹高速、津汕高速、保沧高速等陆续建设并运营，全省港口集疏运能力大幅提高，港口辐射范围进一步拓展。

海洋综合管理迈出新步伐。《河北省海域使用管理条例》、《河北省海洋功能区划》、《河北省海洋环境保护规划》等海洋管理法规、规划先后颁布实施，海域权属管理制度和海域有偿使用制度稳步推进，海洋资源调查与评价、海域勘界、海籍调查工作基本完成，"海盾"、"碧海"和"养殖用海"等专项执法行动取得实效，全省海洋管理基本实现了法制化、制度化、规范化。海洋环境保护工作力度不断加大，省及沿海三市海洋环境监测机构逐步健全，海洋环境监测及海洋灾害预警预报能力稳步增强。自然保护区建设和海洋灾害防治工作力度不断加大，海洋生态环境恶化的趋势得到遏制。

（二）面临机遇

21世纪是海洋的世纪，海洋经济作为新型经济形态，不断引领着科技创新的前沿，促进着经济社会发展。纵观国际国内形势，我省海洋经济发展面临着难得的历史机遇。

从国际形势看，经济全球化、东北亚一体化深入发展，国际产业转移和技术扩散日益加快，为我省聚集利用国际生产要素、加快海洋经济发展提供了广阔空间。从国内形势看，环渤海地区加速崛起，京津冀一体化稳步推进，河北省沿海地区发展规划上升为国家战略，为我省海洋经济发展创造了有利条件。从政策环境看，党和国家高度重视海洋开发，全国国民经济和社会发展"十二五"规划纲要明确提出"坚持陆海统筹、制定和实施海洋发展战略"，为我省海洋经济发展指明了方向。从发展阶段看，我省正处于加快转变经济发展方式的关键时期，培育壮大海洋优势产业、加快海洋经济发展是我省优化调整产业结构的重要内容。从发展主体看，在省委省政府的正确领导下，7 000万河北人民正逐步摆脱内陆意识、树立起沿海开放的眼界和思维，凝铸成实现海洋经济大发展、大跨越的强劲动力。

（三）存在问题

我省海洋经济起步较晚，海洋经济总量占全省 GDP 的比重明显偏低，与沿海省地位不相适应。一是海洋资源开发利用水平有待提高。土地和空间资源、岸线和港址资源、海水和海洋生物资源等有重要开发价值的战略资源，尚未得到充分开发利用，全省海域使用率 23%，开发强度不平衡，过度开发与粗放利用现象并存。二是现代海洋产业发展滞后。我省海洋产业仍过度依赖海洋资源本身的直接开发，技术含量低、产业链条短，海洋化工、海水综合利用、海洋生物制药等现代产业尚未形成规模。三是海洋生态环境问题仍较突出。淡水资源超采、海洋生物资源衰退、滨海湿地退化，海岸侵蚀、海水入侵日趋严重，赤潮、风暴潮等灾害时有发生。四是海洋科技支撑能力较弱。海洋科技研发投入不足，科技人才匮乏，创新能力亟待提高。五是海洋经济管理有待加强。海洋经济综合管理关系尚未完全理顺，行业、部门、区域之间的协调联动机制尚未有效形成。

（四）战略意义

制定和实施海洋经济发展规划，加快海洋经济发展，是增强我省综合经济实力、保持国民经济平稳较快发展的重大举措，有利于促进我省加快转变经济发展方式，培育新型战略性产业，进一步调整和优化经济结构；有利于进一步完善区域经济布局，推动沿海地区率先发展，打造沿海经济隆起带；有利于推进海洋资源科学开发利用，改善海洋生态环境，促进海洋经济可持续发展；有利于扩大对外开发，充分利用国际国内两种资源、两个市场，拓展国民经济发展空间；有利于探索海洋经济发展新模式，创新海洋开发体制机制，为我国海洋经济发展提供宝贵经验。

（五）发展优势

河北省地处环渤海核心地带，拥有大陆海岸线 487 公里，管辖海域 7 000 多平方公里，海洋经济发展优势明显、潜力巨大。

资源优势突出。全省沿海地区有近 15 万公顷滩涂和盐碱地，为沿海工业布局和临港产业发展提供了基础条件。曹妃甸港址拥有深水岸线 44.5 公里，其中可建 25 万吨级超深水泊位岸线 8 公里，是我国北方最优越的深水港址，具备建设北方航运中心的条件。盐田面积 8 万公顷，晒盐条件与可开发利用盐田面积在全国具有明显优势，为我省海盐及盐化工业发展奠定了基础。近海石油探明储量 8.4 亿吨、天然气 97.1 亿立方米，居渤海地区首位，为我省海洋油气开采业及石化工业发展提供了资源条件。滨海旅游资源丰富、品质独特，具备发展滨海旅游的良好条件。

区位优势独特。我省沿海地区毗邻京津、连接三北，海洋经济发展市场广阔，是华北和西北重要的入海通道。环渤海地区是我国与国际市场的重要连接点，正逐步成为我国开放开发格局中的"第三引擎"，我省在承接国际产业转移方面具有独特优势。

产业优势明显。滨海旅游、煤炭能源输

出、海盐及盐化工、特色海水养殖等海洋产业在全国具有重要影响。唐山曹妃甸新区和沧州渤海新区强势崛起，海洋经济区域增长极加速形成，海洋经济发展后劲十足。

二、总体要求与发展目标

（一）指导思想

以邓小平理论和"三个代表"重要思想为指导，深入贯彻落实科学发展观，以科学发展为主题，以加快转变经济发展方式为主线，以提高我省海洋经济综合实力和区域竞争力为核心，全面优化海洋开发空间布局，着力构建现代海洋产业体系，加快完善海洋基础设施，切实增强科技兴海支撑能力，实施陆海统筹、海陆互动、梯次推进，不断提高海洋开发、控制、综合管理能力，加快打造具有河北特色的海陆一体型经济隆起带，将河北海洋经济区建设成为环渤海经济圈的重要增长极，为沿海强省建设提供重要支撑。

（二）基本原则

陆海统筹、联动发展。注重海洋与陆域联动，构建陆海统筹的港口集疏运、能源保障、水资源保障、防灾减灾等网络，实现海陆产业联动发展、基础设施联动建设、资源要素联动配置、生态环境联动保护，促进生产要素由内陆向沿海转移。

全面推进、重点突破。全面推进和实施海洋发展战略，以曹妃甸新区、沧州渤海新区、北戴河新区等沿海重点开发区为中心，着力发展港口物流、临港工业、滨海旅游业和新兴海洋产业，重点建设一批海洋产业区和海洋项目，加快形成各具特色、优势明显的海洋产业带和海洋经济区。

合理开发、持续发展。坚持经济发展与资源、环境保护并重，科学统筹海洋经济发展规模、速度与资源环境的承载能力，加大海域污染治理和生态保护力度，实现海洋生态系统与经济社会协调发展。坚持科技兴海，促进海洋经济集约发展。

市场主导、创新驱动。探索完善海洋资源配置方式，形成以市场为主导的多元化海洋开发投入模式。坚持体制机制创新，制定涉海部门联合管理海洋事务的合作协调机制，增强海洋经济综合管理和服务能力，促进海洋经济加快发展。

（三）发展目标

"十二五"时期我省海洋经济发展总体目标：海洋经济综合实力显著增强，对全省经济发展的贡献率明显提高；现代海洋产业体系初步建立，海洋产业核心竞争力明显提升；海域及海洋资源利用水平显著提高，海洋经济发展方式明显转变；海洋生态环境明显改善，可持续发展能力不断增强。

具体目标：

海洋经济综合实力显著增强。全省海洋生产总值年均增长18%以上，2015年达到 2 520 亿元(按 2010 年价格计算),占全省生产总值的比重达到 8% 以上,占全国海洋经济的比重持续提高,海洋经济总量实现进位赶超,力争跨入海洋经济大省行列。

现代海洋产业体系初步建立。海洋优势产业带动能力明显增强,海洋新兴产业规模不断壮大。到 2015 年,形成以传统海洋产业、临港产业和海洋新兴产业为支撑的产业发展新格局,主要海洋产业产值力争突破1 300 亿元。海洋三次产业结构持续优化,第三产业所占比重逐步提升。

海洋基础设施和服务能力进一步加强。现代化综合性港口群建设取得明显成效,全省港口生产性泊位达到 165 个,吞吐能力达到 8 亿吨。港城、港区基础设施和配套建设不断完善,连接三大港城的立体交通体系基本形成。海陆基础设施互通共享初步实现,陆海统筹发展迈出重要步伐。海域使用、海洋环境监测、海洋灾害防控、海洋执法、海洋

科技、海洋信息服务等海洋服务支撑体系基本建立,海洋信息化管理水平进一步提高。

海洋生态环境明显改善。海陆生态建设和污染治理取得显著成效,海洋物种资源、环境资源、岸线资源得到有效保护,海洋防灾减灾体系不断健全,重点海洋生态功能区修复取得较大进展,单位 GDP 能耗和主要污染物排放总量持续降低。2015 年,沿海城镇生活污水处理率达到 70% 以上(设区市 90%、县(市)85% 以上),生活垃圾无害化处理率达到 95% 以上,近岸海域水质达到功能区水质标准。

科技兴海取得重要突破。海洋科技创新体系基本形成,研发资金投入占海洋生产总值比重达到 1.5% 以上,海洋技术创新中心和成果转化基地基本建立,力争建成 1 个国家重点实验室,科技对海洋经济的贡献率显著提高。海洋教育加快发展,海洋经济人才支撑能力明显增强,全省沿海地区领军人才达到150 名,力争有 10 人入选国家"千人计划"。

三、区 域 布 局

按照陆海统筹、海陆互动、梯次推进的总体要求,以"区"为区域分工导向,以"带"为产业布局导向,以"核"为企业集聚和重点产业突破导向,构建布局合理、功能明确、竞争有序、科学高效的"三区、三带、三核"海洋经济发展新格局。

(一)优化"三区"

充分利用我省沿海地区发展即将上升

为国家战略的有利契机,加快打造沿海经济隆起带,推动秦皇岛海洋经济区、唐山海洋经济区和沧州海洋经济区的分工协作和对外开放,促进"三区"协调互动、整体崛起。

秦皇岛海洋经济区。充分发挥秦皇岛市的海洋资源优势和人文优势,以滨海旅游业和重大装备制造业为重点,逐步把本区打造成高端重大装备制造基地和现代滨海休闲旅游度假基地。

——海港区依托秦皇岛港,以港口物流为龙头、陆路物流为支撑、以东西两翼空港物流为补充,加快实施"西港东迁"工程,优化岸线布局,完善港口功能,促进港城互动,打造我国北方沿海港口物流集散基地。

——山海关、北戴河、北戴河新区以现代旅游业为重点,着力发展休闲观光、旅游度假、滨海体育、总部经济和文化创意产业,构建滨海高端旅游带,促进旅游由海岸向海上延伸。着力打造北戴河新区,科学布局重大产业项目,加快旅游度假、动漫创意等重大项目实施,打造成精品旅游区域。推进重点区域环境整治与综合开发,创建生态文明示范区。

——秦皇岛经济技术开发区、秦皇岛临港产业聚集区依托秦皇岛港和山船重工,重点发展现代物流、先进装备制造和新能源、新材料、电子信息等产业,打造高端制造基地。

——沿海区域以设施增养殖、休闲渔业为重点,加快发展浅海养殖和水产品加工业。

唐山海洋经济区。充分发挥港口带动作用和油气资源优势,以精品钢铁、新型化工、现代物流为重点,打造精品钢材生产基地、新型化工基地、现代物流、能源生产、现代装备制造基地和旅游度假基地。

——强力推进沿海"四点一带"地区开发,重点围绕重化工业,着力实施重大项目,加快曹妃甸新区、乐亭新区、丰南沿海工业区、芦汉新区和冀东北工业聚集区建设步伐。

——唐山港以曹妃甸港区、京唐港区建设为重点,加快矿石、煤炭、原油、成品油、液化天然气等大型能源、重要原材料接卸码头建设和专业化集装箱泊位、客滚码头建设,打造国际一流的现代化综合大港。

——以乐亭沿海地区为重点,大力发展滨海旅游业。充分利用海湾、海岛、湿地、温泉等旅游资源,建设滨海休闲旅游带,建成国际知名、国内一流的休闲度假旅游目的地。

——沿海县市以浅海滩涂养殖、海水生态健康养殖和临港休闲渔业为重点,积极发展精品渔业。

沧州海洋经济区。充分发挥港口资源、滩涂资源和海盐资源优势,以能源、化工、钢铁和装备制造业为重点,建设电力能源基地、重化工业基地和特色装备制造业基地。

——渤海新区以黄骅港建设为重点,积极发展港口物流,建成以能源、原材料、集装箱运输为主,支撑临海工业发展的区域性物流中心。充分发挥临港优势,海洋化工、石油化工并重,建设海洋化工基地和国家级石化基地。以提档升级为重点,促进钢铁及其精深加工业与装备制造业的协调配套,打造华北地区重要的特色装备制造业基地。

——沿海区域以生态健康养殖、渔业资源增殖养护为重点,大力发展海水增殖养殖业,着力发展水产品精深加工及配套服务业,构建现代渔业体系。

(二)构筑"三带"

坚持开发与保护并重,依据《河北省海

洋功能区划》和《河北省海岸保护与利用规划》,统筹沿海陆域与岸、滩、湾、岛、海等要素资源的开发与保护,根据自然属性、区位条件和开发强度,由陆向海构筑三条开发保护带。

海岸带。从海岸线向陆地 10 公里的带状区域,经济基础较好、开发程度较高、产业较为发达,是发展临港产业的重点区域。充分利用临海临港的区位优势、交通优势和资源优势,推进港口物流、能源、化工、装备制造、冶金及金属压延等产业向高端、高质、高效方向转变。加快各类产业聚集区(园区)功能整合与资源共享,打造产业集群优势,引导全省重大生产力布局向沿海地区集中。

临岸海域。海岸线向海 10 公里的带状区域内,岸线、滩涂、海湾、岛屿资源丰富,是海洋产业发展的重点区域。科学合理利用岸线资源,重点支持港口建设、园区建设和滨海旅游。加强滩涂资源保护和有序开发,重点发展滩涂养殖、滩涂和潮间带风电、休闲观光旅游业。适度开发海岛资源,重点发展海岛旅游、海岛娱乐。浅海海域推行立体开发和综合利用,重点发展海洋渔业、海洋运输、海洋旅游、油气矿产开发和海洋工程建筑等产业。

近岸海域。从海岸线向海 10 公里至向海 12 海里(22.2 公里)之间的带状海域,拥有丰富的海洋渔业、油气、矿产等资源,开发潜力较大。严格控制捕捞强度,压缩近海捕捞量,扩大人工养殖和底播增殖规模,促进近海渔业资源全面恢复。加快海洋油气资源勘察和开采力度,大力发展海洋能源产业。科学发展海上风电,促进海上风电向 10 公里以外海域布局。加强海洋生物、化学资源综合利用,培植新的产业增长点。

(三)突出"三核"

以新区建设和重大项目建设为突破口,科学配置区域生产要素,培育海洋经济增长核心区,带动"三区"经济跨越式发展。

曹妃甸新区。以港口、港区、港城一体化发展为方向,重点发展现代港口物流、精品钢铁、石油化工、装备制造四大主导产业,打造国家级循环经济示范区、先进产业聚集区、东北亚区域合作先导区和新型工业化基地。以建设世界一流的综合性国际大港为目标,加快矿石、原油、集装箱、液化天然气和煤炭为主的专业化、大型化码头和散杂货、液体化工码头建设,继续扩建新港池,提升港口综合运营能力。继续完善路、讯、电、管网等基础设施,建立大型物流区和保税物流区,积极推进曹妃甸保税港区、公共矿石保税仓库建设,提升港口物流服务水平。加快重大项目建设,推动产业向新区聚集。积极开发新能源、新材料,培育壮大战略性新兴产业。科学开发湿地资源和海岛资源,打造国内知名旅游景区和休闲度假胜地。

渤海新区。以建设现代化滨海新城为目标,重点发展港口物流、石油化工、钢铁加工、装备制造和电力能源产业,建设具有较强竞争力的产业聚集区和能源、原材料集散中心。加快大型化、专业化煤炭、矿石、原油、集装箱和通用散杂货及液体化工泊位建设,提升港口航道等级,加快综合性大港建设步伐。完善道路、水利、能源、电力、信息等涉海基础设施，增强海洋经济发展的支撑能力。促进海盐生产与盐化工、石化储运与石化加工、钢铁精深加工与装备制造业之间的产业对接，延长产业链条。构建船舶配套体系，打造华北地区重要修造船基地。加快滨海旅游业、海洋生物医药、海水利用开发和成果转化，培育壮大高成长性的新兴海洋产业。

北戴河新区。以高端旅游、信息技术等产业为重点，建设成为以人文和生态为核心的中国滨海休闲旅游目的地。加强基础设施建设，加大招商引资力度，构建以旅游业为支柱的现代化服务业产业体系。调整优化产业布局，提高生态环境质量，有效保护资源，促进生态系统良性循环，创建国家级生态示范园。

四、产 业 发 展

集聚优势、突出重点、优化结构、统筹发展，以提升海洋主导产业为基础，以打造临港产业集群为重点，以培育海洋新兴产业为方向，推进产业结构提档升级，加快构建现代海洋产业体系。

（一）提升海洋主导产业

1. 做大做强海洋交通运输业

畅通沿海物流通道。完善沿海地区的铁路、公路和机场等基础设施，畅通以唐山港、秦皇岛港为龙头，覆盖唐山、秦皇岛、承德、张家口等市，连接内蒙古、西北、东北等纵深腹地的"冀东物流通道"；畅通以黄骅港为龙头，覆盖沧州、衡水、石家庄、邢台、邯郸等市，连接山西、山东、河南等腹地的"冀中南物流通道"。

壮大港口运输业。三大港口在立足能源运输的基础上，大力发展集装箱、散杂货、原油、铁矿石运输，提升港口运输能力。支持港口运营商与船舶公司、货主、物流公司

合作，加快推进海铁联运、海公联运业务和区域海运支线中转业务。适应现代港口运输发展趋势，组建一批规模化、现代化的港口运输骨干企业，积极发展近海和远洋运输。

提升港口物流业。加快建设物流园区、物流中心、配送中心等物流节点，大力发展仓储、金融、报关及信息服务等配套服务业，提升港口物流服务能力。整合物流资源，组建大型骨干物流企业集团，促进物流企业规模化、网络化、集约化发展。组织实施物流与制造业联动示范工程，建设物流公共信息平台和大型标准化物流设施，逐步提升物流企业的信息化、标准化、网络化水平。

2. 大力发展滨海旅游业

强力推进重大旅游项目建设。以精品化、品牌化为方向，综合运用科技、文化、创意等手段，加快重点项目、重点区域建设和高端游客市场开发，打造一批特色鲜明、设施配套、内容丰富、品味较高、吸引力强的景

区。重点抓好北戴河国际旅游度假中心、唐山湾国际旅游岛等重大项目建设,打造秦皇岛—唐山湾滨海旅游度假区。

积极创新旅游产品。大力开发旅游新项目和新线路,推动滨海旅游升级。重点开发海上垂钓、海鲜品尝、渔村观光等临港休闲渔业旅游。谋划开发南堡、大清河、长芦盐田风情游,南大港、曹妃甸湿地游,菩提岛、月岛、祥云岛、龙岛等海岛游等生态旅游项目。依托新区建设,重点打造曹妃甸新区、渤海新区的临港工业游。谋划海洋运动休闲项目,积极发展海洋文化演艺、海洋文化博览、海洋数字出版等文化产业,推动滨海旅游业从海岸旅游向内陆腹地和海上旅游延伸,打造河北滨海旅游品牌。

培育壮大旅游企业集团。加大旅游企业整合力度,加快组建一批跨区域、跨行业、跨所有制、竞争力强的大型旅游集团。加强扶持引导,引进一批海内外战略投资者和知名旅游品牌,促进旅游企业规模化、品牌化发展。放手发展中小旅游企业,促进中小旅游企业向"专、精、特"方向发展,构建以大企业集团为龙头、以中小企业为支撑的协调发展格局。

3. 加快发展海洋装备制造业

努力壮大修造船业。按照"造修并重、壮大配套"的思路,加快推进山海关修造船基地和船舶配套产业园建设,开展曹妃甸新区、渤海新区修造船项目前期准备工作,积极打造秦皇岛、唐山、沧州三大修造船基地。重点发展液化天然气船、滚装船、豪华游船、大型散货船、油船、集装箱船舶,加强大型

化、系列化船舶修理设施建设。在发展船舶整体制造的基础上,重点提升船舶动力、舱室设备、船用大型铸锻件等船舶配套部件研发制造水平,提高船舶配套能力。

积极培育海洋工程装备业。适应高效能、现代化发展趋势,加大科技攻关力度,加强大型港口机械、石油钻井平台、核电风电设备、海洋建筑施工设备研发制造,提高海洋装备制造业水平。加快推进重大项目建设,推动海洋工程装备业向规模化、集群化、高端化发展。

提高海洋装备制造业集成度。按照产业链发展要求,提升海洋装备制造业的工程设计、模块制造、配套设备工艺、技术支持水平,培育一批具备较强国际竞争力的专业化制造承包商。鼓励企业自主创新,力争在新型海洋油气开发装备、海洋可再生能源利用装备、海底矿产开发装备等方面有所突破,提升海洋装备制造业整体技术水平。

4. 深化发展海洋盐业及盐化工业

稳定发展盐业生产。盐业生产规模保持相对稳定,加快盐田改造和自动化作业水平,不断提高原盐质量。积极开发高附加值盐产品,在发展日晒优质盐、日晒精盐、粉洗精制盐的基础上,大力发展强化营养盐,实现原盐加工的精细化、系列化。到"十二五"末,原盐生产能力达到 700 万吨左右。

积极发展盐化工业。充分利用原盐资源丰富优势,推进纯碱技改扩能、海水淡化苦卤开发利用、制碱废液回收等产业发展。鼓励发展盐碱联合、碱电联合、氯碱与石油化工结合,积极开发 PVC 和氯、溴、钾、镁盐

产品,加快发展有机硅、多晶硅、硅油等盐化工下游产品,培植盐化工产业新的增长点。支持现有盐化企业加强技术改造,力争实现海盐及盐化工生产过程的零排放。到2015年,盐化工新品种开发达到15个以上,新产品产量达到320万吨。

5. 提升发展现代海洋渔业

发展壮大生态健康型增殖养殖业。着力培育名优高附加值品种,大力发展海水生态健康养殖、浅海滩涂立体化养殖、陆基工厂化养殖,打造一批标准化、规模化、现代化的养殖基地。加大渔业资源修复力度,大力发展藻、贝、鱼、虾等资源增殖,逐步改善渔业资源种群结构和质量。进一步健全水产原良种体系,加强海水主养品种选育攻关和病害防治,建设成规模、上档次的海水养殖良繁基地。

努力构建资源养护型捕捞业。严格控制捕捞强度,促进近海渔业资源休养生息。近海捕捞继续保持"零增长","十二五"末,基本保持在30万吨左右。加强远洋船队建设,增强外海渔业资源获取能力,积极发展远洋渔业。

积极发展多元化休闲渔业。依托滨海和渔区旅游资源,将渔业生产与旅游业有机结合,加快海上游钓公园、渔港、渔庄和观赏鱼养殖基地建设,发展多元化立体式休闲渔业。

加快发展水产品精深加工业。以水产品保鲜、保活和精深加工为重点,重点支持水产品加工企业改造升级,开发高附加值水产食品、海洋保健食品和海洋药物,全面推动水产品精深加工和综合利用。

(二)打造临港产业集群

1. 整合提升临港钢铁产业

推进精品钢生产。与临港装备制造业相配套,积极发展装备用特种钢材,重点发展轿车、造船、高铁、石油管道、桥梁、锅炉、风电、电站、电器用高技术含量钢材,适当发展建筑用钢,打造曹妃甸精品钢、京唐港造船专用钢、黄骅港优特钢三大临港钢铁基地。延伸钢铁产业链,积极发展钢结构、金属制品、精密铸件、机械配件等用钢产业,形成较为完善的产业链条。到"十二五"末,临港钢铁生产能力稳定在3 000万吨左右。

抓好企业技术升级。支持企业研发推广熔融还原、纯净钢冶炼、钢渣综合利用等共性关键技术和先进工艺。立足自身优势,加强内外合作,围绕高端制造业项目,研发独有产品和自有技术。建设1—2个国家工程技术研究中心,开展可循环钢铁新工艺及新材料、新产品研发,增强自主创新能力。到"十二五"末,临港钢铁企业主要技术经济指标达到国内先进水平。

2. 发展壮大临港石化产业

强化项目和园区建设。加强与中石化、中石油、中海油等国家大型石化企业的合作,积极推进地方现有炼化企业改造升级,支持建设大型石化联合装置。重点支持中石化、中石油曹妃甸1 000万吨炼油及100万吨乙烯项目、渤海新区中捷石化1 000万吨炼化一体化项目,渤海新区、乐亭新区煤制醇醚烯烃,渤海新区和曹妃甸新区TDI、

MDI、ADI、已内酰胺、高档润滑油、溶剂油等高端精细化工项目。着力建设沧州临港化工园区、京唐港化工园区、南堡开发区临港产业园区,使石油化工成为区域经济的重要支柱。

积极开发化工新产品。加快发展精细化工原料和石化中间体产品,延伸从炼油、乙烯、丙烯、芳烃等原料产品到化工新材料、橡塑助剂、水泥助剂、合成树脂、合成纤维、合成橡胶、医药中间体等深加工产品的石化产业链条。

加大油气勘探开采力度。加快油气资源勘探步伐,增加油气资源地质探明储量。实施冀东油田、大港油田等油气资源滚动开发,扩大开采规模,稳步提高油气产量。

3. 调整优化临港能源产业

围绕优化能源结构,推动煤炭、电力、石油、天然气等传统能源高效清洁利用和核电、风电、潮汐能等海洋清洁能源开发。渤海新区优先发展风电、适度发展天然气电、加速淘汰小火电。曹妃甸新区重点推进超临界和超超临界大型火电机组建设和天然气资源开发利用,积极开发甲醇汽油、煤制油品等能源新产品。秦皇岛重点谋划抚宁风电、昌黎热电和风电建设项目。乐亭海域重点建设国家级海上百万千瓦风电基地项目。推进沿海电网和配变电站建设,构建多元化的安全、清洁、高效的临海能源产业体系。

(三) 培育海洋新兴产业

1. 积极培育海洋生物产业

加强海洋生物技术研究,重点发展海洋药物、海洋生物制品和海洋生物新材料。加大海洋生物产业投入力度,引进培育一批技术先进的海洋生物企业,谋划建立独具特色的海洋生物科技园,重点研发、推广海洋生物科技,提高海洋生物产业科技水平。推进海洋生物医药关键技术产业化,重点开发抗肿瘤、抗菌、抗病毒和治疗心脑血管病、老年性疾病等海洋药物。综合开发利用藻类、贝类、棘皮类和甲壳类海产品,加快开发海洋保健食品和化妆品。推动海藻蛋白类、多糖类、维生素类活性物质规模化分离、提取、纯化技术研究和产业化,促进海洋生物制品业快速发展。建设海洋经济生物遗传育种中心,运用现代生物技术选育生长速度快、抗病、抗逆性强的优良海水养殖新品种。

2. 加快海水综合利用步伐

加快实施海水淡化工程,推进重点行业海水直接利用、大中型海水淡化和海水化学资源综合利用项目建设。引导临海企业使用海水作为工业冷却水和脱硫水,鼓励沿海城市居民利用海水作为大生活用水,积极发展海水蔬菜种植,支持企业开展海水蔬菜育种、育苗、种植技术研究,建设海水蔬菜种植基地。支持渤海新区和曹妃甸新区海水淡化基地建设,鼓励临海电力生产企业利用余热,进行海水淡化生产。加强盐化工技术研发,重点发展钙盐、镁盐、钾盐和溴素系列产品。到"十二五"末,全省海水淡化能力达到120万吨/日以上。

3. 大力发展现代海洋服务业

加快发展港口现代物流、服务外包、中介服务等现代海洋服务业。加快物流园区建设,推进港口物流标准化、信息化,逐步发展电子交易、期货交易。完善海洋金融保险业,创新金融保险工具,改进服务方式,拓宽涉海企业融资渠道。建立健全海关、检验检疫、税务、金融、交通运输、工商管理等部门的公共管理与信息共享服务平台,扶持发展涉海咨询、涉海会展、涉海广告、海洋气象、海事服务业,提高海洋信息综合服务水平。

五、基础设施建设

坚持优化结构、完善功能、综合配套、适度超前,统筹规划交通、水利、能源、信息、防灾减灾等重大基础设施建设,为全省海洋经济发展提供有力保障。

(一)交通运输设施建设

1. 完善公路网络布局

抓好沿海区域与内陆腹地之间的高速公路网络建设,重点实施邯港、石港、迁曹、沿海高速沧州段、京沪高速沧鲁段、沿海高速秦皇岛机场支线等高速公路项目,形成港口与腹地、沿海与内陆之间的高效便捷高速公路网络。加强国省干线公路建设与升级改造,重点抓好滨海公路、唐海公路、滦海公路、滦曹公路、卢昌快速路等项目建设,实现县城、产业园区、物流中心、重要景区等重要节点之间的便捷连通。

2. 扎实推进铁路网络建设

推进连接沿海区域与内陆腹地之间的高速客运铁路、大能力货运铁路体系建设。重点抓好京—唐—曹、承秦、环渤海(曹妃甸—滨海新区—渤海新区)、渤海新区至沧州等城际铁路建设项目,推进津秦客运专线建设,谋划曹妃甸快速轨道交通、京秦高铁建设项目。加快建设津秦、邯黄、张唐等铁路,改造大秦、朔黄等既有铁路和唐山、秦皇岛、沧州、山海关铁路枢纽,畅通港口后方通道。

3. 大力拓展港口功能

整合港口资源,完善基础设施,建设三个亿吨综合大港。秦皇岛港巩固全国能源运输枢纽港地位,抓好结构调整和西港东迁,积极发展集装箱、杂货运输和旅游客运,加快锚地扩容和15万吨级航道建设。唐山港统筹规划曹妃甸港区和京唐港区建设,适时启动丰南港区建设。曹妃甸港区重点实施煤炭、矿石、液化天然气、原油、集装箱等大型专业化码头扩建工程。京唐港区加快煤炭码头功能调整,重点实施专业化矿石、专业化集装箱、液体化工、通用杂货泊位建设,搞好20万吨级航道疏浚工作。黄骅港着力推进综合大港二期工程建设,重点实施专业化矿石、集装箱、原油、煤炭、液体化工及通用散杂货码头等工程。着力推进口岸开放,完善石家庄、邯郸内陆港功能,加快张家口、承德、保定、廊坊、邢台等内陆港建设。到2015年,沿海港口由能源运输大港向综合性大港转变迈出坚实步伐,港口吞吐能力达到 8 亿吨。

4. 加快推进机场建设

加快北戴河机场建设，提升机场服务水平。推进曹妃甸民用机场和沧州渤海新区机场前期工作，力争尽早开工建设。完善现有航线网络，努力开辟和培育新航线，打造环渤海地区区域性支线航空网络。

（二）水利设施建设

1. 完善城乡供水体系

强化水资源管理，努力拦蓄地表水、控制开采地下水、统筹引调外来水、积极利用海咸水，实现区域多种水资源的合理配置和高效利用。强化农业、工业和城镇节水，建设节水型社会。重点实施引青济秦、南堡供水、乐亭三期供水、曹妃甸工业区供水工程等水资源配置项目，构建沿海县市供水骨干网络。加强微咸水、中水等非常规水利用，鼓励企业进行海水淡化生产，推进海水直接利用。

2. 继续推进防洪防潮工程建设

在新开河、人造河、沙河、大蒲河入海口新建挡潮橡胶坝，在昌黎、乐亭、唐海、黄骅沿海防潮标准不足地段建设海堤 66.45 公里，使防风暴潮标准达到 50 年一遇。加强河道整治、堤防加固和护岸工程建设，增强防洪能力。实施小型水库除险加固工程，通过采取综合加固措施，消除病险，恢复和完善水库功能。

（三）能源设施建设

1. 加快电力优化升级步伐

充分利用港口、铁路运输条件和海水资源，重点建设曹妃甸、乐亭和渤海新区电厂 2×100 万千瓦超超临界发电机组，在新城、重点县城和产业聚集区建设热电联产项目。积极谋划核电项目，严格审查程序，确保核电安全。加快沿海特高压通道和主干电网建设，大力推进城乡电网改造和电网智能化工作。

2. 合理开发利用油气资源

加强资源勘查，加快唐山南堡和渤海湾油气资源开发，稳定冀东油田油气产量。完善原油及成品油储运设施，建设曹妃甸大型原油储备基地，搞好曹妃甸、中捷石化千万吨级炼油项目及配套原油、成品油管道建设，提高成品油商业储备能力。加大天然气管网及储配设施建设，加快与国家天然气干线网络对接，谋划渤海新区、山海关区进口液化天然气项目，重点建设唐山至承德天然气管线，构建区域性天然气流通枢纽和交易中心。

3. 大力发展可再生能源

有序开发滩涂和海上风能，重点推进乐亭、滦南、南堡、黄骅滩涂和海上风电场项目，打造沿海百万千瓦风电基地，到 2015 年，沿海风电装机容量达到 100 万千瓦。积极发展光伏产业，支持发展风、光互补光伏电站建设。积极探索和组织开展潮汐能、波浪能、海流能、地热能等新能源的开发利用。

（四）信息体系建设

1. 完善港口物流信息系统

积极运用自动识别、自动分拣、卫星定位、辅助决策等现代技术，打造电子商务港口。科学整合各类资源,建立覆盖港区、园区和生产流通企业的公共物流信息网络平台,重点支持港口物流信息系统、陆路运输信息系统、物流资源交易系统和公共信息服务平台的互联互通。建立港口物流电子商务平台,完善港口物流信息系统的信息发布、交易匹配等功能,打造交易、金融、监督一体化平台,到"十二五"末基本实现港口物流的信息化。

2. 增强现代信息服务能力

改造现有网络基础设施,加快通信基础设施升级换代步伐。构筑智能化、宽带化、高速化的现代信息网络。加快网络资源整合,积极推进信息化示范工程,建设一体化信息基础设施,实现各类网络资源的集约高效利用。实施"数字港口"、"数字海洋"工程,构建覆盖海陆的三维地球物理信息系统。

(五) 防灾减灾体系建设

1. 健全海洋防灾减灾预报预警体系

利用卫星遥感、航空遥感和地面监视监测等手段,建立健全海洋环境与海洋灾害远程视频会商系统,提高海洋灾害和突发事件快速反应能力。加快省级海洋环境监测中心、省级海洋预报台、市级海洋环境监测站和县级海洋观测点建设,重点抓好北戴河、曹妃甸、唐山湾等重点区域海洋站前期设计和建设。加强科技攻关,开展风暴潮、赤潮等海洋灾害精细化预报的前期调研和方案制订工作。逐步开展以县为基本单元的风暴潮等灾害风险评估和区划工作,动态性完善和修订海洋灾害预案。

2. 构筑海上应急救助体系

重视海上安全生产和船舶应急救助,制定完善船舶溢油事故等海洋污染应急预案,加强船舶溢油事故、化学品泄漏或爆炸事故等监测和救助船艇、救助直升机等现代化救助装备及辅助基础设施建设。建立专业化污染应急清除队伍。强化事故多发区、渔船交通密集区的海上搜救力量,建立健全海事、海洋、渔业和海上搜救力量之间的协调合作与应急及通报制度。

六、资源环境保护

全面落实《渤海碧海行动计划》、《渤海环境保护总体规划》、《河北省海洋功能区划》、《河北省海洋环境保护规划》、《北戴河及关联区域近岸海域污染防治与生态修复实施方案》,坚持陆海统筹、河海统筹,保护与开发并举、污染防治与生态保护并重,加强沿海重点生态功能区的空间管制,完善生态补偿机制,着力构建与海洋经济发展相协调的区域生态网络。

(一) 全面实施海洋生态保护

1. 加强海洋生态保护区建设

开展滨海湿地、河口、海岛等特殊海洋生态系统及其生物多样性调研和保护。加强昌黎黄金海岸自然保护区、北戴河鸟类自然保护区、沧州古贝壳堤保护区以及南大港、海兴、唐海三个省级湿地和鸟类自然保护区、北戴河国家湿地公园（试点）的建设和监管。进一步加强保护区基础设施和综合能力建设，建成全省海洋保护区监测监视网络和综合信息平台。规划建设一批新的有保护价值的海洋自然生态、自然遗址、种质资源、滨海湿地等海洋保护区。到 2015 年，自然保护区达到 6 个，海洋特别保护区达到 3 个。

2. 加强海洋生物资源保护

控制和压缩近海传统渔业资源捕捞强度，继续实行并完善禁渔区、禁渔期和休渔制度。加强重点渔场、河流入海口、海湾、海岛等海域海洋生物资源繁殖区的保护。加大海洋渔业资源养护力度，保护鱼类栖息场所。实施海洋生物资源养护增殖工程，制定鱼、虾、贝等放流增殖方案，规划建设一批海洋生物增殖放流基地和恢复增殖区，规范放流增殖活动，保护和增加海洋生物资源。加强珍稀濒危物种的救护工作，建立珍稀濒危物种监测救护网络，开展典型海域水生生物和珍稀濒危生物的繁育与养护。到 2015 年，海洋重要生物资源得到有效保护。

3. 加强海洋生态修复治理

探索建立海洋生态补偿制度，加快推进海洋生态补偿立法。在重要海洋生态区域建设海洋生态监控区，强化河口、海湾、海岛、湿地、产卵场等海洋生态功能区的监测、养护和监管。修复稳定 50 万公顷水生生物

资源保护水面，营造 100 处规模化休渔湿地、人工鱼礁群、"水下林场"或复合生态系统、以贝藻类养殖为主的环境调控区。加强海洋生态环境修复技术集成研究和示范推广，采用自然恢复和建设高标准生态工程等方式，全面实现海洋生态功能和生物多样性的恢复。研究开发具有人工鱼礁功能的防波堤、防浪墙，推动秦皇岛等海洋牧场示范区建设。到 2015 年，海洋功能区环境质量监控率达到 90%，海洋功能区的环境质量达标率达到 95% 以上。

4. 加强海岸海岛生态建设

加大沿海滩涂治理力度，积极推进围填海计划指标管理，严格控制滩涂围垦，着力解决海岸带采石挖沙、地下水超采造成的海岸侵蚀、海水入侵等生态环境问题。扩大沿海防护林面积，营造适宜我省海岸的树种生态群落，重点建设消浪林、海岸基干林、纵深防护林，逐步恢复和改善海岸带生态环境。到 2015 年，沿海林地覆盖率提高到 25%。加强海岛生物多样性保护，推进海岛整治修复。在编制完成《河北省海域海岛海岸带整治修复保护规划》的基础上，谋划一批海岸、海岛综合整治修复项目。开展海岛资源和环境综合调查，全面更新海岛资源环境基础信息。

（二）大力推进海洋污染防治

1. 加强陆源污染控制

大力推进工业污染治理，严格执行总量控制和排污许可证制度，加强排污企业监管，关停排污不达标企业。着力推进农业面

源污染控制,积极推广集约化、循环化、生态化种养模式,实现农业清洁生产。提高生活废弃物综合处置与利用水平,加快沿海城镇生活污水处理设施建设,实现生活污水达标排放。实行重点海域氮、磷、石油烃等主要排海污染物的浓度控制和总量控制,加强对重点入海河流流域的综合治理。到2015年,入海排污口100%达到排放标准,主要污染物排海量比2010年减少10%;全省主要河流入海水质和100%的近岸海域水质达到海洋功能区水质标准,二类水质标准海域面积达到90%以上。

2. 加强海洋污染综合治理

开展养殖水域环境整治,疏理养殖密度,合理布局网箱养殖,大力推行生态化养殖模式。制定生态养殖标准和污染物排放标准,严格实施残饵和养殖废水达标排放制度,降低养殖饵料及废水对海洋的污染。加强对到港船舶防污染管理,增强港内作业污染应急控制能力;加强近海石油钻井平台防污管理,建立石油钻井平台溢油污染事故应急处置联动机制。建立健全海上溢油及有毒化学品的泄露等突发性海洋环境污染事故的快速反应机制,提高海上污染应急处置能力。

七、海洋科技创新

以科技兴海为核心,整合海洋科技和教育资源,加快创新型科技人才队伍建设,增强自主创新能力,促进科技成果向生产力转化,推动我省海洋经济又好又快发展。

(一)加强涉海人才队伍建设

以人才资源能力建设为重点,创新人力资源开发体制机制。实施人才培养工程,选拔本省有潜力的人才,派往海洋科技发达的国家和地区重点培养,加强高端创新型领军人才队伍建设;在我省有关大专院校增设海洋相关专业,培养海洋专业人才。大力开展专业技能培训,以重大科研项目、重大工程、重点科研基地为依托,建设实用型人才培养成长基地;选拔技术骨干,进行业务培训,形成一批支撑产业发展的专业技术骨干力量。

加快引进高层次、高技能人才,以国内外知名专家、两院院士、获得省级以上荣誉称号的专家为重点,实行柔性引进。实施优秀学子创业计划,引进能够带动海洋新型产业发展的紧缺型人才,努力构筑河北海洋经济建设的人才高地。

(二)加强海洋科技创新能力建设

整合现有海洋科技资源,加快构建以国家级综合性和专业性海洋科技创新平台为龙头,以省级各类创新平台为主体,以企业技术中心为辅助的海洋科技创新体系,全面增强海洋科技创新能力和国际竞争力。联合中国科学院、中国工程院等国家级科研机构,采取外部引进、联建共建、整合提升等形式,在我省建设一批重点实验室和工程中心,提升我省海洋科技创新能力。整合河北大学、河北工业大学、河北农业大学、省水产研究所等科研院所涉海科技力量,增强海洋科技引进、消化、综合再创新能力。鼓励相关企业与科研院所联合建立涉海技术研发中心,提高我省海洋科技成果吸收、转化和推广能力。加强海洋资源调查评价、监测等工作,建立公共服务平台,提升科技创新服务能力。

(三) 开展重大海洋技术攻关

围绕我省海洋经济发展的重大问题和关键技术,实施海洋科技攻关。海水综合利用领域,重点开展海水淡化、海水化学资源利用、海水直接利用等技术攻关。海洋生物资源综合利用领域,重点开展海水养殖优良品种培育、海洋药物及保健品、海洋生物制品、海洋水产品精深加工、滩涂动植物开发利用等技术攻关。海洋产业发展方面,重点开展船舶、专用设备等高端工程装备的设计、

研发和整体制造技术研究。海洋污染防治领域,重点开展环境监测、海洋污染物应急处置等技术与装备研发。海洋生态建设领域,重点开展典型海岸带修复、重要河口湿地生态修复、海洋渔业生态环境修复等技术研发。

(四) 加快海洋科技成果转化

以各级各类海洋科技创新平台为依托,建立和完善科技成果转化机制。加快科技成果转化基地建设,建设完善海洋科技成果中试基地、公共转化平台和以科技企业孵化器为依托的区域孵化网络。以曹妃甸循环经济示范区、秦皇岛经济技术开发区、黄骅临港工业区等为中心,组织实施一批海洋高新技术产业化示范工程,建设一批示范基地。建立培育技术交易市场,促进技术流动和转移,加强知识产权保护,促进产学研各方建立持续稳定的合作关系。积极发展规范的科技中介、咨询、培训等服务组织,加快先进适用技术的推广应用。

八、保 障 措 施

(一) 加强组织领导

海洋经济发展涉及众多部门、单位和企业,必须加强组织领导,加强综合管理,统一协调,依法行政。省政府要成立由主管领导同志任组长,秦皇岛、唐山、沧州市政府和省有关部门主要负责同志参加的河北省海洋经济发展领导小组,研究制定促进海洋经济发展的相关政策,协调解决发展中的重大问

题,组织实施重大工程项目。沿海地区各级党委、政府要把海洋经济发展规划纳入当地经济社会发展总体规划。各涉海部门和沿海各市要依据本规划,结合本地区、本部门实际情况,制定实施方案,明确责任和进度要求,落实本规划提出的各项任务和措施,建立海洋经济发展考核制度,确保规划的有效实施。

（二）加大海洋开发的政策扶持力度

加大产业政策支持力度，促进海洋优势产业发展。对海洋经济重大项目优先立项，并争取国家在重大产业项目规划布局上给予倾斜。建立海洋产业发展专项基金，对重大基础设施和重点项目给予财政补助。对列入国家重点扶持和鼓励发展的涉海产业项目，给予企业所得税减免、研发费用税前抵扣等优惠政策。相关各级政府要重点支持利于海洋经济发展的基础性、公益性项目建设，对处于成长期的海洋高科技产品，实施政府优先采购制度，鼓励和支持地方炼油企业搬迁至曹妃甸新区、渤海新区。

实施积极的财政政策，增强海洋经济发展后劲。对促进海洋经济发展有重要作用的公共基础设施、重大科技专项，优先安排争取国家财政支持。从2011年起省市财政每年安排专项资金，采用贴息、奖励等方式，重点支持海洋重大科技创新、高层次人才培养、战略性新兴产业培育、传统产业提升改造、海洋生态建设等，专项资金要随经济发展逐步增加。

构建多元化的投融资体系，增强对海洋经济发展的资金保障作用。发挥政府投资的引导作用，引导国内外各类金融资本和民间资本投资我省海洋优势产业和战略性新兴产业。鼓励金融机构在沿海地区开展金融创新和试点，拓宽服务领域，提高服务水平。支持涉海企业发行企业债券或上市融资，创设非上市公司产权交易中心，搭建资本运作平台。创设海洋产权交易中心，促进海域使用权、海岛使用权的依法有序流转。

积极引入政策性保险，健全担保和再担保机构，降低涉海企业经营风险。

（三）加强海洋综合管理

完善海洋管理法规体系，加快海洋法规规章的制定和修订工作，建立健全海洋规划体系，探索建立海洋主体功能区规划制度。强化海洋行政主管部门在海洋资源开发与保护、海洋污染防治等领域的综合管理职能，协调各部门、各行业的海洋开发行动，统筹推进海洋行政管理、执法和公共服务。

加强围填海造地管理，严格执行建设项目用海预审制度，新上项目全部实行预审，全面实施围填海计划管理。完善海域使用退出机制，提高海域使用效率。完善海岛管理配套制度，严格无居民海岛使用项目审批和管理。加强海域动态监视监测，实施海洋环境监视监测和数字海洋工程，为做好海洋综合管理提供技术支撑。推进海域资源市场优化配置，创新海洋管理模式。加强海监执法队伍和执法能力建设，提高执法水平。

（四）扩大对外交流与合作

加强国际交流与合作。积极引进国外开发利用海洋资源、培植海洋优势产业等方面的先进经验和技术。提高招商引资和利用外资水平，争取引进一批产业关联度大、技术含量高、辐射带动力强的重大项目。实行产业链招商和产业集群招商，鼓励吸引跨国公司在我省沿海地区设立区域总部、加工制造基地、研发中心和物流中心。积极实施"走出去"战略，引导涉海企业开展跨国经营,提高对外承包工程和劳务输出水平。

加强与京津战略合作。积极承接京津产业向我省沿海地区转移,支持和鼓励京津骨干企业参与我省海洋经济建设,共同构建临港产业基地。整合旅游资源,发挥各自优势,联手打造旅游精品线路,推进旅游市场一体化。实现京津与我省沿海地区经济相互渗透、技术相互融合、人才相互交流,扎实推进京津冀区域经济一体化进程。

加强与纵深腹地合作。依托我省三大港口和沿海各类开发区的产业、交通等优势,强化与晋、蒙、豫、陕、甘、宁等纵深腹地的合作,扩大口岸与腹地的直通及货物运输服务范围,为广大腹地在资源开发、出口贸易、对外开放、科技创新等方面提供高效服务。

（五）提高海洋意识

通过报纸、电台、电视和互联网等媒体,大力开展海洋宣传活动,广泛传播海洋知识,增强海洋国土意识、海洋资源和经济意识、海洋生态环境意识、海洋权益和安全意识,扭转"重陆轻海、陆主海从"的传统观念。加强我省海岛文化、渔业文化、航海文化、海洋旅游文化、海洋经济文化、海洋环保文化的研究和宣传,大力弘扬海洋文化,促进人与海洋和谐相处,为我省海洋经济又好又快发展创造良好氛围。

天津市海洋经济和海洋事业发展"十二五"规划

导　言

天津作为中国北方最大的沿海开放城市和中央直辖市,海洋经济和海洋事业已成为城市总体发展战略的重要组成部分,在全市经济社会发展中具有非常重要的地位。"十二五"时期,深入贯彻落实科学发展观,大力发展海洋经济,合理开发利用海洋资源,保护海洋环境,提高海洋综合管理水平,促进海洋事业全面发展,对于天津乃至环渤海区域经济社会的发展具有重要意义。

根据《关于开展全市"十二五"重点专项规划编制工作的通知》(津政办发〔2010〕30号)的要求,落实《全国海洋经济发展规划纲要》、《国家海洋事业发展规划纲要》和《天津市国民经济和社会发展第十二个五年规划纲要》,结合《天津市海洋功能区划》、《天津市空间发展战略规划》、《天津市城市总体规划(2005—2020年)》、《滨海新区城市总体规划》,制定《天津市海洋经济和海洋事业发展"十二五"规划》。规划期限为2011—2015年。

第一章　发　展　基　础

"十一五"期间,在市委、市政府的正确领导下,在国家海洋局的指导支持下,我市坚持以科学发展观统领海洋经济、海洋事业发展全局,落实国家对滨海新区功能定位,推动海洋事业全面协调发展,海洋经济实力快速壮大,海洋综合管理水平不断提高,海洋社会事业积极推进,海洋已成为全市国民经济和社会发展的重要组成部分。

一、"十一五"时期发展现状

"十一五"时期,是天津市海洋经济和海洋事业发展最好时期,为"十二五"时期发展奠定了良好的基础。

海洋经济又好又快发展。初步测算2010年全市海洋生产总值达到2 380亿元，"十一五"期间年均增长约15%，完成"十一五"规划目标。2010年单位公里岸线海洋生产总值高达15.5亿元，在全国沿海省市自治区中名列前茅。海洋产业发展加快，海洋油气、海洋交通运输、滨海旅游等优势海洋产业发展壮大，海洋盐业、海洋渔业等传统海洋产业得到提升改造，海洋生物医药、海洋装备制造等战略性新兴海洋产业迅速发展，海水综合利用走在全国前列。北疆电厂循环经济发展模式、临港经济区海洋产业集群循环经济发展模式形成。

重大项目建设进展顺利。百万吨乙烯、千万吨炼油、造修船基地、中心渔港等一批海洋大项目好项目陆续建成。极地海洋馆建成开放，国家海洋博物馆成功申建。天津港主航道达到25万吨级，东疆保税港一期实现封关运作，新增海水淡化生产能力20万吨/日，超过全国海水淡化规划中我市的目标。

海洋经济空间布局初步形成。根据海洋经济发展和滨海新区开发开放的总体发展需求，调整了《天津市海洋功能区划》，促进南港工业区、临港经济区、天津港主体港区、滨海旅游区、中心渔港五大海洋产业区初具规模。为滨海新区提供发展空间，"十一五"期间确权海域使用90平方公里以上，保障了重大项目的用海需求。天津碱厂、新港船厂等涉海企业迁入临港经济区，一批重大项目陆续开工，海洋产业新格局初步形成。

海洋环境保护和防灾减灾能力增强。认真实施《天津市海洋环境保护规划》，环境监测力度加大，海洋工程对海洋污染损害控制得到加强。采取增殖放流、伏季休渔等措施，局部海域海洋生态有所好转。科学调整了天津古海岸与湿地国家级自然保护区范围，由975平方公里调整为359平方公里，调出616平方公里。建立了海洋灾害预警预报发布和海洋风暴潮及海浪应急预案制度，加强了海洋灾害应急体系建设，海洋防灾减灾能力进一步提高。

海洋科技实力和研发转化能力增强。编制出台了《天津市科技兴海行动计划(2010—2015年)》，成功举办了海水淡化及水再利用国际研讨会暨设备展览会等国际科技交流活动，多次组织开展海洋人才的境外培训与科技交流，海洋科技实力显著提升。完成了《国家级海洋技术创新与成果转化中心建设方案框架》，搭建国家海水利用工程技术研究中心等一批海洋科技创新平台，推进全市海洋科技和人才资源整合，海洋科技成果产业化水平得到提高。在全国率先完成了"908专项"，研究成果开始应用，并取得积极效果。

海洋文化活动不断丰富。天津港博览馆、大沽口炮台博物馆建成开放，海洋文化设施明显完善。天津古贝壳堤博物馆、天津港博览馆等列入本市爱国主义教育基地。坚持开展海洋宣传日活动，举办了妈祖文化节、滨海旅游节、港湾文化节等大型海洋文化节庆活动，市民海洋意识不断增强。

海洋综合管理体制初步建立。市海洋

行政管理部门由部门管理机构调整为市政府直属机构,增加了全市海洋经济管理职能,海洋管理得到加强。增加了对海洋事业的投入,与国家海洋局合作的渤海监测监视管理基地开工建设,海洋管理业务支撑、海洋科技研发转化、海洋国际交流合作职能加强,海洋服务作用显著提高。

海洋法规体系建设和执法监察能力增强。制定出台了《天津市海域使用管理条例》、《天津市海域使用权抵押贷款管理办法》、《联合查处海域使用管理违法违纪行为的三项制度》等,修订出台了《天津古海岸与湿地国家级自然保护区管理办法》,开展了《天津市海洋环境保护条例》立法研究,海洋法规体系进一步完善。开展了"海盾"、"碧海"专项执法行动,加大了海洋执法力度,规范了海洋开发、保护和管理秩序。

二、"十一五"时期存在的问题

我市海洋经济和海洋事业发展取得了很大成绩,但也存在一些问题。

海洋生态环境状况不容乐观。在一定程度上存在着重开发轻保护的问题,随着海洋开发力度不断加大,近岸海洋环境压力日益加大。近几年的近岸海域环境功能区达标率为58%左右,未能达到"十一五"规划目标。

科学利用海域资源水平有待提高。节约集约使用海域资源还有一定差距。围海造陆大多沿袭简单沿岸向海平推方式,人工岸线缺乏生态保护考虑,对海洋自然和生态环境造成一定的不利影响。

海洋经济结构不尽合理。"十一五"末,我

市海洋三次产业比例为0.2∶61.6∶38.2,第三产业发展比重偏低。战略性新兴海洋产业、海洋高端服务业和生产性服务业规模不大。

海洋管理业务支撑体系有待完善。尚未形成与海洋事业蓬勃发展相适应的海洋经济、信息、海域、环境、灾害、执法等方面系统完善的海洋业务支撑条件,以及立足自身、广泛合作的海洋业务支撑团队,海洋管理能力亟待加强。

海洋科技领军人才比较缺乏。全市海洋科技各种人才资源尚未得到有效整合,海洋人才队伍数量不足,质量有待提高,尤其是缺乏一大批国内外知名,在海洋高新科技领域、在发展战略性新兴海洋产业中颇有建树的创新型领军人才。

三、"十二五"时期面临的形势

"十二五"期间,我市海洋经济和海洋事业发展机遇与挑战并存,机遇大于挑战。

机遇方面。国际上,沿海国家纷纷制定海洋战略,海洋成为新一轮的开发热点;新的开发保护海洋的模式和理念,为实现人与海洋和谐提供了可能;党中央国务院把发展海洋事业摆在重要的战略地位,出台了《全国海洋经济发展规划纲要》和《国家海洋事业发展规划纲要》,党的十七届五中全会提出发展海洋经济的新要求;天津滨海新区开发开放向纵深发展,海洋经济将承担更加重要角色;"十一五"期间,我市海洋事业全面发展,海洋经济快速增长,为"十二五"的发展奠定了良好基础;国家有关部门陆续在我市安排海洋管理总部、大型海洋文化项目和重大海洋经济项目,我市在全国海洋事业中的地位不断提高。

挑战方面。"十二五"时期,世界处在后金融危机时期,全球经济复苏态势还未稳固;天津海洋资源使用面临瓶颈,海域和岸线资源稀缺,急剧增加的用海项目加大了海域使用管理的压力;全球气候变化、地质灾害和渤海湾生态脆弱,环境容量有限,海岸带地区开发、人口增加加剧了海洋环境压力;全国沿海各地经济发展形势迅猛,尤其周边沿海经济发展规划先后纳入国家发展战略后,我市海洋经济发展面临的竞争更加激烈。

第二章 指导思想和发展目标

"十二五"时期,我市海洋经济和海洋事业将进入蓬勃快速发展新时期,科学确定指导思想、基本原则和发展目标,对于促进滨海新区开发开放,打造海洋强市,开创海洋事业科学发展、和谐发展、跨越发展的新局面具有重要意义。

一、指导思想

"十二五"时期,指导思想是:高举中国特色社会主义伟大旗帜,深入贯彻落实科学发展观,按照《全国海洋经济发展规划纲要》、《国家海洋事业发展规划纲要》和《天津市国民经济和社会发展第十二个五年规划纲要》要求,以转变海洋经济发展方式为主线,以服务滨海新区开发开放为核心,以改革开放为动力,以科技兴海为支撑,充分发挥区位优势和比较优势,统筹规划,突出重点,优化布局,提升海洋经济竞争力,提高海洋自主创新能力,增强海洋可持续发展能力,提高海洋综合管理能力,推动海洋事业全面和谐发展,促进全市经济社会发展和滨海新区开发开放,为建设海洋强市奠定坚实基础。

二、基本原则

"十二五"时期,天津市海洋经济和海洋事业发展要坚持以下基本原则:

——海洋经济速度与结构质量效益相协调。加快转变经济发展方式,依靠科技进步、提高管理水平和劳动者素质,在保证海洋经济结构质量效益的基础上,做大做强海洋经济,实现海洋经济又好又快发展。

——海洋开发与保护并重。坚持海洋生态环境保护优先,把握海洋开发时序和力度,注重环境承载能力,做到海洋开发规划与海洋功能区划相协调,实现人与海洋的和谐。

——海域资源需求与科学利用相兼顾。坚持陆海统筹,集约节约利用海域资源,提高海域使用效率,探索离岸造陆方式,促进海域资源可持续利用。

——海洋经济与海洋社会事业相和谐。坚持海洋经济和海洋社会事业相互支撑,相互促进,在大力发展海洋经济的同时,加大海洋文化宣传力度,提升海洋教育水平,加快海洋管理业务能力建设,实现海洋事业全面协调发展。

——海洋管理与主动服务相统一。坚持依法行政，建立健全海洋管理法律法规体系，提高海洋综合管理水平和控制能力。主动服务，提高工作效率，及时解决海洋事业面临的困难与问题。

——海洋自主创新与海洋事业发展相适应。坚持科技兴海和改革开放战略，充分发挥海洋科学技术对海洋事业发展的支持与引领作用，发挥海洋人才聚集的优势，提高自主创新能力，加快构建有利于科学发展的体制机制，占领发展的先机，形成新的亮点。

三、发展目标

到2015年，总体目标是：海洋事业全面协调发展，奠定起建设海洋强市的基础，实现海洋经济发展方式实质转变，海洋自主创新能力明显提高，海洋文化建设有效加强。海洋环境保护和生态、海域科学利用、海洋防灾减灾、海洋法制建设和海洋管理业务支撑等综合管理水平有较大提高，基本建成北方国际航运中心、国际物流中心、国家海洋科技研发与转化基地、国家战略性新兴海洋产业基地和国家海洋事业发展基地。

到2015年，实现以下具体目标：

——海洋经济。海洋生产总值达到5 000亿元，海洋生产总值规模占全市生产总值的30%左右。南港工业区、临港经济区、天津港主体港区、滨海旅游区和中心渔港五大海洋产业区基本建成。海洋制造业快速升级，海洋现代服务业不断壮大，海洋渔业水平提高。海洋经济运行监测评估体系基本建立。

——海洋管理。促进海洋经济，支持滨海新区发展，在科学用海、依法用海、集约节约用海的前提下，保证用海需求。近岸海域海洋环境质量状况基本稳定。汉沽浅海生态海洋特别保护区选划完成。海洋灾害监测系统基本建立，海洋预警应急系统不断完善，公益服务能力显著提高，形成跨部门、跨区域共同管理海洋环境和防灾减灾的新局面。建立完善的海洋法律规章，海洋管理与执法秩序进一步规范。海洋管理业务支撑体系基本形成。

——海洋社会事业。海洋自主创新能力有明显提高，海洋技术创新中心和成果转化基地基本建立，省部级及以上的海洋重点实验室达到5个，海洋研发中心和海洋仪器装备质量检测中心达到10个，科技对海洋经济的贡献率进一步提高。海洋高等教育、职业教育等基本满足经济社会发展对海洋人才的需求。国家海洋博物馆建成开放，海洋文化活动日趋活跃，出版一批海洋读物和音像作品，社会公众海洋意识有新的提高。

第三章　优化海洋事业布局

按照天津市"双城双港、相向拓展、一轴两带、南北生态"和滨海新区"一核双港三片区"的布局要求,形成"一带五区两场三点"的海洋空间发展布局。

一带——沿海蓝色海洋经济带

在滨海新区的海岸带地区形成海洋产业集聚,海洋环境生态良好,海洋特色鲜明的海洋经济地带。

五区——五大海洋产业集聚区

南港工业区。规划控制面积 200 平方公里,其中使用海域 124 平方公里。打造世界级重化工业基地、我国北方石化产品枢纽基地和国家循环经济示范区,重点发展石油化工、现代冶金和港口物流等产业。

临港经济区。规划控制面积 130 平方公里,全部使用海域。打造北方装备制造为主导的生态型工业区,重点发展港口机械、造修船、交通运输装备、海洋工程装备等海洋装备制造业。

天津港主体港区。规划控制面积 100 平方公里,其中使用海域 53 平方公里。打造货物能源储运、商品进出口保税加工和综合性的国际物流基地,重点发展海洋运输、国际贸易、现代物流、保税仓储、分拨配送及与之配套的中介服务业。其中东疆港区规划使用海域面积 33 平方公里,打造北方国际航运中心和国际物流中心,重点发展国际中转、配送、采购、转口贸易及出口加工等功能,提升邮轮母港服务能力。

滨海旅游区。规划控制面积 100 平方公里,其中使用海域 71 平方公里。打造国际国内旅游目的地和高品位的海滨休闲旅游区,重点发展主题公园、休闲总部、博物馆和游艇总会等功能。

中心渔港。规划控制面积 18 平方公里,其中使用海域 8 平方公里。打造北方规模最大的水产品集散中心和游艇产业中心,重点发展水产品加工、集散、物流和游艇制造、展示、维修、销售等产业。

两场——两块海洋渔场

汉沽北部海域和大港南部海域。重点通过人工放流、设立人工渔礁和建立海洋特别保护区等措施,恢复海洋生态环境,增加海洋经济鱼类。

三点——三个海洋事业基地

在塘沽国家级海洋高新区构建产、学、研相结合的海洋技术创新及产业化基地。在海洋文化公园构建以国家海洋博物馆为核心的海洋文化基地。在渤海监测监视管理基地构建集海洋综合管理业务支撑、海洋技术研发转化、海洋国际交流与合作的海洋事业综合发展基地。

第四章　发展先进海洋制造业

加快转变海洋经济发展方式,大力发展高端海洋制造业,提高海洋经济竞争力。推进海洋石油化工业、海洋精细化工业等优势海洋制造业的快速发展,扩大海洋经济规模。

一、海洋石油化工业

优化原油储存加工能力布局，促进上下游一体化发展，依托国家重点工程，打造具有国际竞争能力的先进制造业基地。大力提高油气资源勘探水平和开采能力，建设国家战略石油储备基地。扩大渤海石油生产能力，稳定大港油田生产规模。加快中俄东方石化千万吨级炼油、中外合资百万吨级乙烯等石化项目的建设，建设国家级石油化工产业基地。加大相关企业的引进，以产业链为纽带，以产业园区为载体，建立完整的高端的海洋石化集群。使海洋石油化工业成为海洋产业的核心支柱。

二、海洋精细化工业

加强企业技术改造，提升海洋盐业水平，在保留一定盐田面积的前提下，逐步缩小传统盐田制盐的规模，调整盐田结构，大力推行工厂化制盐。开展 300 万吨/年海盐生产基地改扩建及海水综合利用项目，提取海水中钾、溴、镁等化学资源，研究海水中锂、铷等贵重元素的提取技术，加快产业升级换代。加快渤海化工园建设，以石化基础产品和原盐为原料，打造海洋化工循环经济产业链。用联碱工艺取代氨碱工艺，实现联碱石化一体化，实现海洋化工、石油化工和碳一化工的有机结合。

三、海洋装备制造业

提升海洋船舶制造业水平，建立现代造船模式，发展高技术高附加值船舶和配套设备，重点建设 300 万吨临港造修船基地，加快 50 万吨级和 30 万吨级船坞建设，重点发展专业船舶和高技术高附加值的大型船舶制造。在中心渔港、滨海旅游区建设游艇制造、维修企业，打造我国北方最大的游艇产业发展基地。大力发展海水淡化装备制造，推进在海水淡化系统设计、装备结构设计等多方面自主创新。发展 5 000 吨级海洋强力平台、港口机械、大型海洋钢结构、海洋工程大型模块等海洋工程装备。

四、海水利用业

大力发展海水综合利用，开发海水利用成套技术，加强与制盐、热电、化工等产业相结合，打造"热电—海水淡化—浓海水制盐—海水化学资源提取利用"新的产业链，实现浓海水零排放。发展亚海水淡化技术，推行在河流入海口进行海水淡化，降低高盐度海水淡化的成本。积极扩大海水直接利用的规模和领域。到 2015 年，全市海水淡化 48 万吨/日，海水直接利用 40 亿吨/年，成为淡水资源的重要补充来源。

五、海洋工程建筑业

以海洋产业区开发建设为重点，加快涉海工程围海造陆和基础设施建设，发挥海洋工程技术优势，提高围海造陆软基处理技术、水下焊接技术、海洋平台技术、海底管道技术等关键技术水平，打造"研发设计—设备制造—建筑安装—信息服务"海洋工程产业链，高质量开展围海造陆、港口、海堤、防波堤等建设工程。同时，积极承接国内外大型海洋工程项目。

六、海洋生物医药业

以基因工程海洋药物、海洋功能基因酶制剂和海水养殖动物促生长剂为重点,发展海洋生物工程。开展盐藻、微藻等生物能源的研究,启动卤虫修复盐田生态系统、海洋微藻生产生物柴油项目研究与运用,建设海洋生物技术产品与药物生产基地和海洋生物物种资源库。

七、海洋新能源业

建设沿海风电项目,在适宜海域建设海上风电场。探索海洋波浪能和潮汐能等可再生能源的开发和利用,实现海洋新能源的商业化及实用化开发。鼓励风电与海水淡化联合运转技术研发和示范,提高风电利用效率。

第五章　壮大海洋现代服务业

以高端服务业和生产性服务业为重点,发展海洋物流、滨海旅游、海洋科技服务、海洋金融服务等海洋服务产业,提高海洋服务业规模和水平。

一、海洋港口运输业

以天津港为龙头,扩大港口运输服务辐射范围,成为亚欧海上运输新起点。进一步引进大型船务公司,集聚航运市场要素,推进船籍注册业务发展。南港工业区、临港经济区和中心渔港围绕自身产业动能,加快开辟新的航线,增加新的物流商品,扩大运输储运规模。提升邮轮母港功能,开展国际航线邮轮业务。到 2015 年,货物吞吐量达到 5.6 亿吨,集装箱达到 1 800 万标准箱,集装箱外贸航线达到 95 条,内贸航线达到 40 条。

二、海洋现代物流业

依托东疆保税港区建设,建立海洋物流基地和国际物流网络体系,新建临港物流园区、滨海石化物流园区、滨海新区综合物流园区等园区,全面提升港口中转、采购、分拨、配送、贸易等服务能力。拓展无水港布局。在南港工业区、临港经济区、滨海旅游区、中心渔港等区域设立新的口岸,扩大口岸开放规模。完善电子口岸物流环境,加快推进建立区域公共物流信息服务平台,形成港口、航运、物流、监管等综合信息共享和应用体系。促进东疆保税港向自由贸易港转型。

三、滨海旅游业

以滨海旅游区、中心渔港、东疆保税港建设为重点,完善航母主题公园、海水浴场等旅游设施,加快妈祖经贸文化园、游艇俱乐部等一批重大旅游场馆建设。做大做强邮轮游艇经济,鼓励和引导国际知名邮轮公司增加停靠天津邮轮母港的邮轮班次,引入世界顶级邮轮公司在津设立分公司,到 2015 年,年均停靠邮轮 100 艘次以上,沿海地区建设游艇泊位 2 000 个以上。整合旅游资源,推动滨海旅游与相关产业的融合发展,实现环渤海区域旅游资源共同开发和信息共享,使天津成为滨海旅游的新热点。

四、海洋科技服务业

利用海洋人才集中的优势,重点发展海洋科技研发、海洋咨询、海洋信息和海洋相关服务,提高科技服务规模和水平。积极培育一大批中小型海洋科技服务型企业,建立多种类型科技中介服务机构,打造海洋信息技术、海洋人才培训等服务外包基地。鼓励国内外海洋服务外包高级人才来我市创业,提升海洋科技服务业的能级和竞争力。

五、海洋金融服务业

开展银行、保险、基金、信贷、信托等在岸航运金融业务,开拓离岸航运金融业务,拓宽海洋经济融资渠道。建设航运金融服务体系,设立航运交易所,建立规范的船舶装备交易市场,逐步形成国际船舶、航运价格指数。积极培育海洋骨干企业,增加我市海洋企业上市数量。

六、其他新兴海洋服务业

建设好中心渔港、滨海旅游区等总部经济区,争取举办国际邮轮、游艇、海洋仪器展览等国际涉海展会,发展商贸服务、商务会展、总部经济、楼宇经济等海洋服务业,充分利用海洋文化设施,发展海洋文化体育出版等文化、传媒产业,带动相关新兴海洋服务业。

第六章 提升海洋渔业水平

转变传统渔业养殖模式,重点推行工厂化养殖和远洋捕捞,提升海洋渔业发展水平,使传统渔业逐步向都市型休闲渔业转轨,实现现代渔业可持续发展。

一、海洋渔业工厂化养殖

建设滨海都市型海洋渔业。加快改善海洋养殖模式,逐步缩小传统围海养殖规模。以杨家泊镇、宁车沽、大港南部地区为依托,建设工厂化海水养殖示范基地,重点发展海珍品养殖及优质苗种。开发全封闭循环海水设施化技术,提高海水健康养殖水平和效益,增强海洋渔业市场竞争力。

二、海洋捕捞

改进近海捕捞业,控制海洋捕捞强度,通过开展增殖放流,实行伏季休渔制度,恢复近岸渔业资源,稳定近海渔业捕获量。大力发展远洋捕捞,提高远洋作业水平,增加远洋渔船数量和吨位,发展大马力钢壳渔轮。

三、海洋渔业转轨

以中心渔港等重要相关建设项目为平台,延长海洋渔业产业链,推进精深加工、冷链物流及活体物流,打造成富有海洋特色的大型海洋水产品加工基地、北方最大的海洋水产品物流中心、知名的海洋水产品品尝就餐场所和海洋观光区域。加快海洋渔业向都市型休闲渔业转变，充分发挥渔业的文化休闲旅游功能。

第七章　完善基础设施建设

加快海洋基础设施建设，为环渤海乃至中国北方地区提供高效便捷的服务，为全市海洋经济又好又快发展创造条件。

一、港口设施

按照"双城双港"总体部署和"一港九区"布局，加快推进天津港码头、航道等基础设施建设。建设集装箱码头和煤炭、矿石、石化、杂货等各类大型专业化码头，加快航道拓宽、防波堤建设速度。建设南港港区、临港高沙岭港区、临港大沽口港区、滨海旅游区港区、中心渔港港区。调整港口功能，推进大宗散货向南港港区转移。到 2015 年，改造和新建泊位 100 个以上，年设计通过能力增加 2.8 亿吨。提升航道等级，建成北港区 30 万吨级复式深水主航道，主航道浚深到 -21 米，建成南港区 5—10 万吨级航道，将天津港建设成为现代化国际深水大港、我国北方最大的散货主干港、国际集装箱枢纽港。

二、交通运输设施

完善现代集疏运体系，发展海路与铁路、海路与公路多式联运，推进产业区内、区间，以及对外交通联系。建设天津港疏港铁路战略通道，加快南环铁路扩能改造、南港一线、进港三线、滨石高速公路等集疏港交通建设，启动南港二线，逐步形成疏港货运铁路环线，提高铁路集疏港能力。以滨海新区中央大道、海滨大道为重点，建设高效畅通的沿海公路交通体系。依托原油储备库和炼油、乙烯等重大海洋项目实施，建设能源资源管道运输设施，提升服务功能。

三、公用设施

在适宜海域建设海上风电场，补充电力资源，发挥景观功能。扩大海水淡化规模，新建一批海水淡化厂，扩大海水直接利用规模，补充淡水资源。完善五个海洋产业区内围海造陆及相关配套等基础设施建设，拓展海洋经济发展空间。

第八章　推进科技兴海

加强海洋科技基础性、前瞻性、关键性技术研发，提高海洋科技水平，提高自主创新能力，建设高水平海洋研发转化基地，发挥海洋科技的支撑引领作用，促进经济发展方式转变和海洋管理水平的提高,走在全国前列。

一、海洋科技攻关

坚持"支撑经济、协调发展"的方针,以创新驱动内生增长促进海洋经济发展方式转变。跟踪海洋科技发展新趋势,编制海洋科技项目指南,围绕海洋高新技术产业化、海洋管理等重大课题,组织全市海洋人才开展科技攻关。整合全市技术力量,开展海水淡化与综合利用关键技术与成套装备等研发,二氧化碳捕捉、储存以及再利用技术以及岸线综合整治和生态修复关键技术的研究,提高核心竞争力。建立海洋科技项目库、成果库,定期发布科技兴海成果和信息,促进科技成果与产业对接,积极推进科技成果应用与转化。

二、科技服务体系

建立完善海洋科技服务体系,为企业发展服务。建立全市海洋公共信息服务平台,搭建天津"数字海洋"框架,加强海洋基础数据的统一管理,建立完善海洋信息传输网络,有序推进海洋信息共享。建设亚太海洋仪器检测评价中心、国家大型水动力实验室等一批高水平的海洋重点实验室、海洋装备仪器质量检测中心和海洋科技研发平台,建设国家海洋能源开发技术基地,依托渤海监测监视管理基地,建成综合性公共科技创新平台。促进科研院所、高校中的重点实验室、工程中心、研发中心等向社会开放。制定构建企业创新服务平台的实施方案以及相关政策措施。完善海洋技术交易体系,举

办各类技术成果转化活动。筹建海洋科技新兴产业投资基金。

三、科技成果转化

加快海洋科技基础设施建设,建立海洋科研成果转化平台,申建国家级科技兴海成果转化及海洋高新技术产业基地。强化企业在科技创新的主体地位,以市场为导向,加速产、学、研的结合,推进产学研战略联盟。以塘沽国家级海洋高新区为主建设海洋科研成果产业化孵育基地,形成海洋新能源、海洋生物医药、港口服务等一批孵化器。培育一大批海洋科技型企业,扶植一批战略性新兴海洋产业发展壮大。加强海洋综合调查与测绘工作。

四、海洋科技人才

调动全市涉海科研力量,开展海洋事业关键课题研究,让优秀人才脱颖而出。以高新技术、战略性新兴产业、大项目好项目为载体,吸引国内外海洋专业创新型领军人才来津发展,建立高端海洋研发、经营、管理团队。制定人才引进政策,拓宽海外高层次人才的引进渠道。促进各类人才队伍协调发展,优化人才结构,扩大人才规模,建立合理的人才结构,为海洋经济和社会发展服务。

五、国际合作交流

积极开展国际高层次的科技交流,拓展科学研究的空间,引进国际先进技术,促进海洋科技发展。组织涉海部门、科研院所和高校,开展海洋环境与资源调查、海岸带综

合管理等方面的国际合作与交流。支持亚太区域海洋仪器检测中心落户天津,引领亚太地区海洋仪器检测技术、质量控制技术和海洋标准化的发展。

第九章　加强海洋环境保护

加强海洋环境监测和污染治理,开展海洋污染指标控制,进行海洋生态保护与修复,加强海洋自然保护区和特别保护区的选划与管理,形成涉海多部门协同保护海洋生态环境的新局面。

一、海洋环境

实施《天津市海洋环境保护条例》,协调全市海洋、环保、渔业、海事、水务等涉海部门探索形成共同治理海洋环境的工作格局。启动研究天津海域环境容量,编制近岸海域水质功能区划,核定主要入海排污口的污染物入海排放量,探索实施主要污染物入海总量控制管理制度,实现对入海污染物的有效监控。落实《渤海环境保护总体规划》,加强涉及跨省市海域等流域污染的治理,进一步完善环境监测体系,对海洋工程、海洋倾废开展长期动态的跟踪监测和趋势性监测,提高对特征污染物和无主漂油的监测能力。依据职责分工,各涉海行政主管部门对陆源污染、渔业污染、海上交通污染、海洋工程污染等实施全方位、全过程的监督管理,严厉查处各种污染海洋环境的违法行为。

二、海洋生态

开展渤海湾渔业资源人工增殖放流,建立恢复增殖区,积极开展人工渔礁投放和珍稀濒危物种的繁育与养护,保护鱼类栖息场所。开展涉海工程渔业资源的损失评估,建立生态补偿机制和水生生物资源补偿制度。加快海岸生态修复和营造防护林体系建设,积极开展人工海岸生态湿地重建工作,搞好潮间带、浅海的生态环境系统和动植物资源的保护。建立海岸生态隔离带或生态保护区,加强入海流域水土保持及综合整治示范工程建设。开发生态修复技术,研究开发具有人工渔礁功能特点的防波堤和海堤,开展海岸带典型岸段与重要河口生态修复关键技术研究与示范。

三、海洋保护区

完善海洋保护区的建设与发展总体规划,科学确定海洋自然保护区范围,完成汉沽浅海生态海洋特别保护区的选划。加强保护区基础设施和综合能力建设,搭建全市海洋保护区监测监视网络和综合信息平台,加强对保护区周边开发活动的监控和引导。加强古海岸与湿地国家级自然保护区保护与管理,保护好贝壳堤、牡蛎滩等海洋遗迹,保护修复的七里海湿地生态系统,健全海洋保护区管理机构,进一步完善管理体制,建立健全管理评价制度。

四、循环经济低碳经济

推广循环型生产方式,在海岸带地区建立旨在节能降耗、提高环境效益的海洋经济发展模式。发挥北疆电厂循环经济示范作用,完善推广循环经济模式,加大在相关企业和园区的推广力度。倡导临港经济区海水淡化、生态湿地恢复与海洋产业协调发展模式。依托南港工业区、临港经济区等区域,加快引入补链企业和辅助性企业,延长产业链,形成产业集聚,实现上下游对接、污染零排放。加强海洋低碳技术研发、示范和产业化,加快发展海洋风电、海洋生物能源和工厂化养殖等绿色低碳产业,建设滨海旅游区等低碳发展示范区,建立节能环保低碳绿色发展模式。

第十章　合理利用海域资源

加强海域使用管理,增强海洋开发利用能力,以海洋主体功能区规划和海洋功能区划为依据,规范海洋开发秩序,推动海域市场体系建设,尝试新型用海方式,提高海域资源利用率,为滨海新区大项目、好项目的落地提供支撑。

一、近岸资源保护

下大力量保护稀缺的海域资源,实现永续利用,按照《天津市海洋功能区划》切实保护好我市海域南北两个保留区,保留区面积110余平方公里。保护有限的原有海岸线资源,按"占一补二"原则,增加人工岸线长度。开展岸线综合整治示范工程。实施潮间带资源的保护与修复。

二、海域使用管理

严格实行海域资源使用制度,加强围填海管理,实行海域资源指标化管理,实现资源可持续利用。对海域资源实行科学化管理,编制完成海洋主体功能区规划,修编海洋功能区划,编制海岸保护与利用规划。对海域资源实行精细化审核管理,按投资强度和建设容积率等指标核算海域使用面积,提高海域利用效率。推动海域市场体系建设,探索对海域资源进行市场化配置新机制,逐步培育海域交易市场。

三、支持滨海新区发展

与滨海新区建立有效的工作协调机制,对申请海域使用项目按重要程度、效益水平、带动作用等进行综合排序,优先对滨海新区发展具有重要作用的大项目、好项目安排海域使用,促进滨海新区健康发展。

四、新型用海方式

转变传统用海方法,研究围海造陆新方式,推广岛式等离岸海域利用的模式,避免严重改变海洋动力和生态环境,实现经济效益和生态效益协调。留有必要的公共海域和公共岸线，为海洋管理、防灾减灾、公众休闲及未来海域深度利用等提供陆地通往海上的通道。

第十一章　强化海洋法制建设

坚持依法行政，完善海洋法规体系，严肃查处各类违法违规行为，提高执法能力和水平，进一步规范海洋开发和管理秩序。

一、海洋法规体系

推动海洋法律法规体系建设，建立完善海洋经济、资源开发、污染防治、生态保护等海洋法律规章，出台《天津市海洋环境保护条例》、《天津市防治海洋工程建设项目污染损害海洋环境管理办法》、《天津市海域临时使用管理办法》、《天津市国家海洋博物馆文物征集管理办法》等，为天津市海洋事业健康发展提供法律保障。推动依法行政，提高办事效率，减少行政审批事项，强化社会监督，加强廉政建设，主动搞好服务。

二、海洋执法监察

强化海洋执法监察职能。完善海洋执法机构设置，理顺各级管理体系，创新监察体制机制。规范执法程序，加强动态监督，坚持依法查处与强化监督服务并重。突出重点执法行动，加强各部门海洋执法协调配合。引入监督机制，规范行政执法行为，提高执法水平。

三、海洋执法队伍和能力

强化海洋执法监察队伍建设。合理调整海监执法人员结构，建设海洋执法船员队伍，严格实行海监人员执法资质管理，实行执法监察资格考试制度。开展海监人员业务培训，全面提高海监队伍整体素质。加强海洋执法能力条件建设。建立海监执法监察技术支撑体系，完善海监执法装备，提高现场处置能力。建立执法监察基地和指挥保障平台。到 2015 年，建立海监执法专用泊位，建造 3 艘百吨级以上钢质海监执法船，初步达到全面实施管辖海域执法并参与国家海洋维权的能力。

第十二章　完善海洋防灾减灾体系

建立完善海洋防灾减灾体系，提升海洋灾害应急处置能力，推进海洋应急体系建设，加快建设工作平台。实现海洋信息服务社会化，推进海洋地方标准化工作，提高为海洋管理服务的能力。

一、海洋灾害预报预警

提高海洋灾害观测预报能力,加强先进海洋观测仪器设备的研发,发展新的观测手段,提高离岸观测和实时监控能力,新建海洋观测台站2个,布设观测浮标,开展平台观测、志愿船观测和航空遥感观测,形成区域性海洋观测网。强化海洋灾害和突发事件预报预警能力、开展精细化数值预报业务,规范海洋灾害信息发布,建立完善的海洋灾害信息服务与共享体系。开展海洋灾害影响调查,建立海洋灾害影响评估业务系统,构建海洋灾害的影响评估和风险评估体系,为防灾减灾提供决策支撑。

二、海洋应急能力

完善赤潮、风暴潮、海浪、海冰、海平面上升等海洋自然灾害应急能力,强化建立船舶污染、石油泄漏等海洋突发事件的应急预案与指挥协调机制,推进重大海洋灾害和突发事件的快速应急反应体系建设,加强海洋、环保、渔业、海事、水务等部门协调,深化灾害应急联动协作机制,建立信息沟通和资源共享制度,深化应急合作。建立海上搜救等专业应急处置队伍和应急设备库,配备设备和器材。

三、海洋防灾减灾设施

提高海堤防御风暴潮标准,努力做好应对海平面上升工作,实施海挡治理工程,按照专业规划防潮标准,启动重点区域海堤、海防路工程建设,成为城市防洪体系重要设施。建立渤海海冰灾害处置中心,建造破冰船,提高减灾能力。建设多区域、多层面的防灾减灾工程设施,保障生产生活安全。

第十三章　发展海洋社会事业

大力发展海洋文化、海洋教育和海洋宣传,为海洋事业发展培养人才,增强市民海洋意识,营造海洋文化良好氛围,提高海洋事业发展的软实力。

一、海洋文化

加强海洋文化基础设施建设,建立国家海洋博物馆等一系列海洋文化场馆。加强海洋文化遗产的保护与挖掘,建立多个特色鲜明、主题突出的海洋主题公园。加强海洋科普能力建设,制定海洋科普宣传规划,建立科普宣传教育示范基地,营造海洋文化良好氛围。到2015年,海洋博物馆等各类海洋文化设施达到10座,形成海洋文化设施群。

二、海洋教育

加强全日制涉海院校海洋学科教育,根据海洋事业发展需要调整海洋专业学科结构,扩大人才培养数量,提高人才培养的层次,特别要培养急需的海洋科技、海洋经济、海洋管理等方面海洋人才,申请海洋化学、海洋生物等国家海洋重点学科,研究创建天津海洋大学的可行性。推动海洋专业师资队伍建设,建立稳定的海洋专业实习基地。加强海洋职业教育,培养职业技能人才。开展海洋继续教育,鼓励涉海单位工作人员到高校进修深造,增加知识储备,提高工作能力。将海洋基础知识纳入基础教育课程,提高青少年海洋意识。

三、海洋宣传

建立多层次、多渠道的海洋知识传播方式,加大海洋宣传力度。鼓励出版高质量的海洋科普作品和原创性海洋专业刊物、丛书。鼓励各方面开展多种形式的海洋文化活动,搞好世界海洋日,开展妈祖祭典等一系列海洋文化活动,引导公众逐步树立海洋观念,增强海洋意识。完善公众参与机制,形成全民共同促进海洋事业发展的新局面。

第十四章　规划实施保障措施

建立健全规划实施与保障机制,精心筹划,周密部署,狠抓落实,更好地发挥规划对海洋经济和海洋事业发展的指导作用。

一、组织领导

成立高规格市海洋经济工作领导小组,决策协调全市海洋经济重大问题,制定海洋经济发展战略,出台海洋经济发展政策。建立海洋经济运行监测评估体系,加强宏观调控。强化市海洋行政管理部门的综合管理职能,健全涉海部门协调机制,促进形成发展海洋事业的合力。

二、政策研究

建立天津市海洋经济和海洋事业发展研究机构,开展全市海洋事业发展重大问题研究,制定实施海洋发展战略,及时出台战略性新兴海洋产业政策,完善海洋服务业政策、海洋循环经济政策、科技兴海政策、引进海洋人才政策、海洋文化产业发展政策等海洋经济和海洋事业发展政策,提高海洋开发控制和综合管理能力。

三、资金投入

积极争取国家有关部门资金政策支持,鼓励社会多元投资的同时,加大市财政对全市海洋事业的资金投入。建立海域使用金投入海洋事业发展的机制,用好科技兴海等专项资金,提高资金使用效益,为落实规划提供必要的资金保障。

四、能力建设

基本建成渤海监测监视管理基地,初步建立海洋业务化运行队伍,提高海洋、环境、海事、渔政和水务等涉海部门监察执法、防灾减灾、环境保护、海事交通、海洋经济、海洋地质、信息服务的能力,为海洋科学管理服务。

五、机制推动

大力推进体制机制创新,主动争取国家海洋局等国家有关部门指导支持,积极与周边省市密切沟通,促进环渤海区域各省市互相合作,有计划地与国际组织和沿海国家联络,形成广泛交流的工作机制。

六、监督实施

重视规划实施工作,强化规划的指导和约束作用。加强规划衔接,做好本规划与相关区域和相关行业规划的沟通和协调。制定年度实施计划,将各项目标、任务分解下达各部门、各企业。加强规划考评,将规划目标和任务完成情况纳入部门绩效考核体系。做好规划实施的中期评估,及时将进展情况向市政府报告。加强规划实施的监督,为落实规划提供保障。

江苏省"十二五"海洋经济发展规划

序　言

　　江苏位于我国东部沿海中心地带,具有连接南北、沟通东西的重要战略地位,海洋资源丰富,发展海洋经济的条件得天独厚。党的十七届五中全会明确提出了发展海洋经济的总体要求,为制定和实施海洋经济发展战略指明了方向。江苏沿海地区发展和长江三角洲地区一体化发展先后上升为国家战略,我省海洋经济迎来重大发展机遇。

　　"十二五"时期,是我省率先全面建成小康社会并向率先基本实现现代化迈进的关键时期,是加快转变发展方式、推动经济转型升级的攻坚时期,也是我省加快海洋经济发展、向海洋强省迈进的重要时期。编制和实施《江苏省"十二五"海洋经济发展规划》,对于调整优化海洋产业结构和空间布局,促进我省海洋经济又好又快发展,打造我省国民经济持续增长新引擎,具有十分重要的意义。

　　本规划的主体范围是江苏沿海地区。鉴于江苏临海滨江的地理位置及海洋产业的实际分布情况,将沿江海洋交通运输及港口物流、海洋船舶及海洋工程装备等涉海产业区域纳入规划范围。

　　本规划以《全国海洋经济发展规划纲要》、《江苏省国民经济和社会发展第十二个五年规划纲要》、《长江三角洲地区区域规划》、《江苏沿海地区发展规划》等为依据,提出"十二五"时期江苏海洋经济发展战略、发展目标、重点任务和保障措施,是今后5年我省发展海洋经济的总体蓝图和行动纲领。

　　根据《省政府办公厅关于做好全省"十二五"专项规划编制工作的通知》(苏政办发〔2010〕152号)精神,本规划由省发展改革委、省海洋渔业局、省沿海办会同有关部门联合编制。规划期为2011—2015年,重大建设和布局展望至2020年。

第一章　发展现状和基础条件

第一节　主要成就

"十一五"时期,在省委、省政府的正确领导下,海洋经济发展"十一五"规划目标顺利完成,为全省经济增长和区域协调发展作出了贡献。

海洋经济总体实力显著提升。2010年,全省海洋生产总值初步核算为3 241亿元,占全省地区生产总值比重约为7.9%,比2005年提高2个百分点。"十一五"期间,海洋生产总值年均增长25.6%(按现价计算),远高于同期全省地区生产总值增长速度,对区域经济发展贡献率明显提高,以海洋经济为依托的沿海3市国民经济增长迅速,发展势头强劲。

专栏1　"十一五"江苏海洋经济发展情况

主要海洋产业发展突飞猛进。"十一五"期间,我省海洋船舶修造、滨海旅游、海洋渔业、海洋交通运输等优势产业实力进一步提升。2010年,全省造船完工量为2 300万综合吨,占全国市场份额的35.1%,稳居全国榜首;连云港港、南通港、苏州港、江阴港、镇江港和南京港成为亿吨大港,数量居全国第一,沿海港口货物吞吐量达1.51亿吨,沿江港口海运货物吞吐量约为5.1亿吨。海洋风电、海洋工程装备、海洋生物医药等新兴产业发展迅猛,至2010年底,海洋风能发电装机总容量达150万千瓦,年发电量达25.5亿千瓦时,风力发电机、高速齿轮箱等关键部件产量约占全国的50%,形成了较好的产业链,海洋经济结构逐步得到优化。

专栏 2　海 洋 经 济

　　海洋经济涉及到海洋产业和海洋相关产业两个方面的经济活动。

　　海洋产业是开发、利用和保护海洋所进行的生产与服务活动,由主要海洋产业、海洋科研教育管理服务业两大部分构成。其中,主要海洋产业包括海洋渔业、海洋油气业、海洋矿业、海洋盐业、海洋化工业、海洋生物医药业、海洋电力业、海水利用业、海洋船舶工业、海洋工程建筑业、海洋交通运输业、滨海旅游业等。海洋科研教育管理服务业是开发、利用和保护海洋过程中所进行的科研、教育、管理及服务等活动,包括海洋信息服务业、海洋环境监测预报服务、海洋保险与社会保障业、海洋科学研究、海洋技术服务业、海洋地质勘查业、海洋环境保护业、海洋教育、海洋管理、海洋社会团体与国际组织等。

　　海洋相关产业是以各种投入产出为联系纽带,与主要海洋产业构成技术经济联系的上下游产业,涉及海洋农林业、海洋设备制造业、涉海产品及材料制造业、涉海建筑与安装业、海洋批发与零售业、涉海服务业等。

　　海陆基础设施建设成效突出。"十一五"期间,我省沿海、沿江港口群开发建设取得历史性突破,港口吞吐能力达 9 亿吨,万吨级以上泊位达 366 个,居全国第一。沿海陆岸十个规划港区全部启动建设或者得到进一步建设,连云港港 15 万吨级航道、连云港区 30 万吨级矿石码头、大丰港区 5—10 万吨级散货码头、洋口港区 10 万吨级 LNG 码头等工程顺利建成,连云港港 30 万级航道等重大项目开工建设;沿江港口群建设步伐加快,长江口—12.5 米深水航道整治及延伸至太仓工程顺利建成,苏州港太仓港区 10 万吨级远洋集装箱泊位以及南京、镇江和南通 5 万吨级集装箱泊位等重点工程完工。区域综合交通网络初具规模,沿海高速公路全线贯通,东陇海铁路复线及电气化改造顺利完工。通榆河北延工程全线通水通航,海堤加固达标工程基本完成,对海洋经济发展的支撑保障能力显著增强。

　　海域使用管理水平大幅提高。严格执行海洋功能区划、海域权属管理、海域有偿使用 3 项基本制度。"十一五"期间,全省共确权用海 1 886 宗,确权面积 33.5 万公顷,有力保障了沿海开发用海需求。创新海域使用权物权制度,在全国率先出台《关于推进海域使用权抵押贷款工作的意见》和《海域使用权抵押登记暂行办法》。至 2010 年底,全省海域使用权抵押贷款累计近 100 亿元。海域使用管理能力不断增强,率先完成省、市两级海域动态监视监测系统建设,省、市、县三级动态监管体系初步形成并进入业务化运行阶段。

　　科技兴海战略不断深化。"908"专项调查与评价全面展开,我省"海洋家底"基本摸清。顺利组织实施国家海洋科技公益专项,开展浒苔监测及发生规律研究,启动海洋环境容量研究专项。海洋生物、海洋化工、海洋可再生能源等应用科技水平大幅提升，南黄海辐射沙脊群海域潮流、泥沙运动机理研究和辐射沙洲促淤并陆工程试验研究成果丰硕。海洋科技基础设施建设成效显著，建成一批海洋公益性研究与服务机构，产学研创新基地建设步伐明显加快。

海洋环境监管体系进一步健全。海洋环保分级负责制逐步完善，海洋工程建设项目环境影响评价、"三同时"制度、竣工验收及跟踪监管不断强化，陆源排海特征污染物在线监测系统投入运行。海洋预警预报体系建设取得明显成效，全省共布设海洋环境各类监测点536个，省海洋环境监测预报中心开始自主发布全省海洋预报。海洋生态环境保护进一步强化，新建2个国家级海洋特别保护区，实施人工鱼礁建设和人工增殖放流活动，严格捕捞许可制度和伏季休渔管理，海洋渔业资源养护和海洋生态修复取得明显成效。

第二节 资源条件

江苏沿海、沿江地区南连长江三角洲核心区域，北接环渤海经济圈，长江黄金水道横贯东西，具有江海交汇的独特区位优势。我省海洋资源丰富，综合指数位居全国第4位，在全国海洋经济发展中具有重要地位。

海洋空间资源。江苏大陆海岸线长954公里，其中，粉砂淤泥质海岸线长884公里，约占海岸线总长的93%。近海海域面积约3.75万平方公里，相当于全省土地面积的37%。沿海有基岩海岛13座，岩礁11座。中部近岸浅海区分布有南北长约200公里、东西宽约90公里的黄海辐射沙脊群。海洋动力地貌条件独特，滩涂资源丰富，堤外滩涂面积约为5 000平方公里(750万亩)，约占全国的1/4，其中，潮上带滩涂面积307.42平方公里(46.12万亩)，潮间带滩涂面积4 694.2平方公里(704.13万亩)，含辐射沙脊群区域理论最低潮面以上面积2 017.53平方公里(302.63万亩)，每年仍不断向外淤涨，构成我省重要的后备土地资源。

海运港航资源。淤泥质海岸和辐射沙洲内缘等复杂条件下建港技术取得重大突破，江苏潜在港口资源更加丰富。沿海港口岸线主要分布在连云港—灌河、废黄河口附近、辐射沙洲内缘海岸。条件较好的海港港址有14处，目前，已规划大陆海岸港区10处，正在研究选址3处。其中，可建设10万吨级以上泊位的有连云港港和盐城港大丰港区、滨海港区及南通港洋口港区，可建5—10万吨级泊位的有南通港吕四港区、盐城港射阳港区等。国家正式实施长江南京以下—12.5米深水航道建设，设计标准为5万吨级集装箱船双向、10万吨级乘潮通航，沿江海轮航道条件和建港条件将十分优越。

海洋生物资源。江苏海域地跨暖温带和北亚热带，水温适中，长江等众多入海河流输送大量营养物质入海，生物生产自然条件较好。近岸海域浮游动植物种类繁多，其中，浮游动物136种，浮游植物197种。近海拥有海州湾渔场、吕四渔场、长江口渔场和大沙渔场等，鱼类150种，贝类87种，海藻84种，文蛤等5种优势种生物量$14.5×10^4$吨。

沿海风能和海洋能资源。江苏沿海面

向南黄海,地势平坦,风功率密度较大,沿海岸地区年风功率密度可达100瓦/平方米以上,部分地区可达150瓦/平方米,近海大部分海域风功率密度超过350瓦/平方米,而强台风出现频率较小,适合建设大规模海上风电场;在国家千万千瓦级风电基地规划中,江苏沿海千万千瓦级风电基地是国家建设的第一个海上风电基地。潮汐能以辐射沙脊群中部海域和长江口北支最为丰富。波浪能以废黄河、射阳河口和弶港以东约200公里外海最为丰富。

滨海旅游资源。江苏沿海拥有基岩海岸、沙滩海岸、淤泥质海岸、基岩海岛等,拥有亚洲大陆边缘最大的海岸湿地和独特的辐射状沙洲,有丹顶鹤、麋鹿2个国家级珍稀动物自然保护区和蛎岈山牡蛎礁、海州湾海湾生态与自然遗迹2个国家级海洋特别保护区,花果山、狼山、范公堤等自然景观及新四军纪念馆、盐文化博物馆等人文景观遍布沿海各地。海洋旅游文化资源开发潜力巨大。

第三节　机遇和挑战

"十二五"时期,是我国海洋经济快速增长的黄金期,我省海洋经济面临前所未有的重大发展机遇。党中央、国务院对海洋经济发展高度重视,十七届五中全会通过的《中共中央关于制定国民经济和社会发展第十二个五年规划的建议》明确作出发展海洋经济的总体部署,为深入实施海洋强国战略、依托海洋经济促进区域经济发展指明了方向;国家区域发展总体战略深入推进,江苏沿海地区发展、长江三角洲地区一体化发展等国家战略的叠加效应,成为推动我省海洋经济发展的重要引擎;经济全球化和区域一体化深入发展,将进一步促进生产要素合理流动和优化配置,我省沿海地区面临承接国际产业转移的新机遇;我省沿海大规模基础设施网络和创新型省份建设,将进一步夯实江苏海洋经济发展的支撑能力,为海洋经济又好又快发展提供了有利条件和广阔空间。

专栏3　海洋经济与沿海经济

海洋经济与沿海经济是两个既相互交叉又有所区别的概念。

海洋经济以产业为纽带,是开发、利用和保护海洋的各类产业活动,以及与之相关联活动的总和。沿海经济具有显著的区域经济特点,从全国来看,通常是指拥有海岸线的省份所有经济活动的总和;从沿海省份来看,通常是指拥有海岸线的地级市所有经济活动的总和。《辽宁沿海经济带发展规划》《江苏沿海地区发展规划》等都是以沿海经济作为规划的主要内容。

作为沿海经济的重要组成部分,发展海洋经济是江苏沿海开发的切入点,是振兴沿海经济和苏北经济的重要引擎,也是江苏国民经济发展新的增长极。由于并非所有海洋产业都只能布局于沿海区域,因此,海洋经济与沿海经济又有所区别。海洋渔业、海洋盐业、海水利用业、海洋工程建筑业、滨海旅游业、海洋滩涂农林业、沿海临港工业等产业活动,都是在滨海区域和海洋进行的,属于海洋经济和沿海经济共同的范畴。海洋生物医药业、海洋设备制造业、海洋科研教育管理服务业等产业,在非沿海市、县进行时,也应纳入海洋经济范畴。由于长江下游地区具有深水航道和深水岸线及通江达海的独特优势,我省海洋交通运输、海洋船舶及海洋工程装备等产业在沿江区域的发展超过沿海区域,形成了独特的布局于沿江地区的海洋经济发展带。

同时,我省加快海洋经济发展面临前所未有的压力和挑战。全国沿海各地尤其是国家海洋经济发展试点地区掀起新一轮海洋开发热潮,"百舸争流、竞相发展",我省海洋经济实现"洼地崛起"的紧迫感进一步增强;江苏近岸海域生态脆弱,海洋资源开发利用方式粗放,海洋环境压力大;海洋经济总体规模小,海洋产业结构趋同,空间布局不够合理;海洋科技投入不足,科技研发及成果转化能力较弱;陆海统筹发展的体制机制亟待完善。这些都给我省海洋经济进一步发展带来严峻的挑战。

专栏4　2009年江苏省与其他沿海省份海洋经济发展指标比较

省　份	海洋生产总值(亿元)	地区生产总值(亿元)	海洋生产总值占地区生产总值比重
广东	6 661.0	39 081.6	17.0%
山东	5 820.0	33 805.3	17.2%
上海	4 204.5	14 900.9	28.2%
浙江	3 392.6	22 832.4	14.9%
福建	3 202.9	11 949.5	26.8%
江苏	2 717.4	34 457.3	7.9%
辽宁	2 281.2	15 065.6	15.1%
天津	2 158.1	7 500.8	28.8%
河北	922.9	17 026.6	5.4%
海南	473.3	1 646.6	28.7%
广西	443.8	7 700.3	5.8%

第二章　总体要求

第一节　指导思想

深入贯彻落实科学发展观,围绕党的十七届五中全会关于发展海洋经济的总体要求,紧紧抓住江苏沿海开发上升为国家战略的重大机遇,深化改革开放,坚持陆海统筹、江海联动,以提升海洋经济综合竞争力为核心,以转变海洋经济增长方式为主线,以海洋科技创新为动力,以港口物流、临港工业为突破口,着力优化海洋经济结构,加强海洋生态建设,不断提升海洋经济综合效益,构建江苏国民经济持续快速发展的新引擎,为又好又快推进江苏"两个率先"作出贡献。

第二节 基本原则

陆海统筹。注重陆海一体,统筹海域、海岸带、沿江及腹地开发建设,整合生产要素资源,实现陆海资源互补、布局互联、产业互动。以陆域经济、技术为依托,提高海洋经济的吸收和依附力;以陆域空间为腹地和市场,强化海洋经济的辐射和带动作用。充分发挥沿海、沿江港口的龙头带动作用,统筹港口、产业、城镇开发建设,形成陆海相互促进、协调发展的新格局。

江海联动。统筹规划沿海、沿江两大区域发展,打造江苏"L"型特色海洋经济带。以海洋经济为纽带,促进沿海、沿江区域产业配套和联动发展。利用长江下游深水航道和深水岸线的独特优势,加快发展远洋运输及港口物流、海洋船舶及海洋工程装备等海洋产业。依托沿江地区众多涉海科研、教育机构,加强海洋科教服务,扶持建设一批海洋科研中试基地和孵化器,培育发展海洋高新技术产业。

专栏5 江苏省沿江地区海洋经济发展概况

江海联动是江苏海洋经济发展的基本原则之一,也是江苏海洋经济发展的特色和亮点。

海洋运输及港口物流。江苏沿江地区拥有长江岸线1 290.2公里、干流岸线859.2公里、洲岛岸线431公里。江苏段货运量占整个长江干线的63%,港口货物吞吐量占70%,万吨级以上泊位数约占80%,是长江黄金水道的龙头区段。据统计,在我省沿江港口货物吞吐量中,大约50%为海洋货物运输。根据交通部2006年颁布的《全国沿海港口布局规划》,我省南通港、苏州港、无锡江阴港、镇江港、泰州港、常州港、扬州港和南京港等沿江港口均已纳入海港范畴。目前,长江航道—10.5米的维护水深已贯通南京,可满足3万吨级海轮全天候通航以及5万吨级海轮乘潮通过的要求,长江口—12.5米深水航道上延至太仓工程也已顺利建成。"十二五"期间,交通运输部和江苏省将共同完成南京以下—12.5米深水航道建设工程。建成通航后,海运主力标准船型5万吨级集装箱船舶可全潮直达南京港,第五代、第六代大型远洋集装箱船舶以及10万吨级满载散货船可乘潮进出南京港,南京以下的港口将成为真正意义上沟通长江中上游与中西部地区的海港,沿江地区海洋运输与港口物流业将得到进一步发展。

海洋船舶及海洋工程装备。2010年,在造船完工量、新承订单量、手持订单量3大指标方面,南通、泰州、扬州和南京沿江4市总和占全省的94.6%、92.9%、96.5%;位于长江岸边的江苏新世纪(新时代)造船有限公司、江苏扬子江船业集团公司、江苏熔盛重工集团有限公司造船完工量和新承订单分别位居全国第一、第二、第三。江苏省绝大部分海洋工程装备制造企业分布于长江下游深水岸线,地处长江口的南通,已初步形成江苏乃至全国最大的海洋工程装备产业群,扬州、泰州、镇江、无锡等沿江主要船舶企业,也在政府推动下快速发展海洋工程装备产业。

海洋科研教育。我省大部分涉海高校和科研机构,如:河海大学、南京大学、南京师范大学、南京农业大学、江苏科技大学(原华东船舶学院)等涉海高校,中科院南京地理与湖泊研究所、国家海洋局(江苏)海涂研究中心、南京水利科学研究院、江苏省海洋药物研究中心、中船重工702研究所、江苏省海洋水产研究所等涉海科研机构,都坐落于沿江地区,拥有发展海洋科研教育管理业的广阔空间,产学研合作条件得天独厚。

创新驱动。深入实施科教兴海战略,打造科技人才高地。充分发挥江苏教育资源优势,重视海洋高等教育,强化海洋人才培养和引进工作。加大海洋科技投入,推进各类科技创新载体建设,完善科技创新体系,提高海洋科技创新能力。大力培育自主知识产权、自主品牌和创新型企业,积极推进技术成果集成创新和产业化,提高海洋产业核心竞争力。

开放合作。进一步提高海洋经济对外开放水平,积极参与国际产业分工与合作,在更高层次上承接国际产业转移。积极对接山东半岛蓝色经济区和浙江海洋经济发展示范区,加强与周边地区、中西部地区及东北亚的合作,创新合作机制,积极优化发展环境,努力拓展发展空间。

绿色增长。按照建设海洋生态文明的要求,充分利用资源环境约束形成的倒逼机制,促进海洋经济绿色增长。提高环境准入标准,发展循环经济,强化海陆污染防治和海洋生态建设。正确处理海洋资源开发和海洋环境保护的关系,促进海洋经济与资源环境协调发展,积极打造沿海宜居环境,提高人民群众对海洋生态环境的满意度。

第三节 发展目标

至2015年,海洋经济总体实力显著增强,成为全省经济快速持续发展的重要引擎;海洋产业结构和空间布局显著优化,现代海洋产业体系基本形成;海洋科技进步贡献率显著提高,科教创新体系逐步完善;环保监管能力显著提升,海洋环境恶化趋势得到有效控制;初步建成全国重要的海洋产业示范区、海洋科技人才集聚区和海洋生态宜居区。至2020年,基本实现海洋经济强省目标。

海洋经济总量。保持海洋经济年均增

长高于全省经济增长速度,实现海洋经济倍增计划,至2015年,海洋生产总值突破6 800亿元(2010年价),占全省地区生产总值比重达10%以上。提高海洋经济发展质量,海洋新兴产业增加值占主要海洋产业的比重提高至20%以上。

专栏6　海洋生产总值

海洋生产总值是海洋经济生产总值的简称,指按市场价格计算的沿海地区常住单位在一定时期内海洋经济活动的最终成果,是海洋产业和海洋相关产业增加值之和。其主要功能是反映海洋经济活动的总体情况,与国内生产总值概念相对应,是衡量海洋经济对国民经济贡献水平的重要指标。

根据上述"海洋生产总值"概念以及专栏2内容,国家海洋局目前所界定的海洋经济属于狭义的海洋经济,其统计口径在临港工业方面仅包括海产品加工、海洋化工、海洋生物医药、海洋船舶、海洋设备制造、涉海产品及材料制造等部分产业,而将石化、钢铁、汽车、粮油加工等排除在外。广义的海洋经济是大海洋经济的范畴,把所有开发利用海洋资源和空间形成的各类海洋产业,以及依赖海洋而形成的整个临港工业等都纳入海洋经济统计范围。美国、日本等一些西方海洋强国,大都同时采用狭义和广义两种标准。目前,我国多数沿海省份在制定地方海洋经济发展规划时,都把整个临港工业纳入海洋经济体系。因此,本规划也将整个临港工业纳入规划范畴。但是,为了与目前国家海洋经济统计口径相一致,在确定"十二五"具体发展指标时,仅按照狭义的海洋经济测算。

海洋科技创新。海洋工程装备制造、海洋生物制药、海洋新能源开发等领域的核心技术实现新突破,科技对海洋经济的贡献率达55%,海洋科技成果转化率超过60%,海洋科技总体水平显著提高。

海洋环境保护。近岸海域海洋功能区水质达标率升至80%,陆源直排口废水排放达标率升至100%,船舶污水收集处理率达60%,海洋特别保护区面积比例达10%,海洋生态环境得到有效保护与修复。

专栏7　江苏省"十二五"海洋经济发展主要指标

类　　别	指　　标	2015 年
海洋经济总量	海洋生产总值(亿元,2010 年价)	6 800
	海洋生产总值占地区生产总值的比重	10%
	海洋新兴产业占主要海洋产业的比重	20%
海洋科技创新	海洋科技进步贡献率	55%
	海洋科技成果转化率	60%

（续表）

类　别	指　标	2015 年
海洋环境保护	近岸海域海洋功能区水质达标率	80%
	陆源直排口废水排放达标率	100%
	船舶污水收集处理率	60%
	海洋特别保护区面积比例	10%

第三章　空　间　布　局

　　根据江苏沿海、沿江资源环境承载能力和现有产业基础与发展潜力，陆海统筹，江海联动，优化海洋产业布局，构建江苏"L"型特色海洋经济带，提升北部海洋重化工业板块、中部海洋生态产业板块和南部海洋船舶及海洋工程装备制造业板块综合竞争力，培育以沿海港口和沿江港口为依托的产业集群，形成"一带三区多节点"的海洋经济空间布局。

第一节　打造"L"型特色海洋经济带

　　充分发挥长江下游深水航道与海洋相连接的独特优势，统筹规划沿海、沿江两大区域经济发展，实现江海联动，全力打造以沿海地区为纵轴、沿江两岸为横轴的"L"型特色海洋经济带。

　　依托沿海港口群、沿海高速公路、临海高等级公路、沿海铁路、通榆河等主要交通通道，促进产业集聚，重点发展石化、钢铁、汽车、船舶、新能源、新材料、新型高端装备、海洋生物医药等临港产业，提升海洋渔业和滩涂农林牧业发展水平，加快现代港口物流、海洋科技文化、涉海金融和涉海商务等生产性服务业发展步伐。

　　依托沿江港口群、长江深水岸线，大力发展海洋交通运输及港口物流、海洋船舶修造、海洋工程装备制造等海洋优势产业；依托沿江地区科教优势，进一步壮大海洋科研教育管理服务业；依托沿江地区雄厚产业基础和科技研发力量，培育发展海洋生物医药业，积极发展涉海产品、设备及材料制造等海洋相关产业。

第二节　建设三大重点海洋经济区

　　加快连云港、盐城、南通 3 个中心城市建设，扩大城市规模，增强城市功能，促进生产要素集聚，增强为海洋经济发展的服务支撑能力。强化中心城市的辐射带动作用，坚持错位发展、合理分工和良性竞争，以个性化发展强化海洋产业特色，以优势互补提高开发效益，建设以连云港、盐城和南通 3 个中心城市为核心的江苏北部海洋经济区、中部海洋经济区和南部海洋经济区，提高区域海洋经济综合竞争力。

沿海北部海洋经济区。以连云港港为核心,对接中西部腹地经济区,加强苏鲁海洋经济合作。充分发挥连云港港深水大港的优势,大力发展海洋交通运输和现代港口物流业,建设连云港航运交易市场和大陆桥国际航运中心功能区;重点发展临港重化工业,全力打造石化产业链和钢铁产业链;积极发展核电等能源产业,扶持发展海洋生物医药、海洋化工等新兴产业,建成沿海地区重要的枢纽港和重化工基地。加快发展海洋渔业,提升发展滨海旅游业。

沿海中部海洋经济区。发挥盐城拥有广阔滩涂湿地和国家级自然保护区的特色,大力推进清洁生产,重点发展高效生态海洋产业。做大做强汽车、船舶等临海优势产业,培植壮大新能源、光电、海洋生物等临海战略性新兴产业,建设生态型工业基地;积极发展环保装备、环保材料,建设环保产业集聚区;大力发展滨海生态旅游业、高效生态海洋渔业和滩涂农林牧业;积极发展风电装备,建设国内重要的海上风电产业基地。

沿海南部海洋经济区。进一步融入上海国际航运中心和国际金融中心建设,积极开展苏沪海洋经济合作。依托南通船舶及海洋装备制造等雄厚的产业基础,江海联动,重点发展海洋船舶、海洋工程装备和港口机械等产业,加强产业配套和行业合作,建成世界一流的远洋船舶和海洋工程装备产业基地。大力发展海洋交通运输及港口物流业、海洋渔业、滨海旅游业,积极发展临海石油化工、海洋生物医药等产业,提升海洋经济发展水平。

第三节　构建海洋经济发展多节点

发挥江苏临海滨江的地理优势,以沿海、沿江众多港区为重要的海洋经济发展节点,推进港口、产业、城镇联动开发,集中布局建设临港产业,发展临港重要城镇,构建海洋经济发展新格局。

临港产业发展。根据港口各自比较优势,合理分工,错位发展,加快布局临港产业。适应快速增长的市场需求,利用海运成本低廉优势,实施项目带动战略,积极发展临港产业,特别是能源、石化、钢铁、车船、造纸、粮油加工等大用水量、大进大出的临港工业。设立临港产业准入门槛,切实加大产业导向力度,强化产业集聚效应,推进海洋经济又好又快发展。

专栏8　"十二五"江苏省沿海、沿江临港产业集群

连云港临港产业集群。连云港区临港产业以发展国际集装箱运输及港口物流、核电装备、风电装备、碳纤维、硅材料等产业为重点。徐圩港区临港产业以发展千万吨级大型钢铁产业、乙烯大型炼化一体化为龙头的石化产业、IGCC(整体煤气化联合循环发电)等为重点。赣榆港区临港产业以发展石化、钢铁、生物科技等产业为重点。灌河口临港产业以发展船舶修造、精细化工等产业为重点。

　　盐城临港产业集群。大丰港区临港产业以发展新能源及装备、海洋生物、港口物流、木材加工等产业为重点。滨海港区临港产业以发展能源、石油化工、海盐化工、医药化工等产业为重点。射阳港区临港产业以发展机械装备、新能源及装备、农副产品深加工等产业为重点。响水港区临港产业以发展能源、化工等产业为重点。

　　南通临港产业集群。洋口港区临港产业以发展石化、LNG（液化天然气）仓储加工、冶金和港口物流等产业为重点。吕四港区临港产业以发展精品钢、重型装备制造、港口物流、工厂化养殖、海产品深加工等产业为重点。如皋港区、狼山港区、江海港区、通海港区等沿江港区临港产业以发展高附加值船舶、海洋工程装备、港口机械设备等产业为重点。

　　沿江临港产业集群。依托沿江各港口，重点发展以海洋船舶、海洋工程装备、新能源汽车为主的装备制造业，大力培育发展海洋生物医药、风电光伏装备、电力自动化与智能电网、节能环保、新材料等战略性新兴产业，做大做强以集疏运、仓储、加工装配为主体的现代港口物流业，打造长江三角洲地区先进制造业基地、现代服务业基地、江海联运中转枢纽及物流中心、海洋科技创新中心。

　　临港城镇建设。港城是港口建设、产业发展和人口集聚的重要依托，加大港城特别是沿海临港城镇建设的力度，构建海洋经济服务中心。加快培育沿海临港城镇，围绕形成中小城市的目标，统一规划，合理布局，加快产业发展，促进人口集聚，有序扩大城镇规模，提升城镇发展水平。

专栏9　"十二五"江苏省沿海临港城镇建设

　　连云港。以中心城区建设为主导，依托沿海县城和重点中心镇，加快形成组合有序、梯度明显、功能互补、规模适度的沿海城镇体系。重点推进连云新城、徐圩新区以及赣榆新城建设，积极发展柘汪、海头、燕尾港、堆沟港等临港小城镇，推进港口、产业、城镇联动开发。

　　盐城。建成面积3—5平方公里、功能设施较全、人口规模集聚5—7万人以上的5个现代化新港城：陈家港港城（陈家港镇）、滨海港城（滨海港镇）、射阳港城（黄沙港镇）、大丰港城、弶港新城（弶港镇），形成大市区、县（市）城、沿海港城联动发展格局，为沿海港口和临港产业发展提供支撑。

　　南通。充分发挥中心城市的集聚辐射作用，构建都市区、海安—如城、洋口港—掘港、吕四港—汇龙、通州湾等5大城镇组团，带动城镇与港口、产业的协调发展。寅阳、近海、东灶港、包场、三余、长沙、洋口、老坝港等临海重点镇，依托沿海特色产业，建成功能配套完善、生态环境优良的滨海城镇。

第四节　培育海洋经济发展载体

坚持产学研结合，创新管理机制，加快沿海、沿江各类功能园区发展，促进海洋产业向园区集聚。促进功能园区可持续发展。做大做强连云港新医药产业园、盐城风电装备产业园、南通海洋工程船舶装备制造工业园、镇江高技术船舶及海洋工程装备科技产业园、泰州医药高新产业园等特色园区，把握国际国内产业转移机遇，培植发展更多海洋产业集聚区。

整合功能园区资源，依托深水海港和丰富的海洋资源，重点支持 14 个沿海县(市、区)设立和建设海洋产业园区，达到标准的优先升格为省级开发区。海洋产业园区按产业链引导布局，突出产业链的延伸、耦合、配套，形成上下游企业相邻布局的产业发展模式，积极推进海洋产业集群化步伐。

第五节　合理开发利用沿海滩涂资源

按照"统一规划、分步实施，政府推动、市场运作，园区模式、综合开发"的总体要求，先规划后围垦，先定位后建设，先试点后推广，高起点、跨越式推进沿海滩涂围垦综合开发。2010—2020 年，沿海滩涂规划建设 21 个围区，总面积 270 万亩。其中，2010—2012 年，围垦滩涂 60 万亩；2013—2015 年，围垦滩涂 70 万亩；2016—2020 年，围垦滩涂 140 万亩。

集约高效利用围垦土地资源。充分发挥沿海滩涂资源和区位优势，以现代农业、海洋经济发展、城镇建设为重点，优化生产力布局和产业结构，全面提高围垦土地的综合效益，建成我国重要的土地后备资源开发区。促进港口、产业、城镇联动发展，建设临港产业、绿色城镇，形成海洋经济发展重要节点。优化农业、生态、建设三类空间，农业、生态、建设用地比例大致为 6：2：2，按功能定位实施城镇、产业、生态等综合开发。农业用地实施成片开发，发展现代农业，建设商品粮、盐土农作物和海淡水养殖基地。建设用地结合临海港口，合理布局临港产业和城镇建设，以园区模式进行开发，促进产业集聚发展，引进大项目，形成大产业，提高投资强度和产出效应。生态用地主要用于沿海人工湿地，沿海水库、防风林、护岸林等建设。建设滩涂围垦综合开发试验区，实施不同类型的综合开发试点，探索形成综合开发新机制。

有序实施滩涂围垦开发。遵循"依法、科学、适度、有序"的原则，坚持因地制宜，开发与保护并重，科学开发利用滩涂、沙洲和海岛及近海海域资源。按照"边试验、边观测、边围垦"的方式，安全稳步地推进滩涂围垦，确保开发利用满足生态保护的要求。充分评估资源环境容量，科学合理确定新围海堤布局选线，重点对潮上带和潮间带高程在理论基准面 2 米以上的海域滩涂(包括近岸边滩和岸外辐射沙洲)进行围填开发。按照河口规划治导线的管理要求，统筹河口保护与滩涂利用，维护入海河道河口泄洪排涝能力。科学实施离岸沙洲围垦布局，尤其是促淤导堤布局，挖掘潜在深水大港资源。鼓励采用人工岛式、挖入式、多突堤式等围、填海新方式，最大限度减少对海洋生态环境的影响。

第四章　现代海洋产业体系建设

依靠科技进步,积极培育海洋新兴产业,做大做强海洋主导产业,改造提升海洋传统产业。充分发挥港口的龙头带动作用,强化园区、基地和企业的载体作用,促进产业集聚,构建具有国际竞争力的现代海洋产业体系。

第一节　培育发展海洋新兴产业

专栏10　海洋新兴产业

2010年《国务院关于加快培育和发展战略性新兴产业的决定》指出,战略性新兴产业是以重大技术突破和重大发展需求为基础,对经济社会全局和长远发展具有重大引领带动作用,知识技术密集、物质资源消耗少、成长潜力大、综合效益好的产业。国家将节能环保、新一代信息技术、生物、高端装备制造、新能源、新材料、新能源汽车等产业列为战略性新兴产业。江苏"十二五"规划纲要将新能源、新材料、生物技术和新医药、节能环保、软件和服务外包、物联网和新一代信息技术列为六大新兴产业。参照国家及我省的标准,将海洋工程装备、海洋新能源、海洋生物、海水利用、海洋信息服务等列为海洋新兴产业。

海洋工程装备制造业。引导鼓励企业与跨国公司、国内外科研机构及高等院校共建各类研究中心、技术中心,打造技术创新联盟,形成以骨干企业为中心、服务全省、辐射全国的"江苏海洋工程研发体系",增强海洋工程装备制造能力。依托无锡海洋深潜装备研发基地等,重点开发深远海关键装备设计建造技术。推进陆上装备制造企业与造船及海洋工程装备制造企业的战略合作,建立行业间以重点产品或共性关键技术为纽带的协作同盟。以江苏现有造船龙头企业为主体,以钻井平台、三用工作船、潜水作业船、大型海洋工程多用途工作船等为重点,突破海上高难度油田的新型平台技术,加快提升海洋工程装备设计建造能力和规模,打造南通千亿元海洋工程装备制造产业基地。"十二五"期间,形成年产各类海洋工程装备15—20艘(套)的生产能力,培育5家以上销售超百亿元的海洋工程装备生产及配套企业。

海洋新能源产业。有序推进陆上风电建设,突出开发海上风电。以建设国家千万千瓦级沿海风电基地为目标,启动海上风电场建设,重点抓好海上4个(总计100万千瓦)特许权招标项目、7个(总计120万千瓦)示范项目的建设,逐步实现海上风电规模化开发。加强海上风电输电规划,提高电网并网技术和接纳能力。严格执行国家风机并

专栏 11　海洋工程装备制造业

　　海洋工程装备制造业是为发展海洋工程业、开发利用海洋资源等提供技术装备的海洋基础产业,属于国务院确定的七项战略性新兴产业之一。随着陆上新发现油气田逐渐减少,未来开发重点将转向海洋,海洋工程装备业面临重大机遇。未来 5 年,全球主要钻井平台设备需求量 83 至 116 座,生产平台需求量 25 艘,海洋工程辅助设备需求量约 300 座/艘,估算海洋工程设备新增需求市场规模约 1 000 亿美元。由于超过 50%以上的钻井平台船龄超过 20 年,大量生产设备 FPSO(浮式生产储存卸货装置)需要改装,未来 5 年老旧设备更新改装市场规模约 1 500 亿美元。"十二五"期间,将在近海新建 5 000 万吨原油产能,带动海洋工程装备总投资超过 2 500 亿元。

网技术与标准,做好并网项目的运营和调度,提高风能和风机发电功率预测能力。至 2015 年,建成风电装机 600 万千瓦,其中:陆上 240 万千瓦,海上 360 万千瓦。积极开展风电设备研发、制造,培育发展一批风电设备制造骨干企业,形成整体竞争优势,建设更加完整的产业链和更具竞争优势的特色产业基地。依托海上风电建设,大力发展风电服务业。推进海洋生物能、潮汐能等其他海洋新能源开发利用的前期准备工作,为商业化开发利用奠定良好基础。

海洋生物医药业。瞄准国际海洋生物医药技术发展新动向,加快海洋生物基因工程药物与海洋极端微生物的研究。开展以紫菜为原料的藻红蛋白、紫菜多糖、EPA(廿碳五烯酸)等物质提取,以沙蚕为原料的生物杀虫剂制备及以其他海洋生物为原料的产品研发,逐步形成产业规模。重点建设泰州医药城、连云港新医药产业基地、大丰海洋生物产业基地、启东生物医药特色基地等,积极发展高端海洋生物技术产品。"十

二五"期间,开发出 3—5 项功效显著的海洋功能保健食品与医用产品,研制出 2—3 项具有自主知识产权的海洋药物。

海水综合利用业。紧密结合沿海产业发展、城镇建设和人口布局的用水需求,超前发展海水直接利用和海水淡化技术,提高海水利用规模和水平。鼓励海水直接利用,至 2015 年,达 40 亿立方米/年。适当开展海水淡化,积极推广中小规模的蒸馏法和膜法海水淡化技术及项目应用,"十二五"期间,建立 2—3 个海水淡化示范工程。培育发展海水利用设备制造,加快反渗透膜、能量回收装置和高压泵等组件以及高效蒸馏部件等的自主化研发。

现代海洋商务服务业。大力发展海洋信息服务业,加快海洋信息体系建设,提供海上通信、海上定位服务、海洋资料及情报管理服务等;积极培育大型信息服务企业,促进海洋信息服务向集团化、网络化、品牌化发展。大力发展海洋文化创意产业,深入挖掘江苏海洋文化底蕴,重点扶持海洋文化创意企业,建

设创意设计产业园,培养海洋文化创意人才。大力发展涉海中介及会展服务业,加快培育涉海业务中介组织,重点发展船舶交易、航运经纪、航运咨询、海洋环保、海洋科技成果转化交易等新兴海洋商务服务业;加快连云港国际商务中心建设,完善商务服务功能,设立服务陇海兰新沿线地区的技术交易市场;积极发展会展交易服务业,提升国际会展功能,打造区域性和国家级会展品牌。

第二节　做大做强海洋主导产业

海洋船舶修造业。以大型散货船、油轮、集装箱船等主力船舶为重点,集中力量研发大型液化天然气(LNG)船等高技术、高附加值船舶,提高本土化装船率,提升本土配套能力,全力打造国际船舶品牌。以产业基地、配套体系、合作平台和信息网络为重点,促进船舶产业集聚集约发展、错位发展,壮大沿江通泰扬远洋船舶工业、宁镇锡海洋特种船舶及配套装备、沿海灌河口修造船等3大船舶工业基地。重点突破现代造船技术、高强度厚钢板焊接技术、远洋船舶全球定位及通信技术等,"十二五"期末,力争全省前10位的船舶企业研发费用占销售收入的比重均达3%。至2015年,全省海洋船舶制造能力进一步增强,市场份额占全国的1/3以上。

海洋交通运输和港口物流业。组建集装箱船公司和大型船队,推进海运船舶大型化、专业化,至2015年,全省远洋运输企业船舶总吨位达750万载重吨。发展和优化航线航班结构,重点发展美国西岸航线,巩固提升现有日、韩航线密度,加密巩固现有内贸直达航线。加大货源组织力度,建立航运和生产性企业交流机制,降低企业集装箱物流成本,促进生产和运输的直接对接。结合港口后方临港产业发展特点,以特色货种和重要货类为方向,增强港口对物流资源的配置能力。加快培育现代大型物流企业集团,加强与中海、中远等大型央企及国际著名物流运输企业的合资合作,积极发展国际物流和第三方物流。推进国内物流和国际物流无缝衔接、互联互通。积极推进申报和建设依托沿海港口的保税物流园区,促进区港联动、港企合作,建设与现代物流相配套的内陆中转货运网络。推进水路、公路、铁路、航空、管道多式联运,促进港口集疏运体系向多元化、立体化方向发展。

滨海旅游业。按照江苏滨海旅游发展"333"总体空间布局,实施"一大旅游品牌、三大旅游精品、十五大特色产品"建设。整体打造"江苏沿海"旅游品牌,大力建设山海神话文化旅游、大潮坪生态旅游、江风海韵休闲度假旅游三大旅游精品,形成滨海生态观光、神话文化体验、历史文化、红色系列等特色旅游产品。开发海岛旅游,发展游艇旅游、海岛度假、海岛垂钓、海岛观光探险等新型旅游;与渔业资源保护和增殖相配合,建设人工渔礁休闲渔业区,重点建设国家级"海州湾海洋公园"。积极发展邮轮经济,以连云港为基地开发日、韩海上旅游航线。增进与省内各市以及与沪浙鲁的旅游互动,充分挖掘日本、韩国、东南亚等重要入境旅游客源地的潜力,努力拓展欧美、中亚及俄罗斯客源市场。

专栏 12　江苏省滨海旅游发展"333"总体空间布局

"三极"：依托连云港、盐城、南通 3 个旅游城市，打造旅游中心城市和区域旅游集散中心，促进旅游流等级扩散和集中。

"三区"：以沿海中心城市为依托，整合周边旅游资源，挖掘、提炼旅游品牌，形成山海神话观光度假区（连云港）、大潮坪国际生态旅游区（盐城及南通北部）、江风海韵休闲旅游区（南通南部）3 个旅游功能区。

"三带"：依托沿海高速公路发展轴线，连云港、盐城、南通 3 个旅游中心城市与二、三级旅游中心城镇相连，形成城市旅游带；依托海岸带，挖掘山海风光、湿地生态、江海文化旅游资源，培育我国东部旅游新基地和世界级生态休闲旅游带；依托辐射沙洲资源禀赋，通过海上、空中交通方式，构建海上辐射沙洲旅游带。

临港先进制造业。充分发挥江苏港口岸线丰富的优势，坚持自主化、集群化、高端化方向，大力发展临港先进制造业。利用连云港港口优势，开工建设炼化一体化、PTA（苯二甲酸）、甲醇制烯烃等一批重大石化项目，加快推进油气储备项目，努力打造基础石化产业链；依托洋口港区、吕四港区开发，积极推进大型炼化工程一体化联合项目，着力建设以乙烯为龙头的大型石化生产基地、氯碱生产基地和重油精炼基地。加快调整钢铁产业布局，引导和支持沿江及内陆地区特别是城市钢铁企业向连云港转移，建设徐圩港区千万吨级钢铁基地；促进南通现有钢铁企业联合，加强技术改造。利用沿海岸线优势，积极引进和建造港口装备制造基地。依托现有整车企业，加快推进东风悦达起亚第三工厂 30 万辆乘用车项目达产达效工作，积极推进新能源汽车、车用动力电池、国家级新能源汽车工程中心和汽车试验场项目，建设国内重要的汽车及零部件研发、设计、制造、试验基地；支持盐城发展大中型客车和专用车，创造条件发展中重型卡车及发动机。

第三节　提升发展海洋传统产业

海洋渔业。大力发展海水养殖，挖掘海涂养殖潜力，重点突破浅海养殖；积极发展工厂化养殖、立体生态养殖，新建百万亩水产养殖基地，改造百万亩老化池塘，加快推进现代渔业园区建设。调整海洋捕捞结构，降低近海捕捞强度；完善渔船管理机制，实施海洋捕捞渔民减船转产工程和"万船改造"工程；鼓励参与国际渔业资源共享和市场竞争，大力发展远洋捕捞。至 2015 年，远洋渔船达 100 艘，产量达 5 万吨。重视海产品精深加工，开发多样化、系列化、标准化的海洋功能性食品，加快培育壮大一批水产品加工龙头企业，沿海地区力争建成 3—5 个全国水产品加工示范基地。严格执行船网工具指标控制制度和禁渔区、禁渔期制度，积极开展海洋渔业资源修复,加快特色海洋牧场建设,扩大底播、放流增殖品种和规模;至2015年,年人工增殖放流资金达2 000万元,放流数量达10亿尾。积极实施现代海洋渔业重点工程,努力打造沿海地区千亿元级现代渔业。

滩涂农林牧业。通过滩涂综合治理、基因工程改良和培育耐盐农作物,大力发展优质水稻、双低油菜、专用小麦、中药材等优质农作物,建设沿海滩涂现代农业示范区和国家级沿海经济作物示范基地。积极发展海水农业,开发海水蔬菜产品深加工技术,增加产品经济附加值。营造沿海滩涂海堤抗风、防浪、护堤林带,大力发展商品苗木,建立一批高效生态防护林基地和省级示范苗圃基地。发展经济林产品精深加工,实施林板(纸)一体化工程。因地制宜发展滩涂种草养畜,做好畜禽良种资源的保护和利用,建立优质畜禽生产基地。

海盐化工业。进一步优化海盐化工产业结构,提高工艺技术和装备水平,提高产品科技含量和经济附加值。充分利用江苏省海洋资源研究院等研发平台,开展海洋化工关键技术攻关,推进海水化学资源综合利用,大力开发系列化海洋精细化工产品,重点发展离子膜烧碱。开展氯产品、氢产品的深加工,研发百万吨级浓海水制盐、万吨级海水提钾、千吨级海水提溴产业化技术和设备。创造条件发展海水化工和海藻化工,发展综合性、生态型海洋化工开发模式,把我省建成全国重要的海盐化工基地。

第五章　基础设施支撑体系建设

本着适度超前的原则,进一步加快交通、水利、能源、信息等重大基础设施规划和建设步伐,推进一体化发展,提高海洋经济发展保障能力。

第一节　打造综合交通网络

以沿海、沿江港口建设为龙头,统筹发展水运、铁路、公路、航空等多种交通运输方式,构建快捷高效的现代综合交通网络。

进港航道。加快大型深水航道建设,扩大港口能力。建成连云港港30万吨级航道工程、赣榆港区东防波堤一期工程和5万吨级航道工程、连云港区旗台作业区防波堤工程和墟沟作业区10万吨级航道工程、徐圩港区防波堤工程、灌河口航道整治工程、滨海港区防波堤和10万吨级航道工程、射阳港区防波堤和5万吨级航道工程等。开工建设赣榆港区东防波堤二期工程、南防波堤工程和10万吨级航道工程,滨海港区10万吨级进港航道工程、大丰港区10万—15万吨级航道工程,洋口港区15万吨级北航道工程,吕四港区10万吨级进港航道等工程。加强省部协作,基本建成长江南京以下12.5米深水航道工程。

专栏13   江苏省沿海港口群

连云港港是江苏沿海港口群的核心,是我国综合运输体系的重要枢纽。连云港区是以集装箱和大宗散货运输为主,兼顾客运和散、杂货运输的综合性港区,是服务中西部地区的重要枢纽港区。徐圩港区以石油、铁矿石、大宗散杂货运输为主,服务重化工业、装备制造业发展,并承担中西部地区能源等重要物资出海功能。赣榆港区依托临港工业起步,逐步发展成为服务腹地经济和后方临港工业发展的综合性港区。灌河口港区以散杂货和化工品运输为主,兼顾船舶修造。

盐城港是上海国际航运中心的喂给港和连云港港的组合港。大丰港区是以通用散杂货、石油化工和集装箱运输为主的综合性公用港区,兼顾能源、石化,以华东地区最大的液体化工码头为依托,为临港石化产业提供服务发展功能。滨海港区规划建设以服务临港工业为主,为能源产业服务,以煤炭和大宗散货运输为主的能源大港、产业大港。射阳港区规划建设为以散杂货、化工品和集装箱运输为主的综合性港区,逐步发展临港工业和现代物流。响水港区以承担散杂货和化工品运输为主。

南通港是上海国际航运中心北翼重要的组成部分,建设能源、原材料综合性物流加工基地,增强对长江中上游地区的服务功能。目前,南通港包括洋口、吕四2个沿海港区和狼山、江海、如皋等沿江港区。洋口港区规划建设以原材料、煤炭、石油化工、液体化工等散货运输为主,兼顾集装箱运输的综合性港区,主要为临港工业服务,远期发展大宗散货中转及油品运输,打造具有国际水准的现代化石化基地和长江三角洲地区综合物流中心。吕四港区主要服务化工、石油仓储、煤炭中转、天然气储存等临港重化工业和大型港口物流发展需要。狼山、江海、如皋等港区以能源、原材料等大宗散货中转和集装箱运输为主。

港区。加强连云港区建设,推进赣榆、徐圩、滨海、射阳、大丰、洋口、吕四等规划港区的建设,完善沿海港口布局,引导临港产业集聚。建成赣榆港区一期、二期工程,连云港区大堤作业区一期工程、墟沟作业区55—57号泊位、旗台作业区10万吨级氧化铝、10万吨级散化肥专业化泊位、10万吨级散货泊位和5万吨级液体化工泊位工程,徐圩港区30万吨级原油码头、一期通用散杂货泊位、件杂货泊位和液体化工泊位工程,滨海港区中电投煤炭码头一期工程,大丰港区通用散杂货码头工程,洋口港区5万吨级液体化工码头、10万吨级散货码头工程,吕四港区东灶作业区一期工程等。开工建设赣榆港区三期工程,连云港区大堤作业区二期工程,徐圩港区二期和三期工程,灌河口港区通用散杂货泊位工程,滨海港区油气码头、液体化工码头工程,洋口港区10万吨级成品油码头,吕四港区东灶作业区二期工程、吕四作业区10万吨级通用码头、5万吨级物流码头工程等。做好前三岛、通州湾、东台等港区前期研究论证工作。加强沿江港区建设,苏州太仓港区完成 5 万—10 万级物流码头工程等、开工建设五期工程,南京港、镇江港、无锡江阴港重点加强 5 万吨级泊位建设。

专栏 14　江苏省沿江港口群

南京港是长江流域大宗散货和集装箱江海联运中转枢纽港,长江国际航运物流综合服务基地;以原材料、能源等大宗散货和集装箱运输为主,兼顾汽车、石化及钢铁等散杂货运输功能。

苏州港是上海国际航运中心的重要组成部分、国际远洋集装箱干线港和我国江海联运中转枢纽港;以集装箱和铁矿石等大宗散货中转运输为主,兼顾石化、粮油及木材、钢铁等散杂货运输功能。

镇江港是上海国际航运中心集装箱运输体系的重要组成部分和集装箱干线港,以集装箱和大宗物资中转运输为主。

无锡江阴港是地区性重要港口,苏锡常西部地区内外贸物资中转港以及长江中上游部分物资的江河中转、水铁转装港;近期主要为无锡外向型经济发展服务,远期逐步向综合性港口发展。

扬州港是地区性重要港口,主要为扬州市及江淮平原经济发展服务;以集装箱、通用件杂货运输为主,以及石油化工仓储和中转运输。

泰州港是地区性重要港口,长江北岸重要的地区性综合港、江苏沿江新兴的集装箱喂给港、泰州及跨江联动发展的工业港。

常州港是地区性重要港口,主要为市域经济发展服务;发展通用散杂货和石化产品仓储、转运运输。

内河航道。结合沿海地区水资源供给,实施水利、航运综合利用工程。加快重点港口的疏港航道建设,为沿海港口提供安全便捷的水运集疏运通道。续建并完成连申线东台至长江段、盐河(杨庄—武障河段)和刘大线航道整治工程,开工并建成连申线灌河段(盐灌船闸—响水段)航道整治工程,开工建设通扬线航道整治工程。至 2015 年,整治内河航道 380 公里,其中建成 207.4 公里。

铁路。加快构建沿海铁路通道,强化陇海铁路通道,完善宁启铁路通道。续建并建成海洋铁路、宁启铁路复线电气化改造等,开工并建成连盐铁路、青连铁路、新长铁路盐城至海安段复线电气化改造(含大丰港铁路)、宁启铁路南通至启东段等;开工建设沪通铁路、连淮铁路等。加强沿海主要港区疏港铁路建设。至 2015 年,沿海地区建成铁路 400 公里以上,完成复线电气化改造约

200 公里。积极推进沿江干线铁路建设，沿江通道内新增铁路里程 114 公里，改造铁路里程 268 公里。

公路。进一步提升沿海地区公路覆盖水平和等级标准，支撑临港产业、园区建设，引导城镇集聚发展。续建并完成临海高等级公路、崇启大桥、连云港东疏港高速公路和北疏港高速公路；建成无锡至南通过江通道、南通至洋口港高速公路、阜宁至建湖高速公路，开工建设崇海大桥、海安至启东高速公路和盐城至大丰高速公路。至 2015 年，建成高速公路 130 公里、普通干线公路 1 000 公里左右。积极推进沿江高速公路扩容，沿江通道内新增高速公路里程 76 公里。

航空。优化整合沿海机场资源，发挥整体优势，提升服务能力。完成南通兴东机场和盐城南洋机场扩建工程，加快推进连云港机场迁建工程。至 2015 年，连云港白塔埠机场、南通兴东机场、盐城南洋机场年旅客吞吐能力分别达 130 万人次、160 万人次和 50 万人次。

第二节　加快水利设施建设

引排水工程。加强水源工程和输水、蓄水工程建设，增加引江调水水源，扩大东引北送能力，实现三线输水、三区供水；建设向港口、港城、临港工业区和滩涂围填区的供水系统，适应供水新需求；新建沿海平原水库，增加备用水源。重点实施利用南水北调和通榆河向北部沿海调水的水源工程，扩大里下河江水东引能力向中部沿海供水的水源工程，扩大沿江引水能力向南部沿海供水的水源工程等。积极实施徐圩新区输水支

线工程，保障大型石化和钢铁基地用水需求；从通榆河提水向东台、海安、如东沿海滩涂垦区增加供水。大力实施蓄水工程，建设盐龙湖、如东、明湖、东温庄等平原水库，提高沿海地区供水安全保障。

防洪与海堤工程。提高防御风暴潮能力，继续加强海堤建设，重点加固侵蚀岸段防护工程，并根据滩涂围填进程外移海堤和沿海挡潮闸；提高内陆流域防御洪水的标准，整治淮河入江水道，建设淮河入海水道二期工程，加快实施里下河"四港"（即射阳河、新洋港、黄沙港、斗龙港）整治与川东港拓浚；提高沿海地区排涝标准，扩大排水入海出路，加强易涝洼地排涝建设；提高城市防洪排涝水平，港区、港城和临港工业区同步建设防洪排涝工程。

第三节　完善能源保障网

加强能源供给保障。根据"上大压小"要求，提高大容量、高参数机组比重，优化燃煤发电结构，加快陈家港电厂 2×60 万千瓦、南通电厂 2×100 万千瓦、新海电厂 1×100 万千瓦、射阳港电厂 1×60 万千瓦、盐城电厂 2×30 万千瓦项目建设。稳步发展核电，推进田湾核电站扩建等项目前期工作，争取 3—6 号机组全面开工建设，至 2015 年，在建核电装机容量力争达 400 万千瓦。在加快陆上风电项目建设的同时，大力推进海上风电项目建设。选择学校、园区、厂房、沿海滩涂等设施和场地，继续实施一批示范工程，建设一批光伏应用示范园（区）。启动连云港苏文顶抽水蓄能电站前期工作。建设

跨越连云港、盐城、泰州、南通四市"8"字型500千伏沿海网架,完善220千伏环网,辐射沿海港口和工业基地。

建设能源供应储备基地。建设中电投滨海港区、大丰港区等沿海煤炭中转储备基地,形成年吞吐量5 000万吨中转储备体系。力争将连云港区300万吨—500万吨原油商业储备库纳入国家原油储备布点,推进建设洋口港区30万立方成品油储罐、吕四港区成品油储备基地等项目。开工建设如东LNG(液化天然气)项目二期工程,规划建设连云港、滨海300万吨LNG(液化天然气)接收站及配套设施,推进新疆广汇能源启东LNG(液化天然气)浮仓转运站工程项目,力争至2015年,我省沿海形成千万吨级LNG(液化天然气)接收能力。规划建设南通至连云港、滨海至淮安等天然气主干管线,连云港至南京、连云港至徐州、淮安至盐城等成品油输送管道。

第四节　提升信息网络水平

推进沿海信息基础设施建设,发展下一代互联网等先进网络,加快云计算机和物联网发展。加快三网资源整合,构建功能强大的网络信息化基础平台。加快发展海洋电子政务和电子商务,提升海洋事业信息化水平。实施"数字海洋"工程,建立海洋空间资源基础地理信息系统,完善海洋信息服务系统。加强海洋安全信息化体系建设,重点加强海洋自然灾害预警预报信息系统建设。适度发展微波和卫星通信,作为沿海地区光缆传输的重要补充和应急手段,提高海上作业和海上救助通讯保障能力。提升电子口岸信息系统服务功能,加快港口物流信息服务平台建设,扩大物流公共信息互联互通范围。强化海域动态监管系统建设,提高海域管理水平和能力。建成并运行海洋经济运行监测与评估系统,为海洋经济管理与调控提供决策支持。

第六章　海洋科技创新体系建设

建设一批海洋科技创新平台,提高海洋科技创新能力,加强涉海院校和人才队伍建设,增强科技教育对海洋经济发展的支撑引领作用。

第一节　加强海洋创新平台建设

依托高等院校、科研院所和骨干企业,优化配置海洋科技资源,加快建设国家海洋局(江苏)海涂研究中心、中国科学院海洋研究所(南通)、江苏省(连云港)沿海港口工程设计研究院、江苏省(南通)海洋工程与装备研究院、江苏省(盐城)海上风电研究院等一批国家级、省级海洋科技创新平台,增强海洋科技创新能力和国际竞争力。围绕港口物流、海洋工程装备、风电装备、高技术船舶、海洋生物医药等领域,组建国家级或省级工程技术研究中心,建设一批设计服务、检验检测等科技公共服务平台。支持国家级科研机构在江苏设立海洋科研基地,吸引一批境外科研院所到江苏落户或参与研发。扶持一批海洋战略规划、勘测设计、海域评估等中介机构。完善国际科技交流合作机制,加强与日、韩及欧美的海洋科技交流合作。

第二节　加快海洋科技成果转化

以加快突破核心技术瓶颈、显著增强竞争力为目标,以培育自主知识产权为重点,优先支持具有自主知识产权的重大科技成果转化,鼓励企业对自主拥有、购买、引进的专利技术等进行转化,不断提升海洋产业创新能力。组织优势科技力量,在海水增养殖、海水综合利用、海洋新能源、海洋工程装备制造、海洋生态环境保护与修复等重点领域研究攻关,取得一批重要科技成果并实现产业化。加快构建产业技术创新联盟,加强产学研结合,推动企业联合创新,提升海洋特色产业发展水平和整体竞争力。

专栏15　"十二五"期间海洋科技重点自主创新与产业化项目

海洋新能源。重点组织3兆—5兆瓦海上风电机组及叶片研发及产业化,风电控制及风电接入技术研发与产业化等项目。

海洋装备制造。重点组织实施40万吨超大型矿砂船设计建造技术及产业化,超大型全冷式液化石油气船设计建造技术及产业化,深海铺管、风电安装等海洋作业船设计与产业化,自升式和半潜式深海钻井平台设计建造技术与产业化,大马力船用柴油机等关键零部件设计与制造等项目。

海水综合利用。重点组织实施高纯超细氢氧化镁系列阻燃剂研发与产业化,制盐卤水综合应用绿色工艺研发与产业化,海水直接利用科技示范工程等项目。

海水增养殖。重点组织实施条斑紫菜等藻类新品种选育、高效养殖与深加工关键技术研发及产业化,滩涂经济贝类及中华绒螯蟹种质繁育、养殖及深加工关键技术研发与产业化,半滑舌鳎、海参等海珍品规模化养殖技术开发与产业化,基于生物技术的水产品安全饲料、药品关键技术开发与产业化,海水养殖设施装备及信息化技术开发等项目。

滩涂农林业。重点组织沿海滩涂盐碱地耐盐能源植物综合利用产业化技术集成与示范,耐盐蔬菜及高效速生植物新品种选育与应用推广,沿海生态防护林科学构建与技术集成示范等项目。

第三节　加强涉海院校建设

适当扩大在苏高等院校的涉海院系办学规模,加强海洋专业学院建设,构建门类齐全的海洋学科体系。支持有条件的高校增设涉海专业,鼓励沿海3市高校结合自身优势和市场需求,选择发展特色海洋学科专业。加大海洋教育设施和研究设备的投入力度,加强海洋重点学科建设。整合海洋教学科研力量,为组建综合性海洋大学积极创造条件。在投资、财政补贴等方面加大对海洋职业技术教育的支持力度,高质量建设涉海类职业院校,培养大批应用型海洋人才。积极开展海洋教育国际合作交流,支持高校与国内外知名院校及科研机构建立合作院校、联合实验室和研究所。

第四节　加强海洋人才队伍建设

突出高端人才引领作用,加快实施海洋紧缺人才培训工程,积极培育高技能实用人才队伍。设立人才培养、引进、鼓励、创业专项资金,建立健全政府、用人单位、个人和社会多元化的人才发展投入机制。重视引智工作,广招海洋高层次人才,大力推进人才国际化进程,鼓励和支持人才向沿海地区、苏北地区流动,完善人才培养、引进、激励和使用机制,为人才创造良好的工作和生活环境。集成省级涉海科技计划和项目,支持海洋学科带头人创新创业。实施海洋专业人才知识更新工程,完善继续教育体系,提高海洋专业人才持续创新能力。

第七章　海洋生态文明建设

加快海洋资源环境保护体系建设,开展海洋环境污染损害生态赔偿(补偿)和减排降污试点工作,重视海陆污染综合防治和生态建设,完善海洋灾害、突发性事件预警预报系统和应急反应机制,促进我省海洋经济可持续发展。

第一节　海洋环境保护

海洋环境影响评价。正确处理海洋资源开发与海洋环境保护的关系,加强对规划和建设项目的海洋环境影响评价工作。海洋环评必须遵循客观、公开、公正的原则,对项目实施后可能造成的海洋环境影响进行认真分析、预测和评估,提出预防或者减轻不良环境影响的对策和措施,并进行跟踪监测和检查,对造成严重环境污染或者生态破坏的查清原因、查明责任。

海洋污染防治。严格建设项目环境准入条件,加强陆源污染防治,推进建立入海污染物排放总量控制制度。加快沿海城镇和临港工业区污水处理厂及配套管网建设,实现污水集中处理和达标排放。建立涉海企业 ISO14000 环境管理体系,加强涉海企业的污染物排放审计,鼓励企业发展循环经济。加快主要入海河流水环境整治,强化入境断面、行政交界断面、入海断面水质监测。严格控制海上废弃物倾倒的种类、数量,最大限度地减少海洋工程污染物排放。加强海洋倾倒区的监测、监督与管理。适时开征建设项目向海直接排污费,专项用于海洋环境保护与修复。

海洋环境监测能力建设。加强海洋环境监测系统的建设,完善海洋环境监测技术体系。重点实施入海河口、临海直排口、深海排放口以及港口区、养殖污水排放口等区域污染物的在线监测,建成省、市、县三级入海河口及直排口在线监测系统。实施海洋监测结果报告制度,及时发布海洋环境质量报告。加强海洋、环保、海事、气象、海军等部门海洋环境监测机构间的协调配合,建立统一监测与行业监测相结合的运行机制。

海洋环境突发事件应急处置。完善海洋环境突发事件监测系统,提高现场数据实时自动采集、传输、处理和监测信息预警发布能力。健全海洋环境突发事件应急反应机制,加强应急专业队伍建设,完善海上污染损害应急方案,配备海上船舶溢油事故、有毒化学品泄漏事故等应急物资设备,全面提高对海洋环境突发事件的处置能力。

第二节 海洋生态建设

海洋资源保护与生态修复。加强近海海域水生资源的保护和生态修复,确保海洋生物资源可持续利用。完善休渔制度,做好海州湾等重要渔业海域的保护工作,开展增殖放流、人工鱼礁建设以及海洋牧场示范区建设;开展海湾、牡蛎礁等特殊生态系统与生物多样性的保护与修复;加强种质资源保护,增殖优质生物资源种类和数量,加强濒危珍稀物种的保护研究。加强外来入侵物种防治。

滨海湿地保护及生态修复。加强滨海湿地生态系统的保护,建立湿地管理信息系统。做好重要入海口湿地的保护工作,推进滨海湿地海洋特别保护区建设。建立黄河故道重要湿地生态保护区,开展受损滨海湿地修复技术研发和集成,实施退养还滩、水质净化、湿地植被重建、退化栖息地改造,恢复滨海湿地生态系统的生态功能。启动盐城生态补偿试点工作,积极推进盐城湿地保护亚行贷款项目。

海岛保护。全面贯彻落实《海岛保护法》,开展海岛保护基础性调查与配套制度建设工作,建设和完善连岛、羊山岛等岛屿自然遗迹和非生物资源保护区,在开发利用秦山岛、竹岛等无居民海岛过程中严格保护生态环境。

生态廊道建设。在现有沿海防护林体系基础上,以重要生态功能保护区和海堤公路、湿地为主构建滨海生态走廊,在城镇和产业集中区周围建设敞开式的绿色生态空间,在交通主干道两侧建设隔离林带,在临港产业园区周边建设生态隔离区。

海洋保护区建设。依法加强海门蛎岈山牡蛎礁、连云港海州湾海湾生态与自然遗迹两个国家级海洋特别保护区的建设和管理,规划建设开山岛、竹根沙和顾园沙等一批新的海洋特别保护区,加大保护区生态补偿和资源恢复力度。

第三节 海洋防灾减灾

海洋灾害预警预报体系建设。在重要区域增设海洋观测站,提高监测密度,构筑覆盖整个海域的立体化、全天候海洋观测、预报与预警系统。完善省、市、县三级海洋预报业务体系,提升海洋预报和灾害预警能力。建设省级海洋灾害应急决策支持平台、海洋环境多源信息综合分析处理平台、网络传输平台。建设国家中心、海区、地市县海洋灾害预警预报会商平台。

赤潮、绿潮灾害防治。严格控制工业、生活废水排放总量,防止海水富营养化发展,预防赤潮、绿潮发生。合理控制养殖密度,推广生态养殖技术,实施养殖环境修复工程,减缓养殖业自身对海洋生态环境的影响。完善赤潮、绿潮灾害应急预案,建立防治工作协调机制,健全赤潮、绿潮灾害应急体系。

台风、风暴潮等灾害防治。加快江苏近海沿岸气象综合观测系统建设,建立海洋气象信息共享平台,完善海洋气象服务体系,提升近海沿岸气象灾害预警预报能力。对新建海堤按照 50 年以上标准核定潮位,提高海岸防护标准,健全沿海防护林体系,完善沿海渔港安全配套设施,增强防抗台风、风暴潮等灾害的能力。

地震和海啸灾害防治。大力提高海洋地震监测能力,完善沿海地震监测台网布局,强化沿海及近海海域地震监控,重视地震安全基础措施建设,增强海洋工程及沿海建构筑物的地震综合防御能力,制定和完善地震应急预案,强化应对海啸等地震次生灾害措施,建立专业应急队伍,提高应急反应能力和应急处置水平。至 2015 年,近海海域地震监测能力达 2.5 级,近海海域 3 级以上地震速报时间小于 10 分钟。

海上安全搜救。构建海洋安全应急通信网和渔船船位监控体系,完善海上搜救应急系统和海上联动协调机制,合理布局搜救网点,加强海上搜救队伍建设,提升海难事件救护能力。加强海洋安全基础设施建设,增强近海航行安全警示作用。做好船舶人员业务培训工作,提高其安全生产意识和业务技术素质。加大海上综合执法力度,加强海上船舶安全监督检查。

第八章　主要保障措施

充分发挥市场配置资源的基础性作用,加大政策支持力度,切实提高海洋综合管理水平,完善规划实施机制,确保规划目标顺利实现。

第一节　加大政策支持

财税政策。研究制定引导和扶持海洋战略性新兴产业发展的优惠政策,支持海洋经济发展。加大对海洋资源勘探研究的投入力度,争取国家海洋勘探项目支持;促进海洋科技成果转化,建立科技兴海多元资金投入机制;落实国家风力发电增值税优惠政策,研究制定支持太阳能、生物质能等新能源产业发展的财税优惠政策;研究制定针对远洋渔业、渔船改造、渔池改造等的优惠政策;建立海洋经济发展专项资金,加大对海洋产业、海洋生态和资源保护等项目的支持力度。

产业政策与投融资政策。加大基础设施投入力度,对海洋经济基础设施建设、重大产业及项目审批审核等给予支持,制定海洋产业发展指导目录,引导各类资金投向海洋优势产业和新兴产业;组建沿海发展银行,设立沿海产业基金,探索组建服务海洋经济发展的大型金融集团;加快建设区域性投融资平台,积极争取国内政策性贷款和国际贷款,引导银行业金融机构加大对海洋经济信贷支持力度;鼓励民间资本依法平等参与海洋经济开发,支持符合条件的企业发行债券和上市融资。规范和健全各类担保和再担保机构,积极服务海洋经济发展;大力推进海域使用权抵押贷款制度,促进海域使用权有序流转,设立海域使用权交易中心。建设海产品国际交易中心,积极开展电子商务。规范发展各类保险企业,开发服务海洋经济发展的保险产品。构建多元化的金融支撑体系。

资源开发与管理政策。依照海洋功能区划和土地利用总体规划,鼓励开发利用海域滩涂资源,在新增建设用地有偿使用费的安排上,支持符合条件的海域滩涂开发;建设用地指标优先满足海洋经济重大项目建设需要;由省批准设立的滩涂围垦综合开发试验区,享受省级开发区同等待遇;支持低产盐田用途调整;积极推进自然保护区调整工作;统筹安排好新增投资计划项目用海的规模和布局,优先保障涉海基础设施建设围填用海,促进重大建设项目用海及时到位,全力支持重点海洋产业发展。

对外开放政策。支持在有条件的地区设立海关特殊监管区域,加快连云港出口加工区等各类海关特殊监管区功能叠加和整合;在连云港设立国家东中西区域合作示范区,鼓励在促进跨区域生产要素共享、推进重大基础设施对接、加强产业合作等方面先行先试,创新合作模式,为实现区域合作发展探索新路径;支持有条件的沿海临港经济区升格为省级开发区,支持有条件的省级经济开发区和高新技术开发区升格为国家级开发区;支持沿海地区加强与上海、浙江、山东等省市及沿江地区的海洋产业合作,建设高水平的海洋产业转移基地,提升海洋先进制造业发展水平。

第二节　强化综合管理

健全海洋法规体系。进一步完善地方性海洋法规体系,抓紧制定完善《江苏省海岛保护条例》、《江苏省海域使用权流转管理办法》、《江苏省海洋生态损害赔偿和损失补偿评估办法》、《江苏省海洋工程排污费征收管理办法》、《江苏省海洋工程环保设施验收管理暂行规定》等法规,探索建立海域使用权评估和海洋建筑物登记制度,研究出台《促进江苏海洋经济发展条例》,为海洋经济发展提供法律支撑。

坚持依法治海、依法管海。严格执行海洋功能区划、海域权属管理、海域有偿使用"三项制度",严格执行用海年度计划管理制度及用海申报、环境评价和审批制度,规范各类产业用海,实施动态跟踪与监测,提高资源管理和服务保障水平。抓紧编制海域、海岛和海岸带整治修复规划及工作计划。创新陆海统筹管理模式,探索开展海洋综合管理试点。大力普及海洋法律法规,提高全社会特别是用海单位和个人的相关法律素质。

加强海洋执法管理。按照统一领导、分级管理原则,完善海监执法机构。加快建设海洋执法维权基地,提高海洋执法装备水平,适应海上执法维权需要。建立健全海上执法协调机制、海上执法信息通报和案件移交制度,增强对海上综合案件的处置能力。加大海洋执法力度,依法查处违法用海、污染海洋、破坏海洋生态环境等行为。

第三节　加强组织实施

完善海洋经济综合管理体制。健全省海洋经济发展联席会议制度,定期研究海洋经济发展重大决策,督促落实有关政策措施,组织实施重大工程项目,协调解决重大问题。联席会议主席由省政府分管领导担任,成员单位由省发展改革委、经济和信息化委、教育厅、科技厅、财政厅、住房城乡建设厅、交通运输厅、水利厅、农委、商务厅、环保厅、沿海办、旅游局、海洋渔业局、能源局、林业局、农业资源开发局、通信管理局、盐务局、人行南京分行等省有关部门和沿海3市人民政府组成。省有关部门结合职能分工,密切部门协作,加强对海洋经济的支持和指导,完善工作机制,明确工作分工,落实工作责任。成立省海洋经济发展专家咨询委员会和海洋战略研究中心,为省委、省政府科学决策服务。

认真落实海洋经济规划。省各有关部门、沿海各地按照规划确定的目标、任务,紧密结合实际,抓紧制定本部门、本地区具体实施方案。对规划提出的发展目标要分解落实、定期检查,对规划确定的重大项目、重大工程明确责任和进度要求,保证规划顺利实施。推进规划实施的公开化、透明化,建立健全规划公众参与制度,形成全社会推动规划实施的强大合力。改进考核评价机制,把海洋经济发展情况考核列入全省"两个率先"的重点考核指标体系。加强海洋经济统计工作,建立海洋经济省、市、县三级核算体系。强化海洋经济运行监测与评估,建立健全预警、纠偏机制,确保规划目标顺利完成。

上海市海洋发展"十二五"规划

海洋资源是重要的战略资源,海洋产业是上海重要的战略新兴产业。上海市海洋发展"十二五"规划是落实《中华人民共和国国民经济和社会发展第十二个五年规划纲要》"发展海洋经济"战略的重要组成部分,是上海市第十三届人大批准的《上海市国民经济和社会发展第十二个五年规划纲要》的进一步深化和拓展,是指导未来五年本市海洋发展的行动纲领,是履行政府管理职能、提供公共服务的重要依据,对服务上海经济社会可持续发展具有十分重要的意义。

一、"十一五"发展简要回顾

上海市位于我国大陆海岸线中部,长江入海口和东海交汇处,海域面积约 10 000 km²,岸线总长约 518 km(不含无居民岛),其中大陆岸线总长 211 km。共有崇明岛、长兴岛、横沙岛 3 个有居民岛屿,大金山岛、佘山岛、九段沙等 23 个无居民岛屿(沙洲)。拥有港口航道、滩涂湿地、渔业、滨海旅游、风能和潮汐能等多种海洋资源。

"十一五"期间,在市委、市政府的正确领导下,围绕海洋事业全局性、基础性和战略性的特点,经过各方共同努力,本市海洋经济持续快速发展,海洋污染得到基本控制,海洋科技取得重要进展,海洋综合管理能力有效加强,海洋公共服务水平稳步提高,为上海经济社会发展做出了积极贡献。

(一)"十一五"发展主要成效

1. 优化海洋产业布局,促进海洋经济发展

"十一五"期间,上海市海洋产业布局逐步从黄浦江两岸向长江口和杭州湾沿海地区转移,基本形成了以洋山深水港和长江口深水航道为核心,以临港新城、崇明三岛为依托,与江浙两翼共同发展的区域海洋经济空间格局。其中,长兴岛船舶和海洋工程装备制造业基地、临港海洋工程装备基地以及沿海区县的滨海旅游业初具雏形;洋山深水港和外高桥港区的海洋交通运输业已形成

较大规模。海洋经济总量持续增长，海洋交通运输业、船舶工业、滨海旅游业、海洋电力业、海洋工程建筑业、海洋生物医药业等六大海洋产业发展较快。到2010年上海市海洋生产总值4 756亿元，比2006年增长19.3%，海洋生产总值占上海市生产总值的27.7%。

2. 加强污染源头治理，保护海洋生态环境

"十一五"期间，围绕节能减排，加强陆源入海污染治理，全市污水处理能力从"十五"期末471万立方米/日提高到684万立方米/日，污水处理率从70.2%提高到81.9%。不断完善海洋倾倒许可制度，海洋倾倒得到有效监控。建立了船舶污染防治监督管理制度和船舶溢油监控体系，船舶污染物接收处理合格率达到100%。完成了覆盖上海海域11大类60余个监测指标的海洋环境监测任务，基本掌握了本市海域环境质量状况和变化趋势。加强了海洋渔业生态修复，渔业增殖放流约5亿尾（只）。加强了金山三岛自然保护区建设，保护区生态健康稳定，生物多样性得到有效保护。

3. 坚持海洋科技创新，支撑海洋事业发展

"十一五"期间，开展了海洋防灾减灾、海洋资源利用、海洋环境治理、船舶制造、海洋工程装备等相关基础理论和应用技术研究，探索建立上海市海洋科技研究中心、数字化造船国家工程实验室、海洋工程材料与防护技术研究中心等海洋科技创新平台，在海底观测、深海钻探、海上风电、液化天然气

船等高端船舶、水下运载器和机器人等海洋高新技术领域取得了重大进展，提升了我国在高技术和高附加值船舶以及大型风电机组领域的研发制造水平；实现了大型深水钻井平台设计建造的突破；初步建立了我国第一个海底综合观测试验与示范系统——东海海底观测小衢山试验站、东海典型赤潮藻毒素溯源网络体系、江海直航海域观测预警服务保障系统以及长江口咸潮入侵监测预报系统，提高了海洋灾害预测预报和应急处置能力。经济鱼虾蟹贝藻养殖技术与育苗技术在国内处于领先水平，在深海钻探和深海大洋基础研究等方面居于国际领先地位，为上海海洋事业可持续发展提供了重要的科技支撑。

4. 推进海洋基础工作，提高海洋管理能力

"十一五"期间，开展上海近海海洋综合调查与评价、海域使用普查、大陆岸线修测、海洋环境监测和评价，以及风暴潮、海浪等海洋灾害应急预报等基础工作；组织编制了《上海市海洋赤潮防治工作方案》，在长江口设立赤潮监控区，对赤潮的发生、发展和生态过程开展了全程监控，并通过电视、电台和网络等形式发布短期和中长期海洋预报；启动建设"数字海洋"上海示范区，初步形成"数字海洋"信息系统基础框架，基本摸清上海海洋及其开发利用现状；初步建立海域使用普查档案；基本完成上海水运口岸开放范围确认工作。海洋公共服务水平不断提高，为本市海洋经济发展、海洋环境保护和海洋综合管理提供了基础数据和科学依据。

(二) 面临的主要问题

"十一五"期间本市海洋事业发展取得了较好成绩,总体上完成了"十一五"规划确定的各项目标和任务,但与上海加快推进"四个率先"、加快建设"四个中心"的要求相比,还有一定差距,突出表现在:

1. 海洋产业结构有待进一步优化

本市海洋交通运输和船舶工业等传统海洋产业受国际金融危机影响明显,海洋工程、海洋新能源开发和海洋生物医药等海洋高科技产业所占比重较低,发展速度较慢,海洋航运服务、滨海旅游和海洋信息服务业配套设施薄弱。

2. 海洋科技创新有待进一步突破

由于本市众多涉海科研机构分属不同部门,科研力量较为分散;海洋产业核心技术的自主创新能力依然较为薄弱;海洋防灾减灾、海洋环境保护、海域海岛使用等关键技术与公共服务的新要求差距较大。

3. 海洋环境保护有待进一步加强

长江入海污染物总量仍然较高;长江来沙量锐减,河口海岸带滩涂湿地面积呈减少趋势;海洋资源和环境承载力有所下降;近海生物多样性有所降低;船舶溢油和化学品泄漏等事故的潜在风险依然存在。

4. 海洋管理能力有待进一步提高

上海市海洋局与水务局合署办公的新体制 2009 年刚建立;海洋基础工作相对薄弱;海洋管理装备和公共服务平台缺乏;海洋法律法规和规划有待进一步完善。

二、"十二五"发展思路

(一) 发展形势分析

进入 21 世纪以来,海洋经济作为未来开发新资源、开拓新产业的重要领域,已成为世界经济发展的重要主题之一。从国际层面看,世界海洋经济快速增长,海洋科技驱动日益强劲,海洋开发呈现高层次发展趋势。从国内层面看,国家提出"发展海洋经济"战略,要求坚持陆海统筹,制定和实施海洋发展战略,提高海洋开发、控制、综合管理能力,目前全国海洋经济区域布局基本形成,海洋产业结构不断调整,沿海省市海洋经济持续发展。尤其是上海临近的江苏、浙江等省加快了海洋经济发展步伐,《江苏省沿海开发总体规划》、《浙江海洋经济发展示范区规划》等规划都已上升为国家战略。"十二五"时期是上海"创新驱动、转型发展"的关键时期,提升产业能级,推进节能减排、应对气候变化、保障生态安全,对海洋综合管理和公共服务提出了更高的要求。

1. 加快海洋经济发展面临建设"四个中心"、率先转变经济发展方式的难得机遇

大力建设"四个中心"、率先实现经济发展方式转变是党中央、国务院对上海发展的殷切期望,是提高国家整体竞争力的重大战略举措。加快上海海洋经济发展,充分发挥上海黄金海岸与黄金水道交汇的区位优势,

优化调整海洋产业布局,转变海洋经济发展方式,提高海洋经济内在质量,是促进上海经济社会又好又快发展的重要举措。

2. 加强海洋环境保护面临推进节能减排、保障生态安全的更高要求

上海地处流域下游,东海之滨。海域环境受长江来水、钱塘江来水、苏北沿岸流和沿岸排水的共同影响,影响因素多,保护难度大。随着长江流域和长三角地区经济社会快速发展和人口集聚,入海污染物排放将会进一步增加,要达到国家更高减排目标,保障河口海洋生态安全,控制削减入海污染物排放面临更大压力。

3. 推进海洋科技创新面临进一步提高核心竞争力、加快成果转化的更大挑战

上海海洋科技力量雄厚,在高技术、高附加值的海洋产业领域有条件形成较强的竞争力,需要紧密围绕"科教兴市"战略,坚持"需求牵引,推进创新"原则,进一步整合平台、共享资源,完善海洋科技创新体系,增强海洋基础科学研究能力,提高海洋核心技术自主研发水平,加快海洋科技创新成果应用和产业化,更好地发挥海洋科技对海洋经济、海洋管理、防灾减灾和海洋安全的支撑和引领作用。

4. 强化海洋综合管理面临加强统筹协调、提升服务能力的更重任务

为了全面履行海洋综合管理新职能,推进海域与陆域联动发展、河口与海洋共同保护,需要坚持立足自身、依托各方,进一步完善市海洋经济发展联席会议制度,强化涉海部门间的协调配合;需要坚持夯实基础、稳步推进,进一步健全海洋管理机构,加快海洋基础设施建设,提高海洋管理和服务保障能力。

(二)指导思想和基本原则

1. 指导思想

紧紧围绕创新驱动、转型发展、改善民生的全市大局,以科学发展为主题,以优化提升海洋产业能级为主线,坚持江海联动、海陆统筹,坚持安全、资源、环境协调发展,进一步提高海洋综合管理能力和公共服务水平,为上海经济社会可持续发展提供支撑保障。

2. 基本原则

(1)坚持江海联动,海陆统筹

按照国家沿江沿海发展战略和长江三角洲地区区域规划,上海海洋发展要更加注重河口和海洋联动发展、海域和陆域统筹发展、江浙沪沿海区域协调发展。

(2)坚持科技创新,保护为重

要充分发挥科技创新的驱动引导作用,加快海洋科技创新体系建设;在海洋经济发展中,要更加注重海洋生态环境保护;在海洋资源优化配置中,要更加注重节约集约利用海洋资源。

(3)坚持优势引领,提升能级

要依托上海的区位优势、人才优势和科技优势,优化调整海洋产业布局和结构,提升产业能级,加快培育战略性新兴产业,推动海洋先进制造业和海洋现代服务业的快速发展。

(4)坚持政府引导,市场为主

要充分发挥政府引领和调控作用,进一

步加强综合管理,优化公共服务;要充分发挥市场优化配置资源的主体作用,依托社会各方共同努力,推进上海海洋事业健康发展。

(三)发展重点

"十二五"时期,海洋发展要更加突出海洋作为上海重要战略空间资源的基础地位,更加突出海洋在服务城市转型发展、维护城市生态安全中的重要保障作用,更加突出上海海洋向深远海发展的巨大潜力。按照"需求导向、问题导向、项目导向"原则,海洋发展突出以下重点:

1. 以优化布局、调整结构为重点,促进海洋经济持续发展

围绕国家战略,结合本市"十二五"新型产业体系布局,上海要加快构建以现代服务业为主、战略性新兴产业引领、先进制造业支撑的新型海洋产业体系。海洋现代服务业聚焦发展海洋金融服务、现代商贸、旅游会展、信息服务及航运物流等;战略性新兴产业聚焦发展海洋新能源、海洋生物医药等;海洋先进制造业聚焦发展高技术和高附加值船舶、海洋工程装备。通过海洋产业结构优化升级,形成"一带三圈七片"的海洋产业布局,促进海洋经济持续发展。

2. 以源头控制、生态修复为重点,加强海洋生态环境保护

围绕国家节能减排要求和上海基本生态网络建设目标,根据上海河口海洋环境特点,重点实施"健康海洋上海行动计划",主要开展海洋生态环境污染控制行动、生态修复行动和环境保护行动,进一步改善河口海洋生态环境,保障海洋生态安全。

3. 以积聚力量、科技创新为重点,推进海洋科技成果转化

围绕科技兴海战略,整合海洋科技资源,集聚海洋科技力量,以增强海洋经济高新技术和海洋综合管理关键技术自主创新能力为重点,加快海洋科技创新成果应用和产业化,发挥科技引领和支撑作用。

4. 以夯实基础、强化服务为重点,提高海洋综合管理水平

围绕转变政府职能和强化海洋公共服务,以加强海洋法规和规划、海洋执法、海洋应急、海域行政许可、海洋信息化等五项管理为重点,夯实基础、提升能力,进一步提高海洋综合管理水平。

(四)主要目标

到"十二五"期末,本市海洋经济发展、海洋环境保护、海洋科技创新和海洋综合管理达到沿海省市先进水平。基本形成海洋经济发达、海洋生态环境友好、海洋科技领先、海洋管理科学的海洋事业发展体系,服务上海经济社会又好又快发展。主要表现为:

进一步优化海洋产业布局,海洋经济持续发展,海洋经济总产值年均增长10%,高于全市经济增长平均水平。

进一步加强海洋生态环境保护,污染物排放总量得到有效控制,全市城镇污水处理率达到85%以上,完成国家对本市入海污染物削减量目标,开展生态修复和保护行动,使海洋生态环境逐步修复。

进一步推进海洋科技创新,海洋科技总体水平达到国内领先、优势领域达到国际先进或领先水平。

进一步强化海洋综合管理,海洋公共服务能力得到显著提升。

三、"十二五"主要任务

(一)发展海洋经济

"十二五"期间,按照国家"实施海洋开发"和"发展海洋经济"的战略部署,充分发挥全市海洋经济发展联席会议的领导和协调作用,进一步调整海洋产业结构,提升海洋经济的科学发展水平。

1. 重点发展海洋服务业

(1)海洋交通运输业

重点围绕上海国际航运中心的发展目标,合理调整港口布局,提高码头泊位的大型化和专业化水平,保障长江口深水航道畅通,建成以港口为枢纽,水陆畅通,设施完善,内外辐射的现代化航运集疏运体系,实现多种运输方式一体化发展;统筹口岸开放资源,进一步完善上海水运口岸开放格局。到2015年,上海港货物吞吐量保持在6.5亿吨左右,集装箱吞吐量增至3 300万标准箱,确立上海港作为东北亚国际集装箱运输枢纽港的地位。

(2)海洋航运服务业

在浦东新区建设上海国际航运中心核心功能区,推进港区联动、港城联动、航运和金融贸易联动,大力发展航运金融、航运保险、航运经纪、航运交易和航运信息等现代航运服务体系;推进国际航运发展综合试验区建设;拓展上海航运交易所服务功能,开展船舶交易签证、船舶拍卖、船舶评估等服务;发挥上海港航电子数据交换中心和上海电子口岸平台叠加整合优势,建立上海国际航运中心综合信息平台;培育和发展海洋信息服务市场,建立并完善海洋信息服务体系。

(3)滨海旅游业

围绕上海打造世界著名旅游城市的发展要求,着力发展崇明三岛、浦东滨海、奉贤和金山海湾休闲旅游业,建成集生态观光、休闲度假、商务会展、户外运动等为一体的生态型旅游度假区。重点推进吴淞炮台湾公园、崇西明珠湖、崇东陈家镇地区、奉贤生态海岸等旅游区基础服务设施建设。加快发展上海邮轮产业,依托上海港国际客运中心和吴淞口国际邮轮码头,形成世界邮轮旅游航线重要节点。大力发展海洋文化创意、展示交易、海洋文化旅游、会务论坛等相关产业。

2. 做大做强海洋先进制造业

(1)船舶工业

抓住世界船舶工业转移的良好机遇,坚持自主开发、技术引进和科技创新相结合,在现有船舶工业的基础上,不断优化产品结构,提高船舶自主设计制造能力。优化发展三大主流船型,重点发展超大型原油运输船、万箱级以上集装箱船、大型液化天然气船、大洋钻探船、豪华邮轮、游艇、海洋勘测与海底布缆船舶等高技术和高附加值船舶,加快发展船用主机、船用辅机和通讯导航等关键配套产业。加快长兴岛、外高桥等船舶制造基地和奉贤游艇制造基地建设。到2015年,船舶工业达到年产1 600万吨的造船能力,实现1 300亿元的船舶工业及船舶配套业总产值。

(2) 海洋工程装备和建筑

增强海洋工程装备制造能力。重点开发海洋钻井平台、水上工作平台等海洋工程装备及其配套设备。研制大深度潜水器、海底管线电缆检测及维修装置、深海潜网设备等海洋潜水和海底工程设备。优化海洋工程装备产业布局,推进长兴岛、临港等海洋工程装备基地建设,形成北部以长兴岛为依托、南部以临港产业区为依托的海洋工程装备产业集聚区。深化海上城市工程建设研究。到2015年,实现海洋油气开采装备、海洋工程作业船和辅助船、海洋工程关键系统和配套设备等三大板块形成400亿元产值。

3. 加快培育海洋战略性新兴产业

(1) 海洋生物医药

发挥上海国家生物产业基地作用,加大投入和扶持力度,建立海洋药物重点实验室和海洋生物资源中心,重点研究开发一批具有自主知识产权的海洋药物,培育和引进具有国际先进技术的海洋生物医药企业,增加海洋生物医药业在海洋产业中的比重。加

强海洋生物优良品种开发。

(2) 海洋新能源

发挥海上风电建设率先示范优势,建设东海大桥海上风电二期、临港、奉贤海上风电及扩建等项目,新增装机容量约60万千瓦,初步形成东海大桥、临港和奉贤三个海上风电基地。同时加强对潮汐能、波浪能等海洋新能源的研究和开发。

4. 调整转型海洋渔业

结合海洋渔业结构的调整优化,加快标准化渔船改造进度,推进横沙等标准化渔港建设,购买和建造金枪鱼围网船只,推进中西太平洋金枪鱼延绳钓,探索大型拖网后备渔场,积极发展远洋渔业。

(二) 保护海洋环境

实施"健康海洋上海行动计划",主要包括海洋生态环境污染控制行动、生态修复行动和环境保护行动。

1. 污染控制行动

(1) 陆源入海污染控制。在完善城市污水处理系统的同时,加大对直排入海污染源、入海河流污染物和沿海垃圾监控力度。

(2) 海上污染控制。开展巡航监视、定点监视、专项监视相结合的静动态船舶污染监视系统建设;严格执行海洋倾废许可制度,控制、调整、优化海域倾倒区布局,规范海洋倾倒区的管理,对海上倾倒活动实施跟踪监测;加强对渔业船舶的污染排放管理,减轻对海洋环境的影响。严格执行涉海工程海洋环境影响评价制度,控制海洋工程和海岸工程建设项目对海洋生态环境

的影响。

（3）港口污染控制。加强港口排污工程建设，实施港口生活污水和废水纳管工程；开展港口环境污染专项整治行动；加强港口污染应急设备库和专业队伍建设，完善港口船舶含油污水、压载水、洗舱水、船舶生活污水和垃圾接收处理设施。

2. 生态修复行动

（1）实施水生生物增殖放流。积极开展海洋生物生态监测工作；继续实施水生生物增殖放流，并向近海、外海水域延伸，争取放流品种达到 30 个，放流成熟品占 70％以上，放流苗种 4 亿尾（只）；开展具有重要经济价值水生物种的人工培育；加强现有重要渔业水域水生生物资源本底调查、监测，开展渔业资源增值放流效果后评估。

（2）加强海岸生态修复。在崇明、浦东、金山、奉贤侵蚀岸段，实施保滩护岸工程；在崇明、金山、奉贤海岸选择示范岸段实施海岸生态修复工程；在浦东新区海岸建设生态安全防护林带，保护及恢复海岸生态系统，改善海洋生态环境，打造生态宜居岸线。

（3）研究启动海洋牧场建设。选择 5 平方公里海区建设海洋牧场，开展海洋生物放牧，探索防治海底沙漠化进一步蔓延的方法，促使海底局部底质生态逐渐恢复。

3. 环境保护行动

（1）海岛生态系统保护。贯彻落实《海岛保护法》，开展以崇明岛、长兴岛、大金山岛等及其周边海域的本底调查；研究制定海岛生态指标体系，开展生态环境质量评价。建立市区（县）两级海岛保护信息监管网络

体系，严格执行海岛生态环境影响评价制度；加强对海岛生态敏感区的封禁治理和预防保护，避免和减少人为活动对海岛岸滩地形、岸线形态、海域资源和生态环境的破坏。

（2）水源地保护。加强青草沙、陈行、东风西沙水源地保护；重点建设青草沙水源地生态安全实时监控系统，监控水源地的生态环境，有效防止灾害性海洋生态事故的发生。

（3）自然保护区保护。推进崇明东滩鸟类国家级自然保护区、九段沙湿地国家级自然保护区、长江口中华鲟自然保护区和金山三岛自然保护区建设。加强保护区基础设施建设，初步建成保护区生态监测监视网络和综合监管信息平台，加强对保护区周边海域开发活动的监控和引导。

（4）佘山岛国家领海基点保护。开展佘山岛国家领海基点调查，摸清周边海洋环境状况，研究提出佘山领海基点保护方案并组织实施。

（三）发展海洋科技

坚持科技兴海、科学用海，着力建立海洋科技创新体系，加快科技兴海平台建设，加强综合管理和公共服务关键技术研究，推进海洋经济发展高新技术研究。

1. 加快科技兴海平台建设

以建立上海市海洋科技研究中心为契机，以项目为纽带，人才为核心，整合海洋科技资源、集聚海洋科技力量开展合作研究，提高海洋科技创新和成果转化能力。建立

产、学、研、用一体化的科技兴海平台,形成开放、流动、竞争、协作的科技创新机制,加快上海临港"国家科技兴海产业示范基地"建设。

2. 推进海洋经济发展高新技术5个专项研究

(1) 高技术、高附加值船舶技术研究

重点研究超大型原油运输船、万箱级以上集装箱船、大型液化天然气船、海洋勘测与海底布缆船舶等高技术和高附加值船舶的关键技术,加强船舶关键配套产品的开发和应用研究。

(2) 海洋工程装备技术研究

重点开展海洋油气钻井平台、海底管线铺设检修维护设备、港口机械等高新技术的研发;大力培育深海探测、运载和作业设备的设计制造关键技术的研发;积极开展海水淡化等应用工程装备技术、极地考察开发利用装备技术研究;深化海洋工程材料耐蚀防护技术研究;加快推进海洋工程装备专业化、标准化、模块化、智能化集成制造技术研发和应用。

(3) 海洋生物医药技术研究

开展海洋生物不饱和脂肪酸产品研发、胶原蛋白与活性肽研发、海藻活性物质纯化与活性功能研究及其产品开发、海洋生物活性物质与海洋药物大规模筛选模型研究等。

(4) 海洋新能源开发技术研究

开展海洋风力发电技术研发,重点研究海上大功率风力发电机组核心技术和主要部件制造技术;加强潮汐能、波浪能等海洋新能源的研究。

(5) 深水航道开发和维护技术研究

研究长江口深水航道维护技术方案,研究北港和南槽航道整治开发方案。

3. 加强综合管理和公共服务关键技术7个专项研究

(1) 海洋防灾减灾关键技术研究

开展河口海洋水动力、水质、泥沙和风暴潮数值预报研究和海岸侵蚀、咸潮入侵、海上突发污染事件应急处置技术研究,提升风暴潮、赤潮、溢油污染扩散的预报和处理能力。

(2) 上海沿海海平面上升对城市安全影响及应对关键技术研究

预测分析上海沿海海平面上升趋势;评估上海沿海理论海平面上升与地面沉降的耦合技术和效应;分析相对海平面变化对海岸防护、防汛、排水和供水安全的影响。

(3) 东海海底观测应用系统关键技术研究

研究东海海底观测系统规划与选址、东海海底观测布网的工程装备、东海海底观测应用系统的组网等关键技术,推动东海海底观测应用系统建设。

(4) 海洋资源开发利用和保护技术研究

调查上海市海岸、海域、海岛等海洋资源,研究海洋资源开发利用和保护方案,探索海洋空间开发利用和海陆联动新模式。

(5) 近岸海域环境承载能力及对策研究

建立长江口、杭州湾海域环境承载能力模型,研究陆源污染物排海总量控制分配方案,确定近岸海域主要污染物总量控制指标,并提出相关保护对策。

(6) 长江口杭州湾物理模型研制

在现有长江口物理模型的基础上,拓展建立包括长江口、杭州湾以及上海近岸海域范围的物理模型。

(7) 疏浚物、废弃物的综合资源化利用研究

加强疏浚物、废弃物的综合资源化利用研究,提高疏浚物、废弃物的综合资源化利用能力。

(四)加强海洋综合管理和公共服务

围绕国家海洋发展战略,海洋综合管理和公共服务需要进一步加强法规、规划、执法、应急、行政许可、信息化等方面的管理,提升公共服务水平,服务海洋事业又好又快发展。

1. 加强海洋法规和规划管理

坚持依法行政、依法治海,全面贯彻落实国家法律法规,结合上海海洋实际和发展需求,加快推进《上海市海洋环境保护条例》、《上海市海域使用管理条例》、《上海市实施〈防治海洋工程建设项目污染损害海洋环境管理条例〉办法》等本市海洋地方性法规、规章的立法进程;积极组织编制《上海市海洋功能区划修编》、《上海市海岸保护与利用规划》、《上海市无居民海岛开发利用与保护规划》、《金山三岛海洋生态自然保护区规划》等,构建海洋法规和规划体系,为海洋事业发展奠定坚实基础。

2. 加强海洋执法管理

加强海洋执法装备,研究集海监执法、

海洋环境监测观测等多种功能为一体的海洋综合管理保障基地及配套船舶实施方案;建立一支基本满足本市海洋管理要求、具备独立开展海洋执法能力的海监队伍,加强海域使用执法和海洋环境保护执法。加强其他涉海部门的执法能力建设。

3. 加强海洋应急管理

建立海洋观测监测站网、海洋环境监测实验室、海洋综合管理保障基地、海洋环境预警信息服务平台,配备应急保障设施,加强海洋监测;完善包括海洋要素观测、咸潮入侵监测、泥沙监测和预报发布等的海洋观测预报体系,提高海洋防灾减灾能力。

4. 加强海域行政许可管理

进一步促进海域、海岛资源科学有效配置,全面落实海域使用管理基本制度,强化海洋功能区划的指导和引导作用,加强围填海计划管理和区域建设用海规划管理;进一步规范海洋行政许可事项,提升审批效能和水平,为社会提供高效、便捷、协同、透明的海洋行政公共服务。

5. 加强海洋信息化管理

以"数字海洋"上海示范区建设、上海市海域动态监视监测业务管理系统建设、上海市海洋经济运行监测评估体系建设为抓手,加快推进海洋信息化基础设施建设,着力构建系统的海洋信息化应用平台,完善安全组织管理体系、技术保障体系和运行服务体系,确保海洋信息安全可控,形成以网络平台为载体、数据中心为基础,应用平台为核心的海洋信息化框架体系。

四、保障措施

(一) 体制保障

加强组织领导,健全管理体制,统一安排部署。进一步发挥"上海市海洋经济发展联席会议制度"的作用,加强对海洋事业发展重大决策、重大项目的综合协调,加强全市各涉海部门的沟通和协作,建立环保、海洋、海事、港口、渔业等部门之间政务协同机制。逐步完善投融资、成果转化、合作交流等长效机制,加强协作,优势互补,形成合力,激励产业发展,推动上海海洋经济又好又快发展。

(二) 机制保障

研究制定有利于科技创新的政策机制,引领海洋经济的持续发展,建设产学研公共服务平台,加快推进海洋科技创新,加强海洋高新技术人才的引进和培养,促进海洋科技成果的转化应用和产业化。研究制定海洋生态环境损害赔偿机制,对海洋生态环境造成损害的单位和个人,应依法进行生态赔偿,维护海洋生态环境。研究制定海洋经济科学发展的推进机制,加强产业引导,推进产业结构升级和优化布局。

(三) 投入保障

鼓励社会各类资本投资海洋企业,吸引集聚海洋产业风险投资,促进海洋经济持续发展;加大对海洋科技企业的金融支持,健全为高新技术企业服务的中小金融机构体系;加大海洋观测预报、环境监测、执法装备等基础设施建设的财政投入,提高海洋综合管理能力和公共服务水平。

(四) 宣传保障

借助电视、广播、报刊、书籍、网络等媒介,普及海洋知识,加强海洋意识教育宣传,尤其要加强对中小学生进行海洋意识的培养;在市民群众中树立海洋资源是国家战略资源的观念,鼓励公众对海洋开发、保护和管理的支持、参与和监督,形成公众参与的良好氛围,吸引优秀人才参与海洋事业;通过举办世界海洋日纪念活动、海洋科普活动等,营造海洋文化氛围,丰富和完善海洋文化内涵,促进海洋事业又好又快发展。

浙江省海洋事业发展"十二五"规划

为加快浙江海洋事业发展,着力提升我省海洋综合实力,实现海洋经济强省目标,依据《中华人民共和国海域使用管理法》、《中华人民共和国海洋环境保护法》、《中华人民共和国海岛保护法》等涉海法律法规,按照《浙江海洋经济发展示范区规划》和《浙江省国民经济和社会发展第十二个五年规划纲要》等规划精神,编制《浙江省海洋事业发展"十二五"规划》。本规划所称海洋事业,是指为保障海洋资源可持续利用、维护海洋生态系统平衡和促进海洋经济稳定发展,而进行的海洋综合管理与公共服务活动,涵盖海洋资源、环境、生态、文化和安全等方面。规划期限为2011年至2015年。

一、现实基础和发展环境

(一) 现实基础

"十一五"时期是浙江海洋事业跨入全面、快速、健康发展的重要的战略转型期,全省上下高度重视海洋事业发展,在海洋资源管理、海洋生态环境保护、海洋公共服务、海洋科技教育等方面不断取得新的突破,海洋经济成为国民经济新的增长点。

1. 海域使用管理不断完善

全省海域管理工作进一步强化,在深入贯彻实施海域管理的相关法律法规和规划的基础上,进一步完善了海域审批和管理制度,初步建立起海域使用权抵押贷款制度,稳步推进海域使用权"招拍挂"试点示范,积极探索海域使用权流转机制。海域使用管理信息化水平不断提高,海域使用管理审查审批系统和海域动态监视监测系统在海域管理中发挥了很好的作用。

2. 海洋生态环境保护明显加强

海洋生态环境监测与评价工作进一步强化,在全国率先建立起省、市、县三级海洋环境监测体系,实现海域全覆盖。全面实施"310海洋环境保护工程",完成了10个海洋保护区、10个水生生物增殖放流区、11个省级以上水产种质资源保护区以及杭州湾南岸等滨海湿地保护区建设,国家级保护区数量和面积居全国前列。相继实施了两轮"811"环境保护行动,缓解了海洋生态环境恶化的趋势。积极实施"321"环境监督工程,落实围填海现场勘察与公众听证两项举措,启动开展海洋工程生态损害补偿环评听证制度和海洋工程"三同时"验收规程,对海洋工程起到了较好的监督作用。

3. 海洋公共服务不断完善

海洋信息化建设取得较大成就,"数字海洋"基础框架构建完成,"浙海网"数据共享计划和数据平台建设深入推进,海洋渔船数据库建设逐步完善,海洋渔船安全救助信息系统、海洋灾害视频会商系统开始运行,海洋经济统计与核算体系基本建立并发挥作用。海洋防灾减灾应急制度初步建立,主要海洋灾害预警体系初步形成。

4. 海洋经济实力不断提高

2010年,全省海洋生产总值为3 774.7亿元,比2005年增长122.5%,其中第一产业286.7亿元,第二产业1 599亿元,第三产业1 889.1亿元,分别比2005年增长44.4%、127.3%、137.7%。海洋经济占全省生产总值的比重为13.6%,比2005年上升1个百分点。海洋产业结构日趋合理,海洋经济三大产业结构比例从2005年的12∶41∶47调整为8∶42∶50。海洋产业体系较为完备,海运、石化、船舶、海水综合利用等行业成就突出,海运业完成货物吞吐量7.88亿吨、集装箱吞吐量1 404万标箱;船舶工业增加值达169.3亿元,居全国第三位;海水综合利用增加值达361.5亿元,居全国领先地位。

5. 海洋科技教育持续进步

海洋科研投入不断增长,研发投入占海洋生产总值比重达1.9%。开展近海海洋综合调查评价和三门湾、乐清湾主要污染物总量控制及环境容量研究。涉海科研院所和大专院校发展态势良好,国家海洋局第二海洋研究所、浙江海洋学院等涉海科研院所和院校科研实力取得了长足的进步。此外,国家与地方共建、省地共建的中国海洋科技创新引智园区、温州海洋研究院等各类海洋科研机构和海洋研究与开发平台筹建工作也取得较大进展。

(二)存在问题

尽管"十一五"时期我省海洋事业取得了较大的进展,但仍面临着问题和挑战。

生态环境保护有待加强。以江河为主的陆源入海污染物造成了近岸海域严重富营养化,重点港湾和河口海域海洋生态系统损害严重,生态修复能力降低,海洋环境保护压力不断加大。海洋生物生境不容乐观,许多珍稀野生生物濒临绝迹。

海洋管理有待强化。海域审批电子政务系统、海域动态监视监测系统与实际执法的联动工作机制尚未建立。有居民海岛基础设施有待完善,无居民海岛保护与开发制度有待建立。渔业捕捞强度尚未得到有效控制。海洋执法队伍力量有待进一步加强,海洋执法装备、人员还不能满足执法需求。

海洋科技总体实力有待提高。海洋基础应用和研究薄弱,海洋高新技术产业在海洋产业中的比例偏低,科技发展对海洋经济的引领和推动作用不足。海洋科研院所、涉海院校、科研平台仍然缺乏,学术带头人和高层次科技人员较少,与浙江海洋经济强省建设的要求有一定差距。

海洋信息化水平有待提升。海洋基础数据库建设工作有待加强,基础数据信息化建设和管理水平仍然不高,各类海洋调查与研究成果的应用还需加强。电子政务的应用领域和应用效率还有待提高。

海洋突发事件处置能力有待提高。海洋自然灾害、海上溢油和海上搜救等应急处置能力有待进一步加强。海洋环境观测、海洋预警报技术能力不强。部门协调机制尚需完善,应对各类海洋灾害及突发事件经验不足。

(三) 发展趋势

"十二五"时期,全球海洋经济仍将加速发展,我国"海洋强国"战略深入实施,沿海省市海洋开发战略加快推进,区域和省内海洋开发方兴未艾。面对当前发展环境,我省海洋事业发展将呈现以下趋势:

一是海洋事业呈现跨越发展新局面。我省海洋开发战略的深入推进,海洋经济发展示范区和舟山群岛新区建设上升为国家战略,必然带动浙江海洋事业跨越发展,海洋资源开发利用、海洋生态环境保护、海洋公共服务体系等将得到有效加强,从而形成对海洋经济发展的强力支撑。

二是海洋事业进入协调发展新时期。随着海洋事业与海洋经济发展相互支撑局面的形成,海洋事业将呈现纵深化、外延化发展特征,信息技术、法律法规、区划规划、人才队伍等的协同完善不断提升综合竞争力,海陆之间、区内区外、开发与保护等的统筹不断形成发展合力,统筹协调发展的水平将全面提高。

三是海洋事业步入注重生态文明建设新阶段。随着《中共浙江省委关于推进生态文明建设的决定》颁布实施,我省海洋生态文明建设必将加快发展,初步建立以海洋资源环境承载力为基础、以自然规律为准则、以可持续发展为目标的海洋开发、利用、保护等理念和活动方式,实现人与海洋和谐相处。

二、指导思想与发展目标

(一) 指导思想

以邓小平理论和"三个代表"重要思想为指导,全面贯彻科学发展观,认真落实省委"八八战略"、"创业富民、创新强省"总战略和生态文明建设决定,准确把握新时期海洋事业发展的阶段性特征,紧紧围绕浙江海洋经济发展示范区和舟山群岛新区两大国家战略的实施,统筹推进浙江海洋事业发展,加强海洋综合管理,规范海洋开发活动,保护海洋生态环境,提高海洋公共服务水平,强化海洋科技自主创新能力,繁荣海洋教育和文化事业,为实现海洋经济强省目标奠定坚实基础。

（二）基本原则

"十二五"时期,全省海洋事业发展遵循以下基本原则:

1. 坚持统筹协调

按照科学发展观的要求,正确处理海洋事业与海洋经济发展的关系,加强海陆统筹、区域统筹、开发与保护统筹、经济发展与社会稳定统筹,确保海洋事业全面协调发展。

2. 坚持可持续发展

按照国家生态文明建设要求,深入实施海洋功能区划、海洋环境等各类涉海区划和规划,强化以生态系统为基础的海洋区域管理,规范海洋资源利用秩序,创新资源节约和环境友好发展模式,加大海洋生态文明建设和环境保护力度,确保海洋资源开发利用与资源环境承载力相适应,实现海洋可持续发展。

3. 坚持公共导向

遵循公共利益导向原则,大力推进海洋公共服务能力建设。提高在海洋资源管理、生态环境保护、海洋经济运行监测中公共服务能力,增强防灾减灾及突发事件应急处置能力;优化海洋资源配置,重点保障国家和省重大项目和民生工程用海,切实发挥海洋事业对经济社会发展的服务保障功能。

4. 坚持创新推动

加快推进海洋管理体制机制创新,优化海洋科技、教育、人才、管理资源配置,切实提高海洋综合管理和公共服务能力。深入实施科技兴海战略,强化自主创新能力,不断提升科技对海洋事业发展的贡献率。

（三）发展目标

根据海洋事业发展指导思想和基本原则,"十二五"期间浙江海洋事业发展努力实现以下目标:

——海洋综合管理能力明显加强。涉海法律法规体系进一步完善,海洋综合管理体制机制不断优化,海域海岛海岸带管理水平不断提高,管理信息化程度明显提高,执法监管能力显著增强,初步形成网格化管理、立体化监控的科学管海新格局。

——海洋生态环境保护水平不断提高。建立基本覆盖浙江海域典型生态系统、海洋功能区、污染源及生态灾害多发区的生态环境监控与预警体系,海洋环境保护与生态修复技术得到广泛应用,典型海域生态系统的生态健康指数逐步提高。到2015年,力争海洋功能区水质达标率达到32%以上,清洁海域面积达到15%,初步实现海洋生态系统健康并处于良性循环,有效改善海洋生态环境和海洋资源条件。

——海洋公共服务能力显著提升。海洋监测观测、预警预报、应急救助等能力进一步提升,风暴潮、海啸、赤潮、溢油等灾害防御体系基本建成,主要海洋污染事故和生态灾害得到有效监控,海洋灾害预警服务基本覆盖沿海地区。海洋经济运行监测评估、海洋调查与测绘、海洋信息与应用、海上交通安全、海洋渔业服务等能力明显改善。

——海洋经济综合实力明显增强。到

2015年全省海洋经济增加值达到7 000亿元,年均增长13.2%,比2010年增长86%,海洋经济占全省生产总值的比重达到15%,海洋产业结构趋向合理,海洋三次产业结构调整为6:41:53,海洋经济对国民经济贡献率、辐射带动力和可持续发展能力明显增强,基本实现海洋经济强省目标。

——海洋科技教育和文化事业繁荣发展。海洋文化建设深入推进,全民海洋意识不断强化,涉海院校和学科建设取得显著成效,积极推进浙江海洋大学创建。海洋人才素质不断提高,海洋自主创新能力明显增强,海洋科技创新体系基本完善。研发投入占海洋生产总值比重达2.5%以上。科技对海洋事业发展的支撑力明显增强,海洋教育和文化事业繁荣发展。

三、海洋资源保护与利用

（一）海域使用管理

科学编制与实施海洋功能区划和海洋空间资源利用类规划,健全海域使用管理制度,完善海域使用动态监视监测系统,启动海域使用权二级市场的建设,推广"招拍挂"制度,科学管理海域资源。

强化海洋区划与规划编制。根据全省海域的区位、自然资源、环境条件和区域经济发展的需求,处理好海洋资源利用与海洋环境保护的关系,编制并实施新一轮海洋功能区划,重点支持海洋经济发展示范区、舟山群岛新区、沿海产业集聚区等涉及的重大项目和民生保障工程,为国民经济和社会发展提供保障。以海洋功能区划为基础,完成全省海域使用等规划编制,统筹全省海域的开发规模、布局和时序,制定保障海域使用管理具体措施和制度。

严格执行海域使用管理制度。健全完善海域使用相关配套管理办法,贯彻实施海域使用三项基本制度。根据国家要求,实行围填海总量指标控制管理和年度围填海计划,统筹安排各类用海需求。探索科学有序的海域使用管理机制,推进海域使用权流转,逐步向市场配置海域资源的供海方式转变。推进海域权属作为基本建设依据的试点,促进海域资源集约、高效利用。

实施海域使用动态监视监测。加强省、市、县三级海域使用动态监视监测能力建设,实施海域现状、海域权属、海洋功能区、在建项目等海域利用状况以及岸线、海湾河口、海岛等海域自然属性变化的监视监测,实现国家、省、市、县四级海域使用动态监视监测的规范化运行。

启动海域使用权二级市场的建设。按照海域使用权的用益物权属性,在建立、完善公开出让海域使用权的各项规章制度的同时,积极推进海域使用权抵押贷款,开展海域使用权出租、出资、转让政策研究,探索建立海域使用权评估体系。进一步缓解用海矛盾,优化海域资源配置,提高海域使用的经济效益。

(二)海岛保护与开发

加快全省海岛保护相关规划和办法的编制与实施,加大重要海岛生态保护与开发力度,完善海岛基础设施建设,加强无居民海岛的保护,切实保护和利用好海岛资源。

健全海岛保护与利用制度。编制与实施重要海岛及无居民海岛的保护和利用规划,通过实施重要海岛的分类开发与保护、无居民海岛岛群的分级管制与分类引导等措施,逐步完善无居民海岛开发与保护制度,推动无居民海岛资源实现合理利用与有效保护。

加大重要海岛开发力度。按照总体规划、逐岛定位、分类开发、科学保护的要求,以培育重要海岛主导功能为方向,以港口物流、临港工业、清洁能源、滨海旅游、现代渔业、海洋科技和海洋保护等为重点,注重发挥重要海岛的独特价值,加大综合开发力度,进一步推进海岛开发开放,加快海洋经济升级发展。

完善海岛基础设施建设。加快海岛基础设施建设规划的编制与实施,按照统一规划、适度超前、统筹兼顾、确保重点的要求,积极推进与海岛发展相适应的基础设施建设,加强对桥隧、航道、锚地、码头、标准渔港等公用设施建设支持力度,有序推进海岛供水供电网络与大陆联网工程、风电场建设及并网工程,大力扶持海水综合

利用,提高水电资源保障能力,使海岛能便捷地承接大陆地区的各类公共服务、公共产品、要素保障的延伸。提倡和鼓励海岛与周边其他海岛地区实现基础设施的共建共享,充分发挥重要海岛对海岛地区发展的支撑和带动作用。

加强海岛保护。贯彻实施海岛保护法,开展海岛普查和岛碑设置工作,增强全社会的海岛保护意识,加强海岛资源的分类管理与有效保护。实行无居民海岛利用审批许可和有偿使用制度。建立海岛巡查、修复和利用评估制度。加强无居民海岛保护力度,严禁未经批准开发利用无居民海岛。严禁非法炸礁、采石等破坏生态环境的活动;对破坏严重的海岛实行生态修复行动。

(三)港口岸线资源利用

优化交通、渔业、旅游等港口布局,完善各类港口集疏运体系,严格岸线资源利用审批制度,确保岸线资源得到有序利用。

优化港口布局。根据沿海港口发展的优势和特点,按照其在地区域经济、对外贸易发展中的作用,在综合运输体系中的地位,进一步优化全省港口布局,突出宁波—舟山港的主枢纽港地位,积极发展温州、台州、嘉兴等地方性港口,形成功能现代化、交通网络化、港口联盟化、管理一体化的现代化港群。

加强岸线资源保护。按照科学开发、切实保护、因地制宜、协调发展要求,建立以岸线基本功能管制为核心的管理机制,进一步

落实海洋功能区划,集约化利用岸线资源,规范岸线开发秩序,调控岸线开发的规模和强度,在满足海洋经济发展需要的同时,最大限度地提高岸线资源的利用价值,推动沿海地区社会、经济、环境和谐发展。

(四)水生生物资源养护

通过开展水生生物资源基础调查,摸清资源底数,采取"管、控、护"等综合措施,促进水生生物资源恢复,改善和修复海洋生态环境。

加强水生生物资源管理。开展水生生物资源基础调查,摸清近海水生生物资源状况,为科学实施综合配套管护措施提供依据。进一步科学制定和完善海洋禁渔期、休渔期、保护区制度,加强渔场管理,实现舟山等重要渔场生态修复。加强水产种质资源保护区建设,保护重要水产种质资源及其生存环境,保护生物多样性。

控制海洋捕捞强度。严格执行"十二五"时期国家对浙江海洋捕捞渔船数量和功率指标"双控"制度,着力规范海洋捕捞渔船渔具渔法;继续实施海洋捕捞渔民转产转业,不断压减海洋捕捞强度;强化渔业执法管理,严厉查处非法捕捞行为,促进海洋渔业资源可持续利用。

推进海洋牧场建设。制订并实施浙江省海洋牧场建设方案,支持沿海各地开展海洋牧场区及其示范区建设,推广浅海鱼、贝、藻类生态放养模式和人工鱼礁建设,大规模开展水生生物增殖放流,提升资源养护能力和生态修复功能,促进水生生物资源恢复。

(五)海洋可再生能源与海水利用

积极推进海洋可再生能源开发与海水综合利用。加强沿海地区潮汐能、风能的开发利用,合理布局发电站,缓解滨海地区的用电矛盾。加强海水综合开发利用,保障海岛等特殊区域的淡水供应。

推进沿海潮汐能、潮流能开发。摸清潮汐能、潮流能资源情况,重点探索开发潮汐能、潮流能,实施万千瓦级潮汐发电示范项目。开工建设三门县健跳港潮汐发电示范项目,优先开发宁海县岳井洋和黄墩港、苍南县大渔湾等三个潮汐发电站。

实施沿海地区风能开发利用。积极实施近海风电示范项目,储备技术,积累经验,推进百万千瓦海上风电基地的建设,规模化开发海上风能资源。积极开展海上风电基地建设的前期准备工作,统筹考虑建设条件、海洋综合利用和自然灾害等因素影响,按照自北向南、距大陆海岸由近及远的原则,逐步开发杭州湾、舟山东部海域、宁波象山海域、台州海域、温州海域等五大百万千瓦级海上风电基地。力争2015年前建成约110万千瓦海上风电示范项目。

推进海水综合利用。积极推进海水淡化及综合利用,加强海水淡化取水口水质保护,优选在海水利用功能区,设立取水口水质保护区。择优建设一批海水淡化重大示范项目、海水产品精深利用项目、海水淡化和海水循环冷却技术装备依托工程,积极扩大海水淡化利用规模,提高海水利用在沿海和海岛的用水比重。

四、海洋生态环境保护

按照加强海洋蓝色生态屏障建设的要求,实施入海污染物总量控制制度,严格海洋环境监督,加大海洋污染控制。积极实施"蓝色碳汇"行动,加快海洋保护区建设,建立健全滨海湿地保护管理机制,加强海洋生态环境监测与评价,促进海洋自然生态恢复。

(一)海洋环境监督与评价

完善海洋环境监督机制。加强海洋、环保、交通、海事、水利、林业、气象、渔业等涉海部门的协作,有序推进部门间涉海监测、观测数据共享。进一步完善海上突发环境事故的应急预案和应急处置机制,有序做好事故处置清理、监测评估、生态修复等工作。完善涉海部门年度联合执法制度,以防止入海污染物为重点,加强对陆源排污口、海洋工程、违规倾废、船舶及海上养殖区生活垃圾排海污染等联合执法检查,强化海洋环境监督管理。

加强海洋环境评价。完善海洋环境现状与趋势评价,进一步优化监测站位和监测指标,增加监测频次。开展重点海域环境容量评估,查清入海污染物主要来源、途径、强度及分布状况,评估特定海域主要污染源及特征。加强对重大涉海工程对海洋环境和生态系统的危害影响评估,建立长期全面的监测与评价机制。开展已建海洋保护区的生态、环境和资源综合调查以及海洋环境管护措施的有效性评估。完善海洋生态健康评价,开展海洋生物多样性状况调查和定期评价。

健全海洋环境保护制度。建立海陆联动、区域协作的海洋环境保护工作机制和入海污染物浓度控制与污染总量控制制度。推进海洋生态损害赔(补)偿办法的制定和实施,建立海洋生态损害评估和海洋生态损害跟踪监测机制。开展海洋环保排污权交易制度研究,推进陆域排污对海洋生态补偿机制。

(二)海洋污染控制与治理

加强入海污染物排放总量控制。合理分配入海主要污染物指标,实现"管"、"治"并举,有效削减主要污染物的入海总量,到2015年,县以上城市污水处理率达到85%以上,直接入海排污口污染物排放达标率90%。科学确定象山港、三门湾、乐清湾等主要港湾的主要污染物容量,探索局部海域入海污染物总量控制制度,稳定重点海湾生态功能。

加强近岸海域环境整治。加强海洋环保和生态建设研究成果应用,制定并实施近岸海域污染防治规划,有计划削减工业、城市生活污水直排口主要污染物排放强度。保护海洋鱼、虾、蟹、贝类的产卵场、索饵场、越冬场及其洄游通道,控制养殖用药和养殖尾水排放。加强围垦项目科学论证,控制围垦速度,保留海洋生态结构中应有的湿地资源和功能。加强对油品、矿石、粮油等大型物资储运基地项目环境质量控制,防治对岛屿及其周边海域造成环境污染。

(三)加强海洋生态保护与修复

推进海洋生态系统修复。强化海洋保护区建设与管理,加强海洋生物多样性保护,逐步形成区域性海洋生态系统保护带。加强滨海湿地生态功能保护,积极开展互花米草治理,建立滨海湿地生态修复示范区,维持潮间带湿地面积和生态功能。开展海洋牧场、大型海藻场建设,实施水生生物资源养护生态修复行动。制定海域海岛海岸带整治修复保护规划及年度实施计划,科学确定整治、修复和保护项目。

实施"蓝色碳汇"行动。加大海洋大型藻类、盐沼植物和红树林等碳捕获海洋植物种养殖和保护力度,开展"蓝色碳汇"补偿机制研究。在重点浅海养殖区大力栽培大型海藻,吸收并固定海水中的碳、氮和磷等生源要素,降低海区富营养化。建立象山港和乐清湾建立大型海藻栽培示范基地,改善海湾水质环境。推进乐清湾红树林北移扩大示范,适度推广耐盐植物修复技术,增强对海洋碳接收能力。实施碳汇渔业行动计划,保护坛紫菜、羊栖菜等传统海藻养殖区,力争发展30万亩贝、藻、鱼类浅海生态养殖。

加强海洋环境监测与生态修复基础建设。完善省、市、县三级海洋环境常规监测体系,更新环境设施和仪器设备、增配海洋环境应急监测设施。初步建成浙江近岸海域浮标实时监测系统,实现对重点海域主要生态环境参数的在线监控。在舟山、温州组建浙北、浙南海洋环境应急监测中心,加强突发应急事件处置、响应、预测、评估等基础能力。建设集污染物吸收降解、水生生物资源放流和大型海藻增殖为主要内容的生态修复技术研究试验基地,为海洋生态环境保护与修复提供试验基地和技术支撑。

五、海洋科技教育与文化

(一)加强科技兴海平台建设

加快科技兴海平台建设,支持涉海科研机构发展,引导高校科研力量把研究领域延伸到海洋,重点建设一批国家、省部级涉海重点实验室、工程技术研究中心等科技创新服务平台,支持企业建立海洋科技研究平台。

支持涉海科研机构发展。支持在浙涉海科研机构规模化发展,支持其在各地市成立分支机构,在土地指标、人才引进等方面给予优先考虑。积极搭建科研机构同政府、企业的合作平台,通过人员挂职、共建博士后流动站、共建技术研究中心等形式,成为浙江海洋事业发展的重要支撑。

引导高校院所把研究领域向海洋延伸。依托浙江大学、国家海洋局第二海洋研究所、浙江工业大学、浙江财经学院、宁波大学、浙江海洋学院等高校院所的科研优势，积极引导优秀科研团队将研究重点向海洋领域延伸。努力挖掘海洋交叉学科的发展潜力，引导与海洋学科融合发展，提升浙江海洋科研能力。

支持企业建立海洋技术开发平台。支持企业设立独立技术开发平台，作为提升企业自主创新能力，培育壮大企业，做大做强优势产业的重要手段。支持企业与科研院所、高校共建技术开发平台，成为海洋科研成果转化和推广的重要平台之一。支持企业海洋技术中心创建省级和国家级技术中心。

构建海洋科技服务体系。建立海洋科技推广服务体系，鼓励科研院所、高校、推广机构、企业参与海洋科技创新成果推广应用，支持海洋科技培训机构、科研成果推广机构的能力建设。

建立海洋标准化平台。以海洋标准化体系为基础，组建浙江省海洋标准化技术委员会，按照科技兴海的重点领域和布局，建设海洋高技术产业化、海洋循环经济和海洋生态环境保护与管理等技术标准体系，强化海洋标准化培训和推广应用。

建设一批海洋科研示范园区、基地。建立一批具有辐射带动效应的科技兴海示范区园区和基地，并随着科技兴海工作的不断深入，逐步扩大领域和范围。重点是海洋高技术产业化园区、海洋循环经济示范区、海洋经济可持续发展模式示范区、海洋高新产

业链延伸和产业集聚区。

（二）加快海洋科学技术研究

大力实施"科技兴海"战略，依托各类科技兴海平台，强化科技对海洋经济发展的支撑作用和公共服务功能。

开展海洋基础科学研究。鼓励在浙科研机构加强海洋基本理论研究和基础学科建设，推进海洋科学与其他科学之间交叉研究。建立海洋长期生态观测站，开展气候变化、生物多样性和人类活动对海洋影响等方面的研究。围绕海洋灾害、环境、生态、经济和权益问题，开展地震海啸预警技术、赤潮发生机理、海洋战略、区域海洋管理、海洋权益维护、海洋经济统计与核算等自然科学和社会科学基础理论研究和创新。

开展海洋关键技术研发和应用。支持在浙科研机构积极研发和应用海水淡化与综合利用技术、海洋能利用技术、海洋新材料技术、海洋生物资源可持续利用技术和高效增养殖技术。加强海洋生态环境管理、监测、预报、保护、修复及海上污损事件应急处置等技术开发与应用。开发海啸、风暴潮、海岸带地质灾害等监测预警关键技术。突破保障海上生产安全、海洋食品安全、海洋生物安全等关键技术。

开展重点海湾水动力和环境容量研究。大力推广乐清湾、三门湾水动力和环境承载力研究成果与经验，力争完成全省重要河口港湾水动力和环境容量基础研究工作。加强水动力和环境容量对海洋开发利用行为的约束性研究，综合评估涉海工程、船舶航

运及其他海洋开发活动对海洋生态环境的损害影响,为科学开发利用海洋提供依据。

（三）发展海洋教育事业

以在浙科研机构和海洋相关院校为依托,以海洋教育强省为目标,加快发展相关涉海院校,大力实施海洋科普计划,繁荣浙江海洋教育事业。

加快发展涉海院校。鼓励浙江海洋院校特色化发展,支持浙江海洋学院创建大学,支持浙江大学、浙江工业大学、浙江财经学院、宁波大学等在浙高校海洋教育队伍的发展壮大。加强涉海专业建设,建立完善的海洋专业教育体系。积极推进合作办学,根据院校和专业的自身特色,加强与全国优秀海洋院校、科研院所及政府机关、企事业单位合作办学,提高涉海专业教育实力。

推进海洋科普事业。启动浙江海洋科普出版物工程,与相关出版集团合作,联合出版海洋研究丛书,编制海洋科普书籍、刊物、报纸。启动"海洋科普教育基地"建设,鼓励各地已有科技馆、文化馆适当增加海洋科普内容,鼓励各地新建一批海洋主题科技馆、文化馆。利用各种载体,结合社会主义新渔村建设、海洋文化名城建设,推进海洋科普活动,提升公民海洋意识。

（四）繁荣海洋文化事业

以海洋文化的传承与发展为基础,以海洋文化旅游产业为突破口,加大海洋文化同各相关产业的互动融合,加快繁荣海洋文化事业。

支持海洋文化的传承与发展。深入开展海洋文化资源的挖掘,形成系统的海洋文化资源保护库,将海洋文化资源分级分类加以保护。支持海洋民俗文化申请列入文化遗产、非物质文化遗产名录。创新海洋民俗文化传承与发展方式,运用影视、娱乐等多种形式创新再造海洋民俗文化。全面开展海洋文化名市、名县、名镇创建工作,大力促进海洋文化事业建设。

发展海洋文化旅游产业。大力实施品牌战略,打造浙江海洋文化旅游大品牌,把浙江海洋建设成为旅游者体验中国海洋文化的大本营。以滨海城市为依托,加快建设宁波—舟山、温州—台州、杭州湾三大滨海旅游区,构建完善的海洋文化旅游目的地体系。努力挖掘历史文化旅游产品,积极开拓现代文化旅游产品,传承再造民俗文化旅游产品,构建完善的海洋文化旅游产品体系。以建设舟山群岛新区为契机,加大对海洋文化旅游开发的政策扶持力度,深化海洋旅游管理体制改革。

六、海洋执法监管

深化海洋行政执法体制改革,完善海洋执法体系,推进海洋综合执法,提高海洋执法能力和监管水平,保护海洋生态环境,维护海洋开发利用的正常秩序,保障海洋经济可持续发展。

（一）加强执法体系和队伍建设

加强执法体制建设。推进执法体制与机制建设，完善执法制度，建立由国家组织督导、省级统一协调，部门密切合作的海洋综合执法体制，加强海洋监管日常巡航检查与多部门合作专项整治行动的结合，以涉海法律法规为依据，强化监督管理，规范执法活动，探索多部门、立体化联合执法的指挥体制，为浙江海洋经济的发展提供保障。

加强执法协作机制建设。建立完善海上执法协调机制、海上执法信息通报和案件移交制度，开展海洋、环保、边防、海事、渔业等部门间的联合执法，探索建立统一行动、联合检查、共同取证，归口办案的海洋执法协作机制，推动执法力量、装备设施、信息情报等资源共享，提高海洋执法效率。

加强执法队伍建设。进一步推进海洋行政综合执法体制改革，强化机构设置和人员配置，按照军事化标准严格海监队伍管理，提升海监队伍正规化管理水平。建立教育培训制度，定期开展法律、管理、技术等方面的教育培训，不断提高海监执法队伍素质和执法监察能力，努力建设一支装备精良、管理现代、反应迅速、执法高效、保障有力的

海监执法队伍。

（二）加强执法力度和设施建设

加强执法监察力度。进一步强化海域使用、海岛保护、海洋环境保护、海洋渔业等的巡视监察和处置力度。建立日常执法查处制度，开展"海盾"、"碧海"等专项联合执法行动，严厉打击各类违法行为。加强对海洋保护区、无居民海岛的执法监察，加强对入海排污、海上倾废、石油勘探开发的执法监察，切实维护海洋资源开发秩序，保障海洋开发利用者的合法权益。

加强执法装备建设。按照国家海洋执法有关规定，强化海洋执法装备建设，加强海监执法的基础设施建设，实施海监巡航保障基地建设，建造一批大吨位现代化的海监执法船艇，配置远程呼叫、无线遥控等先进的执法装备，为海洋行政执法提供必要的物质和技术支持。

加强执法监控系统建设。完善卫星地面工作站和船载站、计算机骨干网络、监测实验中心、无线电通信指挥站等基础设施，建设海洋执法监控指挥系统，实现对浙江省毗邻海域的动态监控，以及对海域内海洋行政执法行动的实时指挥监控，完善海洋执法检查数据库，为执法检查办案提供数据支持。

七、海洋公共服务

发展海洋公共服务事业，完善海洋公共　服务体系，加强海洋信息化、防灾减灾、环境

监测预报、调查与测绘等基础性工作,提高海上交通安全保障、海洋经济支撑服务能力,扩大海洋公共服务范围,提高海洋公共服务质量和水平。

(一)提高海洋信息化服务能力

加快推进海洋信息化建设,积极应用各类涉海调查成果,加快推进涵盖海洋资源管理、海洋环境保护、海洋防灾减灾、海洋经济运行监测评估、海洋执法监察、海洋科技管理等功能在内的海洋综合管理与服务信息系统的建设,到2015年实现国家、省、市、县四级专网全面联通。

建设省级海洋与渔业数据中心,加强基础数据的统一管理,有序推进海洋信息共享,保障信息安全。促进海洋信息资源的有效利用,健全信息发布制度,为海洋行政管理、海洋经济建设、海洋公共服务等方面搭建信息交流与应用平台,全面提高全省海洋管理和服务信息化水平

(二)提高海洋防灾减灾服务能力

提高海洋灾害应急指挥能力。建立健全统一指挥、分级管理、运转高效的省、市、县三级海洋灾害应急体系、管理体制和运行机制,建立浙江省海洋灾害应急指挥中心,推进省、市、县三级海洋灾害应急响应决策支持系统建设,增强海洋灾害应急处置能力。

提高海洋灾害风险评估能力。以明确涉海重大工程和围填海工程等重要区域的海洋灾害风险隐患为基础,开展沿海重点区域的风暴潮、海啸灾害区划和沿海海平面变化调查评估,编制灾害风险区划图和应急疏散图,重新核定重点岸段的警戒潮位,增强海洋灾害科学评估。

提高海洋防灾减灾能力。编制和实施《浙江省海洋灾害防御"十二五"规划》,初步建立以海洋灾害综合观测网、预警网、信息服务网及海洋灾害应急指挥平台和风险区划为主要内容的海洋灾害防御体系。提高对风暴潮、海啸、赤潮及溢油漂移扩散等海洋灾害应急处置能力,整合海洋应急力量,建设海洋应急科技支撑平台,加强应急处置的基础设施建设和海洋灾害应急演练,强化海洋灾害后评估和恢复工作,提高科学防灾和应急处置能力。

(三)提高海洋环境监测预报服务能力

提升海洋环境观测监测能力。完善海洋环境观测监测体系,建设由海洋站、志愿船、海上观测设施等组成的海洋灾害综合观测监测平台,推进海洋通信网络的升级,实现海洋观测监测信息的实时接收与传输。形成优势互补、布局合理、自动化程度高、运行稳定的海洋综合观测监测网。

提升海洋环境预报能力。形成以省、市两级预报机构为主,县级海洋站为辅的海洋预报服务体系,建立风暴潮、赤潮、海啸、溢油等主要海洋灾害预警业务平台,提升海洋灾害精细化预警能力,提高预报精度和时效,拓展服务范围,提高服务水平。

提升海洋环境和灾害信息服务能力。

健全海洋环境和灾害信息发布制度,规范海洋环境和灾害新闻发布机制,及时发布日常海洋预报、海洋环境质量公报通报和海洋灾害预警报。完善信息发布渠道,建立覆盖全省沿海市、县,重点滨海旅游区、港口、渔港,海洋工程、涉海企事业单位等区域的信息快速分发系统,提升海洋环境和灾害预警报信息服务水平。

(四)推进海洋调查与测绘

加强海洋专项调查与测绘,深化近海海洋综合调查与评价,协助和配合国家继续开展专属经济区和大陆架综合调查,开展外大陆架海域、海洋安全通道和重要渔业资源区等综合调查。修订更新海洋基础数据,完善海洋基础地理空间数据库,海洋基础调查比例尺逐步实现大比例尺化。

(五)提高海上交通安全保障能力

加强海上交通管理和海洋通道安全保障,严格船舶检验、登记、签证制度,规范船舶航行、停泊和作业活动,加强危险货物管控、交通事故处置、海底障碍物清除的监督

管理。进一步完善通信和导航系统,建成连续覆盖全省沿海海域的高频通信系统。完善渔船安全救助信息系统,更新改造沿海渔业无线电通信设施,实现网络化集群管理,加强船舶自动识别系统、船舶交通管理系统建设。建设监管综合救助基地,完善专业救助设施,加强海洋、气象灾害预警信息应用,提高海上交通安全监管与救助能力。

(六)提高海洋经济支撑服务能力

增强海洋事业对海洋经济发展的保障作用。加强对涉海产业发展的指导,提高对海洋经济发展的服务能力,引导海洋产业结构调整,优化区域产业布局,推动海洋产业向"一核两翼三圈九区多岛"的总体布局发展。

实施海洋经济运行监测评估。加快实施和完善海洋经济运行监测评估方法和机制,全面开展沿海设区市海洋生产总值核算制度,提高对海洋经济运行发展趋势的研判能力,为沿海产业发展、沿海地区经济结构调整提供科学依据。

八、重 大 工 程

为保障浙江海洋事业"十二五"规划目标和各项任务的顺利完成,"十二五"时期,浙江海洋事业发展重点实施"海洋事业512工程",即:涉及海洋事业发展的5大工程、12个项目。

(一)海洋与海岛管理工程

1. 海洋与海岛管理项目

开展省、市、县三级海洋功能区划修编和无居民海岛保护与利用规划编制实施;项目内境应急监测能力建设工程动监测系统

建设工程态脆弱区监测业务化实施海岛地名普查及岛碑设置,开展海岛资源调查,全面掌握海岛基本情况,建设海岛管理信息系统和遥感监视监测系统,实现海岛动态管理;实施海域使用管理信息化建设,实现海域使用权证书网上申办,加强海域使用动态监视监测系统建设,在重要海域设置视频探头进行实时监控,对重大建设项目使用海域的实行全过程监视监测。

2. 海洋执法装备现代化建设项目

按照建设一支"装备精良、管理现代、反应迅速、执法高效、保障有力"的海洋行政执法队伍要求。新建 1 500 吨级维权执法专用海监船 1 艘,600 吨级维权执法专用海监船 4 艘,海岛保护和管理执法艇 9 艘,海监执法专用车 6 辆,海监维权巡航保障基地一个。

(二) 海洋环境保护工程

1. 海洋环境监测能力提升项目

完善海洋环境监测和环境应急监测体系,健全省市县三级海洋环境监测体系,建立重点入海污染源、重点港湾和生态脆弱区监测体系。

常规海洋环境监测及水质在线自动监测系统建设方面,在现有省市县海洋环境监测站的基础上,建设完善监测网络,加强生态浮标系统配备、岸站接收系统、数据传输系统等建设。加强重点县级监测站的能力建设,增加监测站的人员和设备配置。启动建设重要功能海域环境质量自动在线监测,逐步增加海域环境监测站位点与监测要素,

建立健全赤潮灾害与重大海洋污损的应急响应机制及跟踪监测,及时编制发布相关的监测评价结果,切实提高海洋与渔业环境监测预报成效的社会显示度。

海洋环境应急监测能力建设方面,要实施省市县三级海洋环境监测站(中心)的海洋环境应急监测能力建设,在港口、码头、锚地和石油化工储运较为集中的嘉兴、宁波和舟山海域,组建一个浙北海域海洋环境应急监测中心(浙北中心);在台州炼化一体化项目与大陈岛、温州大、小门岛等大石化储运基地,温州乐清湾两岸的大麦屿港区和温州乐清湾港区等港口、码头、锚地和石油化工储运较为集中浙南海域,组建一个浙南海洋环境应急监测中心(浙南中心)。

2. 海洋污染防治项目

建设主要污染物排放入海口配置在线自动监测设置,实施污染物排放总量控制制度;实施对入港船舶压载水的排放监测管理,防止外来生物入侵;建立船舶及其有关作业活动污染海洋环境的监测监视机制,根据相关法律法规,在主要港口、海洋保护区、滨海旅游区、养殖区建立船舶污染物(包括船舶垃圾、生活污水、含油污水、含有毒有害物质污水、废气等污染物以及压载水)回收处理设置,配备回收船;实施海水生态养殖模式,重点建设围塘养殖污水初级处理、设施养殖用水和育苗用水预处理设备;加强滨海旅游区的环保基础设施建设,开展近岸海域海洋环境监测监视;建设沿海乡镇垃圾收集处理设置,减少近岸海域海漂垃圾。

(三) 海洋防灾减灾工程

海洋防灾减灾项目

以加强海洋灾害防御非工程性措施为重点,着力推进海洋灾害观测、预警、信息服务、应急处置和风险评估等项目建设,提升科学防灾减灾决策水平,到 2015 年,初步建立涵盖海洋防灾减灾中心、海洋灾害综合观测网、海洋灾害预警网、海洋灾害信息服务网、海洋灾害应急决策指挥平台和海洋灾害风险评估与区划的全省海洋灾害防御体系;初步建立沿海污染事件应急处置中心和应急设备库,新建一批溢油应急设备库,配置液体化学品泄漏处置设备,提高综合清除能力。

海洋防灾减灾中心建设。主要开展海洋防灾减灾中心业务大楼、省级海啸预警中心和海洋环境监测及灾害预警报技术研究示范基地建设、省级海洋防灾减灾业务系统建设、省级海洋灾害预警业务系统建设和省级海洋灾害信息服务能力项目建设。

海洋灾害综合观测网建设。包括 7 个海洋观测站、10 个重点标准渔港配套建设海洋水文观测站、5 个测波雷达站、35 艘志愿船观测系统和 28 个重点区域视频监控点。

海洋灾害预警网建设。建立沿海精细化风暴潮、海啸、海浪、赤潮、溢油扩散和搜救保障等海洋灾害预警综合业务平台、配备万亿次/秒以上量级高性能计算系统、建设以秦山核电站和镇海炼化厂为重点保护目标的重大工程海洋灾害应急技术保障平台。

海洋灾害信息服务网建设。建立省、市海洋灾害服务信息制作平台和全省海洋灾害预警信息快速分发系统,建设全省海洋数据传输专用网络。

海洋灾害应急决策指挥平台建设。建立浙江海洋灾害应急指挥中心、建设省、市、县三级海洋灾害预警与应急响应辅助决策支持系统,开展渔船安全救助信息系统提升建设。

海洋灾害风险评估与区划建设。开展全省海洋灾害风险调查和隐患排查及海平面变化调查与评估、重新开展重点岸段的警戒潮位核定、开展沿海重点区域的风暴潮、海啸灾害风险评估和区划。

(四) 海洋生态修复工程

1. 典型海洋生态系统保护与恢复项目

对重点海湾、河口、滨海湿地、海岛,重要海洋渔业产卵场、越冬场和洄游通道,重点海洋水产种质资源保护区、水产养殖海域、湿地和红树林等具有典型海洋生态系统的区域,实施生态修复工程。新建省级以上海洋特别保护区(含海洋公园)5 个,建立2—3 个海洋生态修复示范区,积极开展重点港湾和滨海湿地的互花米草治理,到 2015 年,象山港、乐清湾等重点港湾 40% 以上的互花米草得到治理,50% 以上的滨海湿地恢复生态功能。提高典型海域生态系统生态健康指数,保护生物多样性,完善物种及海洋资源的保护体系,恢复海域生境。

2. 海域海岛海岸带整治修复项目

开展海域海岛海岸带整治修复保护规划编制和实施,开展海域海岛海岸带资源状况的调查,确定海域海岛海岸带整治修复保护目标;开展重要海域海岛生态修复,重点实施涉及国家海洋权益的海域、海岛及具有特殊生态与景观价值的海岛保护,改善有居民海岛生产生活基础设施条件;实施重要海域、无居民海岛及其周边海域生态环境保护及综合整治修复。

3."蓝色碳汇"项目

在沿海开展贝藻类养殖、在滨海湿地开展生态环境治理修复种植红树林,发挥贝藻类及植物生长过程的固碳作用。重点实施紫菜、海带、羊栖菜等海洋藻类和贻贝、牡蛎等海洋贝类养殖基地建设;在海洋牧场区增殖放流贝藻类资源;在浙南沿海发展红树林种植。

4.海洋水生生物资源养护项目

开展近海海域水生生物资源基础调查,摸清资源底数,重点建设省级以上增殖放流区、水产种质资源保护区、海洋牧场区各5个。

以增殖放流区、海洋牧场区、人工鱼礁区、海洋保护区等海域为重点,开展大规模增殖放流,增殖放流水生生物苗种50亿尾(粒、只)以上。开展增殖放流技术规范、跟踪调查及效果评估研究,开展科研探索性增殖放流研究,开展水生生物遗传多样性、物种多样性和生态多样性保护工作。

实施海洋牧场示范区建设,开展规模化、系统化、标准化海洋牧场技术的研究与应用,完善海洋牧场建设的体制机制。投放人工贝类增殖礁、海藻增殖礁等各类礁体50万空立方米;在海洋牧场示范区实施海藻增殖、移植,牧场型鱼类、贝类的增殖放流,筏式养殖等项目;开展海洋牧场示范区增殖技术、藻场修复与重建技术、海洋牧场生态容

量及生物资源增殖密度、海洋牧场构建技术与模式等方面的研究。

(五)海洋公共服务体系工程

1.海洋信息化建设项目

利用"数字海洋"信息框架基础,重点完善充实海域管理、海洋环境保护、海洋防灾减灾、海洋经济运行监测评估、海洋执法监察、海洋科技管理等功能在内的浙江省海洋综合管理与服务信息系统。建设省、市、县三级信息共享的基础网络,建设省、市、县三级海洋数据中心和信息平台,搭建覆盖省、市、县三级的高清视频系统。建立完善的浙江"数字海洋"体系,与国家"数字海洋"系统实现有效对接。

2.海洋经济运行监测评估项目

开展海洋经济运行监测评估,全面实施沿海7个市级(杭州、宁波、舟山、嘉兴、绍兴、台州、温州)海洋生产总值核算制度,对海洋主要产业的部分企业经济指标数据实行网上月报动态监测,全面开展浙江海洋经济示范区建设统计监测,提高海洋经济运行监测与评估能力。

3.海洋社会科学文化研究项目

开展海洋管理、海洋产业经济、海洋法学等科学研究和学术交流;支持海洋海岛历史文物遗迹发掘考察研究和海洋博物馆建设、支持对外及地区间海洋社会科学文化及海洋经济交流合作;举办各类以海洋为主题的海洋宣传日、海洋科普、海洋文化节、海洋论坛等活动;利用广播电视、报刊、会展等多种形式,开展爱海洋宣传,增强国民的海洋意识。

九、保障措施

（一）加大宣传力度　提高对海洋事业战略地位的认识

大力宣传浙江海洋事业建设成就，努力提高海洋事业在国民经济和社会中的地位。运用评优评先、树立榜样、惩治违法等手段，不断提高企业对海洋事业的关注度，进一步提高全社会的海洋意识。构筑多元化的海洋与渔业生态文化宣传平台，特别是"全国海洋宣传日"活动、海洋与渔业专题会展、海洋科普教育基地、海洋公园等，不断提高社会公众对海洋事业发展的关注度。

（二）完善管理体制　提高海洋事业服务的能力

建立海洋综合管理的高层次协调机制，强化涉海部门间的协调配合，推进涉海部门间合作协调制度的建设，形成海洋管理的合力；建立和完善涉海行业协会及自治组织，充分发挥行业协会和自治组织在处理海洋相关事务中的协调作用和自我监管作用；支持成立海洋环境保护组织、海岛保护组织、海洋动物保护组织等相关民间团体，鼓励民间团体参与对海洋事务的监督，作为政府管理的重要补充。

（三）加大投入力度　增强海洋事业资金保障能力

建立以政府投入为主，社会投入为辅的海洋事业经费保障机制。积极争取国家对

海岛海岸带修复、海监装备能力建设、海洋可再生能源开发、海洋科研、海洋经济运行监测等领域的支持，鼓励各类投资主体参与海洋事业建设。加大对海洋事业财政支持力度，按照"取之于海、用之于海"的原则，运用海域使用金、无居民海岛使用金等涉海规费支持海洋事业发展。

（四）实施人才战略　提高海洋事业的科技支撑能力

创新干部选拔制度，构建人才激励机制，建设一支规模适度、结构合理、素质优良、作风扎实、清正廉洁的海洋人才队伍，提高全省海洋事业管理效率和水平。编制实施全省海洋科技人才发展专项规划，重点实施海洋高素质人才培养和引进年度行动计划。加强国内外人才交流合作，实施"海洋人才引进基地"建设，强化海洋科研、技术、教育和管理力量，重点支持涉海院校、海洋科研机构、领军企业培养和引进学科带头人及高端管理人才。实施涉海一线从业人员培训计划，强化从业资格认证，提高一线从业人员的技术水平和综合素质。

（五）坚持依法行政　建立海洋事业发展长效机制

积极完善涉海法律法规体系，加强地方性配套制度建设，重点推进海域使用管理、

海洋观测预报管理、无居民海岛保护与利用、海洋生态补偿等方面的立法进程。全面推进海洋管理依法行政,进一步完善海洋行政许可制度,深化海洋管理行政执法责任制建设,强化海洋依法行政监督。深入开展海洋普法活动,加大涉海法律法规的宣贯力度,建立与广电、互联网等媒体有效合作的机制,创新法律法规宣传模式,推进法律法规的多渠道、多形式的宣传,为海洋事业发展提供法制保障。

福建省海洋新兴产业发展规划

前　言

海洋新兴产业是以科技含量大、技术水平高、环境友好为特征,处于海洋产业链高端,引领海洋经济发展方向,具有全局性、长远性和导向性作用的产业。大力发展海洋新兴产业,是推进福建海洋产业结构优化升级、加快转变海洋经济发展方式、壮大海洋经济综合实力的重大举措,是在全国海洋经济激烈竞争中掌握发展主动权的客观需要,是全面落实全国海洋经济试点工作部署、努力建设海洋经济强省和海峡蓝色经济试验区的必然要求。

《福建省海洋新兴产业发展规划》依据国务院批复同意的《福建海峡蓝色经济试验区发展规划》、《关于加快培育和发展战略性新兴产业的决定》、《海峡西岸经济区发展规划》、《平潭综合实验区总体发展规划》和《福建省国民经济和社会发展第十二个五年规划纲要》、《福建省“十二五”战略性新兴产业暨高技术产业发展专项规划》、《中共福建省委 省人民政府关于加快海洋经济发展的若干意见》而编制。本规划所确定的海洋新兴产业主要包括海洋生物医药业、邮轮游艇业、海洋工程装备业、海水综合利用业、海洋可再生能源利用业。

本规划基准年为 2010 年,规划期限为 2011—2015 年,展望到 2020 年。

第一章　产业基础与发展环境

一、产业现状

“十一五”期间,海洋经济强省建设顺利推进,海洋经济发展水平跃上新台阶。2010 年,全省海洋生产总值 3 680 亿元,占地区生产总值的 24.9%,年均增长 16.7 %,海洋经济规模居全国第五位。海洋产业结构日趋合理,已形成较为完备的海洋产业体系,特别是海洋新兴产业发展迅速,2010年海洋生物医药业、邮轮游艇业、海洋工程装备制造业、海水综合利用业、海洋可再生能源业的增加值合计为92亿元,占海洋主要产业增加值的5.5%。

(一)海洋生物医药业加快培育、优势明显。"十一五"期间,全省海洋生物医药业发展迅速,2010年海洋生物医药业增加值达6亿元。研发实力不断增强,拥有国家海洋三所、厦门大学生物医学工程研究中心、福州大学生物和医药技术研究院等一批生物医药研发机构。龙头企业加快成长,已集聚润科、华宝等海洋生物高新技术企业25家。

(二)海洋工程装备制造业规模扩大、实力增强。2010年,全省海洋工程装备制造业完成增加值66亿元。已能建造国际先进水平的海上大型工作辅助船,拥有可以承接海上储油船(FPSO)和部分钻井平台的改装、修理及建造业务的大型船坞。

(三)邮轮游艇业发展迅速、效应突显。2010年全省邮轮游艇业增加值14亿元,游艇出口额占全国总量的54%。厦门已建成国内第二家"游艇帆船产业发展试验基地";漳州、泉州、福州、宁德等地正加快推进游艇生产基地建设。厦门成为我国沿海邮轮经济增长最迅速的城市之一,拥有中国最大、能接待14万总吨豪华邮轮码头,目前正在推动"国际邮轮城"建设。

(四)海水综合利用业起步发展、技术提升。2010年全省海水综合利用业增加值3.2亿元。厦门市出台了国内第一个城市海水综合利用专项规划,一批海水综合利用关键技术获得了突破,海岛、船舶专用小型海水整装设备通过设计定型,已投入批量生产;海水冷却和脱硫技术得到了应用。电膜法苦咸水脱盐净化集成技术达到国内领先水平。海水作为工业冷却水已在沿海火电厂广泛应用。

(五)海洋可再生能源业发挥优势、稳步发展。2010年海洋可再生能源业增加值2.8亿元。海洋可再生能源以海洋风力发电为主,全省风电总装机容量73万千瓦。全省已形成以福清、平潭、漳浦、诏安、东山为主要阵地,以大唐风力发电场、东山澳仔山风力发电场为龙头企业的风力能源产业。

二、机遇与挑战

(一)国家新一轮沿海发展布局为海洋新兴产业发展提供了有利条件和广阔空间。近年来,我国海洋新兴产业迅速崛起,区域海洋经济发展规模不断扩大,以环渤海、长江三角洲和珠江三角洲地区为代表的区域海洋经济发展迅速。2011年国务院相继批复《山东半岛蓝色经济区发展规划》、《浙江海洋经济发展示范区规划》、《广东海洋经济综合试验区发展规划》,批准设立了舟山群岛、横琴岛新区,标志着在"十二五"开局之年,我国海洋经济进入全面布局、加速发展的新阶段。国务院批复的《海峡西岸经济区发展规划》明确支持福建开展全国海洋经济发展试点工作,为海洋经济又好又快发展提供了有利条件和广阔空间。

(二)海洋新兴产业入围战略性新兴产

业为其发展提供了巨大的内在支撑。国家在原有的新能源、节能环保、电动汽车、新材料、新医药、生物育种和信息产业基础上，增补海洋新兴产业和航空航天产业为国家战略性新兴产业；相关部门正酝酿发布鼓励海洋新兴产业（产品）发展的指导目录。省委省政府从产业和科技发展实际出发，确定新材料、海洋新兴产业等七大产业为战略性新兴产业，尤其是海洋新兴产业基础好、潜力大、关联带动作用强，将迎来规模和质量全面提升的跨越式发展阶段。

（三）海峡西岸经济区建设全面推进为海峡两岸海洋新兴产业合作创造良好条件。海峡西岸经济区建设上升为国家战略，为海洋经济发展带来良好机遇。《海峡两岸经济合作框架协议》的签署、《平潭综合实验区总体发展规划》的正式批复，将有力推动两岸交流合作向更高层次迈进。福建作为两岸合作交流先行先试特殊区域，通过两岸新兴产业充分对接，不断加强海洋生物医药、风能发电技术等领域的合作，有利于进一步提升海洋新兴产业发展水平。

（四）海洋新兴产业在迎来巨大发展机遇的同时，也面临严峻的挑战。一是海洋新兴产业多为研发周期长、投资风险高的产业，难以吸引大量、连续的资金，产业快速发展受限。二是海洋新兴产业增加值占海洋生产总值比重较低，产业规模较小，尚未形成较为成熟的产业链。三是海洋高科技产业科技经费长期投入不足和科技成果转化率低。四是海洋新兴产业所需人才缺乏，特别是创新型领军人才和技能型人才所占比例较低。五是缺乏核心技术，自主研发能力薄弱，海洋科技创新体系尚不健全。

第二章　总体要求与发展目标

一、指导思想

以邓小平理论和"三个代表"重要思想为指导，深入贯彻落实科学发展观，围绕省第九次党代会提出的"一个坚持、三个更加"的总要求和省委九届五次全会的重要部署，以加快转变海洋经济发展方式为主线，以科学开发利用海峡、海湾、海岛资源为重点，突出高端化、特色化、规模化、集聚化发展方向，着力推进研究开发、成果转化、市场培育、人才支撑、闽台合作、机制创新六大关键环节，扶持培育海洋生物医药、邮轮游艇、海洋工程装备制造、海水综合利用、海洋可再生能源等五大海洋新兴产业，提升现代海洋产业竞争力，为建设海洋经济强省做出更大贡献。

二、基本原则

（一）统筹规划，错位发展。突出区域优势，坚持因地制宜，根据各区域海洋新兴产业基础、技术支撑、人力资源等条件和潜在优势合理布局；构建差别化发展战略，规划建设海洋新兴产业基地，明确发展方向、发展目标、产业布局、技术路线和政策支撑。

（二）突出特色，重点突破。立足实际，合理定位，注重特色，重点实施项目带动和突破关键技术，做大做强优势海洋新兴产业，建设海洋新兴产业集聚区。

（三）市场驱动，政府引导。把市场作为产业发展、创新能力提升的出发点，发挥企业在技术创新活动中的主体作用，推动海洋新兴产业发展。加强政府规划指导和服务功能，营造优化海洋新兴产业发展环境。

（四）开放带动，创新引领。着力扩大对外开放，集聚国内外创新资源，拓展国际国内两个市场，加强闽台产业的深度融合，构建产学研用战略联盟，壮大海洋新兴产业综合实力。

（五）海陆联动，持续发展。加强海洋与陆域的统筹协调，推进海陆产业联动发展、资源要素统筹配置。坚持海洋资源深度开发利用与资源环境承载力相适应，实现海洋经济社会可持续发展。

三、发展目标

（一）总体实力显著提升。到 2015 年，海洋新兴产业增加值达到 500 亿元以上，占海洋主要产业增加值的比重提高到 15% 左右，成为海峡蓝色产业带的重要组成部分。

（二）产业水平显著提高。到 2015 年，现代海洋产业体系基本建立，海洋新兴产业实现重大突破，形成一批全国领先的海洋新兴产业集群，海洋生物医药业增加值 95 亿元、邮轮游艇增加值 60 亿元、海洋工程装备产业增加值 240 亿元、海水综合利用增加值

20 亿元、海洋可再生能源业增加值 35 亿元，力争培育产值超亿元的海洋新兴产业龙头企业 25 个以上，海洋新兴产业成为海洋经济强省建设的重要支撑和全省经济发展新的增长点。

（三）创新能力显著增强。到 2015 年，海洋科技创新体系建设初见成效，科技进步综合指数居全国前列，海洋生物医药、邮轮游艇、海洋工程装备等重点领域技术创新能力居全国领先水平；培育形成 1—2 个销售收入过百亿、5—7 个销售收入过 20 亿的海洋新兴产业高新技术企业；研发生产基地、企业技术中心、工程实验室等创新平台建设明显加强，产学研联盟、院校合作、人才引进等创新机制加快完善。

到 2020 年，全省海洋新兴产业增加值达 1 000 亿元，占海洋主要产业增加值的比重提高到 20%。形成一批全国一流、国际领先的海洋科研团队、高等院校（所）和优势产业、领军企业、知名品牌，建成发达的海洋新兴产业体系和科教支撑体系。海洋生物医药、邮轮游艇、海水综合利用、海洋可再生能源、海洋工程装备制造业等综合实力和竞争力明显提升，建成东南沿海乃至全国重要的海洋新兴产业基地。

四、发展定位

（一）全国海洋新兴产业发展先导区。依托重点园区、重点企业和重点项目，在培植优势产业上率先实现突破，规划建设海洋工程装备和高端船舶制造基地、全国重要的海水淡化技术装备和综合利用示范基地、东

南沿海新兴的海洋生物医药研发和生产基地、海洋可再生能源开发利用技术实验基地,逐步形成大中小企业联合、上中下游产业配套的海洋新兴产业基地和集群。

(二)两岸海洋新兴产业合作示范区。充分利用 ECFA 搭建的合作平台,抓住两地产业加快转型升级的重大机遇,以两岸海洋新兴产业合作发展为目标,依托平潭综合实验区、台商投资区等平台,重点发展海洋生物科技、绿色能源、邮轮游艇等新兴产业,联手抢占国际产业发展制高点,建成两岸海洋经济全面合作与交流的重要示范区。

(三)海峡蓝色硅谷。集聚全省主要的海洋科研院校和人才,依托国内领先的海洋科研团队,加强与台湾海洋科研院校合作交流,构筑以厦门、平潭南北两个错位发展、优势互补、合理分工的核心区为主体的"海峡蓝色硅谷",为两岸共同向深海进发提供平台,使其成为蓝色经济的重要引擎。

第三章　产业发展方向与重点

一、优先发展海洋生物医药业

以关键技术研发为动力,集聚创新资源,加强海洋生物资源开发,研发一批具有自主知识产权和产业化前景的科技成果,努力建成全国领先的海洋生物医药研发和产业化基地。

(一)发展方向

以海洋药物、生物制品、功能食品和海洋生物酶制剂为重点,加大投入力度,构建全省海洋生物医药研发、中试等公共技术服务平台,做强一批高新技术企业,促进产学研用深度融合,建设布局合理、竞争力强的研发生产基地和产业园区,逐步打造完整的海洋生物医药产业链条,聚力开发一批具有显著经济社会效益的新产品,力争把海洋生物医药业培育成全省新的先导产业。

(二)发展重点

1. 海洋药物。重点研发海洋生物毒素和海洋微生物高特异活性物质等海洋生物药源的海洋新药,推进海洋藻类活性物质、海洋药物"河豚毒素"项目建设,支持海洋寡糖、生物毒素、小分子药物、海洋中药等海洋新药开发,积极开发以高纯度海洋胶原蛋白、海藻多糖、贝壳糖、荧光蛋白等为原材料的新型医用生物材料和新型疾病诊断试剂。通过药源生物种质发掘、种质创制、规模化制种和培育,开展海洋药源、药食同源生物的规模化生产。

2. 海洋生物制品。重点围绕海洋功能材料、海洋微生物制剂、海洋渔用疫苗等,以海洋生物多糖及蛋白质资源为对象,利用现代生物工程、酶工程、生物化工及发酵工程等生物技术,通过海洋生物制品产业化关键技术的集成,实现海洋功能材料、海洋微生物制剂、海洋渔用疫苗、新型海洋生物源化妆品的产业化。

3. 海洋功能食品。优先发展优势资源、天然资源及药食同源的保健食品,加快发展功能饮品、膳食补充剂,重点开发海洋胶原多糖、多肽蛋白质、海洋生物源降压肽、海洋生物源抗氧化肽、特殊氨基酸、海洋脂类及其衍生物、壳聚糖及海洋生物糖类衍生物等为主要成分的海洋健康食品和功能食品。重点选取一批有效成分含量高、易获取和人工繁育的海洋生物,进行生物活性物质的筛选和提取分离,制成海洋功能食品。

4. 海洋生物酶制剂。利用现代酶制剂技术,强化源头创新,解决海洋生物酶制剂产业关键技术,提高海洋生物酶制剂产品的质量和水平,形成一批具有知识产权的现代海洋生物酶制剂产品。

（三）重点布局与载体

打造海洋生物医药技术创新区、成果孵化区和产业化聚集区:以厦门大学、国家海洋局第三海洋研究所等科研院校为依托,在厦门建立海洋生物医药技术创新区;以厦门大学、福州大学、集美大学、福建医科大学、福建中医药大学为支撑,在福州、厦门、漳州、莆田建设海洋生物医药成果孵化区;以诏安国家级海洋生物医药产业园为依托,在厦门、漳州和泉州建设具有较大影响力的海洋生物医药产业化聚集区。支持莆田中海源海洋生物产业园、福鼎(闽威)海洋生物科技产业园、石狮海洋生物高科技产业园、东山海洋生物科技园等一批主要海洋生物医药产业园区建设;以对台区位优势为依托,建立福州福清海洋生物高技术产业园、平潭海洋生物产业园。

二、大力发展邮轮游艇业

重点构建邮轮游艇产业链,促进产业集群形成,完善相关配套产业和服务业,努力建成具有较强国际竞争力的游艇产业基地和国际邮轮母港。

（一）发展方向

充分利用独特的区位优势和良好的港湾资源,突出品牌建设,坚持自主创新和集成创新,发展高技术、高附加值的游艇制造业,加快形成游艇产业集群,锻造从设计研发到生产制造、市场培育、消费服务再到相关旅游休闲及各种商务活动的整条产业链,增强游艇产业和配套产业的渗透度和融合度,壮大游艇经济规模。做大做强邮轮产业,打造国际邮轮母港。

（二）发展重点

1. 培育游艇品牌。进一步做好国外先进技术引进消化吸收再创新工作,提高自主创新能力,开发具有技术和品牌优势的高端游艇产品,大力开拓消费市场,培育一批国内外知名的品牌产品。

2. 建设游艇产业基地。发挥游艇产品品牌效应,培育壮大游艇产业集群,形成一批专、精、特、新游艇产业基地。大力支持游艇企业建立技术研究中心、工程实验室、创意基地、中试基地。加强地区产业协作,共同打造集游艇工业制造、产品研发、展览交易、旅游开发等为一体的中国游艇制造重要基地。

3. 培植游艇配套产业链。加快发展游艇配套服务业,引进和培育各类游艇科技中介服务机构,大力推动与游艇产业相关的国家级检测中心入闽,创建游艇俱乐部,促进游艇零配件制造、游艇生产与配套服务业协调发展。

4. 建设邮轮母港。依托厦门东渡国际邮轮码头中心,调整优化部分岸线,完善符合国际邮轮标准的后勤服务与配套设施,大力开拓国内、国际邮轮航线及无目的航线,增强本土邮轮研发制造能力,打造世界一流的国际邮轮母港。

(三)重点布局与载体

加强厦门与泉州、漳州、福州、宁德等地区的产业协作,壮大游艇产业集群,共同打造集游艇制造、产品研发、展览交易、旅游开发为一体的中国游艇制造重要基地。在厦门市建设游艇休闲运动基地,开展游艇观光、水上运动、帆船赛事、游艇展会等活动;以五缘湾游艇帆船港国际展销中心为依托,筹建水上游艇帆船保税仓库,逐步建立集游艇二手市场、配件市场、售后服务市场、展示窗口于一体的游艇集散地,打造游艇交易中心。整合平潭综合实验区现有船舶制造业,引导其向游艇修造方向发展,规划建设游艇修造及配套基地,承接台湾游艇产业转移。

依托厦门东渡国际邮轮码头中心,大力开拓国际、国内邮轮航线,推动厦门发展形成国际邮轮母港。加强福州与宁德、莆田的产业协作,共同打造海峡两岸和国际知名的邮轮游艇基地。发挥平潭综合实验区的区位优势,发展邮轮码头,重点对接台湾邮轮航线;适度开发部分有居民海岛和姜山岛、大屿岛、大嵩岛、东甲岛等首批可开发无居民海岛的旅游资源,建设游艇集中停泊码头,打造邮轮、游艇环岛串岛游。

三、集约发展海洋工程装备业

加快建设行业技术公共服务平台,重点攻克海洋工程装备业关键核心技术,提升自主研发和产业化能力,培育骨干企业,加强基地建设,促进海洋工程装备产业高端化、专业化、规模化发展。

(一)发展方向

加强应用技术研究,壮大产业规模,培育形成具有核心竞争力和自主品牌的产业集群,完善配套产业体系,努力打造东南沿海重要的海洋工程装备基地。

(二)发展重点

1. 突破关键技术。推进海洋工程装备业技术服务平台建设,加强研究重大技术装备所需的制造核心技术、关键原材料及零部件,逐步提高装备的自主制造比例。"十二五"期间,海洋工程装备业重点突破水动设备制造技术、海工装备的智能化、深海技术、海工装备新材料、大型船舶及装备亲环境绿色拆解等技术,提高海洋工程装备总承包能力和专业分包能力。

2. 开发高端产品。以中海油开发建设海上储油设施及海上钻井平台等海洋重型装备制造项目为依托,重点发展具有高附加值、高市场占有率的海洋勘探、海底工程、石化、海洋环保、海水综合利用开发等海洋工程设备,支持工程机械零部件的技术提升,形成较为完善的装备制造业体系。

3. 扩大生产能力。加强海洋工程装备产品研发和产业化能力,鼓励和引导企业通过改造、重组、联合等方式壮大规模,提升企业批量建造能力,不断提高海洋工程装备整体制造水平。

(三)重点布局与载体

以招商局漳州开发区为依托,以诺尔港机为龙头,加快漳州装备制造业基地建设。推进建设三沙湾大型船舶装备亲环境绿色拆解集中区,支持霞浦昌贸重工海洋高端工程装备制造产业园建设,将宁德东冲及溪南半岛、漳湾两大片区建成重型装备及现代海洋装备修造基地。以厦船重工为核心,打造海洋工程装备的关键系统配套设备研发基地。以闽江口、厦门湾、泉州湾和湄洲湾为重点,支持福州青口三煌海洋渔业高端装备制造等产业园建设,培育发展闽台海洋工程装备对接专业园区。

四、积极发展海水综合利用业

推动海水利用产业链开发,有效降低海水综合利用成本,努力建设国家级海水综合利用示范区。

(一)发展方向

坚持项目带动,大力实施海水综合利用示范工程,组建海水淡化产业联盟,加强海水淡化技术产业化应用,建立健全海水淡化及综合利用产业体系,建设大型海水淡化、海水直接利用及海水综合利用产业基地。

(二)发展重点

鼓励引导高新技术企业增加研发投入,组织实施较大规模的海水淡化和海水直接利用、综合利用高技术产业化示范工程,加快建设海水淡化产业化基地。鼓励引导临

海石化、火电及重化等工业项目中推广海水循环冷却技术。与台湾合作设立深层海水资源科技研发中心,加快推动深层海水开发利用。依托泉州、莆田等地的大型盐场及盐化企业,加强与科研院校合作,联合攻克浓海水制盐技术。加快研发海水化学资源和卤水资源综合开发利用技术,推进海水提取钾、溴、镁等系列产品及其深加工品规模化生产,建立海水利用和海水资源综合开发产业链,有效带动盐化工产业的改造升级,推动传统制盐业向海洋精细化工方向发展。

(三)重点布局与载体

加快厦门海水淡化技术和设备研发基地建设,鼓励支持沿海缺水城市、海岛、开发区开展海水淡化直接利用,重点扶持厦门、泉州、石狮、晋江、漳浦、东山、粗芦、西洋等地建设海水淡化产业化基地,把平潭综合试验区建设成海水综合利用示范区。以环三都澳、罗源湾、平海湾、湄洲湾、泉州湾、古雷为重点,创建一批海水淡化及循环开发加工利用示范工业园区。

五、加快发展海洋可再生能源业

依托丰富的海洋风能资源,以重大项目为支撑,加大技术引进、研发、示范和应用,提升福建在全国海洋可再生能源开发中的地位。

(一)发展方向

充分利用国家对海洋能开发的一系列扶持政策,加强海洋可再生能源技术研究,加快开发利用海上风能,积极开发潮汐能、

海洋藻类生物质能等可再生能源,逐步提高海洋可再生能源在能源结构中的比重,构建较为完善的海洋可再生能源创新体系,形成一批示范带动作用较强的海洋可再生能源产业化基地。

(二)发展重点

开展海洋可再生能源资源普查,科学规划海洋能开发,确定优先开发范围和重点;加快海上风电、波浪能、潮汐能、潮流能等技术研发。加快推进沿海地区大型海上风电基地项目建设,规划建设一批海上风电场址,"十二五"期间建设海上风电50万千瓦以上。大力开发潮汐能,加强对厦门马銮湾万千瓦级潮汐电站建设的站址勘查、选划及工程预研究,"十二五"期间潮汐发电装机容量达2.4万千瓦。有序推进海洋藻类生物质能开发利用。

(三)重点布局与载体

加快与大唐集团合作推进漳州六鳌百万千瓦级海上风电基地建设;与火箭研究院合作推进宁德霞浦百万千瓦级海上风电基地建设;与国电集团合作推进莆田南日岛、平潭大练和草屿三个海上风电项目前期工作,着力做好海上风电示范工程建设项目。推动福鼎八尺门潮汐发电项目建设,加快开展厦门马銮湾潮汐电站前期工作。

第四章　主　要　任　务

一、提升创新能力

发展海洋新兴产业,关键在于抢占技术制高点。一是着眼产业价值链高端环节。瞄准海洋新兴产业链技术含量高、附加值高的关键环节,重点发展设计研发、销售服务等高端环节。二是攻克关键技术。促进企业与科研院校联合开展海洋生物医药、邮轮游艇、海洋工程装备、海水综合利用等领域的关键技术研发,加快推进先进适用的海洋科技成果转化应用,形成一批具有自主知识产权的产品。三是建立技术创新体系。引导和支持海洋科技创新要素向企业集聚,加强与国家重点高校、科研院所合作,采取技术联姻、知识共享、合作开发的方式,构建以企业为主体、产学研用相结合的技术创新战略联盟,支持建设国家、部省级工程实验室和技术研发中心,打造从技术研发、企业孵化、产业集聚集群到创新集群的一整套海洋新兴产业技术创新体系。

二、促进产业集聚

探索产业集聚新模式,建设龙头企业主导、产业链较完善、辐射带动作用强的海洋新兴产业园区和基地。一是培育发展产业集聚区。重点建设福州、厦门、漳州、泉州、宁德海洋生物高技术产业园,继续推进闽江口、环三都澳、湄洲湾、厦门湾海洋工程装备业集中区,以及邮轮游艇、海水综合利用、海洋可再生能源业基地建设,构筑良好投资环境,鼓励科研院校入园创业,引导海洋企业、项目向园区和基地集中。二是加快培植配套产业链。推进海洋新兴产业内部关联集聚，积极开展产业链招商，促进一批综合效益好、带动性强的配套项目落地。

通过产业集群的发展、产业链的构造，力争到2015年，逐步建成五条增加值超百亿元规模的海洋新兴产业链（详见附件1）：集生物工程研究、生物制品生产和生物医药生产等产学研用为一体的海洋生物医药产业链；集游艇研发、设计、制造、展示、服务为一体，主导产业和配套产业共同发展、辅助产业更加完善的游艇产业链；集海洋工程装备设计研发、制造、工程总包、配套服务、亲环境绿色拆解及维修为一体的海洋工程装备产业链；集海水直接利用、发电工程、海水淡化工程、浓盐水综合利用为一体的海水循环经济产业链；集海洋可再生能源设备研发、制造、能源开发为一体的海洋可再生能源产业链。

三、培育优势企业

围绕五大海洋新兴产业，打造一批拥有自主知识产权、自主品牌和持续创新能力的海洋龙头企业，为我省海洋经济发展做出突出贡献。一是加快发展优势企业。通过项目承接、资本运作、技术创新联盟、并购重组等方式，培育能引领产业发展的领军型海洋企业；孵化和培育科技型中小海洋企业，形成"专、精、特、新"的科技型中小海洋企业群。二是优化企业发展环境。每年组织评选一批省级海洋新兴产业龙头企业，对获得"十佳"的龙头企业或成功上市的优质企业

给予奖励。三是加强与国内外知名企业对接。加快引进央属企业集团等国内外知名企业，通过战略重组、技术转让和协作配套等方式，与国内外知名企业建立产业链上下游协同合作关系。

通过优势企业培育，力争到2015年，产值超亿元的海洋生物医药龙头企业达10个；建成具有中国乃至世界影响力的游艇俱乐部达5—10个，建立产值超亿元的游艇制造企业达10个以上；培育年销售收入超百亿元的大型海洋工程装备企业（集团）1—2个，建成年销售收入在30亿元以上、综合实力较强的海洋工程装备总装和配套企业2—3个。

四、创建特色品牌

积极实施品牌、商标战略，多举措推动海洋新兴产业自主品牌建设，努力打造一批效益好、知名度高、带动力强的海洋新兴产业特色品牌。支持企业争创中国、省名牌产品和中国驰名商标、地理标志商标和省著名商标，对作出突出贡献的企业给予奖励。鼓励支持海洋新兴产业企业加强品牌宣传，每年选择若干个优势、特色品牌，给予宣传补助，提升品牌形象。建立健全海洋新兴产业品牌、商标保护制度，维护品牌企业合法权益，促进海洋品牌持续健康发展。

通过名牌产品、商标创建，力争到2015年，研究开发海洋生物医药新产品30项以上、精细海洋化工产品25项以上；开发海洋工程装备类品牌产品20项；打造游艇品牌15个、本土邮轮1—2艘。

五、优化发展平台

以优势企业、重点科研院校为主体,围绕关键核心技术的研发和系统集成,支持建设若干科技创新平台,培育发展一批新型行业协会。一是重点建设科技创新平台。加快建设海洋药源生物种质资源库,建立与库内实物相对应的职能数据库和信息服务平台,探索建立市场化运行机制。支持新建一批海洋生物资源研发中心、海洋高技术工程中心、新能源开发等实验示范基地,重点支持厦门南方海洋研究中心、平潭海岛开发与保护研究中心等国家级科技创新平台创建,加快国家海洋三所国家区域海洋科学技术工程研究中心和漳州科技兴海研发中心建设。支持有条件的企业建立国家和省级重点实验室、工程技术研究中心、院士工作站、博士后科研工作站和企业技术中心。推动企业与高校、科研机构创新合作形式,鼓励构建海洋新兴产业技术创新战略联盟,对新认定的国家级、省级产业技术创新战略联盟给予奖励。二是推进建设科技成果转化服务平台。充分利用中国·海峡项目成果交易会等公共平台,定期举办各类科技成果展示对接会,支持建设技术转让、创新孵化、成果展示、产权交易等科技成果转化服务平台,促进海洋新兴产业科技成果尽快转化落地。三是组织建设行业协会。组建海洋新兴产业行业协会,组织海洋中小企业协同联动和信息沟通,提高海洋中小企业合力创新、共抗风险的能力。鼓励行业协会开展面向海洋新兴产业的规范和标准制定、名牌认定等工作(有关平台详见附件2)。

六、深化对外合作

加强与广东、浙江、山东等地区的互动合作,联合开展技术攻关。充分利用台湾生物科技等新兴产业的基础研究工作,积极吸引台湾海洋生物医药、邮轮游艇等产业的大型企业来闽发展;搭建两岸对接交流平台,构建平潭海洋新兴产业合作示范区,力争将福建打造成承接台湾海洋新兴产业的转移承接基地;支持两岸科研机构在海洋生物医药等领域开展联合攻关,合作发展海洋生物、高端机械装备和清洁能源等产业,合力形成闽台两岸优势互补、良性互动的海洋新兴产业发展格局。

第五章　保　障　措　施

一、加强统筹协调

福建省加快海洋经济发展领导小组及其办公室要加强对海洋新兴产业发展的指导和协调工作,建立由省直涉海部门、沿海各设区市政府及平潭综合实验区管委会参加的定期会商制度和不定期的及时协商制度,统筹协调海洋新兴产业及企业发展的重大相关问题。沿海市县政府、平潭综合实验区管委会要抓紧制定适合本地区实际的实施方案,确保规划确定的目标任务、重点项目或工程、政策举措的落实。

二、突出项目带动

高度重视重点项目对延伸海洋新兴产业链、促进海洋新兴产业集聚发展的支撑带动作用，通过产业链梳理策划重点项目，建立海洋新兴产业重点建设项目库。提升与央企、外企、民企的对接项目质量，集中力量建设一批发展潜力大、带动力强的海洋新兴产业和海洋基础设施项目。强化对重点项目的跟踪服务，保障项目资金供给，确保项目顺利推进。

三、强化用海保障

对列入国家和省重点的海洋工程项目，优先安排围填海年度计划指标，对海洋新兴重点项目使用海域及围填海计划指标给予倾斜。严格实施新版海洋功能区划，控制用海规模，推进集中集约用海，引导海洋新兴产业向重点园区、基地集聚发展，对落地省级海洋产业示范园区、符合条件的海洋新兴产业建设项目，参照省重点项目管理，优先保障其用海需求，并给予海域使用金省内部分减免30％的优惠。开展用海管理与用地管理的衔接试点，积极推动填海海域使用权证书与土地使用权证书换发试点工作，以及凭海域使用权证书按程序办理项目建设手续试点。

四、注重人才培养

引导高等院校加强涉海学科专业建设，培养海洋新兴产业需要的应用型、技能型、复合型人才。扩大厦门大学、集美大学等高等院校的涉海院系办学规模，增加海洋类学科的硕士、博士授予点和博士后流动站。依托海洋新兴产业龙头企业和国家、省级重大科技攻关项目，通过培养、引进和国际合作等方式，造就一批掌握海洋尖端技术的人才队伍。加快培养学科专业带头人和创新型海洋领军人才，支持实施"国家海洋学者"、"新世纪海洋双百人才工程"。加大引进海外高层次人才的"千人计划"和海洋科教人才出国培训项目的支持力度。对海洋人才在科研经费、职称评定、住房、户口等方面予以倾斜支持，形成高效汇聚、快速成长、人尽其才的良好环境。

五、增强金融服务

加大信贷资金支持力度，搭建银企合作平台，引导银行业金融机构加大对海洋新兴产业园区、优势骨干企业、重点项目、重大创新平台的信贷资金投放力度。推广海域使用权抵押贷款等适应海洋新兴产业发展的新型信贷模式。鼓励有条件的海洋企业发行企业债券、短期融资券等融资产品，支持中小微海洋企业多途径筹措发展资金。引导各类股权投资、创业投资基金投向海洋新兴产业项目。

六、加大政策扶持

（一）财税政策。积极争取中央各部委进一步加大对我省海洋新兴产业发展的支持，设立省海洋经济发展专项资金和省蓝色产业投资基金，重点用于支持海洋新兴产业发展。沿海地市、平潭综合试验区有关部门要有效整合各类海洋专项资金，保障海洋新兴产业重点项目建设。制定灵活多样的税收优惠方式，落实对符合条件的海洋新兴产业企业相关税收优惠政策。落实国家风力发电税收政策，对海上风力发电设备，符合规定的给予增值税减免等优惠政策。

（二）法规政策。加大对海洋新兴产业知识产权保护力度，增强品牌意识，规范市场行为。进一步加强对监管机构的人、财、物投入，完善监管组织体系，调动各方积极性，形成监管合力，为海洋新兴产业的发展提供良好的政策法规环境。

（三）园区政策。建设具有区域特色的海洋新兴产业园，支持和推动符合条件的海洋产业园区增容扩区，扶持建设一批国家级、省级海洋新兴产业示范园区，重点支持园区配套基础设施和公共服务平台建设。从 2012 年起每年组织认定一批省级海洋新兴产业示范园区，对园区内符合产业布局规划、城乡规划和节能环保要求的海洋生物医药、海洋工程装备、海水淡化与综合利用等海洋新兴产业企业，给予财政奖励、用海指标倾斜、海域使用金减免等政策支持。

附件1　海洋新兴产业集聚区

	产业集聚区	发 展 重 点	功 能 定 位
海洋生物医药业	福鼎(闽威)海洋生物科技产业园	海洋生物育种与高效养殖，研发利用海洋活性物质生产的保健产品、抗肿瘤药物 SCPC 等，打造海洋生物科技研发、生产销售为一体的海洋生物技术产业集中区	海洋生物高效养殖、生物医药研发生产基地
	福州江镜海洋生物高技术产业园	引进台湾海洋生物药业技术与企业，重点研发海洋生物育种，开发生产海洋生物与医药、基因工程药物、疫苗、诊断试剂等	闽台海洋生物高技术产业基地
	莆田(中海源)海洋生物高新技术产业园	海洋生物育种及高效养殖示范、海洋微藻活性物质提取生产、生物医药和功能食品研发、海洋科教培训等	集海洋生物育种、海洋生物医药和功能食品研发及海洋科教为一体海洋高技术基地
	泉州市石狮海洋生物高科技产业园	海洋药源活性物质的高纯度、规模化分离纯化提取技术研发、海洋生物医药制造、海产品高质化开发利用等	海洋药业和功能食品研发生产基地、闽台海洋新医药产业对接交流平台
	厦门市海洋生物医药产业园	海洋生物毒素，海洋糖工程、蛋白工程、脂类活性物质、海洋发酵工程、藻类工程、海洋药源生物种质创新利用工程	海洋生物活性物质提取及医药研发和生产基地
	东山生物高新技术产业园	保健品产业及各种功能性的海洋生物制品	海洋生物制品、保健品产品研发生产基地
	诏安金都海洋生物高技术产业园	海洋微藻 DHA、DPA 提取，医药级卡拉胶提取、开发等	以海洋微藻开发利用主的生物医药研发基地

（续表）

	产业集聚区	发 展 重 点	功 能 定 位
海洋工程装备业	东冲及溪南半岛（昌贸重工）海洋工程装备制造产业园	建造各类高端海工辅助船，修造30万吨级以下各类海工装备和海工模块，建造海洋钻井平台、海底输油管道、大型船舶及装备绿色拆解维修	海洋工程装备研发制造基地、大型船舶装备亲环境绿色拆解集中区
	福州青口（三煌）海洋渔业高端装备产业园	研发智能化海洋养殖自动化设备、高端远洋渔业捕捞装备、抗风浪海洋养殖防护设备	海洋渔业自动智能化装备研发基地
	湄洲湾产业集中区	生产3MW及以上风力发电机组，投产后具备150万千瓦以上年生产能力	集海上风电机组研发、生产、维护、培训为一体的现代化海工装备基地
	泉州湾产业集中区	重点引进生产海洋工程、与石化产业发展相配套的海上作业平台等海工配套设备、海工模块、海上浮式储油装置等项目	海工装备生产、集成、总包及综合服务基地
	厦门湾产业集中区	海工重型起重设备、钻井设备、铺管设备和系泊设备的设计、制造、安装、检测、调试等一条龙服务总承包能力	国际一流海工模块设计和海上风电设备生产基地
	福州闽台海洋工程装备对接专业园区	推进闽台海洋工程装备产业深度对接	深化闽台合作的专业产业园区
邮轮游艇业	游艇 厦门湾和东山湾集中区	大型、高端游艇制造及配套	国际游艇俱乐部及会展中心、亚洲游艇经济基地
	游艇 湄洲湾和泉州湾集中区	生产新型私人游艇和商务旅游船艇，积极引进台商、外商游艇制造和服务业	国内先进的游艇俱乐部
	游艇 闽江口集中区	游艇码头、制造、销售、维修、培训、俱乐部、酒店等为一体的游艇经济产业链	海西中部游艇制造、维护、休闲停泊基地
	游艇 三都澳集中区	低端、高端游艇制造	福建游艇制造业重要基地
	邮轮 厦门邮轮产业基地	组建邮轮公司	国际邮轮母港
海水综合利用业	厦门海水淡化技术和设备研发基地	大规模海水淡化和海水直接利用、综合利用高技术产业化示范工程	国家级研发基地
	厦门、泉州、平潭、石狮、粗芦、西洋、东山海水淡化基地	较大规模的海水淡化和海水直接利用、综合利用高技术产业化示范工程	海水淡化产业化示范基地
	环三都澳、闽江口、湄洲湾、泉州湾海水淡化工业园	海水淡化及循环利用、产业化开发示范	海水综合利用示范工业园区
海洋可再生能源业	漳州六鳌海上风能发电基地	带动漳州市风电产业快速发展	百万千瓦级海上风电基地
	平海湾、南日岛海上风能基地	建设近海风电场，使莆田风电场装机总规模达到2 000兆瓦以上	清洁能源基地
	厦门马銮湾、福鼎潮汐能基地	推动福鼎八尺门潮汐发电项目建设，加快开展厦门马銮湾潮汐电站前期工作	潮汐能基地

附件2　海洋新兴产业发展平台

海洋生物医药
★厦门南方海洋研究中心
★厦门科技创新园
★厦门市海洋生物技术产业化中试研发基地
★国家海洋局海洋生物资源开发工程技术研究中心
★海洋药源生物育种与养殖中试平台
★海洋功能产物分离提取中试平台
★海洋微生物和微藻发酵中试平台
★福建省永春生物医药产业孵化公共服务平台
★海洋中药材研发技术平台
★海洋药源生物种质资源库
★海洋功能生物分子筛选平台
邮轮游艇
★ 厦门五缘湾游艇帆船国际展销中心
★ 厦门香山国际游艇俱乐部
★ 福州游艇培训基地
海洋工程装备
★公共技术研发平台
★关键共性技术研发平台
★设计技术研发平台

广东省海洋经济发展
"十二五"规划

"十二五"时期,是我省全面建设更高水平的小康社会、向基本实现社会主义现代化目标迈进的关键时期,也是我省加快转变海洋经济发展方式、建设全国海洋经济综合试验区和提升全国海洋经济国际竞争力核心区的重要时期。本规划根据国家海洋经济发展总体部署和《广东省国民经济和社会发展第十二个五年规划纲要》编制,是广东省"十二五"重点专项规划。

规划范围包括广东省全部海域和广州、深圳、珠海、汕头、惠州、汕尾、东莞、中山、江门、阳江、湛江、茂名、潮州、揭阳14个地级以上市,海域面积41.9万平方公里,陆域面积8.4万平方公里。

一、发展基础和发展环境

(一)"十一五"发展状况

"十一五"时期,我省按照国家和省委、省政府关于发展海洋经济的各项战略部署,坚持以科学发展观统领全局,解放思想,开拓进取,着力优化海洋经济结构,积极推进海洋综合开发,大力推进海洋基础设施建设,不断强化海洋综合管理,全省海洋经济呈现出总量大、增长快、活力足的良好态势,全面完成了"十一五"规划的各项目标任务,海洋经济强省建设迈上新台阶,海洋经济在全省经济和社会发展大局中的地位日益突出,为"十二五"时期海洋经济发展奠定了坚实的基础。

1. 海洋经济总量保持全国领先。2010年我省实现海洋生产总值8 291亿元,占全省生产总值的18％,占全国海洋生产总值的21.6％,连续16年居全国首位。海洋经济已成为我省国民经济的重要组成部分和新的经济增长点,为全省经济社会平稳较快发展做出了突出贡献。

2. 海洋经济结构不断优化。传统海洋产业进一步提升,海洋战略性新兴产业较快发展,基本形成了较为完整和具有较强竞争力的海洋产业体系。海洋第一、二、三产业的比例由2005年的23∶40∶37调整为2010

年的10∶42∶48。初步形成了珠江三角洲、粤东、粤西三大海洋经济区和广州、深圳、珠海、汕头、惠州、湛江等增长快、外向度高、富有活力的海洋经济重点市。

3. 科技兴海成果显著。深入实施"科技兴海"战略，形成了一批具有自主知识产权的海洋科技创新成果。海洋能源开发、海洋生物资源开发利用、深水抗风浪网箱、海水养殖种苗繁育等多项技术居全国领先地位。"十一五"期间，全省海洋科技项目共获得省级以上奖项99项，其中国家科技进步二等奖两项、国家海洋成果创新奖9项、国家专利36项。全省海洋科技贡献率达到50%。

4. 海洋生态环境保护取得新进展。加强了海洋保护区和人工鱼礁建设。全省已建海洋与渔业保护区100个，面积65.8万公顷，保护区数量、种类和面积居全国首位。已建人工鱼礁区40个，礁区面积23 600公顷。大规模水生生物资源增殖放流实现常态化。加强了海洋及海岸工程的环境监管和海洋生态环境监测，完善了海洋环境影响评价制度和渔业生态补偿机制。

5. 海洋综合管理能力逐步提高。建立了海洋管理综合协调机制。颁布实施《广东省海域使用管理条例》、《广东省实施〈中华人民共和国海洋环境保护法〉办法》等地方性法规。加强了海洋功能区划管理，完善了海域使用管理制度。增强了海洋执法能力，积极参与海洋维权巡航执法。

(二)"十二五"发展环境

广东濒临南海，毗邻港澳，紧靠东南亚，东接海峡西岸经济区，西连北部湾经济区，南临海南国际旅游岛，发展海洋经济具有良好的区位条件。广东海域辽阔，海岸线长，滩涂广布，陆架宽广。全省海域面积41.9万平方公里，是陆域面积的2.3倍；大陆海岸线4 114公里，居全国首位；海岛1 431个、海湾510多个、滩涂面积20.42万公顷；探明滨海砂矿4.7亿立方米、近岸海域石油资源97亿吨，发展海洋经济具有良好的资源禀赋。我省产业基础雄厚，海洋科技力量基础较好，文化和地缘优势突出，发展海洋经济具有良好的支撑条件。

新世纪以来，国际上掀起了新一轮海洋开发热潮，向海洋进军成为世界主要沿海国家重大的战略选择。党中央、国务院对加快海洋经济发展高度重视，提出建设海洋强国的宏伟目标，实施海洋开发成为国民经济发展的重要任务。《中华人民共和国国民经济和社会发展第十二个五年规划纲要》明确了发展海洋经济的战略部署。《广东省国民经济和社会发展第十二个五年规划纲要》提出了加快建设海洋经济强省的战略目标。国家将广东列入全国海洋经济发展试点地区，赋予广东海洋经济发展先行先试的权责。我省海洋经济发展进入了重大历史机遇期，具有广阔的前景。

同时，我省海洋经济发展也面临着严峻挑战。海洋经济发展方式比较粗放，海洋产业结构有待优化，海洋战略性新兴产业有待发展，海洋科技创新能力和整体竞争力有待提升。海洋经济区域发展不平衡，粤东、粤西地区海洋资源优势尚未得到很好发挥。海洋资源开发利用水平偏低，海洋调查勘探和开发程度不足。海洋生态和环境污染问题突出，生态环境保护和修复任务艰巨。

二、总体要求和发展目标

（一）指导思想

以邓小平理论和"三个代表"重要思想为指导，深入贯彻落实科学发展观，围绕"加快转型升级、建设幸福广东"的核心任务，以科学发展为主题，以加快转变海洋经济发展方式为主线，以建设海洋经济强省为目标，着力提高海洋经济核心竞争力和综合实力，调整优化海洋经济结构，提升海洋传统优势产业，培育发展海洋战略性新兴产业，加强海洋生态环境修复与保护，促进海洋经济全面协调可持续发展，努力把广东建成提升全国海洋经济国际竞争力的核心区和全国海洋生态文明建设的示范区。

（二）基本原则

——坚持创新驱动。深入实施科教兴海战略，积极构建海洋科技创新体系，加大人才培养力度，着力提高自主创新能力。坚持先行先试，建立海洋经济发展的新体制和新机制。

——坚持产业带动。构建现代海洋产业体系，以海洋产业发展引领海洋资源开发，以产业链的延伸带动海洋经济结构和海洋经济空间优化，以海洋产业转型升级促进海洋经济发展方式转变。

——坚持科学分工。发挥沿海各市的区位和资源优势，科学规划、因地制宜、合理分工、加强协作，形成资源共享、各具特色、错位发展、互利共赢的海洋经济新格局。

——坚持海陆统筹。根据资源禀赋和产业基础，联动开发海陆资源，合理配置海陆产业，推动海陆协调发展，提高海洋经济和陆域经济的综合效益。

——坚持人海和谐。实行开发与保护并重，科学开发海洋资源，加强海洋生态环境修复，加大海洋环境保护力度，改善沿海地区的人居环境，进一步增强可持续发展能力。

（三）发展目标

到 2015 年，我省海洋经济质量和效益明显提高，海洋经济结构战略性调整取得重大进展，现代海洋产业体系基本建立，海洋经济在国民经济中的支柱地位进一步提升，初步建成布局科学、结构合理、人海和谐，具有较强综合实力和竞争力的海洋经济强省。

——海洋经济总量进一步提高。"十二五"期间，实现海洋经济年均增长率 13%，总量继续保持全国领先，到 2015 年海洋生产总值达 1.5 万亿元，占全省生产总值的比重达到 20% 以上。

——海洋产业结构进一步调整。传统

优势海洋产业实力得到增强,海洋战略性新兴产业快速发展,到 2015 年海洋三次产业结构调整为3 :44 :53。

——海洋经济布局进一步优化。海洋经济区域发展不平衡的状况得到改善,基本形成"一核二极三带"的新格局。

——海洋生态环境进一步改善。海洋生态系统保护与修复取得显著进展。海洋环境保护制度全面实施,陆源污染物排放总量得到控制,有效削减主要污染物入海总量;海洋环境质量明显改善,近岸海域环境功能区水质达标率达到 90％以上。

——海洋科技贡献进一步加大。海洋科技创新体系初步形成,海洋高新技术产业增加值持续提高,到 2015 年海洋科技贡献率提高至 60％。

——海洋运输能力进一步增强。完善沿海港口运输体系,提升沿海港口航道等级,进一步适应经济社会发展及船舶大型化对港口和航运的新要求。到 2015 年,力争实现沿海港口货物年通过能力超 11 亿吨,沿海主要港口航道均可通航 10 万吨级以上船舶。

——海洋公共服务能力进一步提升。健全海洋监测、预警、预报、应急处置等防灾减灾支撑体系,海洋综合管理技术支撑体系基本形成。

三、优化海洋经济空间布局

按照"集约布局、集群发展、海陆联动、生态优先"的要求,进一步优化海洋主体功能区域布局,着力构建"一核二极三带"的新格局。"一核"即珠江三角洲海洋经济优化发展区,"二极"为粤东、粤西海洋经济重点发展区。"三带"为临海产业带、滨海城镇带和蓝色景观带。以珠江三角洲为核心,同时培育粤东、粤西两个新的增长极,由"三带"构成生产、生活和生态三位一体的广东沿海经济带。

(一)明确海洋主体功能区域布局

根据我省海洋经济发展的战略定位、海洋资源禀赋、资源环境承载力、现有基础和发展潜力,编制海洋主体功能区规划,科学确定各区域的海洋主体功能,合理配置海洋空间的开发强度。

着力建设珠江三角洲海洋经济优化发展区和粤东、粤西海洋经济重点发展区三大海洋经济主体区域,提升广东海洋经济综合竞争力,加快形成新的经济增长极。珠江三角洲海洋经济优化发展区重点发展高端制造业、海洋新兴产业、海洋交通运输和现代海洋服务业;粤东海洋经济重点发展区重点发展临海工业、滨海旅游;粤西海洋经济重点发展区重点发展临海现代制造业、滨海旅游、现代海洋渔业、临海能源产业。

保护开发海岸带、近海海域(含海岛地区)和深海海域,拓展海洋经济发展空间、提升海洋资源保护开发水平,形成三条各具特色的海洋保护开发带。

加强海岸带保护开发。大陆海岸线向陆 10 公里起至领海外部界线之间的带状区域(含 5 大海岛群 28 个岛区),是发展海洋经济的核心区域。要围绕加快转变海洋经济发展方式,着力提升海洋空间资源开发利用水平,推进集中集约用海,引导海洋产业集聚发展。要加强岸线利用和保护,明确各类岸段利用方向、开发强度和保护要求,科学调控海岸开发利用活动,着重加强沿海防护林体系建设和保护,全面规范海洋开发利用秩序。要根据《广东省海岛保护规划(2011—2020 年)》,优化开发有居民海岛,保护性开发无居民海岛,严格保护特殊用途海岛。

加强近海海域保护开发。领海外部界线至 500 米等深线之间的区域,是实施海洋经济综合开发的重要区域。要重点发展现代海洋渔业、滨海旅游、海洋油气、海洋运输等产业,大力开发海洋可再生能源。适度控制近海捕捞强度,加快海洋保护区和海洋牧场建设。加大海洋矿产和珠江口盆地油气资源勘探和开采力度。保障深水航道航行安全。

加强深海海域保护开发。500 米等深线以深的区域,是实施海洋经济综合开发的重要区域。要大力发展深海技术,加大深海油气资源勘探开发力度,拓展深海产业,积极发展深水渔业。探索建立深海海洋保护区和海洋牧场。

(二) 建设三大海洋经济区

1. 珠江三角洲海洋经济优化发展区

以加强资源整合和优化开发为导向,重点提升自主创新能力,做优做强海洋产业,打造若干规模和水平居世界前列的海洋产业基地。重点发展先进制造业和现代综合服务业,加快发展海洋交通运输业,着力打造高端滨海旅游业,加快发展海洋战略性新兴产业。推进深圳前海地区、珠海横琴新区、广州南沙新区、深港河套地区等粤港澳重点合作区建设。加强城市之间的分工协作和优势互补,整合区域内的产业、资源和基础设施建设,实现产业布局、基础设施、环境保护等一体化。构建"三心三带"的空间结构,即以广州、深圳、珠海为三大海洋经济增长中心,形成珠江口东岸的现代服务业型产业带、珠江口西岸的先进制造业型产业带、珠江三角洲沿海的生态环保型重化产业带。

2. 粤东海洋经济重点发展区

以加快海洋资源开发为导向,重点发展临海能源、石油化工、装备制造、海洋交通运输、港口物流、滨海旅游、现代海洋渔业等产业,加快以海上风电为主的海洋能开发,积极培育海水综合利用、海洋生物医药等海洋战略性新兴产业。重点推进柘林湾、广澳湾、海门湾、惠来海岸、红海湾、南澳岛等区域的开发。加快建设以汕头为中心的粤东沿海城镇群,推进基础设施、产业和环境治理等一体化。

3. 粤西海洋经济重点发展区

以加快海洋资源开发为导向,重点发展临海钢铁、石化、能源工业和港口物流业,做强滨海旅游业,加快发展现代海洋渔业,培育海水综合利用、海上风电、海洋生物医药等海洋战略性新兴产业。发挥大西南出海口的优势,以湛江港为中心,构建粤西沿海港口群,加快建设临港重化产业集聚区。重点推进湛江湾、雷州湾、水东湾、博贺湾、海陵湾和东海岛、海陵岛等重点区域的开发与保护。推动以湛江为中心的粤西沿海城镇群建设。

(三) 打造沿海经济带

以海岸带为主轴,以三大海洋经济区为依托,以临港产业集聚区为核心形成临海产业带,以海洋产业群、滨海城镇群、海洋景观、海岸生态屏障为支撑,通过产业、居住、景观带的科学错位布局,打造宜业、宜居、宜游的广东沿海经济带。

1. 构建临港产业集聚区

统筹规划港口发展与临港产业基地建设,以沿海港口和大型开发区为载体,集聚临港大项目,重点发展石化、能源、钢铁、装备制造、船舶、港口物流、滨海旅游、水产品加工流通等支柱产业,加快发展海洋生物医药、海水综合利用、海洋能源等海洋战略性新兴产业,构建国际先进、国内领先的临港产业集聚区。

(1) 重点发展七大临港产业集聚区。

——南沙临港产业集聚区。依托广州港南沙港区,以南沙经济技术开发区、广州重大装备制造产业基地(大岗)为支撑,加快港口、航道、疏港铁路、公路等基础设施建设,重点布局发展汽车、船舶及海洋工程装备、钢材深加工、核电及高压输变电设备、港口物流等先进临港产业,构建具有国际竞争力的临港先进制造业基地,加快发展以先进生产性服务业为主导的现代服务业,将南沙打造成为国际物流中心、珠江三角洲综合服务中心。

——中山临港产业集聚区。依托中山港中山港区、马鞍港区,以中山火炬高技术产业开发区、中山工业园区为支撑,重点布局发展装备制造、大型铸锻、金属加工、精细化工以及现代物流等产业,加快建设马鞍岛大型装备制造基地和明阳新能源工业园,打造国家级临港装备制造基地。

——珠海临港产业集聚区。以高栏港经济开发区为支撑,依托高栏港深水港区和广珠铁路,加快开发荷包岛深水岸线,重点发展船舶及海洋工程装备、清洁能源、石油化工等临港重化工业和临港物流业。以航空产业园为主要载体,重点发展飞机总装、零部件加工制造、航空维修及航空服务业,打造全国重要的航空产业基地。

——银洲湖—广海湾临港产业集聚区。以江门新会经济开发区、台山广海湾工业园区为支撑,加快银洲湖、广海湾公共深水港区的建设,重点发展以能源、装备制造、精细化工、造纸、船舶修造为主的临港工业,推进银洲湖循环经济园区建设。

——惠州临港产业集聚区。以大亚湾经济技术开发区、仲恺高新技术开发区为支撑,依托惠州港,重点发展石化、港口物流、能源等临港产业,推动滨海旅游、海水综合利用等产业发展。

——揭阳临港产业集聚区。加快建设揭阳港惠来港区,以揭阳(惠来)大南海国际石化综合工业园为支撑,重点发展石化、能源、装备制造等重化工业为主的临港工业。

加快发展港口物流和滨海旅游业。加快中委合资南海（揭阳）石化项目、中海油粤东LNG一体化项目、中电投揭阳物流中心等项目的建设。

——湛江临港产业集聚区。规划建设东海岛深水港区，以湛江经济技术开发区、湛江临港工业园区为支撑，重点发展钢铁、石化、造船、装备制造等重化产业，大力发展港口物流、滨海旅游、水产品加工流通等产业。推进湛江钢铁基地和中科炼化一体化等项目的建设。

（2）培育发展四大临港产业集聚区。

——潮州临港产业集聚区。加快建设三百门、西澳港区和金狮湾港区，重点发展以能源、装备制造、港口物流等为主的临港工业，大力发展水产品加工流通、滨海旅游等产业。

——汕尾临港产业集聚区。依托汕尾港，以红海湾经济开发区、深汕特别合作区为支撑，重点发展能源、化工、电子信息、船舶修造等临港产业和港口物流、滨海旅游等服务业。

——阳江临港产业集聚区。依托阳江港，重点发展有色金属加工、装备制造、能源、化工、建材等工业，培育发展船舶修造工业，发展港口物流、滨海旅游等服务业。

——茂名临港产业集聚区。依托茂名深水岸线资源，以茂名石化产业园区和茂名滨海新区为支撑，发展石化、能源、装备制造、港口物流、粮油加工、水产品加工流通、滨海旅游等临港产业。

2. 构筑滨海城镇带

统筹区域城镇发展，构建"中心城市—城镇群—中心镇"的沿海城镇空间体系。对珠江三角洲、粤东、粤西沿海地区进行差异化布局规划，构建各具特色的沿海城镇。在城镇规划建设中充分融入海洋元素，构建以珠江三角洲沿海城镇群、粤东沿海城镇群和粤西沿海城镇群为核心的，具有岭南沿海文化特色的滨海城镇带。

（1）珠江三角洲沿海城镇群。巩固提升广州、深圳等中心城市及珠海区域核心城市的地位，增强城市综合服务功能，提高组群内中小城镇规模等级。打破行政体制障碍，推进城镇群一体化发展，加强城市规划、基础设施、产业发展、市场体系、公共服务、生态环保等方面的对接。促进以广州港、深圳港和珠海港为主要港口的珠江三角洲港口群建设。加快产业优化、转型和升级，重点发展先进制造业和现代服务业，大力发展海洋优势产业，将珠江三角洲建设成为具有国际竞争力的现代产业集聚区。规划建设广州南沙新区，将南沙新区建设成为生态宜居湾区。协调生产、生活和生态功能，改善人居环境，打造珠江三角洲优质生活圈，与港澳紧密合作共同建成亚太地区最具活力和国际竞争力的城市群。

（2）粤东沿海城镇群。巩固汕头作为粤东沿海城镇群中心城市的地位，提升和扩展其城市综合服务功能，加快潮州、揭阳、汕尾等城市的建设，加强城镇产业的分工与协作，推进城镇一体化发展。对接海峡西岸经济区，积极承接珠江三角洲、台湾等地的产业转移，加快厦深铁路、南澳大桥等基础设施建设。推进以汕头港为主要港口的粤东沿海港口群建设。规划建设汕头东海岸新城等滨海新区,提高粤东沿海城镇群的城镇化水平。

(3)粤西沿海城镇群。打造以湛江为中心的粤西沿海城镇群。强化湛江区域中心城市的综合服务功能,加快茂名、阳江等城市建设,加强与东盟的国际合作,对接北部湾经济区和海南国际旅游岛,将湛江打造成为北部湾经济区核心城市。大力发展临海钢铁、石化、能源等重化工业,构建临海重化工业带。加快港口、铁路、沿海高速公路等基础设施建设,推进以湛江港为主要港口的粤西沿海港口群建设。在湛江、阳江、茂名等城市周围规划建设若干滨海新区。加快中小城镇规划建设,提高粤西沿海城镇群的城镇化水平。

3. 构建沿海蓝色景观带

按照整体协调、生态环保、统一规划、分步实施的要求,打造景观优美、设施先进、生态平衡的滨海景观体系。

(1)加快滨海绿带建设。以滨海绿带建设为重点,依托海岸线构筑带、网、片相结合的生态植被体系。将海岸生态防护与绿化、美化、园林化相互融合,形成布局合理、环境优美的生态景观体系。加快滨海区域绿道与城市绿道建设,通过分步实施推进两者对接,构建贯通广东沿海的滨海绿带。"十二五"期间重点建设珠江口湾区、柘林湾、汕头湾、惠来、红海湾、海陵湾、水东湾、博贺湾、湛江湾、徐闻等海岸的绿道。

(2)构筑滨海观光长廊。依托滨海绿带,构筑滨海观光长廊。完善绿道的旅游基础设施与服务平台,打造滨海地区具有休闲、观光、运动等多种功能的旅游新空间;通过城市绿道连接滨海城市相关景区景点,通过区域绿道串联滨海地区不同城市的旅游景区景点,构建以绿道为依托的滨海旅游休闲观光空间网络。重点规划建设广州南沙、深圳湾、珠海情侣路、东莞长安交椅湾、环大亚湾、环汕头湾、环湛江湾、环水东湾等滨海观光长廊。

(3)开发海岛观光旅游产品。根据各海岛区位、面积、资源品质及开发现状的差异,选择不同的旅游开发模式,对海岛进行分类开发,推出各具特色的海岛观光旅游产品。选择若干个区位、市场、资源和基础较好的海岛,建设国际性旅游度假区。推进海岛组团式开发,打造4—5个形象鲜明、主题突出的海岛旅游群,塑造广东海岛旅游品牌。构建阳江海陵岛群、江门川山群岛、珠海万山群岛、大亚湾中央列岛、汕头南澳岛、湛江东海岛六大海岛旅游组团。

(4)加强海岸生态景观保护。在海岸带规划建设中突出保护岸线的自然属性,对破损岸线进行修复,保持和恢复岸线原貌。坚持在开发中保护的原则,将开发与美化生态环境相结合,加强对未开发利用岸线资源的综合管理,确保科学合理利用。加大海岸综合整治力度,对遭到破坏的区域统一规划治理。

(四)推行集中集约用海

按照海陆统筹规划、科学适度用海、维护海洋生态环境的要求,大胆创新海域使用模式,着力提升海洋空间资源优化利用和生态环境保护水平,推进建设重点突出、特色鲜明、功能明晰、优势互补的集中集约用海区域。重点形成广州南沙龙穴、深圳前海、珠海高栏岛、东莞长安交椅湾、中山翠亨新区、惠州纯洲、江门广海湾等珠江三角洲集中集约用海区;重点形成汕头东部、汕尾碣石湾西岸、潮州西澳、揭阳神泉等粤东集中集约用海区;重点形成湛江东海岛、茂名博贺、阳江西面前海等粤西集中集约用海区。到 2015 年全省集中集约用海使用面积达 12 000公顷,其中填海面积 8 000 公顷。

四、构建现代海洋产业体系

以大力提升传统优势海洋产业为基础,以培育发展海洋战略性新兴产业为支撑,以集约发展高端临海产业为重点,进一步优化产业结构,沿集聚化、园区化、融合化、生态化的路径,形成具有国际竞争力的现代海洋产业体系。

(一)着力提升传统优势海洋产业

1. 现代海洋渔业

加快转变传统渔业发展方式,打造综合竞争力强的现代海洋渔业。重点发展深蓝渔业,大力推进深水网箱产业园建设,在全省沿海建设 10—15 个深水网箱养殖产业园。大力发展设施渔业,推行科技型、生态型养殖方式,创建 100 个健康养殖示范基地。积极发展碳汇渔业,建设海洋碳汇渔业示范基地。扶持发展远洋渔业,建设一支装备先进、生产力水平较高的现代化远洋渔业船队和一批功能齐备的远洋渔业基地、远洋渔业龙头企业、远洋渔业产业园区。加快发展水产品加工流通业,在广州、江门、中山、汕头、潮州、湛江、阳江等地建成一批水产品加工基地和水产品物流中心,培育一批市场占有率较高的知名产品。积极发展休闲渔业,建设休闲渔业示范基地。

2. 高端滨海旅游业

依托广东岸线资源优势,有效整合滨海旅游资源,建设滨海旅游"黄金海岸",提升广东滨海旅游品质,构建较完善的广东滨海旅游产品体系,将广东建设成为国际高端滨海旅游的重要目的地。巩固以海滨浴场为载体、多元化的基础型产品,着重发展滨海生态休闲、海水运动、滨海体验、海水温泉等主导产品,创建以滨海度假和会议酒店等为主的特色型产品,培育游艇、邮轮旅游等新产品。重点培育珠江口湾区、川岛区、海陵湾区、南澳岛区、深圳大鹏湾区、珠海沿岸与海岛群、惠州稔平半岛、水东湾和大放鸡岛、湛江湾区九个带动型的滨海综合旅游区。打造深圳太子湾和广州南沙等国际邮轮母港基地、中山磨刀门神湾游艇主题休闲度假基地、江门银湖湾游艇主题休闲度假基地、东莞虎门威远岛爱国主义教育基地、中山翠亨新区爱国主义教育基地、汕尾红海湾海洋运动旅游、潮州柘林湾海上牧场、揭阳金海湾度假旅游区等具有专业化特色的重点滨海旅游基地。重点发展广州、深圳、珠海、汕头、湛江五大滨海城市和海陵岛群、川山群岛、万山群岛、大亚湾中央列岛、南澳岛、湛江湾六大岛群的滨海旅游业。加快珠海长隆国际滨海旅游度假区、广东海陵岛国家级海洋公园、广东特呈岛国家海洋公园、中山海上温泉度假区、汕头漾江国际度假湾等项目建设。到 2015 年建设 3—4 个 5A 级滨海旅游景区,形成 2—3 个国际知名的滨海旅游度假区。

3. 海洋交通运输业

加快打造珠江三角洲、粤东、粤西沿海港口群,促进形成优势互补、分工协作、整体竞争力强的沿海港口体系。完善广州、深圳、珠海港的现代化功能,形成与香港港口分工明确、优势互补、共同发展的珠江三角洲港口群。加快集装箱、煤炭、矿石、油品等大型专业化泊位建设,提升港口专业化运输能力。加快疏港铁路、公路等基础设施建设,完善沿海主要港口集疏运系统,增强集疏运能力。重点推进湛江东海岛铁路、南沙港疏港铁路、粤东疏港铁路、茂名博贺港疏港铁路、珠海高栏港高速公路等项目建设。积极拓展港口的航运、商贸、信息、物流、金融等服务功能,推进临海工业港城一体化建设,建设现代化多功能港口群。

4. 海洋油气业

抓住国家推进南海深海油气资源开发的契机,加快发展油气资源勘探、开发、储备和综合加工利用。加大海洋勘探开发力度,进一步完善近海石油勘探开发技术体系。加强深水油气资源开发技术研发,提高深海油气开发的技术水平,加快开采深海油气资源。支持广州、深圳、珠海、湛江、惠州等地建设深海油气、天然气水合物资源勘探开发及装备研究、生产基地,积极推进省部合作,依托全国深海研究力量,研究解决南海深水油气资源勘探、开采、储运、工程装备制造等领域的技术难题,为南海油气资源开发做好技术储备。依托油气开采,形成油气资源综合利用产业链。鼓励与中海油等央企合作开发南海油气资源,在广州、深圳、珠海、湛江等地建立南海油气开发的服务和后勤保障基地。启动依托油气资源的高附加值大型能源项目,重点建设大型 LNG 输气、发电项目,继续建设沿海油气战略储备基地,提高油气商业储备能力。

5. 海洋船舶工业

加快船舶工业结构调整。大力提升高新技术、高附加值船舶(LNG 船、VLCC 船、大型集装箱船、大型矿砂船、高速滚装客轮、大型汽车运输船等)的设计制造能力和船舶配套设备自主开发能力,发展以中高档游艇制造为主的游艇制造业,加快推进游艇休闲港等配套设施建设。提高船舶改装技术水平和修船效率,在做好常规船型修理的基础上,重点发展大型化、高技术、高附加值船舶的维修。

合理布局海洋船舶工业。以中船集团等大型国有船舶企业为龙头,加快建设广州、中山、珠海三大船舶制造基地。鼓励中小型船舶企业与大型船舶制造企业错位发展,重点发展 10 万吨级以下灵便型散货船、特种作业船等具有特色优势的品牌化船舶产品。加快发展船舶配套产业,重点建设中船大岗船用柴油机制造与船舶配套产业基地。加快推动珠江三角洲游艇产业园建设，重点打造珠海游艇产业研发和制造基地。鼓励东西两翼地区船舶制造企业升级改造，提升产品研发和制造能力。择机在东西两翼布局建设大型船舶修造基地。

（二）培育发展海洋战略性新兴产业

1. 海洋工程装备制造业

积极发展深海勘察和开发设备、海洋新能源开发设备、海洋环保装备、海水利用成套装备等海洋工程装备制造业。以广州南沙、中山和珠海为重点，打造珠江口西岸世界级海洋工程装备制造产业带，推进广州龙穴船舶与海洋工程装备制造基地、珠海中船船舶和海洋工程装备基地、中海油深水海洋工程装备制造基地、三一重工珠海现代港口机械和海洋工程装备制造基地建设。以深圳、江门、中山为重点，发展石油钻采专用设备制造、海洋工程大型铸锻件生产和风电设备制造。以深圳和珠海为重点，发展海水淡化设备制造、深海养殖与捕捞设备制造。

2. 海洋生物医药业

推动以海洋药物、工业海洋微生物产品、海洋生物功能制品、海洋生化制品为重点的研发和推广应用项目建设，推进海洋生物医药关键技术产业化，大力发展高科技、高附加值的海洋生物医药新产品、海洋生物制品和海洋保健品，重点研发抗肿瘤、抗心脑血管疾病、抗病毒等海洋创新药物。建设南海海洋生物种质资源库，强化对南海海洋生物基因资源的保护、研究与开发利用。加强广州、深圳国家生物产业基地建设，加快中山国家健康科技产业基地、华南现代中医药城、珠海生物医药科技产业园建设，在阳江、湛江和汕头等地新建一批生物产业基地，形成具有国际竞争力的生物医药产业集群，努力将广东打造成为国家海洋生物医药产业创新和品牌基地。

3. 海水综合利用业

加快研发和推广海水综合利用的技术、工艺和装备，推进海水综合利用关键技术产业化。拓展海水利用领域，努力形成工业海水、生活海水、淡化海水三大产业群，建设海水直接利用、海水淡化利用示范工程和示范区。围绕钢铁、石化、造船、电力等一批高耗水项目的建设，完善和新建以海水冷却为主的工业用海水示范工程。结合沿海和海岛地区滨海居住区建设，将海水直接应用于生活用水，在人口较密集的大万山岛、川岛等海岛优先建设海水淡化工厂，在深圳、湛江、汕头等滨海城市建设海水淡化示范工程。积极开发海水化学资源及其深加工产品，重点发展钙盐、镁盐、钾盐、溴和溴系列加工产品。

4. 海洋新能源产业

开展海洋能资源详查工作，制订海洋能开发规划，确定优先开发区域。加强海上风电、波浪能、潮汐和潮流能发电等海洋能关键技术的研究应用。在万山群岛等条件适宜的海岛和滨海地区，建设海洋可再生能源开发利用技术实验基地和示范工程。

（三）积极发展海洋现代服务业

加快培育和发展技术服务、金融保险、公共服务、海洋会展、港口物流等海洋现代服务业。依托南海综合开发,大力推动海洋油气勘探、油气储运和海洋资源利用等技术服务业的发展。加快发展涉海金融、保险等服务业,积极支持有条件的企业通过发行股票、公司债券、短期融资券等多种方式筹集资金。鼓励有条件的海洋经济企业境内外上市,探索设立海洋经济相关政府创投引导基金,引导民间资本参与相关基础设施和公共事业建设。探索海域使用权抵押贷款、船舶租赁等融资新模式。建立和完善海洋保险和再保险市场,探索海洋灾害保险新模式。推进海洋信息体系建设,提供海上通信、海上定位、海洋资料及情报管理等公共服务。在广州、深圳、珠海、湛江等地发展国际海洋会展业。依托主要港口和临港工业基地,规划建设港口物流枢纽和物流园区,建设一批枢纽型现代物流园区,发展各类物流和配送分拨中心。推进海洋服务业标准化、品牌化建设,重点培育和发展一批规模大、实力强的服务业企业,提升海洋服务业现代化水平和竞争力。

(四)大力发展高端临海产业

按照集中布局、集群发展的要求,大力发展技术先进、经济高效、资源节约、环境友好的高端临海产业。

1. 临海石化工业

加快推进中科合资广东炼化一体化、中委合资广东石化、中海油惠州炼化二期扩建、茂名石化油品质量升级改扩建等石化龙头项目建设。依托大型炼化龙头项目,延伸产业链,重点打造惠州大亚湾、湛江东海岛、茂名、揭阳惠来四大石化基地,改造提升广州石化基地。

2. 临海钢铁产业

以宝钢重组韶钢、广钢为契机,实施广钢环保搬迁,建设湛江东海岛千万吨级钢铁基地,同时在南沙发展冷轧板、镀锌钢板等钢材深加工产业,形成优势互补、错位发展的两大临海钢铁产业基地。促进钢铁产业与装备制造、造船、石化、汽车、家电、金属制品等下游产业协同发展。

3. 临海能源产业

加快发展临海核电、火电、风电等清洁能源,构建门类齐全的临海能源产业体系,推进 LNG 接收站及海上天然气接收终端项目建设,加快打造能源产业集群。

五、提升海洋科技和教育的支撑能力

将科技和教育作为海洋经济发展的重要支撑,充分发挥海洋科技和教育资源的优势,推进科技和教育资源整合,加快科技体制创新、科技创新人才培养、自主创新能力提高,推动科技成果向现实生产力转化。

(一)加强海洋科技创新平台建设

充分利用国家和省涉海科技基础条件,优化配置海洋科技资源,加快推进政产学研合作,建立海洋产业技术创新战略联盟。大力推动重点实验室、工程实验室、工程技术

(研)中心、成果转化与推广平台、信息服务平台、环境安全保障平台和示范区(基地、园区)等创新平台建设,形成技术集成度高、带动作用强、国家和地方相统筹、产学研相结合的科技创新体系。

加强海洋科技的重点攻关,努力在现代海洋渔业、海洋生物制药、海洋工程装备制造、海洋可再生能源利用、海水综合利用、深海技术、海洋环保技术、海洋生态环境保护与修复等领域取得更多具有自主知识产权的技术成果,掌握一批重大关键技术。完善国际科技交流合作机制,进一步加强与欧美、日韩、东盟等国家和地区的海洋科技交流合作。

(二) 促进海洋科技成果转化

创新海洋科技成果转化机制,构建多元化、多层次的科技成果转化和公共技术服务平台,落实和完善海洋科技成果转化的财政、税收等扶持政策。以国家和省(部)级重点实验室、工程中心为依托,以我省科技转化机构、企业科技开发基地和试验场等为主体,加快建设国家级、省(市)级海洋科技成果转化基地和公共转化平台。加快海洋科技成果孵化和产业化,组织实施一批高新技术产业化示范工程,着力建设一批海洋科技产业示范基地,推进以企业为主体的科技成果转化体系建设。推进海洋科技推广服务体系建设,鼓励社会团体、科研院所、高校、企业和中介组织参与海洋科技创新成果推广应用,支持海洋科技成果推广中介机构、培训机构、技术推广站发展。以企业、科研院所为载体,依托示范基地和信息服务平台,打造一批高端海洋品牌。

(三) 发展海洋教育事业

紧密结合海洋经济发展的需要,优化整合海洋教育资源,提高海洋高等教育和职业技术教育水平。加强海洋学科和专业学院建设,构建门类齐全、富有特色、优势互补的海洋学科体系。引导省内高等院校立足现有基础,科学定位,发挥优势,有针对性地发展海洋学科。加大海洋教育设施和研究设备的投入。支持中山大学、广东海洋大学、南海海洋研究所等高等院校和研究机构进一步加强海洋重点学科建设,优化专业设置,增设一批涉海专业博士后流动站、博士点、硕士点和国家级重点学科、本科重点专业,力争在海洋生物、现代海洋渔业、海洋地质和矿产、海洋工程、海洋生态环保、海洋文化旅游等领域形成学科专业优势。加强海洋科普宣传教育和职业技能培训,加大力度建设海洋职业技术教育基地。依托高校、科研院所和企业等载体,加强学科建设,在海洋科技、产品研发、行业管理等领域打造一批顶尖人才品牌。

六、有序推进海岛保护与开发

以科学规划、保护优先、合理开发、永续利用为原则推进海岛保护与开发。推动制定和完善海岛保护与开发的地方性法规,制订海岛保护与利用规划,建立海岛综合管理协调机制。加强海岛资源、环境的综合调查和海岛生态环境保护,建立海岛及其周边海域生态系统监控网络,定期开展生态评估。

以政府为主导,引入市场经济手段,统筹协调、因地制宜、一岛一策,通过整体规划与有序推进相结合,实现海岛管理规范化、开发主体多元化、开发模式灵活化、开发效益综合化。优化开发有居民海岛,选择开发无居民海岛,严格保护特殊用途海岛。重点推进五大岛群的保护与开发。

(一)珠江口岛群保护与开发

横琴岛重点发展商务服务、休闲旅游、科教研发、高新技术四大重点产业,以海洋公园建设为主体打造高端滨海旅游业,以澳门大学横琴新校区建设为切入点将横琴岛建设成为粤港澳合作的示范区。三灶岛重点围绕航空产业,积极发展配套服务业和空港物流业。高栏岛重点发展海洋交通运输业、现代物流业和临港工业,强化与陆域经济的联系,拓展港口经济腹地。淇澳岛重点发展生态旅游,建设海洋科普及海洋保护合作示范区。万山群岛以滨海旅游、海洋渔业和深水港口、仓储物流为开发重点,推进万山海洋综合开发试验区建设。将东澳岛建成国家级海洋公园、外伶仃岛建成国家5A级旅游景区。加强内伶仃福田、珠海淇澳—担杆岛、庙湾珊瑚等保护区建设,重点保护猕猴、红树林、珊瑚等珍稀生物资源。规划建设海岛生态博物馆。

(二)川岛岛群保护与开发

重点发展滨海旅游业、深水港口、现代海洋渔业。力争把上川岛建成国家4A或5A级旅游景区,成为国际邮轮停靠港。规划建设上下川岛连岛大桥,实施川岛一体化开发。规划连陆开发,提高交通可达性。适时开发乌猪洲等超大型深水港区,规划建设港口仓储工业区。加快川岛风电项目建设。积极发展远洋渔业和深海网箱养殖。加强台山上川岛猕猴、上下川岛中国龙虾等保护区建设,重点保护海岛生态系统和猕猴、中国龙虾等珍稀生物资源。

(三)南澳岛海域岛群保护与开发

南澳岛重点发展滨海旅游业、现代海洋渔业,加快海洋能开发。以"南澳I号"古沉船打捞为契机,整合旅游资源,发展多元化产品体系,打造海洋古文化基地,把南澳岛建成国家生态旅游示范区、国家5A级旅游景区。开发深水岸线资源,将南澳港区建设成为大型中转港区,积极发展转口贸易业及配套的仓储、运输业。推进风能利用、海洋生物制品(药品)开发,积极发展外海捕捞和远洋渔业以及水产品加工流通业,重点发展以贝类和藻类为主的海水养殖与海产品深加工,建成万亩贝类养殖基地。积极拓展对台海洋经济合作。加强南澎列岛海洋生态、南澳候鸟等保护区建设,重点保护海岛生态系统和候鸟、珊瑚等珍稀生物资源。

(四)海陵湾岛群保护与开发

海陵岛重点发展滨海旅游业和现代海

洋渔业,联动第一、三产业,将休闲渔业与滨海旅游结合起来,发展多元化、高层次的旅游产品。充分发挥"南海Ⅰ号"的品牌带动效应,积极推动海陵岛国家级海洋公园、广东海上丝绸之路博物馆、广东海洋历史博物馆、雪流湾国际旅游度假区等重大旅游项目建设,加强海岸带生态系统保护与修复,将海陵岛建成国际闻名的自然生态、历史文化旅游岛。发展壮大海洋生物医药业。丰头岛重点加快深水港区的建设,依托港口发展船舶制造、能源、物流、钢铁等临港工业。

（五）湛江湾岛群保护与开发

东海岛重点发展以钢铁和石化两大产业为主导的临港重化工业,以重化工业发展为契机建设大型深水港口。加快东海岛、南三岛、特呈岛、硇洲岛等旅游资源的开发、保护,积极推动东海岛旅游产业园、特呈岛水上渔家乐园、特呈岛国家级海洋公园等项目建设。巩固滩涂海水养殖基地,优化发展浅海水产资源增养殖,做大做强创汇渔业基地。加强特呈岛、硇洲岛等保护区建设,重点保护海岛和红树林生态系统。

七、推动海洋经济区域合作

加强我省与港澳台、闽桂琼等周边地区的海洋经济合作,形成优势互补、互利共赢的区域合作关系,拓展我省海洋经济的发展空间,增强我省海洋经济的辐射带动能力。

（一）加强粤港澳海洋经济合作

按照《粤港合作框架协议》和《粤澳合作框架协议》的要求,加强与港澳的海洋产业合作,推进粤港澳海洋经济合作圈建设。以环珠江口、珠江口湾区共同规划实施重点行动计划为切入点开展海洋经济合作,以深圳前海地区、珠海横琴新区、广州南沙新区、深港河套地区、珠澳跨境合作区五个粤港澳重点合作区域为核心,加强粤港澳在海洋运输、港口物流、海岛开发、滨海旅游、海洋战略性新兴产业、环境保护与治理等方面的合作,共同打造国际一流的现代海洋产业基地

和珠江口湾区优质生活圈。充分利用港澳金融服务业的优势,加强粤港澳海洋开发金融合作,着力推动海洋企业在深港上市融资,以及在境内外发行海洋开发债券。

（二）扩大粤闽台海洋经济合作

以粤东北地区参与海峡西岸经济区建设为契机,进一步扩大与福建、台湾地区的海洋经济合作,推进粤闽台海洋经济合作圈建设,共同开拓欧美、日韩和东盟等国际市场。加强粤闽在基础设施建设、海洋生态环保、海洋产业、海洋文化等领域的合作,加强两省邻接海域在综合管理、生态环保等方面的对接和海洋战略性新兴产业、高新技术产业合作。加强对闽台旅游合作,打造"一程多站"的海西精品旅游线路。加快厦深铁路建设。发挥汕头港、潮州港作为首批对台直

航港口的作用，加强与台湾的海洋运输与物流合作。推进汕头粤台经贸合作试验区和台商投资工业园区建设。拓展与台湾在现代海洋渔业方面的合作，加快台湾农民创业园建设。

（三）推进粤桂琼海洋经济合作

按照《关于建立桂粤更紧密合作关系的框架协议》和《广东。海南战略合作框架协议》的要求，加强与广西和海南的海洋经济合作，推进粤桂琼海洋经济合作圈建设。联手加强与东盟国家在矿产、能源、海洋等资源开发利用、农业综合开发和基础设施建设等方面的合作，构建与东盟合作的新高地。重点加强海洋资源开发、海洋交通运输业、

滨海旅游、海洋基础设施建设等方面的合作。粤琼共同推动琼州海峡跨海通道及配套交通基础设施项目建设，加大海洋资源合作开发力度，共建南海蓝色经济区域。鼓励广东企业参与南海油气资源勘探开发服务基地建设。粤桂共同开发建设北部湾经济区，打造面向东盟的物流基地、商贸基地、加工制造基地和信息交流中心。发挥湛江东南亚水产品集散地作用，共同促进南海渔业资源开发。以海南建设国际旅游岛为契机，整合环北部湾旅游资源，共同打造滨海旅游"金三角"。加强海域环境治理协作，合作制订北部湾、琼州海峡等海区海洋环境保护共同行动计划，建立应急响应机制。

八、加强海洋生态修复与资源保护

坚持开发与保护并重、污染防治与生态修复并举、陆海同防同治，加强海洋与海岸带生态系统建设，确保海洋经济发展规模、发展速度与资源环境承载能力相适应，进一步增强可持续发展能力，实现人海和谐。

（一）加强海洋污染防治

严格实施珠江口、大亚湾、汕头港、湛江港等重点海域入海污染物排放总量控制制度，建立海洋环境容量"以海定陆"的保护模式。完善排污许可证制度和排污收费制度。加快滨海城市生活污水、垃圾和工业废水处理设施建设，提高污水、垃圾和废水处理率。

开展农业污染和持久性有机污染物综合防治。推进环珠江口宜居湾区建设重点行动。深入推进海岸带结构减排、工程减排和管理减排，在珠江口、汕头港等重点海域实施氮、磷减排试点。加强柘林湾、汕头湾、汕尾品清湖、大亚湾、珠江口、海陵湾、水东湾、湛江湾等重点河口和海湾的环境综合整治。加强重点港口和渔港环境污染治理，在主要港口建设含油废水和生活污水处理厂，力争实现进入港区的船舶油类污染物基本达到"零排放"，港区污水排放全面达标。加强防治船舶及其有关作业活动造成的海洋环境污染，提高日常处理和应急能力。规范管理倾

倒区,严格控制在珠江口及其邻近海域和海湾内设立新的倾倒区,调整和清理 20 米水深以浅的倾倒区。整合和完善沿海环境监测体系,建立沿海陆源污染海域环境的信息管理系统。加强海洋环境监测,推进重点入海河口和重要污染源入海口的水质自动监测。

(二)保护与修复海洋生态

保护海洋生物多样性和重要海洋环境。加强对珊瑚礁、红树林、海草场等典型海洋生态系统的调查、监测和研究;逐步实施红树林栽种计划,恢复红树林生态系统的功能;加强对徐闻沿海、大亚湾、大鹏湾、红海湾和珠江口外海岛周围、南澳岛周围珊瑚礁生态系统的保护;加强对水深 20 米以浅海域重要海洋生物繁育场的保护。全面保护我省海域内的珍稀濒危物种,建立和完善海洋珍稀濒危物种濒危程度及生存状况评估体系;新建 1 个珍稀濒危物种种质资源库、3个人工生态库和 3 个原种场。严格执行禁渔区、禁渔期、伏季休渔制度以及珠江禁渔制度,加强对重要海洋生物繁殖场、索饵场、越冬场、洄游通道和栖息地的保护。至 2015年,新建和升级 15—20 个海洋保护区,建立较为完善的海洋保护区网络。加大保护区基础设施和管护能力建设投入。加强数字化保护区建设,重点抓好海洋保护区视频监控系统和实时自动生态环境监测系统建设。建立一批海岸、海湾及近海海洋环境整治与生态修复示范区。

积极推动海洋牧场建设,继续开展开放型人工鱼礁建设,加强对人工鱼礁建成效果的监测和评估;积极发展大型海藻增养殖,加强沿海海草场生态系统建设;加大海洋生物资源养护力度,规划建设一批海洋生物增殖放流基地。

(三)建立健全海洋防灾减灾支撑体系

按照"统一领导、分级负责、条块结合"的原则建立和完善省、市、县三级海洋灾害应急管理体系,构建海洋观测体系、海洋预报减灾体系和海洋环境专题服务体系,规范应急反应流程,逐步形成反应灵敏、行为规范、运转高效的海洋灾害应急管理机制。

加强海洋监测观测能力建设,构建由沿岸和海岛基站、海上浮标、潜标、地波雷达、X波雷达、海床基、船舶、验潮站、航空和卫星遥感监测等组成的海洋环境实时立体监测观测网,提升我省海洋环境监控和海洋灾害预警能力。在沿海重要经济带、热点开发区域和灾害脆弱区抓紧开展以沿岸海洋台站建设为起点的观测站(点)建设,并将其纳入全省乃至全国的海洋观测网。

加快实现全省海洋灾害过程的动态预报和预警。重点提高沿海重点区域的风暴潮灾害预报预警能力,探索开发风暴潮漫滩预报预警系统。建设赤潮灾害预警系统、全省海洋灾害风险评估系统、渔港实时监控系统、海上渔业安全应急救助指挥系统以及溢油、危险品泄漏等海上突发事件应急响应决策系统。开展海啸灾害研究和预警系统研发工作。实行预警报动态会商和信息发布制度,建设和完善海洋预警报远程视频会商系统,并入国家远程视频会商系统。加强沿海核电站附近海域海洋环境的监管、监测以及海洋核应急保障能力建设。建立预防与应急相结合的海洋灾害防治长效机制,实现预案的动态管理,及时准确发布海洋灾害预警报,提升对各类海洋灾害的趋势性预测和预报能力。

九、保 障 措 施

（一）创新海洋管理体制机制

充分发挥广东省海洋工作领导小组在规划实施中的组织协调作用。加强对全省海洋经济重大决策、重大工程项目的统筹协调以及政策措施的督促落实。规范各级涉海管理部门的职责划分,合理界定省、市、县（市、区）的管理范围和权限,明确有关部门的分工和责任,形成职责明确、分工合理、配合协调的管理体系。

探索建立根据海洋经济发展规划和产业政策调控海域使用方向和规模的机制。根据海洋资源环境承载力、开发密度和用海需求,探索建立海洋主体功能区规划制度。坚持科学用海,探索区域性集中集约用海管理模式。研究解决海域使用权证与土地使用权证的法规政策关系等问题,力促海域使用权证书直接进入项目报建程序。健全海域使用动态监测体系,实施对海域使用、海岛保护、海岸线变迁、海湾容量等的立体、动态监视监测,为科学管理用海提供技术支撑。推进海洋环境监测和监察机构标准化建设。建立无居民海岛资产评估体系,完善无居民海岛开发利用的申请、审批、招投标制度和使用权登记制度、有偿使用制度。探索建立海域使用论证管理中心、海籍管理和海洋测绘中心、海洋权属管理和产权交易中心。

（二）优化资源配置机制

创新跨区域、跨部门的合作协调机制,积极推进沿海城市间基础设施建设、产业和市场等方面的对接,推动沿海城市和港口的联动发展,促进基础设施的共享、产业的协作配套和生态环境的协同保护,实现资源可持续利用与区域经济效益最大化。

发挥市场配置港口资源的基础性作用和政府的协调作用,加大区域性港口资源整合力度,推进港口公共基础设施一体化、公共航道调度管理一体化、物流信息一体化和交通电子口岸一体化。鼓励港航企业之间、港口企业之间按照市场经济规律,以资产为纽带,以项目为切入点,实施资产重组和资源整合,支持港口企业规模化发展、集约化经营。推动沿海各区域港口通过组建组合港、建立战略联盟等模式,进行跨行政区划的港口资源整合。

（三）拓宽海洋经济发展投融资渠道

研究探索财政扶持政策,综合运用担

保、贴息、保险等金融工具,带动社会资金投入海洋开发建设。省级及沿海市、县(市、区)财政要建立海洋环保、科技、教育、文化、防灾减灾等公益性事业投入的正常增长机制。按照集中财力办大事的原则,加强对各涉海部门的海洋经济发展相关专项资金的整合和统筹安排。积极引入市场因素,健全多元化投入机制,鼓励社会资本进入海洋保护与开发领域,探索投资主体多元化、资金来源多渠道、组织经营多形式的发展模式。全力推进银企合作,设立海洋产业发展专项贷款,优先安排、重点扶持海洋开发重点项目。探索实行海域、港口岸线、无居民海岛等资源的经营性开发使用权公开招标、拍卖,建立海域使用权抵押贷款制度,拓宽融资渠道。积极争取和合理利用国际金融组织、外国政府贷款以及民间基金,支持符合国家政策的重大项目建设。

(四)完善海洋经济发展支撑体系

加快涉海基础设施建设,加强深水化、专业化、大型化港口码头以及航道、防波堤、锚地、导航设施等港口公用基础设施的建设和维护。构筑高标准的海堤防灾体系,对重要城镇、城市和农业区、重要农田的海堤,按照规定标准组织达标加固,提高抵御风暴潮的能力。加大渔港、海洋渔业安全通信网等渔业基础设施的建设力度,加快国家中心渔港、一级渔港建设步伐,配套建设一批海岛型渔港和二、三级渔港。完善沿海和岛屿综合交通、供水、供电等体系。完善海洋环境立体监测体系,对海洋环境进行全方位的动态跟踪管理,保障海洋经济在健康的环境中运行;巩固海洋防灾减灾体系,保障海洋经济在安全的环境中运行;构建蓝色生态屏障,保障海洋经济在和谐的环境中运行。建立海洋经济统计、运行核算与运行监测评估体系,全面掌握海洋经济的运行情况,实施海洋经济运行情况定期发布制度,及时提供海洋经济运行数据和评价分析资料,为海洋保护、开发和海洋经济管理、决策提供服务。推进海洋标准化体系建设,加强海洋标准化管理。

(五)提高海洋开发综合管理能力

规范海洋开发秩序,认真执行海洋功能区划制度。完善海域使用管理相关法规体系,推动《广东省海岛保护条例》出台。继续清理和规范各类涉海行政审批事项,建立健全行政审批责任制和责任追究制度,严禁违规审批、变相审批和重复审批,优化审批方式,推行并联审批、网上审批,不断提高审批服务效率和水平。加强对围海填海、海砂开采和无居民海岛开发利用等活动的监管,规范海域养殖活动。维护海域使用秩序,保护合法用海行为,促进人与海洋和谐相处。加大海洋执法力度,加强海监、渔政等海洋执法力量建设,强化对我省行政管理海域的巡航监管和对各种海洋涉外活动的监管,保障南海海上通道安全,维护我国海洋权益。

(六)培养高素质的海洋人才队伍

根据海洋经济发展对人才的实际需求,打造一支与产业发展相协调的规模大、素质优、层次高、结构合理的人才队伍。加大人才的培养、引进和扶持力度,优化人才队伍整体结构,加强高层次科技研发人才、工程技术人才、行政管理人才的培养和引进工作,培养学科带头人和创新型人才。引导高等院校、职业教育学校与企业合作开展"订单式"人才培养和技能培训,结合产业和企业发展需要,培养各类专业技能型人才,形成一支以技师、高级技师为骨干,中高级技工为主体的技能型人才队伍。建立健全人才使用、评价、激励机制,大力推进人才环境建设,消除不利于人才发展的政策性、体制性和机制性障碍,营造人才汇聚、人尽其才、才尽其用的良好局面。

附件1　广东省海洋经济发展"十二五"规划重点项目表

单位:万元

序号	项目名称	建设阶段	建设内容及规模	建设起止年限	总投资	"十二五"计划投资
	合计项(128)				103 412 156	86 183 742
	一、海洋交通运输业(22项)					
	(一)航道及防波堤项目(11项)					
1	汕头港广澳港区防波堤工程	续建	防波堤8 025米。	2010—2014	149 800	146 800
2	珠海港高栏港区主航道工程	续建	10万吨级航道14.2公里,5 000吨级航道3.94公里,20公里15万吨级航道。	2009—2015	160 600	140 900
3	广州港深水航道拓宽工程	新建	珠江口至南沙港区南沙作业区段实现10万吨级集装箱船舶不乘潮双向通航;南沙作业区至小虎作业区段出海航道及小虎作业区内环大虎岛航道实现10万吨级单项通航。	2013—2018	363 000	363 000
4	珠海港高栏港区铁炉湾防波堤工程	新建	3公里防波堤。	2011—2012	86 700	86 700
5	汕头港海门港区航道及防波堤一期工程	新建	2公里防波堤、5.8公里5万吨级航道。	2013—2014	50 000	50 000
6	揭阳港沿海港区靖海作业区南防波堤工程	新建	2.2公里防波堤。	2013—2015	66 000	66 000
7	茂名港博贺新港区东区航道及防波堤工程	新建	2.2公里防波堤、6公里10万吨级航道。	2011—2013	65 000	65 000
8	潮州港公用航道工程	新建	21.6公里5万吨级航道。	2011—2013	65 452	65 452
9	湛江港40万吨级航道工程	新建	55公里40万吨级航道。	2012—2014	150 000	150 000

（续表）

序号	项目名称	建设阶段	建设内容及规模	建设起止年限	总投资	"十二五"计划投资
10	江门台山市广海港三期工程 5 万吨级航道及防波堤工程	新建	3 公里防波堤、7.2 公里 5 万吨级航道。	2011—2015	61 891	61 891
11	惠州港马鞭洲主航道扩建工程	新建	25 公里 30 万吨级航道。	2014—2015	70 000	70 000
	（二）港口项目(11项)					
12	广州港码头工程	续建	(1) 南沙港区散货码头工程； (2) 沙仔岛码头二期 2 个 5 万吨级泊位及若干驳船泊位； (3) 三期集装箱码头、粮食及通用码头； (4) 新沙港区二期 4 个 5 万吨级泊位和 6 个千吨级驳船泊位。	2009—2014	2 080 036	1 923 036
13	珠海港码头工程	续建	(1) 高栏港 10 万吨散货煤码头、15 万吨矿石码头及 4 个 10 万吨级集装箱码头； (2) 铁炉湾码头区中海油陆上终端接收站项目配套 1 个 3 万和 1 个 5 000 吨级泊位； (3) 南水作业区煤炭储运中心 8 个 2 万—15 万干散货泊位； (4) 南水作业区南港池大突堤根部 4 个 10 万吨多用途码头。	2009—2012	1 626 900	1 506 200
14	东莞市虎门港码头工程	续建	(1) 麻涌港区新沙南作业区 4—5 号泊位； (2) 海昌煤炭码头二期工程，2 个 7 万吨级、2 个 5 万吨级、2 个 3 万吨级、3 个 2 000 吨级泊位，年吞吐能力 1 850 万吨、10 万 TEU； (3) 麻涌港区新沙南作业区 3 个 5 万—7 万吨级散杂货泊位； (4) 海昌散杂货码头工程项目(三期)2 个 7 万吨级散杂货泊位； (5) 沙田港区三期工程 6 个 5 万吨多用途泊位； (6) 玖龙码头有限公司 2 个 5 万吨级散杂货码头。	2008—2014	446 232	399 087
15	湛江港码头工程	续建	(1) 湛江港宝满集装箱码头一期工程，2 个 5 万吨级集装箱泊位，年吞吐能力 80 万 TEU； (2) 湛江港霞山港区散货码头工程，1 个 30 万吨级和 1 个 5 万吨级铁矿石泊位，年吞吐能力 2 000 万吨； (3) 钢铁基地新建生产性泊位 16 个及重件泊位 1 个； (4) 东海岛港区 2 个 2 万吨级通用散杂货泊位、1 个 50 000 吨油气泊位、1 个 1 万吨级油品泊位； (5) 宝满港区霞海多用途码头搬迁重建 2 个 2 万吨级多用途泊位。	2007—2014	1 157 382	1 038 982

（续表）

序号	项目名称	建设阶段	建设内容及规模	建设起止年限	总投资	"十二五"计划投资
16	惠州港码头工程	续建	(1) 惠州港国际集装箱码头、荃湾港区煤码头工程,1个3 000吨级、2个5万吨级集装箱码头泊位和2个7万吨级煤炭接卸泊位,年吞吐能力80万 TEU、1 450万吨; (2) 华瀛石油化工有限公司燃料油调和配送中心1个30万吨级油接卸泊位,3个2万吨级燃料油储运泊位。	2009—2013	601 110	568 359
17	汕头港码头工程	新建	(1) 华能海门煤炭中转基地新建7万吨级煤炭泊位、5万吨级煤炭泊位及3 000吨级综合泊位各1个; (2) 广澳港区二期2个10万吨级及1个5 000吨级集装箱泊位; (3) 广澳港区1个10万吨级散货码头。	2011—2015	547 100	547 100
18	茂名港码头工程	新建	(1) 博贺新港区东区1个10万和1个5万吨级通用泊位; (2) 博货港区1个10万吨级卸煤泊位,1个3.5万吨级装煤泊位,2个工作船泊位。	2013—2015	400 000	400 000
19	阳江港码头工程	新建	2个5万吨级散杂货泊位。	2011—2012	88 685	88 685
20	江门港码头工程	新建	广海港三期2个5万吨级通用码头工程。	2011—2015	94 929	94 929
21	潮州港码头工程	续建	亚太通用一期建设2个10万吨级泊位;二期拟增建2个15万吨泊位和1个30万吨泊位,同时建设亚太码头配套生活区。	2010—2015	770 000	745 000
22	揭阳港码头工程	新建	(1) 惠来沿海港区靖海作业区建设1个10万吨级、2个5万吨级、1个5 000吨级泊位; (2) 中委广东石化2 000万吨/年重油加工项目原油成品油码头。在揭阳市惠来县石碑山灯塔东侧海域建设30万吨级原油泊位1个; (3) 在大南海龙江河西侧海洋建设5万吨级成品油泊位1个、5千吨级产品及化学品泊位7个、2万吨级散货泊位1个、5千吨级件杂货泊位1个、工作船泊位3个,并建设相应的配套设施。	2011—2015	515 023	515 023
	二、滨海旅游业(8项)					
23	广州国际邮轮码头工程	新建	2个大型邮轮专用泊位。	2011—2013	95 000	95 000
24	珠海长隆国际海洋观光旅游项目	续建	海洋世界和办公服务区及道路、绿化、环保等配套设施。	2010—2015	1 000 000	1 000 000
25	珠海海泉湾海洋温泉度假区(二期)	续建	集温泉酒店、美食、娱乐、大型演艺和健身为一体的海洋温泉度假村。	2011—2015	70 000	70 000

(续表)

序号	项 目 名 称	建设阶段	建设内容及规模	建设起止年限	总投资	"十二五"计划投资
26	珠海桂山国际游艇俱乐部项目	新建	星级酒店及配套商业设施,游艇度假中心。	2011—2018	300 000	200 000
27	江门银湖湾游艇休闲度假区	续建	度假酒店、游艇俱乐部、游艇会展商务中心、意大利风情小镇。	2010—2014	210 000	210 000
28	阳江市旅游景观基础设施建设	续建	阳江海陵十里银滩综合开发项目、凤凰湖国际温泉度假村。	2008—2015	590 000	520 487
29	阳江广东海洋历史博物馆	新建	海洋文化展馆、观众体验馆、海洋文化科普教育中心、海天剧场等设施。	2011—2015	250 000	250 000
30	惠州市惠东巽寮滨海旅游度假区	续建	建设会展中心、演艺中心、滨海工业、儿童水上乐园、滨海婚礼广场、滨海美食区、度假酒店群、民俗文化街、游艇俱乐部。	2001—2015	1 000 000	1 000 000
	三、海洋战略性新兴产业(12项)					
31	广州国际生物岛	续建	建筑面积55万平方米,全岛"七通一平"、环岛路及堤岸整治、研发产业单元、教育科研单元、垃圾压缩站、科技中心、科技服务楼、再生水厂、山体绿化、金融商业等。	2005—2015	400 000	51 581
32	粤东、粤西与珠江三角洲海水淡化工程	新建	3台(套)12万立方米/天。	2011—2015	72 000	72 000
33	广东核电与电厂海水冷却工程	新建	5台(套)20亿立方米/年。	2011—2015	60 000	60 000
34	珠海高栏岛风电场	续建	风力发电机组4.95万千瓦。	2009—2012	46 000	33 000
35	珠海中海油深水海洋工程装备项目	续建	钢质导管架平台、深水浮式平台等海上油气田设施。	2010—2015	500 000	410 000
36	汕尾宝丽华陆丰甲湖风电场二期	续建	风力发电机组4.96万千瓦。	2009—2015	41 548	40 548
37	江门台山广海、端芬、汶村风电场	续建	风力发电机组12.3万千瓦。	2010—2012	121 196	74 696
38	湛江粤电徐闻、国电雷州东里、角尾灯楼角风电场	续建	风力发电机组14.85万千瓦。	2009—2012	148 313	134 277
39	东莞市南海海洋生物技术产业化项目	续建	建筑面积38.23万平方米,形成年研发、中试6—8个成果的能力。	2009—2014	60 000	30 000
40	潮州饶平大埕、所城风电场	新建	风力发电机组9.9万千瓦。	2011—2012	97 348	97 348
41	海洋生物(医药)技术产业化示范基地	新建	在广州、深圳、中山、阳江、湛江、汕头、汕尾等地建设海洋生物(医药)技术产业化示范基地。	2011—2015	350 000	350 000

（续表）

序号	项目名称	建设阶段	建设内容及规模	建设起止年限	总投资	"十二五"计划投资
42	海洋生物制药及海洋生物技术研究开发	新建	开发抗肿瘤、抗神经性退行病变、抗心脑血管疾病、抗病毒以及其他重大疾病的创新药物，完成若干创新药物的临床前研究。推进海洋生物技术产业化发展，加强海洋生物功能制品的研究，开发高附加值的海洋功能生物酶制剂、海洋生物营养品、化妆品和保健品、农药和促生长制剂、功能性添加剂、新型营养源和生物化工产品等。	2011—2015	100 000	100 000
	四、海洋船舶工业(10项)					
43	广州中船基地(大岗)配套公共物流码头	新建	公共货运码头岸线总长1 893米，一期工程拟建9个1 000吨位泊位，年设计通过能力集装箱19万TEU，杂货92万吨，重件设备25万吨。	2011—2012	95 727	95 727
44	珠海中船集团海洋工程装备制造及修造船项目	续建	造船能力为年产1 000万载重吨，包括FPSO、30万吨大型油轮、超大型集装箱船等。	2010—2015	4 430 000	4 430 000
45	珠海三一重工港口机械	新建	现代化大型港机制造基地。	2011—2015	500 000	300 000
46	珠海游艇产业园开发	续建	金湾区木乃南填海600公顷。	2010—2013	300 000	300 000
47	南沙小虎岛造船基地	续建	项目建设内容：包括1座6万吨级船坞，1—2座2万吨级气囊式下水船台，1座6万吨级舾装码头，2座2万吨级舾装码头，船体综合车间等。	2010—2012	180 000	180 000
48	广机海事重工有限公司造船及船用配套项目	续建	特种船舶、高性能船舶12艘、海洋钻井平台6个。	2008—2011	79 000	14 000
49	中船集团广州龙穴扩建工程	续建	海洋工程装备、大型特种船舶等，造船能力达到400万载重吨。	2009—2011	100 000	10 000
50	广船船舶制造项目(一期)	续建	一期年产分段15万吨，二期年制造船舶约230万载重吨。	2008—2013	398 200	363 200
51	东莞中远造船项目	续建	年制造8万吨级以下船舶16艘。	2008—2011	125 000	23 440
52	中山市神湾盛世游艇制造基地	续建	航道7 100×50米、堤防2 500米、制造及维修补给中心、游艇培训中心等配套工程。	2010—2015	225 000	180 000
	五、海洋工程建筑业(4项)					
53	港珠澳大桥	续建	主体工程29.6公里，连接线及口岸工程。	2009—2016	4 260 000	3 497 274

（续表）

序号	项 目 名 称	建设阶段	建设内容及规模	建设起止年限	总投资	"十二五"计划投资
54	汕头南澳大桥	续建	全长 11 080 米,桥长 9 261 米。	2009—2012	110 096	22 010
55	潮州港西澳港区综合开发建设项目	新建	潮州港公用航道疏浚工程(17.5 公里为 5 万吨级航道及 8.1 公里 1 万吨级航道)、2 个 5 万吨级(水工 10 万吨级)通用码头泊位以及吹填成陆约 10.768 平方公里,远期规划整个西澳港区的综合开发建设,完成港区水、电、道路等配套工程。	2010—2020	1 500 000	546 000
56	东莞市长安新区围填海工程	新建	填海 715.03 公顷,透水构筑物 25.09 公顷。	2011—2015	532 000	532 000
	六、海洋盐业(1 项)					
57	盐业产业链建设项目	续建	集制盐、盐化工、研发、物流为一体、主业突出的盐化集团公司。	2010—2015	130 000	130 000
	七、海洋物流服务业(7 项)					
58	揭阳中粮粮油综合加工产业基地	新建	粮油综合加工、贸易、物流等产业基地。	2011—2015	700 000	700 000
59	珠海高栏港国际物流园区	续建	大宗散货、油气化学品集散中心和区域性港口物流中心,总库容超过 400 万平方米的液体和油气化工品仓储区,包括 10 万吨集装箱码头、15 万吨级矿石码头、10 万吨级煤炭码头等,年吞吐能力超过 1.5 亿吨,建设集温泉酒店、美食、娱乐、大型演艺和健身为一体的海洋温泉度假村。	2010—2015	500 000	500 000
60	广州市现代物流项目	续建	南沙保税港区基础设施、黄埔临港商务区鱼珠核心功能区、广州市保税物流园区、白云机场综合保税区、广东塑料交易所二期仓储中心项目。	2005—2016	3 707 900	2 751 947
61	茂名港博贺新港区物流基地	续建	茂名港博贺新港区物流基地。	2009—2015	300 000	221 767
62	东莞报税物流中心(B型)	续建	规划园区 1.18 平方公里。	2008—2015	200 000	180 000
63	潮州亚太国际(潮州)资源物流基地	新建	物流配送、中转服务设施。	2011—2015	300 000	300 000
64	潮州华丰粤东(潮州)油、气、化工公共物流中心	新建	30 万平方米油、气、化工公共物流中心。	2011—2015	70 000	70 000
	八、临海石化工业(8 项)					

（续表）

序号	项目名称	建设阶段	建设内容及规模	建设起止年限	总投资	"十二五"计划投资
65	东莞立沙岛阳鸿石油化工品库	续建	3万吨级码头及38.52万立方米储罐。	2010—2012	56 000	18 000
66	惠州大亚湾华瀛石油化工有限公司燃料油调、配送中心和配套码头	续建	总库容103万立方米，1个30万吨及码头及3个2万吨级码头。	2010—2012	250 161	245 161
67	中海油惠州炼化二期扩建项目	新建	炼油能力扩大到2 200万吨/年，配套新建100万吨/年乙烯装置。	2011—2014	5 170 000	5 170 000
68	大亚湾30万吨/年ABS项目	新建	30万吨/年ABS。	2010—2013	5 000 000	5 000 000
69	中科合资广东炼化一体化项目	新建	年加工原油1 500万吨/年，乙烯生产能力100万吨/年。	2011—2014	5 910 000	5 910 000
70	中委合资广东石化2 000万吨/年重油加工工程项目	新建	年加工重油2 000万吨。	2011—2015	5 733 879	5 733 879
71	珠海中海油能源发展高栏精细化工园	新建	总占地面积约2平方公里，首期投资约50亿元，年加工凝析油及相关产品100万吨。之后建设丙烷脱氢、顺丁橡胶、润滑油调和、丁辛醇、丙烯酸等系统项目。全部项目投产后，年产值将达195亿元。	2011—2020	1 500 000	500 000
72	珠海中石化黄茅岛LNG及发电	新建	一期建设输气管网，配套发电厂及码头，液化气储气罐年转接LNG300万吨；二期扩展到年转接LNG500万吨。电厂装机规模为80万千瓦，年产48亿千瓦的清洁电力。	2012—2017	900 000	800 000
	九、临海钢铁工业(4项)					
73	湛江钢铁基地	续建	广钢环保迁建湛江及建设相关基础设施。	2010—2015	5 300 000	4 760 000
74	珠江钢管项目	新建	项目产品为特种钢管，主要为中国海油珠海深水海洋工程装备制造项目作配套，占地面积约55万平方米，年产值约50亿元。	2011—2014	200 000	200 000
75	广州南沙钢铁物流交易及制造中心	新建	码头、钢铁物流、交易、钢铁产品深加工和高新装备制造。	2012—2016	480 000	350 000
76	广州JFE钢板有限公司180万吨冷轧钢板项目	续建	年产冷轧钢板180万吨。	2007—2011	634 900	334 900
	十、临海能源业(36项)					
77	岭澳核电站二期	续建	2#机1×100万千瓦。	2005—2011	2 660 000	60 000
78	阳江核电站	续建	装机6×108万千瓦。	2008—2017	6 950 000	5 470 100

（续表）

序号	项 目 名 称	建设阶段	建设内容及规模	建设起止年限	总投资	"十二五"计划投资
79	台山核电厂一期工程	续建	装机 2×175 万千瓦。	2009—2014	5 022 000	2 987 520
80	惠州平海电厂 2♯机	续建	装机 1×100 万千瓦。	2009—2011	423 000	57 000
81	华能海门电厂扩建 3—4♯机	续建	装机 2×100 万千瓦。	2009—2011	660 200	410 200
82	惠来电厂扩建 3—4♯机	续建	装机 2×100 万千瓦。	2009—2011	684 640	51 177
83	汕尾电厂扩建 3—4♯机	续建	装机 2×66 万千瓦。	2009—2011	486 730	79 513
84	国华粤电台山 6—7♯机	续建	装机 2×100 万千瓦。	2008—2011	795 375	138 455
85	阳西电厂 3—4♯机	续建	装机 2×60 万千瓦。	2010—2012	460 000	412 644
86	珠海 LNG 项目	续建	年接收并处理液化天然气 350 万吨,配套输气管线约 300 公里。	2010—2013	1 228 000	1 159 000
87	珠海横琴岛燃气多联供项目	新建	装机 2×39 万千瓦。	2011—2013	280 000	280 000
88	珠海高栏岛荔湾海气上岸项目	续建	首期工程年接收并处理南海天然气 100 亿立方米;配套建设一干二支管线,线路全长 23.2 公里。	2010—2013	700 000	700 000
89	陆丰核电站	新建	装机 2×108 万千瓦。	2012—2018	2 358 000	2 260 000
90	华润海丰电厂"上大压小"项目	新建	装机 2×100 万千瓦。	2011—2013	870 000	870 000
91	广州珠江电厂"上大压小"项目	新建	装机 1×100 万千瓦。	2012—2014	402 000	402 000
92	广州南沙横沥"上大压小"热电联产项目	新建	装机 2×30 万千瓦。	2013—2015	307 742	307 742
93	汕头丰盛(华电)电力"上大压小"项目	新建	装机 2×60 万千瓦。	2013—2016	550 000	450 000
94	深圳滨海电厂"上大压小"项目	新建	装机 2×100 万千瓦。	2014—2016	830 000	600 000
95	惠州平海电厂二期扩建工程	新建	装机 2×100 万千瓦。	2014—2016	830 000	600 000
96	湛江雷州"上大压小"项目	新建	装机 2×100 万千瓦。	2015—2017	830 000	230 000
97	惠州大亚湾热电二期扩建项目	新建	装机 2×35 万千瓦。	2015—2016	320 000	200 000

（续表）

序号	项目名称	建设阶段	建设内容及规模	建设起止年限	总投资	"十二五"计划投资
98	揭阳惠来热电联产项目(大南海石化工业园、前詹临海产业园)	新建	装机 120 万千瓦。	2015—2018	550 000	200 000
99	揭阳惠来电厂 5、6 号机组	新建	2 台 100 万千瓦火电机组。	2011—2015	720 000	720 000
100	中电投揭阳物流中心	新建	一期建设 7 个万吨级泊位、3 个千吨级泊位和工作船泊位各 1 个,2×600 MW 冷热电燃煤机组。	2011—2015	831 500	831 500
101	潮州饶平大埕湾石油产品物流配送基地	续建	87 万立方米储备油库、物流配送及配套设施。	2009—2014	114 627	84 627
102	潮州港配煤港	新建	10 万吨位泊位 4 个、25 万吨位泊位 1 个、15 万吨位泊位 1 个。	2012—2016	250 000	200 000
103	潮州三百门电厂 5#、6#机组及配套工程	新建	2×100 万千瓦燃煤机组,配套建设 10 万吨级码头泊位 1 个,航道 11.3 公里。	2013—2016	700 000	650 000
104	粤东 LNG 项目	新建	一期年接收能力 200 万吨。	2012—2015	1 030 000	1 030 000
105	深圳迭福 LNG 接收站项目	新建	一期年接收能力 200 万吨。	2012—2015	780 000	780 000
106	中石油深圳 LNG 调峰站	新建	一期年接收能力 300 万吨。	2012—2014	800 000	800 000
107	大鹏 LNG 接收站扩建项目	新建	扩建 4#LNG 储罐(16 万立方米)及配套辅助设施等项目。	2012—2014	96 600	96 600
108	粤西 LNG 项目	新建	年接收 LNG 能力 300 万吨。	2012—2015	1 100 000	1 100 000
109	南海天然气陆上终端及发电项目	新建	首期规模为年接收并处理南海天然气 100 亿立方米;规划 12 台 F 级燃气联合循环机组,总装机容量 480 万千瓦,首期建设 2×390 MW(9F)燃气热电联产机组。	2011—2013	1 000 000	995 000
110	茂名油页岩资源综合利用发电项目	新建	装机 2×21 万千瓦。	2011—2014	321 138	300 282
111	国家石油储备基地	新建	在湛江、惠州建设国家使用储备基地及配套设施。	2011—2013	813 796	813 796
112	煤炭中转基地	新建	建设广州港、珠海港、汕头港、湛江港等沿海大型煤炭中转和储备基地,增加煤炭中转能力 5 300 万吨。	2011—2015	600 000	600 000
	十一、现代海洋渔业(9项)					
113	技术支撑体系建设	新建	水产原良种体系建设;优质罗非鱼无公害标准化规模繁育与养殖;海洋名优鱼类繁殖中心建设;水产养殖机械化;海洋与渔业科技研究和技术推广;水产品质量安全和鱼病防治体系建设。	2009—2015	77 000	59 000

（续表）

序号	项 目 名 称	建设阶段	建设内容及规模	建设起止年限	总投资	"十二五"计划投资
114	渔港建设	续建	一类渔港 30 个,其中,国家中心渔港 9 个、一级渔港 21 个;二类渔港 11 个;避风锚地 3 个;内陆渔港 4 个。	2011—2015	220 000	220 000
115	标准渔塘建设	新建	完成全省 20 万亩鱼塘整治。	2011—2013	16 000	16 000
116	深水网箱产业园建设	续建	9 个深水网箱养殖产业园区。	2010—2014	11 500	10 000
117	潮州饶平金航深海网箱养殖产业化建设	续建	第一期:建设深海网箱养殖基地。第二期:建设深海网箱养殖基地及水产品深加工基地。	2010—2018	50 000	34 000
118	广东省粤东水产品物流中心	新建	占地 1 000 亩,建筑面积 260 000 平方米。1、综合楼及厂房;2、商业服务中心;3、科技工业园。	2009—2015	103 000	103 000
119	远洋渔业和海洋捕捞渔船更新改造	新建	现代化远洋渔业船队和基地,新建购造更新一批远洋渔船,开展远洋渔业资源探捕,建设完善若干远洋渔业中心基地,开发远洋渔业合作项目。更新改造一批大中型木质渔船为钢质,改变一批拖网、张网作业渔船为围网、刺网、钓作业,新建造一批大中型钢质、玻璃钢质渔船,新增一批渔船赴南沙海域生产。	2011—2015	90 000	90 000
120	沿海捕捞渔民转产转业	续建	计划淘汰渔船 2 300 艘,功率 11 万千瓦,解决渔民安居 5 000 户,扶持现代渔业产业化基地建设 100 个、渔民专业合作社 200 个、治理琼州海峡北岸上定置网作业渔船 420 艘。	2009—2013	50 000	30 000
121	政策性渔业保险	新建	积极开展政策性渔业保险工作,为全省渔民人身意外伤害保险、渔船财产保险、渔业养殖保险提供保费财政补贴,完善渔业能力和渔业安全生产保障水平,构筑平安渔业。	2011—2015	10 000	10 000
	十二、海洋综合管理（7 项）					
122	珠江河口综合整治工程	新建	近期项目包括西海水道开卡及西海水道至磨刀门出口河段,李家沙至洪奇门出口河段的清理,磨刀门、洪奇门疏浚、开卡等整治工程。	2009—2015	170 000	170 000
123	执法基地建设	新建	建设粤东、粤中、粤西三个执法巡航基地,每个基地建设长 160—250 米的执法码头,水电设施齐全,可停靠 1 500 吨级执法船,兼具有执法船维护保养、渔业船员培训、渔船检验中心、渔政船指挥调度分中心等功能。	2011—2015	30 000	30 000
124	执法装备能力建设	新建	建造 1 500 吨级海监船 1 艘、1 000 吨级海监船 2 艘、海岛保护和管理执法快艇 6 艘;1 000 吨级渔政船 1 艘、500 吨级渔政船 2 艘、300 吨级渔政船 6 艘。	2011—2015	78 200	78 200

（续表）

序号	项 目 名 称	建设阶段	建设内容及规模	建设起止年限	总投资	"十二五"计划投资
125	防灾减灾体系建设	新建	(1) 建设全省海洋环境立体监测网络、海洋自然灾害预警预报网络系统、渔业安全生产应急管理和救助系统，完成风暴潮漫滩预报预警系统的开发和运行； (2) 建设由沿岸海洋台站、海上浮标、潜标监测、地波、X波雷达监测、长期验潮站、海床基监测、志愿船监测、航空、卫星遥感监测等组成的海洋环境实时立体观测网； (3) 建设广东省渔业安全生产通信指挥系统，为全省135个渔港安装IC卡读卡设备和渔港视频监控系统；在全省沿海建设AIS基站；为全省近6万艘渔船分别按规范配备渔船安全救助信息终端。所有渔船配备IC卡，中小型渔船配备移动通信监控终端，大中型渔船配备AIS避碰终端，大型渔船配备卫星监控终端；渔船配置VHF甚高频无线电话并保持16频道(国际遇险搜救频道)24小时值守。	2011—2015	71 000	71 000
126	海洋经济运行监测与评估系统	新建	建成业务化运行的海洋经济运行监测与评估系统；根据国家制定的海洋经济运行监测与评估相关制度和技术标准，建立适应我省实际需要的海洋经济运行监测、评估体系以及信息发布机制；理顺国家、省、市、县四级海洋经济运行监测与评估系统之间的关系与业务分工，理顺与省、市、县涉海部门、统计部门之间的关系，实现对海洋经济基础数据和信息的实时采集、传输、汇总。	2011—2015	11 000	11 000
127	海洋生态修复工程	续建	对人工鱼礁建设规划进行调整升级。编制全省海洋牧场建设规划，增加底层海生生物底播区和资源增殖放流区。升级建设成每个海域面积10平方公里以上的各具特色的大型海洋牧场。推进水生生物保护区建设，"十二五"期间新建和升级30个。加强保护区基础设施建设；强化保护区资源养护、生态修复、科研监测、宣传教育等综合能力建设；组织开展保护区巡护管理、水生生物救护、环境保护宣传和保护区管理人员技能培训等工作。开发保护区数字化管护和监控平台软件，逐步建立保护区数字化管护、信息服务、统计分析、视频监控体系。	2011—2015	39 000	39 000
128	海洋综合管理技术保障系统建设	新建	集成海洋环境监测、海域使用动态监管、海洋预报、海洋卫星接收站、海洋数字图书和档案馆、海洋应急指挥中心、海洋信息中心、实验室、海洋经济战略研究、海洋工程技术，提升我省海洋综合管理技术支撑能力和公益服务水平。	2011—2015	25 000	25 000

注：本规划所列项目的立项和资金安排问题由各项目承担单位按规定报批。

广西壮族自治区海洋经济发展"十二五"规划

　　海洋是一个巨大的资源宝库,是人类社会可持续发展的宝贵财富。广西是我国重要的沿海省区之一,海域广阔,海洋资源丰富,可开发利用潜力巨大。"十二五"时期,是广西加快转变发展方式、推动经济转型升级的攻坚时期,是实现"富民强桂新跨越"的关键时期,也是加快海洋经济发展的重要机遇期。编制和实施《广西壮族自治区海洋经济发展"十二五"规划》(以下简称《规划》),对于开发利用海洋资源,调整优化海洋产业结构和空间布局,促进广西海洋经济又好又快发展,打造我区国民经济持续增长新引擎,具有十分重要的意义。《规划》以《全国海洋经济发展规划》(2011—2015年)、《广西壮族自治区国民经济和社会发展第十二个五年规划纲要》、《广西海洋产业发展规划》、

《广西北部湾经济区"十二五"时期(2011—2015年)国民经济和社会发展规划》等为依据,提出"十二五"时期广西海洋经济的发展战略、发展目标、重点任务、空间布局和保障措施,是指导广西今后一个时期海洋经济发展的总体蓝图和行动纲领。

　　本规划地域范围包括广西管辖的海域和海洋经济发展依托的相关陆域。本规划涉及的产业包括海洋渔业、海洋船舶工业、海洋油气业和海滨砂矿业、海洋盐业和盐化工业、海洋工程建筑业、海洋生物医药业、海洋可再生能源业、海洋新材料业、海水利用业、海洋节能环保业、海洋交通运输业、海洋旅游业、海洋文化业、涉海金融服务业、海洋信息服务业等海洋及相关产业,以及依托港口联动发展的临海工业。规划期为2011—2015年,展望到2020年。

第一章　发展基础及面临形势

第一节　发展成就

　　"十一五"期间,在自治区党委、政府的正确领导下,全区大力发展海洋经济,调整海洋产业结构,优化海洋产业布局,完善海洋管理体制机制,有效地促进了海洋经济快速协调健康发展。

一、海洋经济总体实力增强

"十一五"期间,我区海洋经济取得长足发展,海洋产业总体保持稳步增长态势,传统优势产业不断巩固壮大,新兴产业加快发展。2010年,全区海洋经济生产总值(不含临海工业)由2005年的190亿元增加到570亿元,"十一五"期间年均增长21.10%,五年累计实现生产总值2 039亿元,其中:第一产业增加值由47亿元增加到107亿元,第二产业增加值由66亿元增加到233亿元,第三产业增加值由77亿元增加到229亿元;主要海洋产业完成总产值342亿元,实现增加值289亿元,北海市、钦州市、防城港市主要海洋产业总产值分别为144.5亿元、112.6亿元、84.5亿元,占全区主要海洋产业总产值比重为42.25%、32.92%、24.71%。2010年全区海洋经济生产总值占广西地区生产总值比重为6%,海洋经济正逐渐成为国民经济新的增长点。

二、海洋经济结构不断优化

"十一五"期间,我区海洋经济结构不断优化,海洋三次产业结构由2005年的24.9:34.7:40.4调整为2010年的18.8:41.0:40.2,其中第二产业占比提高了6.3个百分点,第三产业中海洋运输、现代物流等海洋新兴产业比重持续上升。

三、临海工业规模不断壮大

"十一五"期间,我区以石化、钢铁、电力为代表的临海工业得到快速发展,电子信息、海洋生物制药等新兴产业正在兴起。2010年,北海、钦州、防城港3市工业总产值总额达到1 455亿元,是2005的3.5倍,占全区工业总产值的比重达到13%。产业园区产业集聚效应逐渐显现,钦州石化园区、防城港大西南临港工业区和北海电子产业园3个园区工业总产值突破100亿元。

四、沿海基础设施建设步伐加快

"十一五"期间,我区加快了北部湾港及后方集疏运体系的建设步伐,拥有生产性泊位217个,其中万吨级以上泊位49个,港口综合年吞吐能力达1.2亿吨以上,其中集装箱吞吐能力达到130万标箱,完成货物吞吐量1.19亿吨,其中集装箱56.37万标箱。初步形成海洋、公路、铁路为一体的综合交通运输体系,实现了亿吨级大港目标,支撑了大西南重要物资经北部湾出海的需求。

五、海洋综合管理能力不断提升

"十一五"期间,我区加快完善海洋行政管理体系,初步建立了自治区、市、县(城区)、乡镇四级海洋管理框架,编制完成了《广西海洋灾害区划》、《广西海水利用专项规划》、《广西海岛保护规划》、《广西海洋功能区划》等一系列规划,出台了《广西海域使用管理办法》,制作完成了广西沿海1:5 000电子地图,建立起海域使用管理动态监视监测系统。

第二节 发展条件

广西沿海地区海岸线长,拥有众多的深水良港和丰富的自然资源,发展海洋经济具有良好的基础条件。

一、海洋空间资源

广西沿海地区海岸线长1 629公里,在全国11个沿海省份排第6位,扣除农渔业岸线、生态保护岸线、特殊利用岸线、保留利用岸线以及已经利用的港口码头、临海工业岸线,剩余可利用的岸线资源为756公里,可供开发利用的海域面积6万多平方公里,其中滩涂面积1 005平方公里,浅海面积7 500平方公里。500平方米以上的岛屿有651个,面积84平方公里,岛屿岸线长531.20公里。

二、海运港航资源

广西沿海岸线迂回曲折,港湾水道众多,天然屏障良好,多溺谷、港湾,建设港口的自然条件十分优越。港口规划岸线共267公里(深水岸线200公里),可建1 091个泊位(深水泊位721个),港口规划全部实施后年综合通过能力约17亿吨。

三、海洋生物资源

广西沿海地处的北部湾是我国著名渔场之一,湾内生物资源种类繁多,栖息着鱼类500多种、虾类200多种、头足类近50种、蟹类190多种、浮游植物近140种、浮游动物130种,还有种类众多的贝类、藻类和其他种类,其中有儒艮、文昌鱼、海马、海蛇等珍稀和重要药用生物。

四、海洋油气及矿产资源

北部湾是我国沿海六大含油盆地之一,油气资源蕴藏量丰富,油气资源量为22.59亿吨,其中石油资源量16.7亿吨,天然气(伴生气)资源量1 457亿立方米。北部湾海底沉积物中含有丰富的矿产资源,已探明28种,以石英砂矿、钛铁矿、石膏矿、石灰矿、陶土矿等为主,其中石英砂矿远景储量10亿吨以上,石膏矿保有储量3亿多吨,石灰石矿保有储量1.5亿吨,钛铁矿地质储量近2 500万吨。

五、海洋能资源

广西沿海地区可利用的风能和潮汐能资源丰富,海洋能源的总储量达92万千瓦,白龙尾半岛附近为沿海的高风能区,年平均有效风能达1 253千瓦·小时/平方米,涠洲岛附近海域年均有效风能811千瓦·小时/平方米,可开发利用的潮汐能源有38.7万千瓦,可建设10个以上风力发电场和30个潮汐能发电点,发展潜力大。

六、海洋旅游资源

广西沿海地区属南亚热带季风气候区,日照充足,雨量充沛,气候温和,四季宜人,夏无酷暑,冬无严寒,自然景观风光秀丽,是休闲旅游的胜地。海岸线长,海滩集沙细、浪平、坡缓、水暖于一身,无污染、海水清澈,是理想的天然海水浴场。可进行旅游开发的海岛众多,岛屿、长滩、碧海、阳光、绿树构成海岛如画景色。广西沿海地区与越南海陆相连,发展跨国滨海旅游得天独厚。

七、区位优势

广西地处祖国南疆,北部湾北畔,背靠大西南,面向东南亚。广西北部湾经济区处于华南经济圈、西南经济圈和东盟经济圈的结合部,是中国大陆东、中、西三大地带交汇点,是中国西部唯一的沿海地区,是中国对外开放、走向东盟、走向世界的重要门户和前沿,是大西南最便捷的出海口,在中国与东盟、泛北部湾、泛珠三角、西南六省区协作等国内外区域合作中具有不可替代的战略地位和作用。

八、政策优势

广西是少数民族自治区，也是国家实施西部大开发十二个省市区之一，同时享有民族区域自治、西部大开发、沿海和边境地区等多重优惠政策，特别是《广西北部湾经济区发展规划》《国务院关于加快广西经济社会发展的若干意见》《中共中央国务院关于深入实施西部大开发战略的若干意见》等颁布实施后，国家将在行政管理体制改革、市场体系建设、重大项目布局，推进兴边富民开放合作等方面给予广西更大的支持。这些政策涉及范围广，针对性及可操作性强，是广西海洋经济实现跨越式发展的重要保障。

九、生态优势

长期以来，广西高度重视生态建设和环境保护，构筑了良好的自然生态系统，生态环境好，空气质量优。北海市连续多年环境空气质量全国第一，空气污染指数排名全国最低，二氧化硫年日均值浓度最低，被誉为中国最大的城市"氧吧"，沿海各市全年空气质量优良率均达到95％以上。广西近海海域是我国大陆沿岸最洁净的海区，2010年近岸海域全年平均一、二类水质比例达89.6％。

第三节　存在问题

虽然我区海洋经济取得了较大发展，但总体上落后于其他沿海省市的局面没有得到根本改变，主要体现在以下几方面。

一、海洋经济总量偏小

2010年，我区海洋生产总值仅占全国的1.48％，主要海洋产业增加值为全国的2.2％，海洋经济生产总值仅相当于广东省、山东省、江苏省的6.87％、8.37％、17.59％，在全国11个沿海省市中排名靠后。

二、海洋产业结构不够合理

我区海洋经济三次产业结构中，第一产业所占比重比全国平均水平高13.8个百分点，第二、第三产业所占比重分别比全国平均水平低6个百分点和7.8个百分点。海洋新技术产业规模小，海洋生物医药、海洋生物工程、海洋能源开发、海水综合利用等海洋高新技术产业尚处于起步阶段；海洋第三产业中的金融、信息、保险、法律服务等生产性服务业领域有待进一步拓展。

三、海洋基础管理有待加强

我区涉海部门较多，各部门的管理范围和管理职权划分不清，制约海洋资源开发活动的协调和综合管理，海洋管理体制、机制有待完善。海域使用许可证制度、海域有偿使用制度有待健全，海洋法制建设有待加强，陆海统筹发展的体制机制亟待完善。

四、海洋科教支撑力量薄弱

我区海洋科研能力薄弱，高层次海洋科技人才几乎是空白，涉海科研人员只有160多名，全区没有一所国家级海洋研究机构，也没有一个为海洋管理提供技术支撑与服务的海洋技术中介咨询机构。海洋科技创新体系尚未形成，海洋科技投入不足，企业科技研究力量不强，科技研发及科技成果转化、产业化程度低，科技对现代海洋产业的贡献率仍处于较低水平。

五、海洋资源开发与海洋环境保护的矛盾逐渐凸显

海洋资源开发利用方式粗放，特别是随着沿海地区城镇化、工业化进程加快，围填海规模、局部区域养殖密度和近海捕捞强度不断扩大，沿岸浅海滩涂生物资源衰退，沿海环境污染等问题逐渐显现，海洋生态环境保护有待进一步加强。海洋灾害种类多、危害大，海洋防灾减灾能力有待进一步提高。

六、基础设施薄弱

港口码头规模偏小，码头泊位少，缺乏深水航道，海岛道路不畅通，高效便捷的现代化交通网络尚未形成，不能满足港口吞吐量和临海工业发展的需要。渔港设施建设落后，捕捞渔船功率小，技术设备落后，深远海捕捞能力不足，没有形成大规模的海产品集散交易市场，缺少大型水产品精深加工龙头企业。

第四节 机遇与挑战

一、发展机遇

综合分析国内外海洋经济发展环境与条件，"十二五"时期，我区海洋经济发展迎来许多重大发展机遇，将进入快速发展机遇期。

（一）世界海洋经济的快速增长为我区发展海洋经济提供了良好的外部环境。各国纷纷把海洋资源开发、海洋环境保护和维护海洋权益列入本国重大发展战略，寻求经济发展的新增长点，加大海洋科技的研发力度，大力发展传统海洋产业，积极培育新兴海洋产业，海洋经济进入新一轮发展机遇期，海洋经济成为世界经济增长中最具活力、最有前途的领域之一。

（二）"海洋强国"战略的实施为我区发展海洋经济创造了有利的宏观环境。"十二五"期间，我国以建设海洋经济强国为中心的海洋经济战略，把发展海洋经济、建设"海洋强国"摆在重要位置。国家高度重视广西沿海地区的发展，明确提出将广西北部湾经济区打造成为中国-东盟开放合作的物流基地、商贸基地、加工制造基地和信息交流中心，构建成为重要的国际区域经济合作区和沿海经济发展新一极。

（三）"富民强桂"战略的实施为我区发展海洋经济提供了重要的发展契机。自治区党委、政府提出把发展海洋经济作为实现"富民强桂"的重大战略举措，把海洋经济作为新的经济增长点培育，将海洋产业作为"14+4"千亿元产业之一，列入"十二五"期间的重点产业，提出要科学规划海洋经济发展，大力发展海洋产业，为我区海洋经济发展提供了难得的发展契机。

（四）中国—东盟合作不断深入为我区发展海洋经济提供了广阔的发展空间。近年来广西与东盟国家在港口、滨海旅游等方面合作进一步加强，防城港、北海港、钦州港等港口形成的港口群体系，为我区实现通过港口大进大出，加强与东盟国家的海洋合作，发展临海产业提供了前所未有的机遇。随着中国-东盟自由贸易区的全面建成和泛北部湾经济合作的不断深化，广西在国家海洋经济发展中的地位与作用更加突出。

二、面临挑战

国际上以争夺海洋资源、控制海洋空间为主要特征的国际海洋争斗呈现日益加剧的趋势,我国沿海各地之间竞争激烈,给我区发展海洋经济带来了新的挑战。

(一)国际上海洋资源争夺不断激化。随着陆域非再生资源加速消耗,经济发展的陆地空间日渐缩小,海洋资源和海洋空间争夺成为新的主战场,海洋权再分配进入新阶段,海域开发争端不断,尤其是南海争端问题错综复杂、愈演愈烈。我区海域与南海相连,南海争端及海洋资源争夺将是我区发展海洋经济的最大挑战。

(二)我国沿海地区发展海洋经济力度加大。国家批准实施《山东半岛蓝色海洋经济区发展规划》、《浙江海洋经济发展示范区发展规划》、《广东海洋经济综合试验区发展规划》后,山东、浙江、广东等省掀起新一轮海洋开发热潮,沿海其他省市也纷纷推出海洋发展战略,各地之间的竞争日趋激烈,对我区发展海洋经济将形成一定的压力。

(三)海洋资源和环境保护压力加大。随着我区海洋经济进入快速发展阶段,临海产业污染、海水养殖污染、船舶(航运)污染、围海造地、海洋和海岸工程等给海洋生态系统带来的影响越来越多,陆源入海排污口及邻近海域环境质量有所下降,局面区域红树林遭到不同程度的破坏,海域污染治理难度加大,海洋经济发展带来的环境问题日渐凸显。

第二章　总体思路和发展目标

第一节　指导思想

以邓小平理论和"三个代表"重要思想为指导,深入贯彻落实科学发展观,坚持陆海统筹,科学规划,合理布局,加快转变海洋经济发展方式,着力推进海洋产业结构调整升级,加快构建结构合理、特色鲜明、竞争力强的现代海洋经济产业体系,增强科技创新能力,强化海洋资源节约集约利用和生态环境保护,完善体制机制,全面提升海洋经济可持续发展能力,努力将广西沿海地区建设成为海洋经济发达、环境优美的我国海洋生态文明示范区和全国最优的滨海宜居地,我国沿海经济发展新的增长极和重要的国际区域经济合作区。

第二节　战略定位

根据广西北部湾经济区的战略定位,立足广西沿海在中国—东盟自由贸易区的区位、港口、对外开放、生态环境、海洋产业、科技创新及后发优势,结合我国海洋经济总体布局的要求,着力将我区沿海地区建设成为中国—东盟国际物流中心、现代海洋产业集聚区、中国—东盟国际滨海旅游胜地、大西南地区重要的海上门户、海洋海岛开发开放改革试验区、我国海洋生态文明示范区和全国最优滨海宜居地,全面提升海洋经济在我区经济发展中的地位和作用,为我国海洋经济发展和海洋资源综合保护开发积累宝贵经验。

——建设中国—东盟国际物流中心。充分利用广西北部湾经济区地处华南经济圈、西南经济圈和东盟经济圈的结合部,连接东盟,沟通东中西,背靠大西南的区位优势,加快广西北部湾港口、铁路、高速公路和机场建设,构筑出海出边出省高等级公路网、大能力铁路网和大密度航空网,形成高效便捷安全畅通的现代综合交通网络;加快推进广西北部湾保税物流体系建设,着力构建由大宗商品交易平台、海陆联动集疏运网络、金融和信息支撑系统组成的"三位一体"港航物流服务体系,将广西北部湾港建设成为我国重要的大宗商品国际物流中心。

——建设现代海洋产业集聚区。加快发展临海先进制造业、滨海旅游、现代渔业等优势产业,加强海洋科研与产业化基地建设,培育壮大港口物流、海洋船舶和工程装备制造、海洋生物医药等海洋新兴产业,培育一批国际知名企业和品牌,建设具有较强国际竞争力的产业集群。

——建设中国—东盟国际滨海旅游胜地。加快北海旅游基础设施和世界海洋公园建设,构建中国北海—越南海防精品旅游线路,打造北海涠洲岛休闲度假海岛、防城港珍珠湾国际旅游度假区、钦州国际自然白海豚娱乐园等,提升我区沿海城市滨海旅游知名度和吸引力。

——建设大西南重要的海上门户。进一步加快北部湾港口建设,加强贯通大西南的铁路、高等级公路建设,疏通大西南出海大通道,克服物流障碍,为大西南地区实施对外开放和"走出去"战略创造良好的发展条件,担当大西南地区与东盟和世界各国交流合作的桥梁和门户。

——建设我国海洋海岛开发开放改革试验区。抓住国家建设海洋经济强国的机遇,充分发挥广西北部湾经济区和广西东兴国家重点开发开放试验区先行先试的政策优势,加强体制机制创新,创造科学、有序、高效、完善的发展环境,加快海洋海岛的开发,为我国海洋经济发展提供示范。

——建设我国海洋生态文明示范区和全国最优滨海宜居地。坚持陆海统筹、生态优先、绿色发展,按照生产、生活、生态"三生共融"的要求,合理布局沿海的生产、生活、生态岸线,大力发展节约资源能源型生态产业,全面推广清洁生产,加快发展循环经济、生态经济,努力保持环境质量全国最优。加强海洋环境保护和海洋与海岸带生态系统建设,加快构筑人与自然和谐发展、环境友好型社会,确保碧海蓝天,努力将广西沿海各市建设成为海洋经济发达、环境优美的我国海洋生态文明示范区和全国最优的滨海宜居城市。

第三节　基本原则

一、坚持陆海统筹

统筹陆海资源配置,统筹陆海经济布局,统筹陆海环境整治和灾害防治,以陆域为依托,以海洋为拓展空间,以海洋资源合理利用为重点,把海洋产业发展与陆域工业化、城镇化结合起来,形成陆海联动发展新格局,实现海洋综合开发和陆海统筹协调发展。

二、坚持开放合作

充分利用两个市场、两种资源,以开放合作带进资金、技术和人才,促进大开发,以大开发促进开放合作,带动大发展,大力实施"走出去"战略,积极拓展与海洋经济发达国家的交流与合作,加快提升海洋经济开放合作水平,推动海洋经济跨越发展。

三、坚持以港兴工

充分利用港口资源,加快深水良港建设,构建陆海联运物流体系,吸引面向世界的资源型企业、外向型企业向港口集聚,做大做强做优临海工业,以此带动海洋交通运输业、海洋渔业、海洋旅游业等海洋传统产业和海洋工程装备制造业、海洋生物医药与生物制品业等海洋新兴产业的发展。

四、坚持科技兴海

加大海洋科技投入,注重海洋经济人才培养和引进,完善科技创新体系和激励机制,加强对海洋重点产业发展的关键技术、关键环节的攻关,着力提升海洋科技自主创新和成果转化能力,发挥科技的支撑和引领作用,增强海洋经济发展的内生力和竞争力。

五、坚持绿色发展

坚持开发利用海洋与保护海洋并重,加强海洋环境保护与生态建设,大力发展海洋循环经济,促进海洋资源节约集约利用,推进海洋产业节能减排与清洁生产,实现海洋资源开发、环境保护与海洋经济的协调发展,增强海洋经济可持续发展能力。

第四节　发展目标

一、总体目标

经过"十二五"的努力,海洋经济总量进一步壮大,海洋经济支撑能力进一步提升,海洋经济成为广西新的经济增长点;海洋产业结构进一步优化,海洋传统产业升级加快,海洋新兴产业突破性发展,海洋服务业发展壮大,临海工业做大做强,海洋产业成为广西北部湾经济区重要支柱产业,基本形成北海、钦州、防城港3个各具特色的海洋经济区,临海重化工基地和物流基地基本建成;海洋科技创新能力进一步增强,海洋科技对海洋经济的贡献率大幅度提升;海洋生态环境进一步改善,海洋可持续发展能力进一步增强,实现海洋生态系统良性循环与海洋资源持续高效利用,海洋生态文明示范区初具规模。到2020年,实现"海洋经济强区"目标,海洋生态文明示范区全面建成,沿海城市成为全国最优的滨海宜居城市。

二、海洋经济发展目标

到2015年,广西海洋经济生产总值达到1 510亿元以上,年均增长21.5%,占全区生产总值的比重达到9.7%,占沿海三市地区生产总值50%;科技进步对海洋经济发展的贡献率达到50%;联动发展的临海工业产值达到4 300亿元,年均增长40%。到2020年,海洋经济生产总值比2015年增加1.0—1.5倍,年均增长22%,占全区生产总值的比重达到 12.3%，在沿海三市地区生产总值中的比重保持在 50% 以上；科技进步对海洋经济发展的贡献率达到 60% 以上；联动发展的临海工业产值比 2015 年翻一番以上，年均增长 16%。

三、海洋生态环境与资源保护目标

到 2015 年，建立起完善的海洋环境保护预防和监督管理体系，沿海海洋污染综合整治和生态环境保护取得明显成效，局部污染得到有效控制，沿海海域、水质和重点生态区得到有效保护，主要河口、重点港湾、滨海旅游区等重要海域的生态环境质量明显提高，氮、磷等主要入海污染物排放总量比"十一五"期间减少 10%，近岸海域海洋功能区水质达标率达到 88%，重点污染源稳定达标排放率达到 95%，陆源直排口废水排放达标率达到 80%。海洋防灾减灾能力显著增强。

到 2020 年，海洋循环经济和低碳经济格局形成，近岸海域水质全面达到海洋功能区划和环境功能区域目标，海洋生态环境全面改善，海洋稀有动植物资源得到全面保护，环境友好型社会建成，沿海城市环境质量保持全国最优。

第三章 空 间 布 局

按照发挥优势、突出重点、协调发展的总体要求，根据我区沿海产业发展态势和资源环境承载能力，科学统筹海岸带、近海、深海海域的开发，着力构建北海、钦州、防城港三大海洋经济主体区域，努力打造各具特色的海洋产业集聚区、形成以三市为中心的三角形海洋经济空间布局。

第一节 海洋经济总体布局

充分发挥海洋的独特优势，集中集约利用海洋资源，统筹规划经济发展，全力打造沿海三市特色海洋产业集聚区。

——钦州市产业集聚区。包括钦州港、海域、海岛、滨海新城、三娘湾旅游度假区及其依托城市。重点发展港口物流、保税物流、滨海旅游、海洋渔业、电子信息、电力能源、冶金、粮油食品、临海重化工及其他配套或关联产业，加快发展船舶、汽车、加工贸易等产业。"十二五"形成物流保税中心、物流基地、沿海新材料加工业集群，建成利用两种资源、两个市场的石化产业集群、加工制造基地。

——北海市产业集聚区。包括北海港、海域、海岛、银海区、铁山港区、海城区、合浦县及其依托城市。产业布局以港口物流、商贸物流中心、滨海旅游和跨国旅游、高档休闲疗养健身、高等教育、修造船、集装箱制造、生物制药、海洋渔业、海产品加工、新能源、生物医药、新材料等海洋配套或关联产业与临海重化工、港口机械、电子信息，建成承接东部产业转移基地。"十二五"形成沿海电子信息产业集群、石化产业集群，新材料加工业集群。

——防城港市产业集聚区。包括港口区、海域、海岛、防城区和东兴市。产业布局以港口物流、临海工业、能源化工、跨国旅游、修造船及其他配套或关联产业、新能源、新材料等战略性新兴产业、海洋渔业、边境贸易和国际贸易,临海钢铁和有色金属工业园区、临海粮油与食品加工、建成利用两个市场、两种资源的加工制造基地和物流基地。"十二五"形成物流中心、临海钢铁和有色金属加工业产业集群、粮油加工产业集群。

第二节　海岸使用功能布局

海岸和近海滩涂是海洋经济发展的载体,要按照主体功能区的要求,结合海岸开发的用途用海需求和相关涉岸涉海规划,将海岸带划分为优化开发区、重点开发区、渔业与旅游开发区、生态保护区等四大类型。

一、优化开发区

它是以港口建设为核心的区域,是海洋经济发展的发源区。我区要充分利用港口资源,合理布局各类港口,推进港口集约建设,构建集运体系,打造物流中心,推动海洋经济发展。根据"十二五"及 2020 年经济社会发展的需要,重点共布局 16 个港口区,主要包括:竹山港区、京岛港区、潭吉港区、白龙港区、鱼沥港区、企沙港区、茅岭港区、沙井港区、三娘湾港口开发区、鹰岭—果子山—金鼓江港区、大榄坪—三墩港区、三墩外港区、那丽港岸区、北海港区、铁山港区、

榄根港区和涠洲岛港区。重点加快北海港、钦州港和防城港等港口的开发建设,统筹推进其他港口建设,着力建设一批现代物流园区、专业物流基地和物流配送中心,扶持培育一批大中型综合性现代物流中心,加快培育集装箱航线,开辟新的远洋航线和对东盟国家的航线,努力把广西北部湾港建成区域性国际航运中心、中国—东盟国际物流中心。

二、重点开发区

重点开发区主要包括工业开发区和城镇建设区,是海洋经济发展的核心区域。要合理利用岸线填海造地,建设工业园区,发展海洋工业,并提供城镇和基础设施建设用地、促进城镇发展。广西沿海布局六个工业与城镇建设区,分别是企沙半岛工业与城镇建设区、企沙半岛工业与城镇建设区、茅尾海工业与城镇建设区、大榄坪工业与城镇建设区、廉州湾工业与城镇建设区和营盘彬塘工业与城镇建设区。重点建设北海铁山港、防城港企沙、防城港大西南临港工业园、广西钦州保税港、钦州石化产业园、钦州港综合物流加工区、广西钦州中马产业园等七大园区。

三、渔业与旅游开发区

主要包括以提供农产品、休闲游旅主体功能的农产品生产区域和旅游休闲度假区。

(一)渔业开发区。包括海岸渔业区和近海渔业区,主要用于发展现代渔业,建立现代化的渔业生产基地。要合理布局渔业生产,促进渔业资源的充分利用和产业的健

康持续发展。

近海岸渔业区分别是：北仑河口及海域渔业区、珍珠港海域、防城港金滩南部渔业区、江山半岛南部渔业区、企沙半岛南部渔业区、钦州湾外湾渔业区、钦州湾东南部渔业区、大风江航道南侧渔业区、大风江口海域、茅尾海海域、七十二泾海域、龙门岛海域、红沙附件海域、铁山港港湾、营盘海域、廉州湾海域及西南部浅海渔业区、电建南部浅海渔业区、白虎头南部浅海渔业区、英罗港浅海渔业区、西村港—营盘南部浅海渔业区和营盘-彬塘南部渔业区。

（二）滨海旅游开发区。要充分发挥滨海旅游资源与区位优势，合理布局滨海旅游、城市休闲观光、旅游度假、海上游乐和观光游览开发，加快旅游产业的发展。着力开发 13 个旅游区，分别是防城港珍珠湾国际旅游开发区、防城港西湾旅游开发区、沙井西侧旅游开发区、茅尾海东岸旅游开发区、七十二泾旅游开发区、金鼓江旅游开发区、鹿耳环—三娘湾旅游开发区、三娘湾旅游开发区、廉州湾旅游开发区、北海银滩旅游开发区、闸口—公馆港旅游开发区、沙田东岸旅游开发区和涠洲岛旅游开发区。

四、生态保护区

生态保护区主要用于保护重要海洋生态环境和稀有海洋动植物资源，主要指已经建立的各种类型的海岸和海洋自然保护区，以及尚未列入保护区范围，但对区域生态功能维护具有十分重要意义的河口湿地、典型生境、典型泻湖生态系统等。要合理布局生态保护区，加强对沿海生态环境和生物的多样性，除非特殊需要外，要严禁一切与保护无关的开发建设活动。生态保护区包括生态保护岸线和生态保护区。

生态保护岸线主要有：北仑河红树林岸段、防城港台东湾海洋保护区岸段、茅尾海红树林岸段、三娘湾岸段、大风江红树林岸段、山口红树林保护岸段、合浦儒艮保护岸段、涠洲岛珊瑚保护岸段、斜阳岛岸段。

生态保护区包括海洋自然保护区和海洋特别保护区两类。海洋自然保护区有山口国家级红树林生态自然保护区、北仑河口国家级海洋自然保护区、广西茅尾海红树林自治区级自然保护区、国家级合浦儒艮保护区；海洋特别保护区有三娘湾特别保护区、涠洲岛特别保护区、斜阳岛特别保护区、钦州茅尾海国家级海洋公园等。

第四章   大力发展现代海洋产业

第一节   加快发展现代海洋渔业

大力推广先进养殖技术，发展高效渔业、特色渔业、生态渔业和远洋捕捞，提升渔业的现代化水平，增强产业的竞争力。"十二五"期间,海产品产量年均增长8%,到2015年,渔业总产值达到230亿元,2020年达到400亿元。

一、发展高效渔业

着力改造中低产池塘,力争"十二五"期间,低产鱼塘改造率达到80%,建成标准化鱼塘30万亩;大力发展高密度、集约化养殖设施渔业,大幅度提高渔业单位养殖面积产量和经济效益。"十二五"期间,建设浅海普通标准网箱3万个,建设3—5个深水抗风浪网箱养殖园区,新建成深水抗风浪网箱3万个。

二、发展特色渔业

做大做强对虾、牡蛎、文蛤、青蟹、珍珠、海水名贵鱼类等特色品种养殖,重点实施水产"良种工程",优化品种结构。建立健全水产原良种体系,加快建设水产原良种场和区域引种中心,大力发展对虾、珍珠、海水名贵鱼类等高值化、特色化的名贵品种,提高良种覆盖率,促进渔业从数量型向质量效益型转变,进一步提高渔业的综合效益。

三、发展生态渔业

推广生态养殖,改变养殖方式,大力推广对虾-罗非鱼轮养模式、"大品种"套养"小品种"模式、不同水层和食性鱼类立体养殖模式、上层挂养中间挂笼挂网水下底播立体养殖模式、多种品种混养(鱼鳖、鱼虾、鱼贝、鱼蟹等)等新兴养殖模式。严格执行伏季休渔制度,控制捕捞强度,使主要渔业水域水生生物资源恢复到较合理水平,捕捞水域渔业资源稳中有升。

四、发展远洋渔业

按照"调整近海、振兴外海、开拓远洋"的思路,以渔业增产增效、渔民增收为目标,大力发展包括外海和远洋捕捞的"蓝色"渔业。重点推进渔船更新改造,发展大马力渔船,通过引导和扶持等方式,鼓励和支持海洋捕捞企业或渔船向远洋渔业发展,提高远洋渔业产量。"十二五"期间,基本建立远洋捕捞生产、鱼货销售和后勤补给基地。

五、发展海产品加工业

重点培养和发展一批实力雄厚、辐射带动力强的水产品加工流通龙头企业和一批国家级、自治区级水产品加工龙头企业,加强对虾、贝类以及珍珠的精深加工和低值渔业资源综合开发利用,提高产品附加值和渔业综合效益,培育一批具有较高市场占有率的知名品牌。加快发展水产品精深加工及配套服务业,建设水产品冷冻加工基地。加快建设北海、防城港和钦州为主的水产品加工物流基地,积极打造北海水产品加工产业园。建设和改造一批水产批发市场,培育一批水产行销大户和企业,积极拓展水产品国内外市场。进一步规范水产品交易市场,建成多渠道、便捷化配送体系。

六、加强渔港和渔业安全保障体系建设

加快渔港建设的步伐,提高渔港建设标准,加强南沥、营盘、犀牛角、企沙、侨港、龙门港等重要渔港建设,进一步完善和拓展渔港功能,提高渔港作为捕捞后方补给基地的保障能力和渔船防灾减灾能力。加强海洋渔船安全救助信息系统、产品质量安全监管体系建设,完善水产品质量安全检验检测网络,进一步建立和完善自治区、市、县三级水产养殖动物病害测报和远程诊断网络,不断提高水生动物疫病防控能力。

专栏1：海 洋 渔 业

水产良种工程。重点建设2个遗传育种中心、55个水产原良种场、110个良种繁育场、100个越冬保种场。

海水增养殖。重点建设近江牡蛎和文蛤等优势特色贝类规模化增养殖基地、珍珠贝深水养殖基地、海岛渔业开发、名贵海水鱼类深水网箱养殖工程、对虾等特色品种规模化增养殖基地、锯缘青蟹、大弹涂鱼、方格星虫等特色品种滩涂生态养殖工程、贝类净化养殖基地、沿海转产渔民渔业养殖工程、人工渔礁建设等渔业资源修复与保护工程、休闲渔业基地建设工程等。

海洋捕捞。渔船更新改造、南沙和西沙及远洋渔场开发、组建远洋渔业集团公司等。

资源保护与利用。重点建设6个大型的生态保护型鱼礁区,4个游钓鱼礁区和1个牡蛎增殖鱼礁区、海洋种质资源保护区、海洋生态环境监测站、海洋捕捞渔民转产转业工程等项目。

水产品精深加工。重点建设对虾出口加工基地、贝类净化及出口加工基地,水产品精深加工基地、冰鲜海产品加工基地,珍珠深加工基地,海洋生物制剂深加工基地,大蚝和文蛤加工基地等。

水产园区。重点建设北海农业科技园区、北海北部湾海洋渔业科展服务园区、北海水产品加工园区等项目。

海产品质量安全。重点建设自治区水生动物疫病防治中心站扩建工程、三市、县(区)水生动物疫病防治站和产品质量安全检验检测机构、乡镇监测点,广西海洋渔船安全救助信息系统、渔业执法装备等项目。

市场建设。重点建设北海、钦州、东兴三大海产综合市场、防城港东盟国际农产品交易物流中心及北部湾水产物流园等项目。

科研与技术推广及教育。研究开发适合深水网箱养殖、浅海滩涂底播养殖的鱼、贝、海参新品种项目,南美白对虾亲虾培育与工厂化养殖示范项目、生态、循环、节能新型养殖方式研发项目,科学健康、安全生态、循环立体的养殖技术和模式推广应用项目、水产畜牧学校扩建、广西海洋科学研究院建设项目等。

第二节　做大做强海洋修造船工业

积极引进中船总公司等特大型企业,建设大型造船基地,做大做强修造船工业。着力建设防城港云约江、北海铁山港雷田和石头埠、钦州观音堂等修造船基地、防城港海上石油钻井平台等项目,努力打造广西北部湾经济区"一岛两湾四基地"沿海修造船基地。重点发展货轮修理及制造、公务船舶修理及制造、中小电力推动环保型油轮、海洋用石油平台三用工作船、化学品船、集装箱船、特种船舶的修理及制造,大力发展拆船业。

积极发展邮轮游艇装备制造业,建立游

艇产业基地,开发玻璃钢游艇、救生艇、工作船等中高档邮轮游艇产品,打造集游艇制造业总部、游艇 4S 店、驾驶人员培训、游艇体验、专业会议为一体的北海游艇产业集群。

第三节　积极发展海洋油气业和海滨砂矿业

加大对北部湾海底油气资源的勘探力度,积极推进临近广西的北部湾盆地和莺歌海盆地的石油、天然气资源勘探工作,积极争取国家给予广西海底油气资源开采权,提高对莺歌海盆地海洋油气资源的开采、储存和加工能力,力争"十二五"期间建成 1—2 座钻进平台和数口油井。加强滨海钛铁矿、石英砂等矿产资源的勘查、开发与利用,构建资源节约型的海洋矿产业;发展与资源相关的高附加值矿产深加工产业。继续扩大合浦官井钛铁矿的开采规模,实行规模化开采,进一步提高技术水平和采矿回收率。加

强对钦州湾等海滨钛铁矿的勘查,做好大陆架地质调查和部分海底调查的前期工作,寻找新的矿产地,扩大远景区,力争形成一定的矿产储备。加强滨海石英砂资源开发与保护,限制开采规模。

第四节　提升发展海洋盐业和盐化工业

统筹盐业发展,整合盐业资源,进一步调整优化海盐及盐化工产业结构,提高工艺技术和装备水平,提高产品科技含量和经济附加值。加快盐业产品升级换代,利用先进的技术和现代化的设备,研制、开发多品种食盐系列产品,满足不同层次人们的生活需求。深化盐业企业改制改组,不断壮大盐业企业经济。加强与高等院校、科研机构的合作,开展海洋化工关键技术攻关,大力开发高附加值、高技术含量的钾、溴、镁等系列产品和苦卤、海水综合利用,拉长产业链,推进海水化学资源综合利用。

第五章　培育壮大海洋新兴产业

大力培育发展新兴海洋产业,重点发展海洋工程装备制造、海洋生物制药及生物制品、海洋再生能源、海洋新材料、海水综合利用、海洋节能环保等海洋新兴产业,将新兴产业培育成为海洋经济发展新的支柱产业。力争到 2015 年,海洋新兴产业总产值达到 300 亿元左右。到 2020 年,形成一批具有较强竞争力的特色产业和龙头企业,海洋新兴产业在全区主要海洋产业总产值的比重达

到 25% 以上。

第一节　海洋工程装备制造业

加快发展沿海地区海洋工程装备制造业,大力引进国内外人才、技术、设备、资金,开发油气钻采平台、油气存储设施等海洋油气装备,海洋地质勘探船、供应船、拖船、起重船、打捞救助船、海底电缆铺设船、铺管船等海上工程船舶装备,海洋污染和生态灾害

监测技术装备、海洋污染应急处置装备等海洋环保装备,以及临港机械、海洋航道疏浚工程装备、海水利用工程装备等海洋工程装备,将广西沿海打造成为全国重要的海洋工程装备制造基地。

第二节　海洋生物制药与生物制品业

加快培育和引进一批重点企业,打造一批销售收入过亿元、超 10 亿元龙头企业,提升企业的带动能力。加快建立海洋生物制药和生物制品研发中心和创新平台,提升技术和产品创新能力。着力研究开发一批具有自主知识产权的海洋药物,特别是治疗心血管、抗病毒、抗肿瘤特效药、多糖、蛋白质、氨基酸、酯类、生物碱类、萜类和淄醇类等一批技术含量高、市场容量大、经济效益好的生物药品;加强对鲎试剂、珍珠系列药品和保健品等特色产品为基础的药物、功能食品、海洋生物制品、工业海洋生物制品和海洋保健品的研究与开发,着力建设北海海洋生物制药及保健品产业基地、钦州和防城港生物制品产业基地。到 2015 年,海洋生物制药与生物制品业取得重大突破,形成一批产值超 5 000 万元、过亿元的海洋天然药物新药、功能保健品、海洋生物化妆品产品。

第三节　海洋可再生能源业

加强海洋可再生能源的资源勘查、评价和开发利用,优先开发技术比较成熟、可规模化发展和产业化前景比较好的可再生能源,加大潮汐能、波浪能、海洋天然气水合物、海洋生物质能等海洋新能源和可再生能源开发利用力度。因地制宜,适度发展海上风电,做好海上风电项目的规划和建设,争取开工建设北海合浦西场风电场、防城港企沙风电场和北海合浦生物质能发电项目。在涠洲岛、斜阳岛等远离海岸的海岛建设海洋能、风能、潮汐能分至点示范电站,不断提高缺电海岛的电力保障能力。

第四节　海洋新材料

探索开发高附加值的海洋新材料,促进高分子材料和功能特殊的海洋生物活性物质产业化开发。从虾和蟹等节足动物甲壳中提取甲壳素纤维,从海藻植物中提炼的多糖物质海藻酸经湿法纺丝制备海藻酸钙纤维。积极开发海洋涂层与功能材料,研制开发深海探测、钻井平台、深潜设备、特种船舶制造等所需的特种海洋材料。积极开发生产海洋无机功能材料、海水淡化功能材料、海洋高分子材料等新产品。

第五节　海水综合利用业

扩大海水直接利用的应用领域及范围,重点发展面向工业、海岛及应急的海水淡化工程。鼓励、支持沿海城市、海岛、开发区组织实施海水淡化和海水直接利用,扶持北海、钦州、防城港等地建设海水淡化产业化基地,在临海石化、冶金、火电等重点行业大力推广海水冷却水和低温多效蒸馏技术,推动海水循环冷却技术产业化发展。加快在涠洲岛、斜阳岛、麻兰岛等海岛和远洋渔船上推广海水淡化技术和小型移动式应急淡化装置,使海水淡化水成为缺水海岛的重要补充水源。积极探索海水化学资源和卤水资源综合利用，培育海水利用产业链，实施海水利用示范工程，扩大海水利用规模，提高海水利用技术装备水平，使海水利用产业成为广西海洋经济新的增长点。

第六节　海洋节能环保业

积极培育和发展海洋节能环保产业，加强海洋环境与生态灾害监测、监视、预报、预警技术，污染源有效控制和污染物高效去除技术、清洁生产技术、海域环境容量与环境质量调控技术、典型生态功能区退化机理与受损生态系统修复技术、海洋生物多样性保护技术，以及海上污损事件应急处置等海洋环保关键技术的研究开发，推进海洋环保技术产业化应用，重视加强船舶压载水快速检测成套技术的开发应用，有效防止、监控和紧急处理外来有害水生物和病原体入侵，做大做强环保产业。加强再生资源的开发利用，重点是加快防城港再生资源物流园建设。

专栏2：海洋新兴产业

海洋工程装备制造业。海洋油气装备、海上工程船舶装备、海洋航道疏浚工程装备、海洋环保装备、海水利用装备、临港机械等。

海洋生物制药及生物制品。多糖、蛋白质、氨基酸、酯类、生物碱类、萜类和淄醇类等生物制品和药物产业化及关键技术研发项目，以鲎试剂、珍珠系列药品与保健品等为基础的药物、功能食品、生化制品和农用产品的开发、创新和产业化项目。

海洋可再生能源业。沿海潮汐能发电的研究和示范项目，争取开工建设北海合浦西场风电场、北海营盘风电场、防城港企沙风电场等。

海洋新材料。海洋生物活性物质研发与产业化项目、海洋无机功能材料、海洋高分子材料等新产品开发项目。深海探测、钻井平台、特种船舶制造等特种海洋材料开发项目等。

海水综合利用。海水淡化利用设施、海水化学元素的提取和深度利用等。

海洋节能环保产业。海洋环境与生态灾害监测、监视、预报、预警技术，海洋生态功能区退化机理与受损生态系统修复技术、海洋生物多样性保护技术等研发，防城港再生资源物流园区建项目设等。

第六章　积极发展海洋服务业

第一节　发展壮大海洋交通运输业

充分利用广西北部湾港口条件和优势，以国际、国内航运市场为导向，整合资源、优化布局、拓展功能、创新体制、开放合作，努力把广西北部湾港建成区域性国际航运中心。到2015年,海洋交通运输业实现产值120亿元,2020年达到250亿元。

一、发展壮大海洋运输业

大力发展大型集装箱船、散货船和特种运输船等,鼓励发展大动力、高效益的运输船舶,促进船舶向大型化、专业化、智能化方向发展。加快区内海运业资源整合,推进航运企业重组和改造,培育壮大优势企业,鼓励企业向集团化、规模化方向发展。深化港口开放合作,加强和扩大与国内外港口、航运公司的联系与合作,特别是拓展与泛北部湾东盟国家主要港口的合作,大力引进国内外大型港航企业,推动区内海运企业与国内外海运企业之间的强强联合,增强我区海运企业竞争力。

推进完善陆海联运体系,大力发展沿海运输、远洋运输,积极发展海铁联运、海陆联运、江海联运等运输方式,重点抓好原油、成品油、煤炭、矿石、粮油等大宗货物运输,逐步形成区域性大宗货物集聚基地。积极开展"水水中转"、国际中转以及沿海内支线运输业务,吸引国内外主要船舶公司在广西北部湾港开辟航线和发展中转业务。加快发展海上客运业,尽快形成水路、铁路、公路和航空一体化的客运网络。进一步培育集装箱干线航线,积极发展国际集装箱运输,拓展海洋与铁路集装箱联运业务,开拓国际和国内集装箱中转运输,开辟新的远洋国际航线和对东盟国家的航线。

二、培育现代港口物流业

重点整合现有物流资源,加快推进防城港、北海、钦州等物流节点城市建设,统筹规划建设一批现代物流园区、专业物流基地和物流配送中心,扶持培育一批大中型综合性现代物流中心,建设与现代物流相配套的内陆中转货运网络。积极吸引境外和央属大型航运、物流企业入驻,推进传统物流企业转型,培育一批集运输、仓储、配送、信息为一体,服务水平高、国际竞争力强的大型现代航运物流企业和国际知名物流企业。加快推进钦州港综合物流加工区建设,完善口岸联检设施,推行"就近报关、口岸验放"和"铁海联运"的通关模式,积极构建适应进口货物属地验放的快速转关通道,加快打造中国-东盟物流中心和西南出海重要门户。

三、加强港口码头建设

引进战略合作伙伴,整合优质资源,加强港口作业能力基础设施和配套设施建设。大力推进深水航道、专业化大能力泊位、集装箱码头及与临海产业发展配套的专业码头建设,大幅度提高港口吞吐能力,着力建设一批10万吨级、20万吨级、30万吨级以上深水航道。到2015年,新增万吨级以上泊位65个,万吨级以上泊位达到110个以上,力争广西北部湾港新增吞吐能力2.15亿吨,总吞吐能力达到3.36亿吨以上。加快建设北部湾沿海组合港,将广西北部湾港建设成为支撑临海工业发展的现代化综合性港口。防城港以大宗散货为主,加快发展集装箱,逐步成为多功能现代物流综合港区;加快推进钦州港能源、原材料等大宗物资和集装箱运输为主的规模化、集约化港区建设及北海港内外贸物资运输、综合、商贸、旅游及工业开发并重的多功能综合性港区的建设。加强港口设施技术改造，提高泊位装卸机械化、自动化水平，加强港口通信、生产调度、安全保障、导航监管、海事海关、检验检疫等系统建设，健全港航服务保障体系，提高港口管理现代化水平，提升港口保障能力和服务水平。

专栏 3：海洋交通运输业

海洋运输。重点加强防城港域的渔澫港区、企沙西港区，钦州港域的金鼓港区、大榄坪港区（包括钦州保税港区），北海港域的石步岭港区和铁山港东港区、西港区等港区的建设。

港口物流。重点建设防城港区大宗物资仓储配送物流基地、物流中心、防城港东盟国际农产品交易物流中心等工程，钦州港综合物流园区、钦州石化仓储物流配送基地、物流中心等工程，北海保税物流园、北海铁山港物流中心、中国-东盟（北海）商贸物流中心、北海现代粮食物流中心、北海水产品物流中心、合浦铁路物流中心、北海山口物流集散中心、东兴试验区港口物流园和国际商务园等工程。

港口码头。防城港域：20 万吨级航道、18＃—22＃泊位、东湾 403＃—407＃泊位、钢铁基地专用码头、防城港旅游码头一期工程、云约江南作业区 1＃—4＃泊位、企沙南 1＃—3＃泊位等工程。钦州港域：金鼓江航道一期和二期、钦州港 30 万吨级航道、大榄坪 3＃—13＃泊位，大榄坪北 1＃—10＃泊位，钦州港三期、国投钦州煤炭码头等工程。北海港域：石步岭港区三期、铁山港 1＃—10＃泊位、涠洲岛 30 万吨油码头、北海煤炭储运配套码头、石步岭港区邮轮码头、公共客运码头等工程。

第二节　大力打造中国-东盟国际滨海旅游胜地

实施旅游精品战略，发挥滨海条件独特、文化内涵深厚、生态环境良好的优势，加快建设步伐，提升滨海旅游功能，开拓国内外旅游客源市场，把广西沿海地区建设成为具有鲜明地方特色的滨海旅游带、集散中心和区域性国际滨海休闲度假旅游目的地，打造国际滨海旅游胜地。到 2015 年，年接待国内外旅客 4 000 万人次，其中入境旅游人数达到 400 万人次，海洋旅游业实现产值 250 亿元，2020 年实现产值 500 亿元。

一、构筑滨海旅游新格局

突出滨海风光、海洋生态、海洋文化以及北部湾的热带气候、沙滩海岛、边关风貌、京族风情等特色，着力打造符合现代旅游需求的海洋生态旅游、滨海休闲度假、滨海文化体验、海上运动休闲、海港工业观光、休闲渔业旅游以及中越边境跨国游等特色旅游。北海市要发挥都市、滨海、海岛、主题公园、度假区、生态湿地的优势，大力发展滨海度假、海岛旅游、生态旅游、中国-东盟跨国旅游、国际会展等特色旅游,大力推进涠洲岛旅游整体开发,加大银滩生态环境整治力度,加强珊瑚礁生态系统保护,推动红树林、廉州湾休闲旅游带建设,重点推进北海涠洲岛旅游区、北海银滩旅游度假区、北海冠头岭国际会议中心建设。钦州市要发挥滨海风光、海洋生态、临海现代工业的优势,大力发展海洋生态旅游、滨海休闲度假、海上运动休闲、海港工业游等特色旅游,加快建设国际天然白海豚观光乐园、茅尾海旅游景区、钦州三娘湾海洋生态休闲旅游区、钦州七十二泾生态旅游区。防城港市要突出滨海、生态、边境、民俗风情、长寿之乡特色,大力发展中越边境跨国游、珍珠湾国际旅游区、滨海休闲度假、滨海休闲渔业、海洋生态旅游、京岛民俗风情游、滨海康体养生等特色旅游,着力建设金滩国际旅游岛、东兴国门旅游区等景区。

二、加快海岛旅游开发

科学规划和开发海湾、海岛旅游资源,加强海岛旅游基础设施建设,建设海上植物园、动物园、主题博览园、休闲度假村等景区景点。重点推进北海涠洲岛、江山半岛整体开发,将涠洲岛火山国家地质公园建设成为国家5A级景区,把涠洲岛打造成为国内一流、国际知名的休闲度假海岛,将京族三岛、江山半岛、西湾岛屿打造成为国际滨海旅游胜地。

三、开发滨海旅游精品

打造精品旅游品牌,积极开发多层次的海洋旅游精品,优化旅游产品结构,加快开发大众化、多层次旅游产品,大力发展融滨海度假休闲、生态观光、商务会展、文化体验于一体的滨海旅游产品,强化名牌产品、主题产品和特色产品,构建以"旅游品牌、重点项目、精品线路、经典节庆"为载体的旅游产品体系。建立环北部湾滨海跨国旅游区,加强与我国东部沿海地区及泛北部湾、东盟国家等区域旅游合作,共同打造滨海旅游线路,形成海南三亚、海口-广东湛江-广西北海、钦州、防城港(东兴)-越南下龙湾精品旅游线。提升滨海旅游业文化内涵,积极开发具有海洋特色和滨海人文文化特色的旅游商品,扶持发展一批旅游商品龙头企业。

四、积极发展游艇业

开拓海上旅游项目,建设海上油轮游艇基地、海底珊瑚潜水基地、滨海游艇基地、游艇俱乐部等,支持旅游公司与港澳合作,培育和拓展油轮游艇市场,建立海上乐园,举办水上运动赛事活动和国际性的游艇展会,开展文化交流互访,促进邮轮游艇产业的发展,以此拓展高端海洋旅游业。

五、强化设施建设和管理服务

加强沿海地区旅游交通网络、交通服务场站、景区景点等基础设施和综合配套设施建设,加快推进星级酒店、旅游集散中心等项目建设,大力发展酒店餐饮、街区餐饮、景区餐饮和乡村农家餐饮等旅游餐饮业。健全旅游公共服务体系,加强旅游市场管理,提高旅游从业人员素质和旅游管理服务水平。加大旅游市场营销力度,大力开拓新兴客源市场。

专栏 4：滨海旅游业

重点推进环北部湾滨海跨国旅游区、涠洲岛旅游休闲度假区、北海银滩旅游度假区、北海冠头岭国际会议中心、钦州茅尾海旅游景区、钦州三娘湾海洋生态休闲旅游区、钦州七十二泾生态旅游区、防城港珍珠湾国际旅游区、防城港江山半岛旅游度假区、防城港京岛民俗风情旅游区、防城港西湾城市观光旅游区、防城港东兴国门旅游区、北海合浦文化主题公园、钦州茅尾海海洋公园、钦州三娘湾海洋公园、防城港白鹭公园、北海国际油轮码头、防城港国际油轮码头、游客集散中心等工程建设，筹划建设海底珊瑚潜水基地、滨海游艇基地、游艇俱乐部等项目。

第三节　大力发展海洋文化产业

弘扬海洋文化，充分挖掘海上丝绸之路、伏波文化、南珠文化、妈祖文化、疍家文化、京族文化、湿地生态文化等海洋文化内涵，打造一批海洋文化品牌。积极培育以海洋文化为主题的展览、动漫游戏、影视制作等文化创意产业，建成一批有影响力和带动力的海洋文化产业园。抓好海洋文化理论研究和文艺演出，开发"梦幻·北部湾"大型海上实景演出、"碧海丝路"大型历史舞剧等一批特色海洋文化产品项目，加快形成一批具有较强实力和竞争力的海洋文化产业主体。继续办好北海国际海滩旅游文化节、钦州三娘湾观潮节、防城港海上国际龙舟节、京族哈节、金花茶节等具有浓郁地方特色的海洋文化活动。建设一批海洋生物博物馆、珍稀海洋物种生态园、海洋科技博物馆、游艇产业与游艇展示馆、海洋文化历史博物馆、海洋渔业与渔民风情博物馆、渔民民俗文化村、滨海影视基地，加快建设"北海合浦文化主题公园"、"钦州茅尾海海洋公园"、"钦州三娘湾海洋公园"、"防城港白鹭公园"

等主题公园，提升沿海城市海洋文化品位。加强白龙珍珠城遗址、贝丘新石器时代遗址、涠洲岛海洋地质科学、京族独弦琴艺术、京族哈节等历史文物和非物质文化遗产保护。

第四节　培育发展涉海金融服务业

以沿海工业园区、产业基地和项目建设为载体，积极发展海洋金融服务业。密切银企合作，扩大涉海企业信贷资金规模，探索海域使用权抵押贷款，争取更多的信贷资金进入海洋经济领域。支持和鼓励海洋经济领域的优质企业通过股票上市等形式直接融资，支持涉海企业特别是海洋高新技术企业进入产权交易市场，实现投资主体多元化。积极发展海洋保险业，增加保险种类和创新保险产品，提供多种保险服务，增强保险对海洋经济发展的补偿能力。建立中小企业信用担保体系，为海洋高新技术中小型企业提供融资担保服务。积极开拓物流金融为货主提供融资服务，支持组建航运金融租赁公司、航运保险机构，支持服务航运的金融租赁公司进入银行间市场拆借资金和发行债券，开展资金支付、结算、保险、信贷等物流衍生服务。

第五节　积极发展海洋信息服务业

实施海洋信息化战略，整合利用全区海洋信息技术和资源，加快推进广西"数字海洋"工程、海洋经济监测与评估系统建设步伐。有效整合现有信息平台和业务系统，加强海洋信息化基础体系建设，推进海洋立体观测系统、海洋基础数据共享平台、海洋原始信息采集体系、海洋地理信息应用平台、海洋信息化基础网络建设。加强海洋信息化应用体系建设，加快海洋数据、档案、文献等信息化建设。推进海洋环境监视监测与灾害预警预报信息化服务，全面提高海洋信息及产品的服务能力，实现社会公共服务信息化。建设海底监测网络，形成深海仪器设备的检验检测基地，构建深海研究开发服务平台。开发海洋信息产品和业务化应用系统，重点建设海洋管理基础信息系统、重点海区环境保障基础信息系统、海洋科学研究和公众服务基础信息系统。构建海洋电子政务信息平台，健全信息发布制度，提高海洋信息的公益性服务能力。统一规划和建设各项海洋数据安全传输与通信网络，加强陆地与海岛、海岛与海岛间的基础传输网络建设，不断提高网络化水平。

第六节　发展海洋科学研究与教育

大力实施科教兴海战略，推动海洋重点实验室、工程技术中心、监测中心建设，加快筹建广西海洋研究院、海洋科技信息中心、海洋灾害预警预报及应急响应中心等海洋事业机构。加强与国家、我国沿海地区重点高校、科研院所开展海洋科技合作，支持、鼓励有条件的企业自办或与科研院所、大专院校联合创办海洋研发中心。实施重大海洋科技专项工程，突破一批产业关键共性和配套技术，加强先进实用技术的开发、示范和推广，积极推动海洋科技成果产业化。大力推进具备条件的广西高等院校开设海洋学科专业，建设北部湾大学钦州学院海洋学院，加快建立现代海洋职业教育体系，形成具有较高水平和办学特色的海洋人才培养体系，为海洋经济发展需要培养应用型、技能型、复合型海洋人才。依托海洋产业龙头骨干企业，建立国家级、自治区级海洋技术和产品研发创新平台，加快培养海洋学科带头人和创新型人才，有效发挥领军人物作用。

第七章　做大做强临海工业

坚持陆海联动，充分利用优越的港口资源条件，积极把握我国冶金、能源等大型重化工业项目布局向沿海地区调整转移的机遇，按照岸线功能布局和国家产业政策，科学引领临海工业集中布局，着力打造若干个具有较强竞争力的临海工业基地，加快建设中国-东盟开放合作的加工制造基地。

第一节 优化布局临海工业

充分利用海港和岸线资源的区位优势，加强临海工业布局与城市总体规划和土地利用总体规划等的有机衔接，在确保生态环境良好、生产生活安全的前提下，促进工业化、城镇化的协调发展。完善海洋环境风险项目准入制度，严格控制高耗能、高排放产业规模。加强重大工业项目建设前期论证工作，禁止国家产业政策限制类、淘汰类项目在临港临海布局。坚持临海工业发展园区化理念，鼓励资源节约型和环境友好型临港临海产业园区建设，形成临海产业集群，加快打造千亿元临海工业园区。

第二节 临海石化工业

依托中石油千万吨炼油和北海铁山港石化项目，实施以上游带动下游，以中下游促进上游发展的双向推进战略，延伸石化产业链，提高产品集中度和产业配套能力。重点建设中石油钦州炼化一体化二期、中石化铁山港炼化一体化、北海炼油异地改造(20万吨/年聚丙烯)等石化项目，构建钦州大型炼化一体化石化综合产业园区，将北海铁山港建设成现代化大型综合石化及合成纤维原料园区。到2015年，临海石化工业总产值到1 800亿元，到2020年达到4 000亿元。

第三节 临海钢铁工业

优先发展高附加值的造船板、桥梁板和工程结构板等专用精品宽厚板，汽车用钢板、电工用钢板、家电板等精品宽带板和机电板、输变电材料等无取向冷轧硅钢板卷精品。着力推进防城港钢铁项目建设，大力培育和发展钢铁产业集群，打造全国重要的钢铁精品基地，实现钢铁精品基地一期项目投产，二期工程启动。到2015年，临海钢铁工业总产值达到700亿元，2020年达到2 000亿元。

第四节 临海有色金属工业

优先发展以铜、镍为主的有色金属工业，大力发展铜、镍精深加工，延长铜、镍、钴及贵金属产业链，积极开发高端铝板常箔材和铝箔坯料、复合包装用材等精细产品，提高产品档次和附加值，构建特色鲜明的有色金属工业基地。重点推进金川集团大型铜镍冶炼和电解镍、北海诚德新材料二期工程、新华联镍铁深加工等项目。到2015年，有色金属工业总产值达到1 000亿元，2020年达到1 800亿元。

第五节 临海能源工业

充分发挥港口优势，加快发展临海能源工业，高质量建设防城港红沙核电一期，加强二期工程的准备，积极推进防城港白沙核电前期工作并力争开工建设。着力推进集港口、海运、煤炭、发电于一体、总投资500亿、总装机8×100万千瓦的神华广投北海能源基地大型火电项目建设，加快建设北海、防城港、钦州电厂二期以及钦州石化产业园热电厂等项目。稳步推进沿海液化天然气利用等项目建设，重点建设广西(北海、防城港、钦州)LNG、北海合浦生物质能发电等项目。到 2015 年,能源工业总产值达到 400 亿元,2020 年达到 600 亿元。

第六节　临海粮油加工业

依托沿海港口优势,进一步发展壮大粮油加工业,支持防城港大海粮油、钦州中国粮油等加工企业做大做强,形成具有品种开发、基地建设、综合深加工、营销、配送一体化的粮油企业集团。到 2015 年,粮油加工业能力达到 380 万吨左右,产值达到 400 亿元;2020 年,产值达到 600 亿元。

专栏 5:临 海 工 业

石化工业。重点建设中石油钦州炼化一体化二期、中石化铁山港千万吨级炼油化工一体化、北海炼油异地改造(20 万吨/年聚丙烯)、铁山港石化产业园、钦州 100 万吨乙烯、钦州 100 万吨芳烃、钦州 300 万吨沥青、钦州玉柴石化二期、防城港 150 万吨重交通沥青、钦州 100 万吨成品油储备库、钦州中石油 300 万吨 LNG、广西(北海、防城港)LNG、北海至南宁成品油管道、铁山港至山口原油管道、北海至涠洲岛原油管道等项目。

冶金工业。重点建设防城港钢铁基地及配套的废钢加工、耐热耐磨材料开发、石灰石矿、冶金灰,防城港铁矿石精细加工,北海铁山港 50 万吨/年高中低碳硅锰合金,钦州铁合金技改提升等项目。

有色金属工业。重点建设金川防城港有色金属原材料深加工、防城港镍合金生产线技改、北海诚德新材料二期工程等项目。

能源工业。重点建设神华广投北海能源基地年吞吐量 5 000 万吨的储配煤中心和 8×100 万千瓦大型火电项目、北海电厂二期、防城港电厂二期、钦州电厂二期、钦州石化产业园热电厂、北海合浦生物质能发电等项目。

粮油加工业。重点建设防城港食用植物油深加工和综合利用、中粮(钦州)油脂加工等项目。

临海工业园区。北海铁山港石化工业园、电子工业园、新材料材料工业园,防城港钢铁工业园、大西南临港工业园、粮油与食品工业园,钦州港石化工业园、高新技术开发区等。

第八章　加强海洋生态建设和环境保护

坚持海洋生态保护与海洋资源开发并举、海洋污染防治与海洋生态保护并重,切实加强海洋生态保护和修复,全面促进海洋经济绿色发展。

第一节 加强海洋污染防治

以恢复和改善近岸海域水质与生态环境为目标，以控制入海污染物和海洋生态修复为重点，进一步加强对陆源、主要入海河流、重要港区和海域等污染的控制和治理。

一、强化陆源污染物的治理

加强沿海地区高能耗、高污染行业对海洋环境的污染防控，按照工厂入园、废水、垃圾集中治理、达标排放的要求，将沿海地区的工业企业特别是排污企业，全部纳入管理范围，重点污染企业实现全面达标排放。加快滨海城市生活污水、垃圾处理和工业废水处理设施建设，不断完善配套污水管网以及配套垃圾渗滤液处理工程建设，提高污水和垃圾的收集、处理率，提高污水资源化利用水平。新建排海污水处理厂必须有脱氮、脱磷工艺，现有排海污水处理厂提高脱氮脱磷效率。加强流域沿岸农村面源污染防治，积极推进生态节约型生态农业模式，加快沿海地区畜禽养殖集约化、规模化进程，实施畜禽养殖污染物治理工程，大力整顿水产养殖业，提高养殖技术，加强废水排放的监督、控制和管理。

二、发展清洁生产和循环经济

根据国家有关法律规定要求，依法公布实施清洁生产审核的企业名单，对污染物排放达到国家或者地方排放标准的沿海地区企业积极引导开展清洁生产审核，对符合强制性清洁生产审核标准的企业必须进行严格审核管理。凡是新建企业，应优先采用资源利用率高以及污染物产量少的清洁生产技术、工业和设备。大力发展循环经济，实施企业生态化战略，积极培育循环经济行业

和企业，重点推进沿海地区的制糖、钢铁、石化、电力、建材、林浆纸、林产加工、化工等行业构建循环利用产业体系，加快循环经济示范基地建设。

三、加强入海河流和港区污染物的整治

强化入海江河水污染的治理，严格执行重点海域污染物排海总量控制制度。加大南流江、钦江、大风江、茅岭江、黄竹江、防城江和北仑河等主要入海河流域的综合整治。严格落实防城港、珍珠港、钦州湾、廉州湾、铁山港等有源区的排污控制方案。加大港区污水和垃圾处理设施建设，提高港区污水处理水平，减少污染物向海洋的排放。加大北海外沙内港、防城港区、钦州湾湾顶、铁山港湾顶等局部受污海域的综合整治，采取工程和生物措施，尽快使水质达到环境功能区规定的标准。

四、严格控制海域污染物排放

加强管理海洋船舶污水和废弃物排放管理，加快制定渔船废水排放标准和污染源控制与持久性有机污染物减排措施，强化倾废管理报告制度。改善港口污染处理设施，提高港口船舶废弃物接收、处理能力及船舶和码头防污设备的配备率，在大中型港口建设岸基油污水接纳处理站或配备油污水接纳处理船。加大滩涂、浅海养殖的控制，防止过度养殖和海水污染。加强对近岸水体、海域沉积物等有机污染物评估和海域环境的污染监测，严防海上突发污染事故的发生。

第二节 加强海洋生态和生物资源保护

加强海洋生态保护区建设，加大海洋生

物资源及物种保护力度,保护和修复海洋生态系统,维持海洋生态平衡和海洋资源可持续利用。

一、加强海洋生态保护区建设

进一步加强对海洋生物、湿地、海岛的调查研究,加强山口红树林自然保护区、合浦儒艮自然保护区、北仑河口自然保护区等国家级保护区和涠洲岛鸟类自然保护区、茅尾海红树林自然保护区等自治区级保护区的建设和管理,提高保护区生物繁衍能力。着力建设一批具有保护价值的海洋生物种质资源、珍稀濒危物种、滨海湿地、自然遗址、地质地貌等海洋自然保护区和海洋特别保护区,加快建设涠洲岛-斜阳岛珊瑚礁海洋特别保护区,尽快建设钦州茅尾海国家海洋公园。加强近海重要生态功能区域生态的修复和治理,开展人工渔礁和海洋生态保护及开发利用示范工程建设,营造海洋生物栖息环境,促进近海渔业资源的尽快恢复。

二、加强海洋生物资源及种源保护

认真落实禁渔区、禁渔期和休渔制度,严格控制近海捕捞强度,保护和休养生息海洋生物资源。开展生物种苗人工增殖放流,稳定和增加生物资源数量。加强珍稀濒危海洋动物栖息地生态环境、海洋渔业资源及生物多样性的保护,对重要渔业产卵场、繁殖场、索饵场等水生生物资源区要加强保护和监管,加强和完善广西近海二长棘鲷、幼鱼幼虾、锯缘青蟹、方格星虫以及珍珠、牡蛎、文蛤、泥蚶等重要经济、特色品种的繁殖场和种源地的保护管理,建立和完善珍珠、牡蛎、锯缘青蟹、方格星虫、文蛤、泥蚶等重

要经济特色品种的种质资源保护区。严格控制捕捉东方鲎、海马、海蛇等稀有的具有重要医药功能特性的海洋生物种类,保障稀有资源的种群稳定和可持续利用。建立外来物种有效管理机制,探索海洋、渔业、海事、海关、检验检疫等涉海行政管理部门防范和治理外来物种入侵的可行模式,建立引种风险评估制度,开展外来物种监测及应急管理,及时发现并采取有效措施清除外来物种或控制其扩散范围,确保海洋生态安全。

三、加强沿海生态防护林体系建设

加强沿海防护林、生态公益林和滨海植被的保护,严禁毁林搞开发。重点加大生态公益林、沿海防护林等生态工程建设,继续推进城乡绿化工程、绿色通道工程、城市生态保护小区和森林公园建设工程建设,加快构建以村镇绿化为"点"、基干林带、通道绿化为"线"、以荒山、荒滩绿化为"面"、农田林网建设为"网",点、线、面、网相结合,多层次立体配置的沿海生态防护林体系。

四、建设海岸生态隔离带

沿海城镇要因地制宜地建立海岸生态隔离带或生态保护区,保护及恢复沿海湿地生态。在隔离带或保护区内禁止采沙、养殖、开垦耕地、破坏植被等活动,不得建设新的建设项目和旅游设施,逐步形成以林为主,林、灌、草有机结合的海岸绿色生态屏障,削减和控制氮、磷污染物的入海量。

第三节　加强海岸、滩涂和海岛资源的开发与保护

加强规划和保护,科学有序地开发利用

和保护好海岸、滩涂、海岛资源,合理规划填海造地,促进海洋岸线资源的保护、开发、利用和可持续发展。

一、加强岸线资源的规划和保护

海岸线合理适度开发对经济社会发展具有重要的推动作用,必须坚持陆海统筹,按照"陆域配套＋产业(或生态区)＋自然岸线"的模式,合理配置海岸资源,综合开发利用,合理布局港口、工业、旅游、渔业、矿产、盐业、石油、天然气等产业。凡是规划为港口建设的岸线的要坚持以港口建设为主,规划为工业与城镇建设岸线的要坚持以工业和城镇建设为主,旅游开发岸线以旅游为主,渔业开发岸线以养殖为主,生态保护岸线以生态建设和保护为主,保留开发岸线除非有重大的改变,否则在规划期内禁止开发,彻底改变传统的海岸带高密度开发模式,提升岸线作为经济、生态、景观、人文资源的价值,实现岸线的永续利用。

二、科学有序地开发利用和保护好滩涂资源

坚持"规划指导、综合论证、科学决策、依法围垦"原则,加快制定北海、钦州、防城港市养殖滩涂水域规划,严格控制滩涂围垦和填海。禁止在红树林保护区海域进行围海养殖。对围垦低产田,要拆去堤围,加强沿海盐碱地和毁弃虾塘的整治,恢复原有生态环境。加快铁山港湾、廉州湾、钦州湾、防城港湾主要海湾环境承载能力的研究和评价,对围垦和填海活动要科学论证,依法审批,对改变海域属性的开发利用活动予以严格限制。加强防城港企沙工业区、渔沥港区、钦州港工业区、北海铁山港工业区的滩涂环境保护工作,做好重大围垦项目的环评。

三、加强海岛资源的开发与保护

加强广西沿海重点岛屿基础设施投入,完善海岛公路、码头、电力、供水、防洪排涝和供电等基础设施。加强陆地与海岛、海岛与海岛的信息联网,改善主要海岛居民的生产和生活条件。创新海岛开发模式,促进海岛资源开发,在不损害海洋环境的基础上,鼓励社会资本参与海岛资源的开发,特别是无居民小岛的开发利用。重点做好独山背岛、小墩、擦人墩、樟木环岛、鬼仔坪岛、虎墩、旱泾长岭等无居民海岛的整体性规划和综合利用,尽可能减少海岛开发利用产生的负面影响,努力实现海岛开发资源的可持续利用。

进一步加强对海岛资源的普查,严格评价制度,科学界定海岛功能。根据海岛所在功能区的地理位置、资源状况,制定海岛保护方案。对具有重大开发价值的岛屿,要按照适应未来发展的需要进行全面规划,科学开发。对纳入填海的小岛屿,要进行全面评估。继续对一些无居民岛实行封岛保护,对有科学意义的海岛,要减少人为干扰,建立海岛自然保护区。

四、合理规划填海造地

要根据岸线规划和功能划分,按照整体规划、整体填海和有序开发的要求,对填海工程进行审慎科学的论证,优化填海工程平面设计,对填海活动要依法审批,切实改变按项目填海的传统模式,避免海洋资源的低

效率利用。同时,要严格限制对改变海域属性的开发利用活动,以实现海洋资源价值最大化。加强防城港企沙工业区、渔沥港区、钦州港工业区、北海铁山港工业区、沿海主要港口建设和滨海旅游开发填海造地的规划和环境评价,尽可能地减少对海洋生态环境的影响。

第四节　加快海洋环境监测预警体系建设

加强海洋监测网络、灾害性预测预警系统、突发事件应急反应系统建设,建立健全海洋环境监测体系,提高海洋环境监测、预警水平。

一、建立海洋环境立体监测网络

进一步完善海洋环境监测网和生态监测站的布局,加快建立健全海洋环境监测网和生态监测站。在完善常规技术的基础上,积极采用新技术、新方法,充分利用卫星、航空遥感等高新技术,形成重要港湾、重点养殖水域和沿海城市的海域环境自动、立体、实时监测网络,强化重要海洋功能区、污染源及海洋生态系统进行全方位的监测和评估。

二、建立海洋灾害预测预警系统

加快构建由海洋、环保、渔政、海事、气象、水务部门和相关单位组成的海洋环境监测机制,加强海洋、气象、水文等行业部门与专业预警机构间的合作,建立海域水质污染、赤潮和风暴潮等海洋灾害的预测预警系统,加强对重点近岸海域、水产养殖区和江河入海口进行实时监测和生态环境状况的预测预报,提高海洋灾害早期预警能力和应急响应能力。

三、建立海洋突发环境事件应急反应机制

加强应急机构建设,建立和完善海上突发事件应急反应体系。主要港口所在地政府要成立海洋污染事故应急指挥中心,建立应急联动机制,做好救灾设备物资准备和相关基础等工作。制定海上船舶溢油、海上油井泄油和有毒化学品泄漏应急预案,配备海上溢油事故基本应急设备。在重点河口、海湾、养殖区建立海上溢油监测站,对海洋突发事件进行及时报告,并制定有效的应急处理措施,严防重大生态事件的发生。加强应急专业队伍建设,建立一支数量足、能力强、反应快的应急专业队伍。

第五节　建立健全海洋防灾减灾体系

坚持"统一规划、标本兼治、突出重点、分步实施"的原则,充分发挥政府主导作用,加强海洋防灾减灾体系建设,全面提高抗御海洋自然灾害能力。

一、加强赤潮灾害防治

严格控制工业、生活废水排放总量,合理控制养殖密度,推广生态养殖技术,防止海水富营养化发展,预防赤潮发生。加强有关赤潮监测队伍建设,加强对涠洲岛等赤潮多发区的赤潮预警、监测和监视,完善赤潮灾害应急预案,有效减少赤潮造成的危害。

二、加强台风、风暴潮等灾害防治

加快近海沿岸气象综合观测系统建设,

建立海洋气象信息共享平台,完善海洋气象服务体系,提升近海沿岸气象灾害预警预报能力。通过工程和非工程措施的结合,按照沿海地区的重点保护区达到20—50年一遇防洪(潮)标准,一般保护区达到10—20年一遇防洪(潮)标准的要求,加快沿海防潮堤工程建设,加强海堤除险加固和对侵蚀岸段的治理与保护,逐步完善防洪防潮工程体系,提升沿海抗灾能力,减少台风、风暴潮、大浪等海洋灾害损失。

三、加强海上安全搜救

构建海洋安全应急通信网和渔船船位监控体系,完善海上搜救应急系统和海上联动协调机制,组建海上紧急救援队伍,合理布局搜救网点,建立健全广西北部湾海域救护援助体系,增强海上救援能力。加大海上综合执法力度,加强海上船舶安全监督检查。

四、加快防潮(洪)抗旱减灾体系建设

进一步加快标准海堤、城区防洪排涝整治、重点乡镇防洪工程建设,加快完成病险水库除险加固工程,实施北仑河、防城江、茅岭江、滩营江、那良江等中小河流综合治理,加强人工影响天气系统和山洪地质预警系统建设,进一步增强城乡防洪能力,提升预防台风、风暴潮、海啸的能力。

第九章　保　障　措　施

进一步加大海洋经济发展资金投入,提高海洋产业科技创新能力,建立健全促进海洋经济发展的法制环境,建立完善涉海政策体系,强化规划组织实施和监督评估工作,确保规划目标的实现。

第一节　加大海洋经济发展资金投入

进一步完善海洋投融资体制机制,拓宽投资渠道,扩大投资来源,不断加大对海洋经济发展的投入。

一、充分发挥财政性投资导向作用

加强对发展海洋经济的支持,逐步增加海洋开发的引导性投入,集中财力扶持社会公益性和基础性的建设项目,重点加快对海洋基础设施、海洋资源勘探、海洋科技、海洋环境监测等公益性事业的投入。创新财政投资机制,综合运用国债、担保、贴息、保险等金融工具,重点扶持资源消耗少、环境污染轻、科技含量高的产业,促进海洋产业集聚和优化升级,提高海洋经济的整体素质。

二、积极拓展投融资渠道

完善多元投融资机制与体系,逐步确立企业在发展海洋经济中的投资主体地位,鼓励和支持区内外各类投资者依法平等参与海洋开发。全力推进银企合作,鼓励金融机构开辟海洋产业发展专项贷款,对海洋开发重点项目优先安排、重点扶持。对海域、港口岸线、无居民岛屿等资源的经营性开发实行使用权公开招标拍卖,创新海域使用权抵押贷款制度。大力推行股份制和股份合作制,支持和鼓励海洋开发企业通过股票上市等方式直接融资。充分发挥政府信用,积极争取扩大国际金融组织贷款、外国政府贷款、国内政策性贷款对海洋开发的投入。

三、加大招商引资力度

要把海洋产业招商引资工作放在更加突出的位置,以海洋经济产业项目为重点,不断丰富招商引资项目库,推出一批产品起点高、科技含量高的海洋经济招商引资项目,构建产业集群。不断创新招商引资的方式方法,营造公开、透明、优质、高效的市场环境,吸引海洋产业投资项目落地。

第二节　加强海洋教育和科技创新

继续实施"科技兴海"发展战略,推进海洋教育和科技创新,强化人才队伍建设,增强海洋经济发展的持久动力。

一、实施海洋人才战略

根据海洋经济发展需要,充分利用教育部对口支援西部地区高校工程,支持我区高校设置海洋专业;支持在钦州学院的基础上筹建广西北部湾大学,大力培养海洋科技人才、经营管理人才和高素质的海洋产业技工人才。加强海洋重点实验室及重点学科建设,大力建设海洋专业硕士点及博士点,加强海洋基础与应用科学研究。扩大钦州海洋学院办学规模,改善优化专业设置,推行远程教育,大力培养海洋科技人才、经营管理人才和高素质的海洋产业技工人才。加快整合自治区现有海洋研究机构,在自治区海洋局下设立广西海洋规划研究院。向国家海洋局或中国科学院争取在我区设立或共建国家级海洋研究机构。建设完善海洋科技与管理人才的培养、激励和使用机制,加强高层次科技研发人才、工程技术人才、企业管理人才的引进工作,加快培养学科带头人和创新型人才。大胆引进具有海洋管理经验和能力的人员进入海洋行政职能部门,充实海洋经济管理团队,逐步形成一支"开放、竞争、协作"的高素质海洋人才队伍。

二、加强海洋科技创新

强化海洋科技创新平台建设,优化科技资源配置,积极建设一批国家级、自治区级和市级海洋科技研究重点实验室,加强关键技术和共性技术的攻关力度。大力扶持自治区海洋研究所等一批骨干型海洋科技开发主体,引导和支持有条件的涉海大中型企业建立科技研发中心,开展科技创新,提高产品的科技含量,推动海洋高新技术产业的形成和发展。组织实施区重大科技兴海项目,力争在海水养殖、海洋生物工程、海洋精细化工、海洋矿产资源开发、海水淡化和综合利用、海洋环境保护及研究等领域形成一批具有自主知识产权的海洋科技创新成果,增强海洋产业竞争力。

三、健全科技成果转化和推广体系

鼓励企业、社会团体和个人创办海洋科技中介机构和服务组织,建立以技术咨询、技术交易、风险资本市场、人才和信息沟通等为主要内容的科技服务网络,提高海洋工程技术服务、海运信息服务、安全保障技术等服务水平,营造良好的科技创新环境。创新科技成果转化机制,加快成果转化和推广步伐。加强科研院所和海洋开发主体之间的合作,推进海洋产、学、研一体化,促进海洋科技成果有效转化。

第三节 加强海洋法规和执法能力建设

制定和落实扶持海洋经济发展的政策措施,促进海洋管理科学化、法制化、规范化。

一、加强地方性法规建设

建立健全海洋综合管理法规体系,依据《中华人民共和国海域使用管理法》、《中华人民共和国海洋环境保护法》等海洋法律制度,抓紧制定海域管理和海洋保护、港口管理、渔业管理、海洋灾害防治、海岛开发与保护等地方性海洋法规和规章,加强配套制度、实施细则和工作规程等制度的制定与检查落实,做到依法"管海"、依法"用海"、依法"兴海",把海洋资源开发和管理活动纳入法制化轨道。

二、加强海洋法律法规的执法监督

健全涉海执法管理机构,规范海洋执法程序,建立完善海洋、渔政、海事、边防公安等部门相配合的海上执法协调机制。加强海域使用管理,实施海域使用证制度和海域有偿使用制度,加强涉海项目管理和环境影响评估,强化海域使用权属管理和违法用海责任追究。加强海洋规划管理,严格按海洋功能区划及有关法规进行管理监督,确保所有用海项目符合海洋功能区划。

三、加强海洋执法队伍与能力建设

按照统一领导、分级管理的原则,加强海洋执法队伍与能力建设,加大对执法人员的培训和教育力度,全面提高执法综合素质

和水平,建设一支具有较高政治素质和较强保障能力的海洋执法队伍。理顺海上执法体制机制,完善执法基础设施,加大海监船建造力度,提升执法装备水平,提高海洋开发、控制、综合管理能力。

第四节 加强政策引导和扶持

加快制定出台《广西加快海洋经济发展的决定》,发挥政策在发展海洋经济中的引导作用,加大对海洋经济发展的扶持力度,促进海洋经济又好又快发展。

一、产业政策

根据全区海洋产业发展规划和布局,开展海洋经济对全区经济社会的影响及其效应的研究与评估,并以此为依据制定我区海洋产业的准入政策。制定海洋产业发展指导目录,建立分类引导的海洋产业发展导向机制,引导各类资金投向海洋优势产业和新兴产业,对科技含量高、能源消耗低、带动力强的海洋产业项目,在项目核准、用海指标、资金筹措等方面予以支持;对限制类产业,严格控制规模扩张,限期进行工艺技术改造,严格控制高污染、高能耗、对海洋环境影响大的产业项目。建立淘汰产业退出机制,强制高能耗、高排放的产能退出。

二、用海用地政策

统筹安排好新增投资计划项目用海用地的规模和布局,优先保障涉海基础设施建设用海用地,大力推行集中集约用海,对在同一区域集中建设的用海项目,实行整体规划论证,提速审批;对列入中央投资计划和自治区统筹推进的重点的建设项目,开辟用

海用地审批绿色通道,全力保障海洋新兴产业用海用地及时到位。出台用海用地项目退出政策,启动填海工程及入驻项目的后评价机制,对在用海过程中不符合产业政策和环境政策的项目,实行产业退出政策。鼓励民间资本开发无居民海岛规划,按照"保护优先、规划引导、适度利用"的原则,允许私人和企业开发无居民海岛,并在基础设施等方面给予支持。

三、对外开放政策

加大对区内企业在进出口和开展境外投资合作等方面的扶持力度,建立便捷高效的境内支撑和境外服务体系。创新通关便利运行机制和监管模式,实施分类通关,推进"一站式"通关和电子口岸建设,促进通关信息共享,进一步提高通关效率。加强与广东、海南等我国沿海省市以及越南等东盟沿海国家的海洋产业合作,建设高水平的海洋产业转移基地,提升海洋先进制造业发展水平。在东兴国家重点开发开放试验区设立中国-东盟海洋合作示范区,鼓励在促进跨境生产要素共享、推进重大基础设施对接、加强产业合作等方面先行先试,创新合作模式,为实现区域合作发展探索新路径。

第五节　加强海洋经济运行监测和评估体系建设

开展海洋经济运行监测与评估能力建设,提升海洋经济监测和评估的能力和水平,及时准确全面地反映我区海洋经济运行情况。

一、建立海洋经济运行监测和评估网络

构建自治区、市二级海洋经济运行监测和评估网络,明确监测和评估网络的功能定位、工作流程、重点内容,不断拓展海洋经济监测范围和渠道,加强海洋产业的调查、分析与动态评估,提高海洋经济信息的监测能力和综合评估能力,增强对海洋经济宏观调控和政策制定的服务能力。

二、建设海洋经济运行监测评估系统

以国家加强海洋经济运行监测与评估系统建设为契机,加快建设我区海洋经济信息服务平台、海洋经济运行监测网、海洋经济信息数据库以及海洋经济运行监测、评估、辅助决策子系统,实现对海洋经济运行的实时监测、动态评估、预测预警和决策支撑等。建立海洋经济运行情况定期发布制度,及时提供海洋经济运行数据、重点项目建设情况和评价分析资料,为海洋开发、海洋经济管理等决策提供服务。

第六节　加强规划组织实施

加大对规划的宣传,理顺管理体制机制,加强规划的组织实施。

一、加强规划实施的领导和协调

加强对海洋经济发展的领导,把规划确定的主要目标、任务分解落实到各市,统筹安排,同步实施,保证全区目标任务的完成。沿海地区各级人民政府要按照自治区海洋经济发展的总体要求,全面开展沿海市、县(市、区)海洋经济发展规划工作,制定海洋渔业、临海工业、滨海旅游业、海洋新兴产业等重点领域专项规划,努力形成资源配置合理、各具特色的海洋经济区域。进一步创新海洋经济发展协调机制,成立自治区海洋经

济领导小组,建立自治区海洋经济发展联席会议制度,建立健全涉海部门协商和协作制度,明确成员单位的分工和责任,加强对海洋经济重大决策、项目的协调以及政策措施的督促落实,形成职责明确、分工合理、配合协调的管理体系。

二、加强重大项目的规划与实施

按照海洋经济发展规划的要求,做好项目规划,筛选和储备一批海洋产业、海洋科技、海洋生态环境和执法等领域的重大项目,形成在整个规划期内能够不断投产一批、续建一批、新建一批的滚动发展格局,推动海洋产业结构升级和布局优化,壮大海洋经济总体规模。建立和完善重大项目协作机制,加强协调调度,合力解决重点项目建设中的实际问题,推动重点项目如期建设投产。完善重大项目建设责任制,提高重大项目总体质量。

三、加强规划的监测和评估

加强监测评估能力建设和统计工作,强化对规划实施情况跟踪分析。自治区发展改革委要会同自治区海洋局建立健全规划评估机制,加强对规划实施情况的督促检查,及时研究解决规划实施过程中出现的新情况、新问题,及时向自治区党委、政府报告实施情况,以适当方式向社会公布。自治区海洋局负责组织开展规划实施中期评估,根据评估结果对规划进行调整修订。

附件：广西壮族自治区海洋经济发展"十二五"规划环评篇章

随着社会经济的发展,海洋经济在国民经济中的地位日渐提高。《中华人民共和国国民经济和社会发展第十二个五年规划纲要》已明确提出要推进海洋经济发展,并将其作为转型升级、提高产业核心竞争力的重要内容。《广西壮族自治区国民经济和社会发展第十二个五年规划纲要》把海洋经济作为新的经济增长点培育,明确将海洋产业列入"十二五"期间的重点产业,提出要科学规划海洋经济发展,大力发展海洋产业。海洋经济的发展将会对海洋环境保护提出更多更高的要求,海洋生态环境对海洋经济发展的约束也将更加突出。为深入贯彻《中华人民共和国环境影响评价法》,需对广西壮族自治区海洋经济发展"十二五"规划进行环境影响评价,深入分析制约和影响海洋经济发展的主要因子,制定确实可行的减缓措施,实施海洋生态环境保护战略,逐步实现海洋经济的可持续发展目标。

《广西壮族自治区海洋经济发展"十二五"规划》(以下简称"规划")主要是未来5年(2011—2015)广西海洋经济产业发展的蓝图和基本依据。环境保护是作为落实科学发展观、构建和谐社会和建设生态文明的重要内容和关键举措,也是推动发展模式转变和优化经济增长方式的重要手段。为在规划编制和决策的过程中全面综合地考虑海洋经济开发建设可能对海洋环境产生的影响,尽可能减少规划决策中的失误,预防规划实施可能对海洋环境造成的负面效应。

根据《中华人民共和国环境影响评价法》、《规划环境影响评价条例》和国家环保总局文件"关于印发《编制环境影响篇章或说明的规划具体范围(试行)》(环发[2004]98号)的通知"和"关于进一步做好规划环境影响评价工作的通知(环办[2006]109号)"等相关要求,需编制广西壮族自治区海洋经济发展"十二五"规划环境影响篇章,为规划方案海洋环境保护决策提供技术依据。

依据《中华人民共和国环境影响评价法》和《规划环境影响评价技术导则(试行)》(HJ/T130-2003)中有关海洋经济发展规划环评的规定和要求,分析广西海洋生态环境质量现状表明,钦州、防城港、北海三市海洋生态环境质量良好,生物多样性丰富,各类自然生态系统及其生态服务功能基本稳定,近岸海域水环境功能区水质达标率较高,大部分海域水质达到二级以上水质标准,是目前我国近岸海域水质保持最好的海域之一。围绕海洋经济发展与效益、污染防治、生态和生物资源保护、海洋资源利用等内容提出了广西壮族自治区海洋经济发展"十二五"规划环评指标体系。对规划中的八大海洋产业进行了环境影响分析与评价,针对性提出了减缓措施。

评价表明,广西壮族自治区海洋经济发展"十二五"规划布局适应广西壮族自治区海洋生态环境特点,符合《广西壮族自治区海洋功能区划(2010)》(报批稿)和《广西壮族自治区海洋环境保护规划(2008)》的要求,规划在海洋生态环境保护方面是可行的。

评价提出特别注意的是,八大海洋产业建设工程的实施可能对水质、沉积物和生态环境产生负面影响,如加剧非点源污染、导致水体水质下降、造成底土污染、生态环境恶化等等。其中尤其需要注意的是临海工业建设带来的海洋环境影响,主要问题在于工业废水的排放对海洋环境的污染较为严重,必须加以重视。在实施过程中应采取措施严格执行工业废水达标排放,提高废水回收利用处置率,总体削减工业废水排放总量。否则,将可能导致局部海域海洋生态环境恶化,影响海洋经济的可持续发展。

海南省"十二五"海洋经济发展规划

前　言

　　2009 年 12 月,《国务院关于推进海南国际旅游岛建设发展的若干意见》正式印发,标志着海南国际旅游岛建设上升为国家战略。2010 年 6 月,《海南国际旅游岛建设发展规划纲要》获得国家发改委正式批复,绘就了海南国际旅游岛建设蓝图。《意见》和《纲要》的出台,为我省海洋经济腾飞提供了极其宝贵的机遇和政策优势。在《纲要》中明确提出了"海洋组团。包括海南省授权管辖海域和西沙、南沙、中沙群岛。充分发挥海洋资源优势,巩固提升海洋渔业和海洋运输业,做大做强海洋油气资源勘探、开采和加工业,大力发展海洋旅游业,鼓励发展海洋新兴产业。在保护好海洋生态环境的前提下,高标准规划建设特色海洋旅游项目。"

　　海洋组团作为六大组团之一被明确提出,凸显国家的南海战略,突出了发展海洋经济对国际旅游岛建设的重要性。打造海洋组团,大力发展海洋经济,是强岛富民的重要途径,也是国际旅游岛建设最具发展潜力的领域。科学规划、合理开发海域、海岸线和海岛,大力发展《纲要》提出的海洋渔业和海洋运输业、海洋油气资源勘探、开采和加工业、海洋旅游业和海洋新兴产业等五大海洋产业,必将大大推动海南经济社会的迅猛发展,为海南经济繁荣发展、生态环境优美、社会文明祥和、人民生活幸福做出巨大贡献。

　　为此,我厅根据《全国海洋经济发展规划纲要》、《国家海洋事业发展规划纲要》、《国家"十一五"海洋科学和技术发展规划纲要》、《国务院关于推进海南国际旅游岛建设发展的若干意见》、《海南国际旅游岛建设发展规划纲要》、《中共中央关于制定国民经济和社会发展第十二个五年规划的建议》、《中共海南省委关于制定国民经济和社会发展第十二个五年规划的建议》、《国家十二五规划纲要》特制定本规划。本规划涉及区域为我省临海产业带和所辖海域及海岛。规划期为 2011 年至 2015 年,远景展望到 2020 年。

一、海洋经济发展现状与面临形势

"十一五"期间,在省委、省政府的正确领导下,我省紧紧围绕"以海带陆、依海兴琼、建设海洋经济强省"战略目标,把握机遇,乘势而上,有效抗击国际金融危机冲击,海洋经济得到平稳较快发展,为推进我省国民经济发展做出了积极贡献。

(一)"十一五"发展成就

1. 海洋经济总量不断扩大。2010 年,我省海洋生产总值(GOP)达 523 亿元,比 2005 年增加 245 亿元,增长 88%,2006—2010 年平均增长 14%。海洋生产总值占全省生产总值比重为 25%,比 2005 年提高 9 个百分点。海洋经济在国民经济中的地位显著提升,作用不断增强,已经成为我省国民经济快速发展的重要支柱。

2. 海洋支柱产业逐步形成。2006 年以来,我省结合海洋资源和市场需求,加大投入,积极发展海洋渔业、滨海旅游业、海洋交通运输业、海洋油气业等海洋产业,逐步形成了海洋渔业、滨海旅游业、海洋交通运输业、海洋油气业等四大支柱产业。2010 年,四大支柱产业增加值达 280 亿元,占全省海洋生产总值的 54%。

3. 海洋产业布局日趋合理。我省按照因地制宜、突出重点、循序渐进的原则,布局

发展海洋产业,逐步形成了以海口市为中心的北部综合产业带、以三亚市为中心的南部休闲度假产业带、以洋浦经济开发区和东方工业区为主体的西部工业园区和围绕"博鳌亚洲论坛"的东部旅游农业产业带。三大产业带和西部工业园区特色突出、结构完整、运行良好。

4. 海洋产业带动能力明显增强。海洋产业的发展带动了沿海市县经济社会全面发展。2010 年,沿海市县生产总值 1 800 亿元,占全省生产总值的 88%。滨海旅游业的快速发展也带动了我省航空业、交通运输业、房地产业、酒店业的快速发展,刺激了我省的消费需求,有力地拉动了我省经济增长。

5. 海洋生态环境保持良好。我省坚持把海洋生态环境建设作为生态文明建设的重要内容,不断加大海洋生态环境建设投入,我省海洋生态环境保持了良好水平。2009 年海南省海洋环境质量公报显示我省管辖海域海洋环境状况保持良好:一是远海海域、近海海域海水水质符合清洁海域水质标准,水质优良;二是近岸海域监测面积总计 393 平方千米,大部分监测海域的海水水质符合清洁海域水质标准,水质状况总体优良。三是近岸大部分区域珊瑚礁生态系统

和海草床生态系统基本保持其自然属性,生物多样性及生态系统结构相对稳定,生态系统主要服务功能基本正常发挥。

6. **海洋管理水平逐步提高。**一是海洋管理法律制度不断健全,前后制定出台了《海南省海洋功能区划》、《海南省实施〈中华人民共和国海域使用管理法〉办法》、《海南省海洋环境保护规定》、《海南省珊瑚礁保护规定》(修订)等海洋管理方面的法律法规,正在制定海岸带和海岛管理的地方性法规,海洋管理不断走上法制化轨道;二是海洋管理体制不断理顺,全面推行和实施海洋功能区划制度、海域使用权证和有偿使用制度,同时建立了海域使用权招标拍卖制度,提高了海域使用审批效率,保障了国家、省重点建设项目用海;三是管理能力逐步提高,海南省海洋与渔业厅通过了 ISO9000 认证,机关服务意识和办事效率大幅提高。

7. **海洋基础设施不断完善。**海洋港口体系建设不断加强,形成了北有海口港、南有三亚港、西有洋浦港和八所港、东有清澜港的"四方五港"格局。加大了渔港建设力度,初步形成以中心渔港为中心、一级渔港为骨干、二三级渔港为补充的渔港体系。沿海公路建设稳步推进,完成了洋浦港专用高速公路、马村港中心港区疏港公路建设,开工建设洋浦—白马井跨海通道、清澜—东郊跨海通道,完工东环城际快速客运铁路主体工程。加强了公路、铁路、通道与机场的对接,构建了海陆相连、空地一体、衔接良好的立体交通网络,全面提升了港口枢纽纵深辐射功能。

8. **海洋公共服务体系初步建立。**加强海洋监测预报体系、海域动态监测体系、海上搜救体系和水生动物疫病防疫体系建设,初步形成了海洋公共服务体系。建立了全省海洋生态监视监测和海洋环境观测预报网络,加强功能区环境监测及赤潮等重大海洋污损事件应急监测预报工作;建立了省、县(市)两级海域使用动态监视监测管理系统,为海域使用动态管理提供切实有力的技术支撑;建立了海上搜救体系,有力保障了人民生命财产安全。

(二)存在主要问题

1. **海洋意识不够强。**目前我省海洋意识在总体上还比较淡薄,海洋"蓝色国土"观念不强,海洋文化尚未充分挖掘,对发展海洋经济有利于维护主权和促进经济社会和谐发展的重要性认识不足。

2. **海洋产业结构有待优化。**我省海洋产业结构不尽合理,主要表现为第一产业比重过高,第二产业发展滞后、比重过低。2010 年,我省海洋经济三次产业结构为 22∶23∶55,而全国海洋经济三次产业结构为5∶47∶48,与全国对比,我省海洋经济第一产业比重过高,第二产业比重过低。

3. **海洋科技力量较为薄弱。**我省海洋人才缺乏,科研机构分散、规模较小,尚未形成合力,到目前为止还没有一个大型研发基地,影响了海洋科技综合优势的发挥。科技成果产业化进展较慢、转化率较低。

4. **海洋产业投入不足。**目前我省海洋产业投融资体制不健全、渠道不畅通,各级财政没有设立海洋产业专项资金,不能发挥财政对海洋产业投入的带动作用。同时涉海企业也没有直接进入资本市场融资,融资渠道不宽。造成海洋产业融资能力弱,投入严重不足,而海洋产业是资金密集型产业,投入不足直接影响到我省海洋经济发展进程。

5. 海洋法律法规体系有待健全。我省海洋立法进程相对滞后,法律法规尚不健全,现行海洋法律法规过于原则化,有些已经建立的海洋法律制度内容不够完善、不配套、不系统,没有形成完善的海洋法律体系。

(三)面临形势

"十二五"期间,是我省国际旅游岛建设的关键时期,是推动海洋经济大发展的战略机遇期。一方面,经过"十一五"的起步阶段,我省海洋产业体系初步成型,四大支柱产业发展初具规模,随着大项目带动作用日益增强,海洋经济要素配置进一步优化,聚集效应正在显现,海洋经济内生增长动力逐步增强。另一方面,海南国际旅游岛建设上升为国家战略,《国务院关于推进海南国际旅游岛建设发展的若干意见》中提出的六个战略定位,为我省海洋经济明确了发展方向、确定了发展重点、创造了发展机遇。"十二五"期间,我省要把握发展机遇,科学开发海域、海岸带和海岛,大力发展海洋经济,推动海南经济社会跨越式发展,为海南经济繁荣发展、生态环境优美、社会文明祥和、人民生活幸福做出巨大贡献。

二、指导思想、原则和目标

(一)指导思想

高举中国特色社会主义伟大旗帜,坚持以邓小平理论和"三个代表"重要思想为指导,深入贯彻落实科学发展观,紧紧围绕海南国际旅游岛建设的战略目标,坚持改革创新,完善体制机制,着力保障民生,做大做强海洋经济,统筹海陆,优化海洋产业结构,转变海洋经济发展方式,构建与我省海洋资源相协调的特色海洋经济结构,努力推动我省海洋经济科学发展,逐步实现海洋大省向海洋强省转变。

(二)基本原则

1. 坚持可持续发展原则。发挥海洋资源优势,合理布局海洋产业,提高海洋经济的增长速度,同时要注重提高增长的质量和效益,使海洋经济发展的速度与资源环境的承载能力相适应。

2. 坚持科技兴海原则。加大科技投入,加快创新能力建设,优化配置科技力量,建立科技促进海洋经济发展的长效机制,推动海洋经济发展由总量增长向注重质量和可持续发展转变。

3. 坚持海陆统筹原则。海洋开发以沿岸陆域为依托,海洋产业为主体,统筹海陆发展规划,通过联动开发,增强海陆资源的互补性、产业的互动性和经济的关联性,实现海洋经济跨越式发展。

4. **坚持集约用海原则**。科学布局临港重化工业,优化空间开发布局,集中集约利用近岸海域、岸线和港口,提高海洋资源利用效率,促使形成集聚效应,提高经济效益。

5. **坚持依法治海原则**。加强海洋法制建设,完善海洋立法,加大执法力度,进一步理顺海洋管理体制,做好舆论宣传,提高全民海洋法律意识,为海洋经济发展提供法制保障,营造良好氛围。

(三)战略定位

——我国海洋旅游业改革创新的试验区。充分发挥海南的经济特区优势,积极探索,先行试验,发挥市场配置资源的基础性作用,加快海洋旅游综合管理体制机制创新,推动我省海洋旅游业在改革开放和科学发展方面走在全国前列。

——世界一流的海岛休闲度假旅游目的地。充分发挥海南的区位和资源优势,积极策划开发海南岛本岛周边岛屿旅游,按照国际通行标准突破传统海岛旅游范畴,开发特色旅游产品,规范旅游市场秩序,全面提升海南旅游品质,打造海南海洋旅游品牌。

——全国海洋生态文明建设示范区。坚持生态立省、环境优先,在保护中发展,在发展中保护,建设国家级海洋公园,高标准发展临港工业,积极探索海洋生态保护修复有效途径,使海南成为全国人民的海洋生态文明普及教育基地。

——南海资源开发和服务基地。加大南海油气、旅游、渔业等资源的开发力度,加强海洋科研、科普和服务保障体系建设,使海南成为我国南海资源开发的物资供应、综合利用和产品运销基地。

——国家现代海洋渔业示范基地。充分发挥南海渔业资源优势,大力发展抗风浪养殖、深水网箱养殖,突破良种培育和观赏鱼培育技术,积极探索发展休闲渔业,使海南成为全国渔业出口基地、良种良苗繁育基地和世界性的海钓基地。

——国际海洋文化交流的重要平台。发挥海南海上丝绸之路优势,挖掘南海海洋文化,加快南海考古建设,积极策划举办全国性海洋经济论坛,举办世界性海洋体育赛事活动,使海南成为我国立足亚洲、面向世界的重要国际海洋文化交流平台。

(四)发展目标

1. **海洋经济总目标**

"十二五"期间,海洋经济以每年16%以上的速度增长,海洋经济在国民经济中的支柱地位进一步巩固。到2015年,全省海洋生产总值(GOP)达1 098亿元,比2010年翻1番,三次海洋产业比重为20∶30∶50;到2020年,全省海洋生产总值达2 306亿元,比2010年翻2番,占全省生产总值超过35%,三次海洋产业比重为18∶34∶48。初步建成以海洋旅游业为龙头,海洋油气化工业、海洋交通业、船舶制造业、海洋渔业为支撑,海洋新兴产业为补充的特色海洋产业体系。

2. **主要海洋产业发展目标**

——海洋渔业发展目标。到2015年,全省水产品总量达到220万吨,实现渔业总产值 500 亿元,平均增速达 14%。水产品出口量达 25 万吨,渔业创汇 10 亿美元。

——滨海旅游业发展目标。到 2015 年,全省年接待游客达 4 760 万人次,旅游总收入达 540 亿元,旅游业增加值占地区生产总值比重达 9% 以上。

——海洋油气化工业发展目标。到 2015 年,形成 2 000 万吨级炼油、300 万吨级乙烯、100 万吨级对二甲苯、80 万吨/年甲醇和 50 万吨/年醋酸的生产能力。

——海洋交通运输业发展目标。到 2015 年,万吨级港口泊位达到 62 个,客运吞吐能力达到 3 380 万人次,货运吞吐量达到 2 亿吨,集装箱吞吐量为 245 万标箱。

——船舶工业发展目标。到 2015 年,修船坞容达到 100 万吨,总产值达到 250 亿元,增加值 100 亿元,年平均增速达 218%。

——海洋矿业发展目标。2015 年,滨海砂矿采选业产值达到 10 亿元,钛铁矿增加值 6 亿元,年平均增速达 10%。

三、海洋经济区域布局

在目前我省海洋经济发展的基础上,结合《意见》和《纲要》的要求,在海南省所辖海域及本岛沿海地段规划环海南岛沿海的三条产业带(北部海洋综合产业带、南部滨海旅游产业带、东部滨海旅游—渔农矿业产业带)和西部临海工业园区,南海北、中、南部三个海洋经济区,西、南、中沙群岛和海南岛沿海岛屿两个岛群海洋经济开发区。

(一)环海南岛沿海产业发展布局

环海南岛的海洋经济开发圈包括海南省沿海 12 县市的沿海陆域及海南省管辖的海域。按照中共海南省第四、五次党代会提出的"南北带动,两翼推进,发展周边,扶持中间"的思路,结合海洋经济开发区的区域布局和区域经济协调发展的要求,规划构建北部海洋综合产业带、南部滨海旅游产业带、西部临海工业园区、东部滨海旅游-渔农矿业产业带等四个主导产业不同的产业带。

1. 北部海洋综合产业带

北部海洋综合产业带包括海口、文昌、澄迈 3 市县海岸带及其邻近海域,海岸线长 528.9 千米,占全省海岸线总长的 29.0%。此区域区位条件好,紧靠经济发达的"珠三角"、环北部湾地区,港城、交通、旅游、渔业、科技人才资源等优势明显,是全省政治、经济、科技、文化中心。依托海洋经济的优势,以海口为中心,建设马村港-秀英港-清澜港临港经济区(琼北临港经济区)、琼北滨海旅游区、琼北渔业经济区、海口海洋高新科技区、琼北滨海生态保护区 5 个海洋经济区,组成北部海洋综合产业带。海口市作为省会城市,要发挥全省政治、经济、文化中心功能和旅游集散地的作用,加快工业化和城镇化步伐,增强综合经济实力,带动周边地区发展。建设文昌市八门湾休闲水城、东海岸滨海休闲旅游带、航天主题公园和铺前木兰头国家体育休闲园。

2. 南部滨海旅游发展带

南部滨海旅游发展带,以三亚市为中心,包括三亚、陵水和乐东三县市海岸带及其周边海域,海岸线长452.5千米,占全省海岸线总长的24.8%。该区域热带海洋和滨海旅游资源特色突出,要发挥三亚国际性热带滨海旅游城市集聚、辐射作用,形成"山海互补"热带滨海特色,带动周边发展。根据海洋经济开发区的区域布局和区域经济协调发展的要求,规划构建三亚热带滨海旅游经济区、三亚海湾海洋旅游区、三亚热带海岛旅游区、三亚热带渔—农业经济区、莺歌海海盐文化—海盐科技低碳经济区、三亚海洋生态保护区6个海洋经济区,重点将三亚打造成为世界级热带滨海度假旅游城市,发挥三亚热带滨海旅游目的地的集聚、辐射作用,形成山海互补特色,带动周边发展。

3. 西部临海工业园区

西部临海工业园区,包括临高、儋州、昌江、东方4县市及洋浦经济开发区海岸带以及周边海域,海岸线长573.6千米,占全省海岸线总长的31.5%。该区海洋油气、海洋渔业、滨海砂矿、旅游等资源丰富,海运交通条件良好,依托洋浦经济开发区、东方化工城等工业园区、金牌港经济开发区,集中布局发展临港工业和高新技术产业,构建东方临海工业区、洋浦石油化工基地、洋浦—白马井临海工业港口物流经济区、金牌港临港经济开发区、琼西滨海核能—风能开发区、琼西海洋渔业经济区、琼西山海互动特色旅游区6个海洋经济区,逐步建成生产技术领先、管理模式一流、生态与环境保护协调发展的海洋重化工业核心区。

4. 东部滨海旅游—渔农矿业产业带

东部滨海旅游—渔农矿业产业带,包括琼海和万宁2市海岸带及其附近海域,海岸线长267.4千米,占全省海岸线总长的14.7%。该区热带滨海旅游资源特色突出,海洋渔业和热带农业发展基础好,钛铁砂矿和锆英石等滨海矿产资源富集,又是海南岛重要的侨乡,"博鳌亚洲论坛"闻名于世。根据海洋经济开发区的区域布局和区域经济协调发展的要求,规划构建琼东滨海旅游度假区、琼东渔—农经济区、琼东滨海砂矿业开发区、龙湾港国际旅游岛示范区及港口贸易经济区4个海洋经济区,发展壮大滨海旅游业、热带特色农业、海洋渔业、农产品加工业等,并根据条件适当布局特色旅游项目,打造文化产业集聚区。

表1　环海南岛沿海产业发展布局表

名　称	位　置	发　展　方　向
北部海洋综合产业带	海口、文昌、澄迈等3市县海岸带及其邻近海域,海岸线长528.9千米	以海口为中心,建设马村港—秀英港—清澜港临港经济区(琼北临港经济区)、琼北滨海旅游区、琼北渔业经济区、海口海洋高新科技区、琼北滨海生态保护区5个海洋经济区

（续表）

名　称	位　置	发　展　方　向
南部滨海旅游发展带	三亚、陵水和乐东三县市海岸带及其周边海域，海岸线长 452.5 千米	构建三亚热带滨海旅游经济区、三亚海湾海洋旅游区、三亚热带海岛旅游区、三亚热带渔—农业经济区、莺歌海海盐文化—海盐科技低碳经济区、三亚海洋生态保护区 6 个海洋经济区
西部临海工业园区	临高、儋州、昌江、东方 4 县市及洋浦经济开发区海岸带以及周边海域，海岸线长 573.6 千米	构建东方临海工业区、洋浦石油化工基地、洋浦-白马井临海工业港口物流经济区、金牌港临港经济开发区、琼西滨海核能—风能开发区、琼西海洋渔业经济区、琼西山海互动特色旅游区 6 个海洋经济区
东部滨海旅游—渔农矿业产业带	琼海和万宁 2 市海岸带及其附近海域，海岸线长 267.4 千米	规划构建琼东滨海旅游度假区、琼东渔-农经济区、琼东滨海砂矿业开发区、龙湾港国际旅游岛示范区及港口贸易经济区 4 个海洋经济区

（二）海域开发布局

我国南海与东海的分界线为福建的南澳岛到台湾的鹅銮鼻连线，以北为东海，以南为南海。以北纬 18 度、北纬 12 度为界将南海划分为北、中、南部海区。南海北部海洋开发区指北纬 18 度以北的南海海域；南海中部海洋开发区指北纬 18 度以南，北纬 12 度以北的南海海域；南海南部海洋开发区指北纬 12 度以南的南海海域。

1. 南海北部海洋经济区

海南省管辖南海北部的海域内，目前已查明蕴藏可开发的资源主要有油气资源和生物资源，按海洋经济区域布局规划可规划为北部湾油气区、海南岛东北部海洋油气区、海南岛东南部海洋油气区、海南岛西部海洋油气区、北部湾渔业区、海南岛东部海域渔业区 6 个海洋经济区。

2. 南海中部海洋经济区

南海中部海洋经济区主要包括西沙群岛海域和中沙群岛海域，按海洋经济区域布局，规划为西沙群岛珊瑚礁自然保护区、东岛鲣鸟自然保护区、西沙群岛海洋国家公园区、永兴岛—七连屿珊瑚礁旅游区、西沙—中沙群岛海洋捕捞区、西沙群岛渔业增殖区、中建南油气勘探开发区、西沙海槽—中沙盆地油气勘探区 8 个海洋经济区。

3. 南海南部海洋经济区

南海南部海洋经济区内渔业资源、油气资源丰富，区位显要，是重要的国际航道。根据环境与资源条件，开发现实可能，规划为南沙群岛捕捞区、南沙群岛渔业资源特别保护区、南沙群岛油气勘探开发区、南海南部航道区、南沙群岛海域执法管理区与科学实验区 5 个海洋经济区。

表 2　海域开发布局表

名　称	位　置	发　展　方　向
南海北部海洋经济区	南海北部海洋开发区指北纬 18 度以北的南海海域	规划为北部湾油气区、海南岛东北部海洋油气区、海南岛东南部海洋油气区、海南岛西部海洋油气区、北部湾渔业区、海南岛东部海域渔业区 6 个海洋经济区

（续表）

名　称	位　置	发　展　方　向
南海中部海洋经济区	北纬18度以南，北纬12度以北的南海海域	规划为西沙群岛珊瑚礁自然保护区、东岛鲣鸟自然保护区、西沙群岛海洋国家公园区、永兴岛—七连屿珊瑚礁旅游区、西沙—中沙群岛海洋捕捞区、西沙群岛渔业增殖区、中建南油气勘探开发区、西沙海槽—中沙盆地油气勘探区8个海洋经济区
南海南部海洋经济区	北纬12度以南的南海海域	规划为南沙群岛捕捞区、南沙群岛渔业资源特别保护区、南沙群岛油气勘探开发区、南海南部航道区、南沙群岛海域执法管理区与科学实验区5个海洋经济区

（三）海岛开发布局

海南岛沿海海域的海岛数量为242个(不含海南岛)，人工岛2个，岛礁(干出礁与明礁)38个。西沙群岛有海岛32个，中沙群岛有黄岩岛、中沙大环礁和40多个礁、滩、沙，南沙群岛有235个岛礁、滩、暗沙。我省所辖海岛风光秀丽，资源丰富，具有很高的保护和开发价值。

1. 海南岛沿海岛屿

我省海岛的开发利用要以《中华人民共和国海岛保护法》为依据，在强有力的管理措施下，科学规划，逐步深化，适度开发。重点发展海岛风光旅游、海岛探奇旅游、以海岛为依托或目的地的邮轮旅游、游艇旅游、海上运动旅游、海底潜水旅游、游钓旅游、海洋文化旅游、海洋科学考察旅游、海洋探险旅游，建设多主题的海岛海洋主题公园、海岛海洋国家公园、海岛自然保护区，开通西沙群岛旅游和珊瑚礁特色旅游等具有鲜明热带海洋特色的海洋组团旅游。

2. 西、南、中沙群岛

建设西、南、中沙群岛海洋经济区要以把维权和生态保护放在开发之中，以保护生态与环境为前提，建设珊瑚礁自然保护区、海洋国家公园、西南中沙渔业补给基地、水产增养殖基地、热带海岛绿色能源开发示范基地、海域天然气水合物勘探开发服务基地、海岛生态经济建设国际合作平台、南海区海岛生态经济建设管理体制与机制创新的试验区等，以生态保护确保建设发展，以开发建设促进生态保护，在保护中发展，在发展中保护，努力把西、南、中沙群岛建设成为生态保护与开发建设协调可持续发展、科技先进、环境优美、经济发达、海防坚固、人与自然和谐相处的生态经济区。

四、主要任务

（一）滨海及海岛旅游业

把握建设海南国际旅游岛契机，挖掘海洋文化内涵，弘扬海洋文化，大力发展滨海及海岛旅游业。以市场为主导，优化配置旅游资源，逐步形成以休闲度假旅游为主导，海岛观光及海洋专项旅游并存的多元化旅游产品结构。策划特色海洋旅游项目,建设国家级海洋国家公园和海洋主题公园,打造国际知名海洋旅游品牌,力争把海南建设成为我国最大的海洋旅游中心,世界上最大的海洋运动基地以及世界一流的海洋度假休闲旅游胜地。

1. 滨海度假旅游

围绕海南岛地方特色,挖掘特色海洋文化,充分利用稀缺的热带海湾海岸资源,开发好亚龙湾国家旅游度假区,海棠湾国家海岸旅游度假区、清水湾旅游度假区、香水湾旅游度假区、神州半岛旅游度假区、石梅湾旅游度假区、博鳌亚洲论坛永久会址核心区、美丽沙旅游度假区、棋子湾旅游度假区、龙沐湾旅游度假区等重点项目,打造国家滨海休闲度假海岸。

2. 海岛观光旅游

充分利用西沙群岛众多岛屿、热带特色的动植物群落、优越的地理区位及丰富的人文景观,建设西沙群岛旅游开发基地,发展西沙旅游项目,将海南旅游空间边界从三亚向西沙群岛南移。开辟三亚——西沙群岛的客轮旅游航线,开设海上旅游俱乐部,开展海底珊瑚礁潜水观光、海洋博物馆、热带观光休闲游等系列旅游项目活动。在条件适宜的海域,规划建设人工岛,拓展旅游空间,在海口建设千禧酒店人工岛、海航西海岸人工岛、海口湾灯塔酒店人工岛、海口湾大剧院人工岛、海口如意岛等规划合理、风格各异、景观优美的人工岛群,适时开发文昌七洲列岛旅游项目。

3. 南海专项旅游

发展会展、邮轮游艇、水上运动、文化艺术、海洋科普生态、海洋康疗保健等专项旅游,进一步丰富旅游内涵,塑造海南旅游品牌形象,逐步形成海南旅游的核心竞争力。尽快规划建设三亚、海口国际邮轮母港,策划邮轮旅游精品路线,逐步发展成为世界性的豪华邮轮旅游中心。在海口、三亚、琼海龙湾建设游艇基地,在万宁建设水上飞机基地,在其他沿海市县建设游艇码头,以海南岛沿海为主开展游艇旅游。开发海上游船旅游,以海南岛为基地,以西沙群岛为主要目的地,在海南岛、西沙群岛相关岛屿和海域开展海岛观光、各类海上休闲活动和潜水等旅游形式。建设陵水黎安海洋主题公园。

(二) 海洋油气化工产业

积极开发利用南海油气资源,全面推进油气化工产业发展,加大与全球知名的油气化大企业合作力度,延长产业链,引进重大项目,完善基础设施建设,力争把海南建设成为技术先进、世界规模、与国际接轨、可持续发展的现代石油化工基地和石油储备基地,为全面实现海南省油气化工产业发展夯实基础。

1. 建设南海油气资源勘探开发服务基地

支持大企业建立南海深海石油勘探、天然气水合物开发利用研发中心。加大与中海油、中石油、中石化的合作力度,引进国外实力雄厚的石油公司,在土地供给、基础设施方面给予大力支持。完善相关配套设施,为海上石油钻井、生产平台、各类船舶作业提供物资采购、仓储、装卸、补给和工具检维修,以及各类平台和船舶停靠、避风、应急救险等服务。"十二五"期间,在马村港建设中海油新的服务基地,按照满足年产 3 000 万吨的需要进行规划建设;在西部地区建设中石油开发服务基地,作为中石油开发南海油气资源的科研和后勤保障基地;积极引进大型企业在洋浦、临高等地发展海洋工程修造项目,为开发南海油气资源提供装备制造和维修服务。

2. 发展油气加工和化工业

按照"技术水平先进、经济效益好、环保水平高"的原则,在洋浦经济开发区和东方工业区集中打造绿色效能油气化工产业,逐步形成芳烃、烯烃、甲醇、化肥和精细化工产业链,建设国家原油和成品油储备基地。

——石油化工。重点建设洋浦 150 万吨乙烯,1 200 万吨炼油矿能,60 万吨对二甲苯,210 万吨精对苯二甲酸、100 万吨聚对本二甲酸乙二醇酯(PET)等项目。加快发展烯烃产业,建设洋浦 150 万吨/年乙烯、200万吨精细化工等项目。远期在西部形成以2 000万吨级炼油、300 万吨级乙烯、100 万吨级对二甲苯为龙头,集炼油、烯烃、芳烃产业为一体,可持续发展的国家级石化产业基地。

——天然气化工。在充分利用现有的崖 13 - 1、东方 1 - 1、乐东 22 - 1 气田天然气,生产 132 万吨大颗粒尿素、60 万吨甲醇的基础上,加快推进 80 万吨/年甲醇和 50 万吨/年醋酸的项目建设,往下游延伸产业链,谋划发展甲醇制烯烃产业化。利用现有尿素下一步计划建设全国复合肥产业基地,研究尿素和二氧化碳生产碳酸二甲酯,减少温室气体排放和可溶解塑料等环保材料的可行性。

3. 建设国家石油战略储备基地

重点建设国投孚宝 30 万吨原油码头及配套储运设施、中石化成品油保税库、国家原油储备基地、国家成品油储备基地、300 万吨/年液化天然气(LNG)储备项目,发挥洋浦保税港区、海口综合保税区的政策优势,积极发展商业石油储备和成品油储备,适时规划建设国家石油战略储备基地,形成多元化战略储备体系。充分发挥民间企业储备的功能,鼓励企业利用闲置的商业库容,增加石油储备;设立石油储备基金,对洋浦石油储备基地建设给予资金支持。

(三)海洋交通运输业

海洋交通运输业的发展,要整合资源、优化布局、拓展功能、创新体制。开发大港口,建设大通道,发展大物流。根据全省港口布局规划,主要突出海口港、洋浦港和八所港港口建设。岛内与三亚港、清澜港构成布局合理、分工明确的"四方五港"格局,外与粤西、广西沿海港口形成开放合作、竞争有序的西南沿海地区港口群,并加强与东南亚地区和珠三角、长三角、环勃海湾地区港口的合作。

1. 加强港口体系建设

建设专业化、集约化、规模化的港区。加快大型专业化码头及相应的深水航道建设,形成集传统运输、现代物流、信息服务等多种功能为一体的专业化、集约化、规模化的港区。充分利用并发挥现有港口的条件和优势,以港口为依托,规模化开发临港产业基地和工业园区,推动海南西部地区工业区的建设和发展。在"十二五"规划期内,以构建洋浦—海口组合港为重点,加快"四方五港"等重要港口建设步伐,建成洋浦港、海口港等2个亿吨大港,将洋浦-海口组合港建成区域国际航运枢纽。完成海口港马村港区扩建二期工程,建设4个2万吨级通用泊位及3个5 000吨级泊位,年设计通过能力390万吨。海南港口货物吞吐量达2.3亿吨,集装箱吞吐量达460万标箱。以三亚、海口为重点,配套建设一批为国际旅游岛和临港产业发展服务的港口设施。建设西沙晋卿岛、南沙美济礁综合补给基地码头。加强海口港、洋浦港、八所港、清澜港、木兰港、金牌港的航道疏浚工作,以及海口港、八所港、洋浦港、木兰港、铺前港等新建港区防波堤建设。

2. 加强物流中心建设

逐步建成海南国际航运物流中心。以洋浦经济开发区为龙头,努力打造面向东南亚的航运枢纽、物流中心和出口加工基地。推进海南区域国际航运枢纽与物流中心的快速发展,进一步提升海南在"泛珠三角"、"泛北部湾"区域经济中的地位。积极推动实施"区港联动"政策,加快港口物流和保税区现代物流的发展。提升港口运输服务的现代化、信息化水平,积极扶持现代物流、临港工业、商贸金融等活动的发展,使港口成为多功能的服务中心。充分利用洋浦港的区位优势和洋浦保税区的政策优势,促进海

南保税区物流产业共同发展。充分发挥海口作为全省商业贸易中心和重要枢纽的位置优势,以海口综合保税区为龙头,努力打造面向东南亚的航运枢纽、物流中心和出口加工基地。在海口港建设南北集装箱干线班轮航线及配套物流项目、新海物流园项目、马村港物流园工程,洋浦港建设国际集装箱物流园区、国内集装箱物流园区、石油化工物流园区、木浆纸业物流园区、干散货物流园区、出口加工工业园区。

3. 加快航运业发展

营造开放、公平、规范、优质的航运市场环境,吸引国内外知名航运企业来海南开辟航线航班,千方百计做大做强海南航运业。在适应市场需求的同时,加快海运运力机构调整步伐,大力发展集装箱、矿石、滚装、石油、液化气等专业化船舶运输。大力发展国际远洋运输,积极扶持和培育海运业发展,提高海运市场国际化水平。加快水运企业转型升级,促进航运业规模化、集约化经营。在贸易、航运业比较活跃的情况,需要有配套的大型的修造船厂,为航运业服务。

——洋浦港。到2015年,建成北部湾区域内贸枢纽港,初步建成北部湾区域国际枢纽港。加大连接华北、华东、华南、北部湾、东南亚的班轮航线网络密度,正式开通中东、美西航线。

——海口港。到2015年,建成背靠海南、面向北部湾地区重要的物流中心和综合运输体系的重要枢纽。加大国内班轮航线网络密度,开通新加坡等东南亚航线,成为我国综合运输体系的枢纽港、连接东盟各国

的桥头堡和我国南方国际邮轮母港。

（四）海洋船舶工业

以建设国际旅游岛为契机，坚持与环境容量相和谐，充分发挥区位、港口和腹地资源优势，面向南海和东南亚，高起点建设船舶修造和海洋工程制造业，发展壮大海洋经济，调整和优化产业结构，实现经济快速、可持续发展。

1. 建立大型海洋工程装备修造基地

策划洋浦大型海洋工程装备建造、海洋工程装备和船舶修理基地，分别建设海工建造区和海工、船舶的修理区两个厂区。在临高金牌港经济开发区建设外海捕捞渔船修造基地和海工基地，主要制造深水钻井平台、深水浮式平台、FPSO、JACK－UP等海洋石油工程装备。

2. 建设区域性船舶修造基地

建设临高金牌港船舶修造基地，建成年修、改装50艘，年造3万－5万吨散装货轮8艘、工程船3艘的生产能力。将海南威隆船舶工程有限公司建设成为我省大型造船、海洋工程装备制造基地。建设白马井远洋渔船建造基地，形成年建造远洋外海捕捞渔船6艘，辅助船2艘，600HP渔船6艘，渔轮修理、改装50艘的生产能力。研究设计休闲渔船，建设休闲渔船修造基地。

3. 组建游艇修造基地

建设临高金牌港国际游艇制造中心。在马村港区发展游艇制造、船配中心。在老城开发区建设游艇建造和综合维修基地。在琼海开发游艇装配基地建设项目，在潭门中心渔港外侧建造游艇装配基地。

（五）海洋渔业

按照"坚决压缩近海捕捞，积极拓展外海捕捞，鼓励发展远洋捕捞，努力提升水产养殖，培育发展休闲渔业"的方针，加强渔港体系建设，继续推进渔业结构战略性调整，逐步实现从陆到海，从浅到深，从水面到水底，从第一产业为主到一、二、三产业协调发展的现代渔业格局。

1. 发展壮大外海、远洋渔业

严格实施国家海洋捕捞"双控"制度，淘汰破旧渔船，清理"三无"和"三证不齐"渔船，压缩近海捕捞业，恢复近海海洋生态。发展壮大外海、远洋渔业生产，限制对资源造成破坏的作业方式，积极发展资源节约型作业方式。大力发展外海捕捞业，扶持龙头企业建造外海生产补给船，鼓励渔民造大船、闯深海，推动渔具、渔法升级换代，组建"公司＋渔民"或捕捞渔民合作社等组织化程度较高的形式，开发西中南沙等外海捕捞，不断拓宽捕捞生产空间。继续进行"民间远洋"的探索，支持企业"走出去"发展，选派质量较好的渔船组建远洋捕捞船队，适度开展远洋捕捞。建立远洋渔场勘测和渔业资源研究基地，开发建设南海外海渔场。

2. 全面提升水产养殖业

扎实推进现代渔业示范基地建设，全面推进生态健康养殖。突出抓好养殖池塘标准化改造和示范场建设，建成一批起点较高、集中连片、减排环保、优质高效的标准化健康养殖示范场（区），使我省水产养殖业跃上新台阶。建立和完善水产养殖种质改良、亲本培育、苗种繁育、饵料培育、病害防治、苗种质量、苗种运销等一条龙的水产苗种产业化生产体系,把海南建设成为全国最大的暖水性水产养殖苗种产业化生产基地。大力发展抗风浪网箱养殖、底播,利用新兴技术提高养殖水平。大力开展耕海牧渔,按照发展"蓝色农业"的理念,积极发展外海养殖,全面推进现代渔业建设。

3. 水产品加工与出口业

积极发展精深加工和出口加工,促进加工技术和装备现代化,加工生产规模化,不断提高精深加工产品出口的比重,实现由资源消耗型向高效利用型的转变。在重点港口组建几个大型水产批发市场,完善三亚、白马井等水产品批发交易中心的配套设施,形成省级水产物流中心,年物流能力达到200万吨以上。建设国家级水产交易中心。重点培育若干个辐射带动能力大、产业关联度高、市场开拓能力强、创汇水平高的渔业龙头企业。在海口、三亚、临高新盈、儋州白马井、东方八所、文昌清澜、陵水新村等地建立冷冻加工基地;在海口和三亚建设水产品精加工产业园区。建立完善的水产品质量保证体系。

4. 积极探索和发展休闲渔业

加强渔区渔村基础设施建设,改善渔村发展环境,打造一批海洋渔业文化深厚的风情渔村。在滨海、海岛规划建设一批海洋休闲渔业区和集观光、游钓、度假于一体的休闲渔业示范基地。积极稳妥开发建设西沙休闲渔业基地。积极发展海钓产业,打造世界一流的海钓基地,适时举办全国乃至世界级的海钓大赛。积极发展观赏鱼业,大力发展"渔家乐"、"鱼趣"、"渔文化"、"美食鱼"等休闲渔业项目。开展丰富多彩的海南本土特色海洋渔业文化宣传活动,提升海南省休闲渔业的知名度。

(六)海洋矿产业

合理开发利用石英砂矿、锆钛砂矿等优势矿产资源,做强海洋矿业经济,对于发展新型工业,优化海洋产业结构,提高海洋经济竞争力和经济效益,推动海南经济社会又好又快发展具有重要意义。

1. 加强海洋矿产资源勘查

继续加大重要成矿区带和重要海洋矿产资源的基础地质调查和矿产勘查。以琼东沿海陆地和沿岸浅海海区锆钛砂矿成矿带等重要成矿区带为重点,加强对锆英砂、钛铁砂矿等重要矿种的勘查、评价,逐步形成一批重要矿产资源勘查开发基地;联合有关单位加强外海矿产资源勘探与开发,对我省所辖南海海域油气、天然气水合物、锰、铁、钴等资源进行有效勘查,为战略资源开发奠定基础;建立科学、规范的资源评价体系,包括砂矿资源的开发对区域经济的推动,以及环境状况的影响等方面。

2. 发展海洋矿产精深加工业

发挥我省锆英砂、钛铁砂矿储量大、品质高的优势,重点发展锆钛化工、硅工业。对于新设锆、钛、石英砂等采矿权,要在本省内配套深加工,延长产业链。控制尚无深加工能力的锆、钛砂矿、石英砂矿企业开采规模,鼓励企业在精选后进行深度物理、化学加工。近期以万宁保定海锆钛砂矿开发为契机,积极推进优势砂矿资源深加工,加快促进我省海洋砂矿矿产资源优势转变为经济优势。

3. 发展绿色矿业

严格矿产资源开发项目的准入,加强对项目布局、开发利用方案、海滩地质环境恢复治理方案、环境影响评价、地质灾害危险性评价和安全生产评估报告的审查、论证。全面推进清洁生产,鼓励和扶持海洋锆钛企业进行科技攻关,推进综合性勘查、评价、开采、回收,优化探、采、选、冶工艺,提高资源的回采率和综合回收率,提高低品位、难选冶矿产资源利用水平。制定严格、科学、可行的生态环境保护和恢复治理措施,并以海滩地质环境恢复治理保证金制度确保落实,促进矿产资源开发利用和环境保护协调发展。

(七)海洋盐业

在海南省海洋经济发展规划的框架下,统筹海南盐业发展。重组盐业企业资产,整合盐业资源,从技术、资金等方面支持盐业产业和产品结构调整,提高工艺技术和装备水平,坚持以销定产,产销基本平衡,稳定原盐生产,发展盐田养殖业和盐产品深加工业,大力开发高附加值产品。

1. 整合盐业企业

按照国家的政策要求,结合我省盐业实际情况,深化盐业企业改制改组,改变海南盐业企业体制现有状况,在本省各盐业产销企业体制改革的基础上,以海南省盐业总公司为主体,将省内3个省属盐场和各个盐业独立核算的公司进行资产重组,成立海南省盐业集团公司,以对海南盐业资源统筹规划,整合发展,做大做强海南盐业。在时机成熟后,海南盐业集团公司加入中国盐业集团,以加强海南盐业的市场竞争能力。

2. 实行盐业经济战略性转移

继续对低产、劣质的盐田进行转产改造,大力发展高效的非盐产业,不断壮大盐业企业经济。在低产劣质盐田转产工作中,慎重选择发展项目,组织专家进行项目的可行性技术研究和论证。要使转产的盐田宜渔则渔,宜农则农,宜旅游则旅游,使盐田转产项目既不对环境造成污染,又能为企业资产保值增值,创造更大的经济效益,"十二五"期间盐田转产面积达500公顷以上。设立盐田转产开发新项目的建设开发资金,提供税收优惠政策,扶持项目上马,解决盐田转产后下岗盐民的安置和生活问题,保持社会稳定。

3. 发展多品种食用盐

发挥海南岛盐获得原产地标记注册品牌优势,利用先进的技术和现代化的设备,研制、生产、推广"绿色、天然、健康"的海南岛牌绿色食盐系列产品,占领国内外中、高端食盐产品市场。同时,大力开发其他多品种食盐,研制生产营养盐系列、调味盐系列、保健盐系列,使"十二五"期间多品种食盐占本省食盐量的20%以上,以满足不同层次人们的生活需求。

(八) 新兴海洋产业

海洋新兴产业是海洋经济发展的制高点。海南拥有广阔的海域和丰富的资源,要加大科技投入力度,以发展海洋新兴产业为突破口,占领制高点,努力实现海洋经济跨越式发展。

1. 积极发展海洋生物医药

引导和支持企业坚持走"产学研"结合,加强企业与高校、科研机构间的技术协作,将高等院校和科研院所在海洋生物医药研究方面的优势与企业对市场需求的敏锐触觉相结合,实现产品研发与市场需求的有效对接。创新海南海洋中成药的研发机制,加大各种海洋生物保健品开发力度,加快治疗肿瘤等重大、多发性疾病的海洋中成药的研发步伐,带动我省海洋药物、海洋养殖业和海洋生物技术的蓬勃发展。

2. 大力开发海洋能源

以海洋风能利用为重点,全面发展海洋能利用。认真调查海南海洋能资源分布状况,在全岛范围大力发展海洋风能发电产业以及风电技术研发。加大海上太阳能、潮流能、波浪能发电技术研发,在管辖海岛范围内大力推进潮汐能、潮流能、温差能和波浪能小型发电站建设,为海水淡化提供技术支撑,为海岛开发利用创造条件。

3. 提高海水淡化能力

加快实施海水淡化示范工程或建立示范区,通过产业化示范,提高海水淡化总体水平。拥有海岛的市县要因地制宜,合理布局海水淡化工程。加快发展和使用适宜岛屿分散特点的、灵活实用的海水淡化船等海

水淡化装置;在居民较集中的较大岛屿,要加快建设适度规模的海水淡化工程。

(九) 海洋公共服务

海洋公共服务的快速发展是海洋经济又好又快发展的重要安全保障。提高海洋防灾减灾特别是海上救助、监测预报等公共服务的基础能力建设,是保障国家和人民群众生命财产安全,建设和谐国际旅游岛的迫切要求。

1. 海上救助

加强海上交通管理和航运通道安全保障,严格船舶检验和登记,规范船舶航行、停泊和作业活动,加强危险货物检查、海上交通事故处置、打捞清淤监督管理。加强海洋安全基础设施建设,按照"统一规划,统筹兼顾,船东为主,政府支持,分级建设管理"的原则,建设卫星导航与海上漂移搜救数值预报系统相结合的船舶安全救助信息系统,发挥综合效益。继续完善渔业安全保障体系建设,加快推进渔船北斗导航定位监控系统和救生筏配备,实现渔船、渔港实时监控,提高渔船海上事故救助效率;加大渔业政策性互助保险的推广实施力度,保障渔业生产安全,增强灾后恢复生产能力。

2. 海洋环境观测预报

完善海洋环境观测、预报体系建设,形成海洋灾害应急管理体系。推进《海南省海洋观测网建设发展总体规划(2011—2020年)》的实施,加强全省海洋观测网络建设,加密建设海洋观测站点,为预报提供更多基础数据。加强海洋环境预报软硬件建设,提

高预报技术水平,增强预报精度和时效,拓展服务范围;加快建设海洋灾害预警预报信息系统,开发和改进风暴潮、海浪灾害数值预报技术,加大国内、国际合作力度,融入国家海啸预警报系统,快速传递及发布海洋地震、海啸预警信息,为政府防御海洋灾害决策及沿海地区经济和社会发展提供服务。建立海南省海洋灾害预警报发布系统,以广播电视报纸为主体、互联网为补充、重点沿海地域 LED 信息彩屏及村镇广播喇叭为基干,形成省、市县、村三级网站架构,多渠道发布海洋灾害预警预报信息;积极开展海水入侵、海岸侵蚀、淤积、滑坡、沉降等海洋灾害的成因研究,加强海平面变化实时监测,提高海洋灾害的应对及应急处置能力,有效减轻海洋灾害造成的损失。

3. 海洋信息业

根据国家"数字海洋"建设的总体部署,以我省已建成的"数字海洋"信息基础框架系统为平台,加强海洋信息化基础体系建设,推进海洋立体观测系统、海洋基础数据共享平台、海洋原始信息采集体系、海洋地理信息应用平台、海洋信息化基础网络建设。开展海洋信息化关键应用技术研发。加强海洋信息化应用体系建设,加快海洋数据、档案、文献等信息化建设。健全信息发布制度,提高对海洋的认知能力。开发海洋信息产品和业务化应用系统,重点建设海洋管理基础信息系统、重点海区环境保障基础信息系统、海洋科学研究和公众服务基础信息系统。加快沿海地区各级政府海洋电子政务建设,统一构建我省海洋电子政务信息

平台,进一步提高海洋信息的公益性服务能力。

(十) 海洋生态环境

保护海洋生态环境,是国际旅游岛建设题中之意。"十二五"期间在加大海洋资源开发力度的同时,要更加注重海洋生态环境的保护。建立健全海洋环境污染防治体系,保护和修复海洋生态系统,最大限度的控制海洋污染,维持海洋生态平衡和海洋资源可持续利用,为尽快建成全国生态文明示范区做出贡献。

1. 加强海洋污染防治

控制海洋开发利用活动污染物排放和海洋倾废,实施重点港湾海洋排污总量控制制度,重点污染企业实现全面达标排放。加快滨海城市生活污水、垃圾处理和工业废水处理设施建设,提高污水、垃圾处理率和中水回用率,逐步实现城市生活污水达标排放、生活垃圾无害化处理。大力整顿水产养殖业,提高养殖技术,加强废水排放的监督、控制和管理。改善港口污染处理设施,加强港口船舶废弃物接收和处理能力,提高船舶和码头防污设备的配备率,并在大中型港口建设岸基油污水接纳处理站或配备油污水接纳处理船。

2. 加大海岸带保护力度

实施海岸带综合保护措施,以立法和规划为主要手段,提高海岸带综合管理水平。在西部地区,如东方八所、洋浦开发区等地,集中安排特定海岸带,集中布局、集约发展临港工业、海洋矿产、海洋油气化工业,提高

经济效益,减少海洋污染。加强海岸带立法,健全执法体系,加大海洋污染调查、监测和管理力度。建设环岛防护林带,在适宜种植椰子的岸段,大力发展椰林,其余岸段种植木麻黄林,与临海低丘台地和小海岛的林木组成海岸带的第三道防线。

3. 保护和修复海洋生态系统

加强对河口、海湾、湿地等重要生态环境的有效监控,部分严重受损的重要生态系统得到初步恢复和重建。进行生物资源保养增殖等生态保护与修复工程的实施,加强珍稀濒危海洋动物栖息地生态环境、海洋渔业资源及生物多样性的保护,使海洋生物资源衰退趋势得到初步遏制。重点保护好红树林、珊瑚礁和海草床等典型海洋生态系统。加大对海洋自然保护区的投入力度,构建自然保护区生态监控体系,建设海南三亚珊瑚礁自然保护区生态教育基地和珊瑚礁修复基地。建立珍稀濒危物种监测救护网络和海洋生物基因库,开展典型海域水生生物和珍稀濒危物种的繁育与养护。

五、保障措施

(一) 增强海洋意识,维护海洋权益

加大宣传教育力度,通过网络、媒体、展览等多种途径,强化海洋国土观念,增强科学开发利用海洋意识,强化海洋环境资源意识,深刻认识发展海洋经济对维护南海主权和海洋权益具有重大战略意义。加强渔监船队建设,开展南海定期巡航制度,依法开展巡航监视和执法检查,对越境捕捞渔船依法查处。建设南海维权基地,在西南中沙群岛设立行政机构,加强对西南中沙群岛的行政管理。鼓励我省渔民建造钢质大型渔船,建设西南中沙渔业补给基地,发展外海捕捞,进一步维护我国南海主权。

(二) 实施科技兴海,加快发展步伐

整合现有的海洋科技力量,以省水产研究所、省海洋开发规划设计研究院为基础组建省海洋科学研究院。建立军队—企业—科研院校研发体系,支持海洋重点实验室和工程技术研究中心建设,争取设立国家南方海洋科研中心和科考基地。多渠道增加海洋科技投入,省财政逐步增大社会发展科技专项资金规模,支持海洋领域科技创新活动,推进海洋高新技术成果集成创新和产业化。建设南海海洋科技研发基地和产业园区,加快海洋高科技产业化进程。

(三) 加大投入力度,壮大产业规模

沿海各级政府要加强财政资金对发展海洋经济的支持,特别是要增加对公益性海洋基础设施建设的投入。积极争取将南海油气开采税收的一部分用于军民共建海防体系建设,力争海洋基础设施建设所需的物资、装备免税。要按照"市场主导,政府引

导"的原则,搭建投融资平台,逐步建立起财政扶持、金融支持、群众自筹、吸引外资等开放式、多元化的投融资机制。积极争取商业银行的信贷投入和国家中长期政策性贷款的支持,鼓励金融机构将资金向海洋产业倾斜。加大招商引资力度,积极吸引外商采取各种投资方式兴办海洋外资企业。鼓励和支持省内外各类投资者依法平等参与海洋资源的开发建设。大力推行股份制和股份合作制,支持和鼓励海洋开发的优势企业通过股票上市等形式直接融资,拓宽融资渠道。

(四)抓好项目建设,强化带动作用

实施大项目带动战略,引入一批关系全局和带动性强的重大海洋经济项目。各涉海部门要加强协调配合,提高办事效率,优先保障具有重大影响的海洋项目用海用地指标,并以此类项目为突破口提升带动辐射功能,促使相关海洋产业集中集约发展,推动海洋产业结构升级和布局优化,壮大海洋经济总体规模,增强海洋经济发展后劲。重点抓好海洋旅游、海洋石油化工、海洋船舶制造、滨海矿砂项目和重大海洋科技项目的建设。在国家政策允许的情况下,引进国内外有实力的企业开发西沙、中沙、南沙海域资源。

(五)完善法律体系,提升管理能力

完善地方海洋立法内容,重点推进法规空白领域的地方性立法工作,增强海洋法规的针对性和可操作性。加强配套制度、配套措施、实施细则和工作规程等制度的制定与检查落实。加强港口管理、海洋渔业管理、海洋资源管理、海岸带保护与开发管理、海岛开发与保护、海域管理和海洋环境保护等法规体系建设,形成更加完备的海洋综合管理法律制度,做到依法"管海"、依法"用海"和依法"兴海",把海洋资源开发和管理活动真正纳入法制化轨道。建立海上执法协调机制、海上执法信息通报和案件移交制度,开展海上联合执法行动,提高对海上综合案件的处置能力,制定海上应急执法工作预案,提高海上执法的整体力量与优势。强化围填海的规划管理,坚持围填海用海总量控制制度,严格执行围填海年度计划指标管理制度,积极推动填海海域使用权证与土地使用权证的换发工作加强海洋与渔业干部队伍建设,继续推进海洋与渔业系统服务性机关建设,全面推行 ISO9000 政府质量管理体系,提高办事效率和服务水平。加强海洋执法队伍与能力建设,扩大海监渔政队伍规模,理顺海上执法体制机制,完善执法基础设施,加大海监船建造力度,提升执法装备水平,提高海洋开发、控制、综合管理能力。

(六)实施人才战略,增强发展后劲

认真实施《海南省中长期人才发展规划纲要(2010—2020 年)》,制定《海南省海洋人才规划》。突出引进和用好高层次海洋创新创业型人才,加强重点海洋产业领域人才的引进、培养和使用。创新海洋人才工作体制机制,完善党管人才的领导体制,改进政府

人才管理职能,营造适合海洋人才发展的制度环境。制定海洋人才管理政策,狠抓落实,把海洋重要人才的优惠政策真正落实到人头上。实施海洋人才工程,重点引进和培养海洋高层次创新创业型人才、海洋基础科技人才和海洋管理人才;加快推进滨海及海岛旅游业、海洋渔业、海洋工程、海洋新兴产业、南海资源开发等重点海洋产业的人才工程建设。建立健全海洋人才公共信息与公共服务平台。

(七)加强区域合作,提高发展水平

加强与广东、广西等省区和香港、澳门特别行政区、台湾的交流合作,促使兄弟省区的资金、技术和先进经验优势与我省海洋资源优势相结合,提升我省海洋开发的水平。加强海洋开发的国际科技合作,加快开展天然气水合物等新能源的合作考察研究活动,积极推进海洋观测、外海采矿、海洋生物与药物、海洋能源等新技术合作研究,拓展合作领域。加强北部湾区域经济合作,融入中国—东盟自由贸易区,开拓我省海洋经济的国际市场,推动海洋经济向更高层次

发展。

(八)加强组织领导,协调产业发展

成立海洋经济领导小组,成员由涉及海洋经济的厅局和沿海市县组成,办公室设在海南省海洋与渔业厅。明确各成员单位职责,加强各成员单位的横向联系,形成职责明确、分工合理、配合协调的管理体系。领导小组每年组织一次海洋经济发展专题调研,召开一次领导小组大会,研究并确定海洋经济发展战略、重大项目建设。各市县机构要根据领导小组大会精神,结合本地区行业实际情况,研究制定开发建设规划和相应措施,组织实施重大工程项目,现场检查监督以及日常管理等,提高管理效率和水平。各级政府要围绕海洋经济发展的大局,各尽其职,各负其责,为海洋产业发展做好管理服务,充分发挥政策导向作用,统筹协调海洋产业发展,形成开发海洋资源、发展海洋经济合力。

(汇编:上海大学经济学院,
于丽丽　徐燕　路光耀　郭思磊)

统 计 数 据

产业跨界融合对服务经济的影响

表 1　全国海洋生产总值及其构成

年 份	海洋生产总值(亿元)	海洋第一产业(亿元)	第一产业占比(%)	海洋第二产业(亿元)	第二产业占比(%)	海洋第三产业(亿元)	第三产业占比(%)	海洋生产总值占国内生产总值比重(%)	海洋生产总值增速(%)
2001	9 518.4	646.3	6.8	4 152.1	43.6	4 720.1	49.6	8.68	
2002	11 270.5	730.0	6.5	4 866.2	43.2	5 674.3	50.3	9.37	19.8
2003	11 952.3	766.2	6.4	5 367.6	44.9	5 818.5	48.7	8.80	4.2
2004	14 662.0	851.0	5.8	6 662.8	45.4	7 148.2	48.8	9.17	16.9
2005	17 655.6	1 008.9	5.7	8 046.9	45.6	8 599.8	48.7	9.55	16.3
2006	21 592.4	1 228.8	5.7	10 217.8	47.3	10 145.7	47.0	9.98	18.0
2007	25 618.7	1 395.4	5.4	12 011.0	46.9	12 212.3	47.7	9.64	14.8
2008	29 718.0	1 694.3	5.7	13 735.3	46.2	14 288.4	48.1	9.46	9.9
2009	32 277.6	1 857.7	5.8	14 980.3	46.4	15 439.5	47.8	9.47	9.2
2010	39 572.2	2 008.0	5.1	18 935.0	47.8	18 629.8	47.1	9.86	14.7
2011	45 570.0	2 327.0	5.1	21 835.0	47.9	21 408.0	47.0	9.70	10.4
2012	50 087.0	2 683.0	5.3	22 982.0	45.9	24 422.0	48.8	9.60	7.9

注：2001—2010 年数据来源于中国海洋统计年鉴 2011；2011—2012 年数据来源于海洋统计公报

数据来源：中国海洋统计年鉴 2011、海洋统计公报

表 2　海洋及相关产业增加值及其构成

年份	合计(亿元)	海洋产业(亿元)	主要海洋产业(亿元)	海洋科研教育管理服务业(亿元)	海洋产业占比(%)	主要海洋产业占比(%)	海洋科研教育管理服务业占比(%)	海洋相关产业(亿元)	海洋相关产业占比(%)
2001	9 518.4	5 733.6	3 856.6	1 877.0	60.2	40.5	19.7	3 784.8	39.8
2002	11 270.5	6 787.3	4 696.8	2 090.5	60.2	41.7	18.5	4 483.2	39.8
2003	11 952.3	7 137.3	4 754.4	2 383.3	59.7	39.7	19.9	4 814.6	40.3
2004	14 662.0	8 710.1	5 827.7	2 882.5	59.4	39.7	19.7	5 951.9	40.6
2005	17 655.6	10 539.0	7 188.0	3 350.9	59.7	40.7	19.0	7 116.6	40.3
2006	21 592.4	12 696.7	8 790.4	3 906.4	58.8	40.7	18.1	8 895.6	41.2

（续表）

年份	合计 (亿元)	海洋产业 (亿元)	主要海洋 产业 (亿元)	海洋科研教 育管理服务 业(亿元)	海洋产 业占比 (%)	主要海洋 产业占比 (%)	海洋科研 教育管理 服务业占 比(%)	海洋相关 产业 (亿元)	海洋相关 产业占比 (%)
2007	25 618.7	15 070.6	10 478.3	4 592.3	58.8	40.9	17.9	10 548.0	41.2
2008	29 718.0	17 591.2	12 176.0	5 415.2	59.2	41.0	18.2	12 126.8	40.8
2009	32 277.6	18 822.0	12 843.6	5 978.4	58.3	39.8	18.5	13 455.6	41.7
2010	39 572.7	22 831.0	16 187.8	6 643.1	57.7	40.9	16.8	16 741.7	42.3

数据来源：中国海洋统计年鉴 2011

表3　全国主要海洋产业增加值　　　　　　　（单位：亿元）

主要海洋产业	2001	2002	2003	2004	2005	2006	2007	2008	2009	2010
海洋电力业	1.8	2.2	2.8	3.1	3.5	4.4	5.1	11.3	20.8	38.1
海洋船舶工业	109.3	117.4	152.8	204.1	275.5	339.5	524.9	742.6	986.5	1 215.6
海洋生物医药业	5.7	13.2	16.5	19.0	28.6	34.8	45.4	56.6	52.1	83.8
海洋工程建筑业	109.2	145.4	192.6	231.8	257.2	423.7	499.7	347.8	672.3	847.2
滨海旅游业	1 072.0	1 523.7	1 105.8	1 522.0	2 010.6	2 619.6	3 225.8	3 766.4	4 352.3	5 303.1
海水利用业	1.1	1.3	1.7	2.4	3.0	5.2	6.2	7.4	7.8	8.9
海洋油气业	176.8	181.8	257.0	345.1	528.2	668.9	666.9	1 020.5	614.1	1 302.2
海洋交通运输业	1 316.4	1 507.4	1 752.5	2 030.7	2 373.3	2 531.4	3 035.6	3 499.3	3 146.6	3 785.8
海洋渔业	966.0	1 091.2	1 145.0	1 271.2	1 507.6	1 672.0	1 906.0	2 228.6	2 440.3	2 851.6
海洋化工业	64.7	77.1	96.3	151.5	153.3	440.4	506.6	416.8	465.3	613.8
海洋矿业	1.0	1.9	3.1	7.9	8.3	13.4	16.3	35.2	41.6	45.2
海洋盐业	32.6	34.2	28.4	39.0	39.1	37.1	39.9	43.6	43.6	65.5

数据来源：中国海洋统计年鉴 2011

表4　2003—2011 年区域海洋产业发展情况

年份	环渤海地区 海洋生产总值 (亿元)	长江三角洲地区 海洋生产总值 (亿元)	珠江三角洲地区 海洋生产总值 (亿元)	环渤海地区海洋 生产总值占全国 海洋生产总值 比重	长江三角洲地区 海洋生产总值占 全国海洋生产 总值比重	珠江三角洲地区 海洋生产总值占 全国海洋生产 总值比重
2003	2 778.53	3 398.87	2 112	27.60%	33.70%	21%
2004	4 116	4 169	2 417	32.10%	32.50%	18.80%
2005	5 510	5 860	3 000	32.40%	34.50%	17.70%
2006	6 906	6 869	3 998	33.00%	33.00%	19.10%
2007	9 542	7 748	4 755	38.30%	31.10%	19.10%

（续表）

年份	环渤海地区海洋生产总值（亿元）	长江三角洲地区海洋生产总值（亿元）	珠江三角洲地区海洋生产总值（亿元）	环渤海地区海洋生产总值占全国海洋生产总值比重	长江三角洲地区海洋生产总值占全国海洋生产总值比重	珠江三角洲地区海洋生产总值占全国海洋生产总值比重
2008	10 706	9 584	5 825	36.10%	32.30%	19.60%
2009	12 015	9 466	6 614	37.60%	29.60%	20.70%
2010	13 271	12 059	8 291	34.50%	31.40%	21.60%
2011	16 442	13 721	9 807	36.10%	30.10%	21.50%
2012	18 078	15 440	10 028	36.10%	30.80%	20.00%

数据来源：海洋统计公报

表5　2010年沿海地区海洋生产总值及其构成

地区	海洋生产总值（亿元）	海洋第一产业（亿元）	海洋第二产业（亿元）	海洋第三产业（亿元）	海洋第一产业占比（%）	海洋第二产业占比（%）	海洋第三产业占比（%）	海洋生产总值占沿海地区生产总值比重（%）
合计	39 572.7	2 008.0	18 935.0	18 629.8	5.1	47.8	47.1	16.1
天津	3 021.5	6.1	1 979.7	1 035.7	0.2	65.5	34.3	32.8
河北	1 152.9	47.1	653.8	452.1	4.1	56.7	39.2	5.7
辽宁	2 619.6	315.8	1 137.1	1 166.7	12.1	43.4	44.5	14.2
上海	5 224.5	3.7	2 059.6	3 161.6	0.1	39.4	60.5	30.4
江苏	3 550.9	162.6	1 927.1	1 461.2	4.6	54.3	41.2	8.6
浙江	3 883.5	286.7	1 763.3	1 833.6	7.4	45.4	47.2	14.0
福建	3 682.9	217.7	1 602.5	1 762.7	8.6	43.5	47.9	25.0
山东	7 074.5	444.0	3 552.2	3 078.3	6.3	50.2	43.5	18.1
广东	8 253.7	194.0	3 920.0	4 139.6	2.4	47.5	50.2	17.9
广西	548.7	100.4	223.1	225.2	18.3	40.7	41.0	5.7
海南	560.0	129.9	116.6	313.5	23.2	20.8	56.0	27.1

数据来源：中国海洋统计年鉴2011

表6　2010年沿海地区海洋及相关产业增加值及其构成

地区	合计（亿元）	海洋产业（亿元）	主要海洋产业（亿元）	海洋科研教育管理服务业（亿元）	海洋产业占比（%）	主要海洋产业占比（%）	海洋科研教育管理服务业占比（%）	海洋相关产业（亿元）	海洋相关产业占比（%）
合计	39 572.7	22 831.0	16 187.8	6 643.1	57.7	40.9	16.8	16 741.7	42.3
天津	3 021.5	1 666.5	1 519.8	146.7	55.2	50.3	4.9	1 355.1	44.8
河北	1 152.9	593.8	525.5	68.3	51.5	45.6	5.9	559.2	48.5

（续表）

地区	合计（亿元）	海洋产业（亿元）	主要海洋产业（亿元）	海洋科研教育管理服务业(亿元)	海洋产业占比（%）	主要海洋产业占比（%）	海洋科研教育管理服务业占比(%)	海洋相关产业（亿元）	海洋相关产业占比（%）
辽宁	2 619.6	1 640.6	1 288.7	351.9	62.6	49.2	13.4	979.0	37.4
上海	5 224.5	3 035.1	1 989.6	1 045.6	58.1	38.1	20.0	2 189.3	41.9
江苏	3 550.9	1 953.9	1 481.6	472.2	55.0	41.7	13.3	1 597.1	45.0
浙江	3 883.5	2 183.1	1 550.3	632.8	56.2	39.9	16.3	1 700.4	43.8
福建	3 682.9	1 931.9	1 379.1	552.8	52.5	37.4	15.0	1 751.1	47.5
山东	7 074.5	4 024.5	2 960.4	1 064.2	56.9	41.8	15.0	3 050.0	43.1
广东	8 253.7	5 066.0	2 935.1	2 130.8	61.4	35.6	25.8	3 187.7	38.6
广西	548.7	338.8	277.7	61.1	61.7	50.6	11.1	210.0	38.3
海南	560.0	397.0	280.1	116.8	70.9	50.0	20.9	163.0	29.1

数据来源：中国海洋统计年鉴 2011

主要海洋产业活动

表 7　海洋捕捞养殖产量　　　　　　　（单位：吨）

年　份	海水水产品产量	海洋捕捞产量	海水养殖产量
2003	26 856 182	14 323 121	12 533 061
2004	27 677 907	14 510 858	13 167 049
2005	28 380 831	14 532 984	13 847 847
2006	25 096 234	12 454 668	12 641 566
2007	25 508 880	12 435 480	13 073 400
2008	27 844 671	13 408 617	14 436 054
2009	28 805 399	13 440 772	15 364 627
2010	27 975 312	12 035 946	14 823 008

数据来源：根据中国海洋统计年鉴 2006—2011 年数据整理

表 8 沿海地区海洋捕捞养殖产量 （单位：吨）

地区	海洋捕捞产量			远洋捕捞产量			海水养殖产量		
	2008 年	2009 年	2010 年	2008 年	2009 年	2010 年	2008 年	2009 年	2010 年
合计	13 408 617	13 440 772	12 035 946	911 266	818 569	887 979	14 436 054	15 364 627	14 823 008
天津	24 494	16 459	15 754	5 717	8 929	9 020	14 082	14 067	14 212
河北	274 404	253 317	253 292	1 207	1 197	—	299 212	300 567	329 308
辽宁	1 478 264	1 483 097	1 007 398	129 930	138 079	175 274	2 637 637	2 896 175	2 314 694
上海	191 548	168 500	21 531	160 452	146 657	99 933	—	—	0
江苏	566 308	570 008	570 354	11 781	7 345	8 941	674 414	734 960	785 173
浙江	3 272 281	3 152 295	2 821 000	261 489	160 473	165 602	840 463	857 893	825 730
福建	2 031 666	2 049 374	1 908 468	158 977	167 715	180 524	2 836 841	2 930 254	3 038 990
山东	2 481 256	2 370 891	2 350 888	98 043	78 700	149 814	3 613 510	3 814 304	3 962 643
广东	1 454 640	1 525 341	1 429 592	83 670	109 474	94 752	2 229 773	2 346 157	2 490 688
广西	695 320	801 088	662 954	—	—	4 119	1 129 386	1 271 630	877 408
海南	938 436	1 050 402	994 715	—	—	—	160 736	198 620	184 162

数据来源：根据中国海洋统计年鉴 2009—2011 数据整理

表 9 沿海地区原油、天然气、矿业及海盐产量

地区	海洋原油产量(万吨)			海洋天然气产量(万立方米)			海洋矿业产量(吨)			海盐产量(万吨)		
	2008 年	2009 年	2010 年	2008 年	2009 年	2010 年	2008 年	2009 年	2010 年	2008 年	2009 年	2010 年
合计	3 421.13	3 698.19	4 709.98	857 847	859 173	1 108 905	48 085 689	55 906 609	34 225 357	3 127.15	3 500.45	3 286.63
天津	1 557.15	1 874.01	2 916.46	140 111	143 002	186 089	—	—	—	235.96	227.56	204.40
河北	189.62	200.30	221.19	18 887	37 043	40 753	—	—	—	385.07	421.65	429.41
辽宁	22.80	15.00	13.01	5 937	4 575	3 069	—	—	—	182.08	222.33	146.05
上海	15.34	9.68	8.80	63 716	58 767	49 742	—	—	—	—	—	—
江苏	—	—	—	—	—	—	—	—	—	102.43	106.61	149.91
浙江	—	—	—	—	—	—	40 015 300	47 554 400	25 013 500	19.28	17.05	10.59
福建	—	—	—	—	—	—	2 063 800	2 082 500	2 287 100	40.13	53.14	29.99
山东	232.15	240.01	246.27	16 798	16 157	12 874	3 308 591	3 423 889	4 257 157	2 122.71	2 412.72	2 273.05
广东	1 404.07	1 359.19	1 304.25	612 398	599 629	816 378	—	—	—	14.54	11.57	14.16
广西	—	—	—	—	—	—	887 998	564 820	250 000	13.18	15.34	14.29
海南	—	—	—	—	—	—	1 810 000	2 281 000	2 417 600	11.77	12.48	14.78

数据来源：中国海洋统计年鉴 2011

表 10　沿海国际标准集装箱运量和吞吐量

地 区	国际标准集装箱运量(万吨)			国际标准集装箱吞吐量(万吨)		
	2008 年	2009 年	2010 年	2008 年	2009 年	2010 年
合计	34 975	34 578	42 267	114 692	114 415	137 076
天津	112	68	177	8 591	8 871	10 916
河北	15	20	24	888	869	997
辽宁	146	393	444	10 372	11 718	15 666
上海	18 418	17 710	20 561	25 992	24 619	27 992
江苏	1 670	2 702	3 283	2 816	2 872	3 810
浙江	669	1 529	1 515	9 357	9 839	12 276
福建	1 745	3 272	3 902	8 709	9 001	10 743
山东	1 746	1 416	2 227	14 052	13 817	15 189
广东	6 772	5 063	6 812	32 779	31 432	37 413
广西	1 209	675	992	523	555	926
海南	285	295	317	613	822	1 147
其他	2 188	1 435	2 011	—	—	—

数据来源：中国海洋统计年鉴 2011

表 11　沿海主要城市旅游人数及国际旅游收入

城市	国内旅游人数(万人次)			入境旅游者人数(人次)			国际旅游(外汇)收入(万美元)		
	2007 年	2008 年	2009 年	2008 年	2009 年	2010 年	2008 年	2009 年	2010 年
天津	6 018	7 004	5 537	1 220 392	1 410 244	1 660 682	100 139	118 264	141 951
秦皇岛	1 510	1 227	1 638	187 267	224 206	242 337	10 169	11 909	12 022
大连	2 480	3 000	3 412	950 045	1 050 043	1 166 020	65 835	72 748	80 386
上海	10 210	11 006	12 361	5 264 727	5 333 935	7 337 216	497 172	474 402	634 092
南通	1 072	1 275	1 483	280 037	299 866	355 133	28 368	30 933	36 066
连云港	911	1 065	1 210	90 922	100 076	116 663	7 959	9 173	10 747
杭州	4 112	4 552	5 094	2 213 319	2 304 045	2 757 147	129 610	137 995	169 008
宁波	3 074	3 465	3 962	756 776	800 548	951 680	46 874	48 650	59 066
温州	2 192	2 547	2 931	318 230	329 734	391 587	16 109	17 797	21 115
福州	—	—	1 938	639 375	629 314	698 607	65 750	77 400	84 300
厦门	—	—	1 788	1 045 309	1 281 907	1 551 865	81 865	90 194	108 552
泉州	—	—	1 171	630 776	626 721	770 457	65 980	64 771	66 737
漳州	—	—	835	192 709	219 382	247 469	11 653	12 685	15 455

（续表）

城市	国内旅游人数（万人次）			入境旅游者人数（人次）			国际旅游（外汇）收入（万美元）		
	2007 年	2008 年	2009 年	2008 年	2009 年	2010 年	2008 年	2009 年	2010 年
青岛	3 259	3 390	3 903	800 836	1 000 670	1 080 511	50 030	55 178	60 103
烟台	1 999	2 346	2 763	352 090	400 901	472 023	26 708	31 081	37 707
威海	1 358	1 586	1 839	288 277	322 676	372 646	13 734	16 083	19 151
广州	2 727	2 916	3 286	6 124 801	6 894 044	8 147 900	313 035	362 396	466 127
深圳	1 729	1 790	1 944	8 695 727	8 963 697	10 206 000	270 399	276 026	315 896
珠海	553	829	911	2 862 150	2 978 421	3 251 400	94 823	102 670	122 339
汕头	542	604	668	139 313	123 161	133 800	6 491	4 910	5 016
湛江	142	165	462	32 994	50 665	103 200	1 891	2 237	2 716
中山	442	463	504	651 753	475 769	480 600	22 702	20 434	27 591
北海	601	695	810	55 702	61 437	73 008	1 559	1 721	2 173
海口	571	622	662	136 128	103 206	132 877	3 702	3 089	3 756
三亚	486	553	637	511 476	317 833	415 939	26 255	19 497	24 504

数据来源：中国海洋统计年鉴 2011

主要海洋产业生产能力

表 12　沿海地区海水可养殖面积和养殖面积

地区	海水可养殖面积（千公顷）	海水养殖面积（公顷）				
		2006 年	2007 年	2008 年	2009 年	2010 年
合计	2 599.67	1 774 119	1 331 478	1 691 377	1 865 944	2 080 880
天津	18.49	5 511	6 840	4 369	4 304	3 982
河北	111.37	102 302	92 960	92 973	121 013	123 810
辽宁	725.84	485 800	294 800	534 488	630 700	763 101
上海	3.22	80	13	—		
江苏	139.00	180 680	148 160	160 089	172 754	192 426
浙江	101.46	109 055	56 750	96 139	94 514	93 905
福建	184.94	152 298	110 120	120 704	133 942	137 636
山东	358.21	420 258	406 170	426 217	441 403	500 946
广东	835.67	234 635	159 295	189 717	194 766	199 258
广西	31.95	64 336	47 250	54 800	57 300	51 287
海南	89.52	19 164	9 120	11 881	15 248	14 529

数据来源：中国海洋统计年鉴 2007—2011

表 13　沿海省市各类资源分布情况

地　区	水资源总量 (亿立方米)	人均水资源量 (立方米/人)	湿地面积 (千公顷)	近岸及海岸 (千公顷)	湿地面积占国土 面积比重(%)
天津	9.2	72.8	171.8	58.1	14.95
河北	138.9	195.3	1 081.9	278.8	5.82
辽宁	606.7	1 392.1	1 219.6	738.1	8.37
上海	36.8	163.1	319.7	305.4	53.68
江苏	383.5	489.2	1 674.7	843.5	16.32
浙江	1 398.6	2 608.7	802.2	574.3	7.88
福建	1 652.7	4 491.7	443.0	370.6	3.65
山东	309.1	324.4	1 784.1	1 210.9	11.72
广东	1 998.8	1 943.3	1 398.1	1 017.8	7.86
广西	1 823.6	3 852.9	656.1	348.4	2.76
海南	479.8	5 538.7	311.5	190.0	9.13
全国	30 906.4	2 310.4	38 485.5	5 941.7	4.01

数据来源：中国海洋统计年鉴 2011

表 14　沿海各省海洋新能源资源分布情况　　　　　(单位：万千瓦)

地　区	潮 汐 能	波 浪 能	潮 流 能	近 海 风 能
河北	1.02	14.4	—	3 484
辽宁	59.66	25.5	113.05	7 631
上海	70.4	165	30.49	4 008
江苏	0.11	29.1	—	17 061
浙江	891.39	205	709.03	10 305
福建	1 033.29	166	128.05	21 123
山东	12.42	161	117.79	14 355
广东	57.27	174	37.66	12 457
广西	39.36	7.2	2.31	2 523
海南	9.06	56.3	28.24	1 236
台湾	5.62	429	228.25	—
合计	2 179.6	1 432.5	1 394.87	94 183

注：潮汐能、波浪能、潮流能为理论装机容量,近海风能为储量
数据来源：《中国沿海农村海洋能资源区划》、908 专项"中国近海海洋能调查与研究"项目

涉 海 就 业

表 15　全国涉海就业人员情况

地区	总数(万人)							占地区就业人员比重(%)						
	2001	2005	2006	2007	2008	2009	2010	2001	2005	2006	2007	2008	2009	2010
合计	2 107.6	2 780.8	2 960.3	3 151.3	3 218.3	3 270.6	3 350.8	8.1	9.7	—	10.3	10.3	10.1	10.1
天津	106.4	140.4	149.4	159.1	162.5	165.1	169.2	25.9	32.9	—	36.8	32.3	32.6	32.5
河北	58.0	76.5	81.5	86.7	88.6	90.0	92.2	1.7	2.2	—	2.4	2.4	2.3	2.4
辽宁	196.0	258.6	275.3	293.1	299.3	304.2	311.6	10.7	13.1	—	14.1	14.3	13.9	13.9
上海	127.5	168.2	179.1	190.6	194.7	197.9	202.7	18.4	19.7	—	21.7	21.7	21.3	21.9
江苏	116.9	154.2	164.2	174.8	178.5	181.4	185.9	3.3	4.0	—	4.2	4.1	4.0	3.9
浙江	256.4	338.3	360.1	383.4	391.5	397.9	407.6	9.2	10.6	—	10.6	10.6	10.4	10.2
福建	259.7	342.7	364.8	388.3	396.6	403.0	412.9	15.5	18.3	—	19.4	19.1	18.6	18.9
山东	319.9	422.1	449.3	478.5	488.5	496.5	508.6	6.8	8.3	—	9.1	9.1	9.1	9.0
广东	505.3	666.7	709.7	755.5	771.6	784.1	803.4	12.8	14.2	—	14.3	14.1	13.9	13.9
广西	68.9	99.9	96.8	103.0	105.2	106.9	109.5	2.7	3.4	—	3.7	3.7	3.7	3.7
海南	80.6	106.3	113.2	120.5	123.1	125.1	128.1	23.7	28.2	—	29.1	29.9	29.0	28.7
其他	12.0	15.8	16.9	17.9	18.3	18.6	19.1	—	—	—	—	—	—	—

注：2005—2010 年为推算数据；其他地区为非沿海地区涉海就业人员数
数据来源：根据中国海洋统计年鉴 2007—2011 数据整理

表 16　全国主要海洋产业就业人员情况　　　　　　　　　　　（单位：万人）

海洋产业	2001	2005	2006	2007	2008	2009	2010
合　计	719.1	949.2	1 006.7	1 075.2	1 097.0	1 115.0	1 142.2
海洋渔业及相关产业	348.3	459.8	487.6	520.8	531.3	540.0	553.2
海洋石油和天然气业	12.4	16.4	17.4	18.5	18.9	19.2	19.7
滨海砂矿业	1.0	1.3	1.4	1.5	1.5	1.6	1.6
海洋盐业	15.0	19.9	21.0	22.4	22.9	23.3	23.8
海洋化工业	16.1	21.3	22.5	24.1	24.6	25.0	25.6
海洋生物医药业	0.6	0.8	0.8	0.9	0.9	0.9	1.0
海洋电力和海水利用业	0.7	0.9	1.0	1.0	1.1	1.1	1.1
海洋船舶工业	20.6	27.2	28.8	30.8	31.4	31.9	32.7
海洋工程建筑业	38.8	51.2	54.3	58.0	59.2	60.2	61.6
海洋交通运输业	50.8	67.2	71.1	76.0	77.5	78.8	80.7
滨海旅游业	78.3	103.4	109.6	117.1	119.5	121.4	124.4
其他海洋产业	136.5	180.0	191.2	204.1	208.2	211.6	216.8

注：2005—2010 年为推算数据
数据来源：根据中国海洋统计年鉴 2007—2011 数据整理

海洋教育与科学技术

表 17 全国海洋专业毕业生人数情况　　　　　　　　　　　（单位：人）

	博士研究生毕业生数			硕士研究生毕业生数			本、专科学生毕业生数		
	2008	2009	2010	2008	2009	2010	2008	2009	2010
合计	395	627	679	1 424	2 644	2 915	17 757	37 245	44 653
北京	2	16	14	37	91	104	52	56	57
天津	4	10	10	54	71	91	565	2 310	2 158
河北	0	0	0	0	17	22	463	1 190	1 551
辽宁	27	42	43	234	342	364	1 547	2 693	3 522
上海	30	38	42	137	317	341	1 220	4 008	4 330
江苏	26	73	87	122	294	330	2 527	4 799	6 049
浙江	3	0	0	68	109	138	976	1 864	2 884
福建	9	15	21	56	92	115	1 477	2 557	3 077
山东	204	224	245	241	271	330	2 559	5 274	6 168
广东	46	75	61	53	195	222	1 261	1 986	1 951
广西	0	0	0	0	8	15	37	514	900
海南	0	0	0	0	23	20	50	860	1 259
其他	44	134	156	422	814	823	5 023	9 134	10 747

数据来源：根据中国海洋统计年鉴 2007—2011 数据整理

表 18 全国海洋科研机构科技活动人员数情况

合计	科技活动人员数（人）			从业人员数（人）			科技活动人员数占从业人员比重（%）		
	2008	2009	2010	2008	2009	2010	2008	2009	2010
合计	15 665	27 888	29 676	19 138	34 076	35 405	81.85%	81.84%	83.82%
北京	2 727	10 026	10 968	3 335	12 115	12 878	81.77%	82.76%	85.17%
天津	1 762	1 860	1 938	2 422	2 491	2 467	72.75%	74.67%	78.56%
河北	384	520	498	421	542	544	91.21%	95.94%	91.54%
辽宁	548	1 583	1 610	623	1 813	1 993	87.96%	87.31%	80.78%
上海	2 269	2 906	2 919	2 709	3 399	3 370	83.76%	85.50%	86.62%

（续表）

合计	科技活动人员数(人)			从业人员数(人)			科技活动人员数占从业人员比重(%)		
	2008	2009	2010	2008	2009	2010	2008	2009	2010
江苏	1 260	2 023	2 509	1 373	2 902	3 090	91.77%	69.71%	81.20%
浙江	922	1 171	1 148	1 075	1 410	1 396	85.77%	83.05%	82.23%
福建	664	939	974	714	1 051	1 004	93.00%	89.34%	97.01%
山东	2 477	2 882	2 940	3 169	3 466	3 610	78.16%	83.15%	81.44%
广东	1 869	2 162	2 299	2 253	2 690	2 795	82.96%	80.37%	82.25%
广西	120	321	332	158	433	446	75.95%	74.13%	74.44%
海南	147	173	172	184	192	197	79.89%	90.10%	87.31%
其他	516	1 322	1 369	702	1 572	1 615	73.50%	84.10%	84.77%

数据来源：根据中国海洋统计年鉴2007—2011数据整理

表19　全国海洋科研投入产出情况

	科研经费收入(万元)			科技课题(项)			发表科技论文(篇)			专利授权(件)		
	2008	2009	2010	2008	2009	2010	2008	2009	2010	2008	2009	2010
合计	8 769 653	1 601 610	19 550 823	8 327	12 600	13 466	9 485	14 451	14 296	441	1 250	1 482
北京	1 985 108	637 946	7 813 133	1 933	4 402	4 834	3 011	6 370	5 626	122	557	615
天津	911 247	129 653	1 597 189	379	526	485	335	548	668	43	42	43
河北	54 869	6 865	110 173	54	57	51	349	490	90	0	2	1
辽宁	272 267	65 880	862 859	56	242	257	159	243	316	1	118	117
上海	1 403 095	196 031	2 262 120	894	1 040	1 088	676	851	1 032	93	213	310
江苏	516 886	63 944	1 320 846	1 220	1 434	1 616	955	933	1 070	11	28	74
浙江	514 677	68 794	856 514	384	536	393	320	472	452	18	17	25
福建	317 817	42 865	436 869	538	620	621	315	359	349	1	6	10
山东	1 543 041	184 747	1 889 731	1 026	1 254	1 358	1 426	1 619	1 651	75	128	127
广东	937 301	134 119	1 532 153	1 359	1 519	1 678	1 382	1 260	1 685	65	105	115
广西	22 133	7 517	76 308	23	100	111	13	86	105	0	0	0
海南	23 243	4 040	41 810	41	50	56	37	45	36	1	2	1
其他	267 969	59 209	751 118	420	820	918	507	1 175	1 216	11	32	44

数据来源：根据中国海洋统计年鉴2007—2011数据整理

沿海社会经济

表20 沿海各省市地区生产总值 (单位：亿元)

年份	天津	河北	辽宁	上海	江苏	浙江	福建	山东	广东	广西	海南	总值
2002	2 150.76	6 018.28	5 458.22	5 741.03	10 606.85	8 003.67	4 467.55	10 275.5	13 502.42	2 523.73	621.97	69 369.98
2003	2 578.03	6 921.29	6 002.54	6 694.23	12 442.87	9 705.02	4 983.67	12 078.15	15 844.64	2 821.11	693.2	83 210.49
2004	3 110.97	8 477.63	6 672.00	8 072.83	15 003.6	11 648.7	5 763.35	15 021.84	18 864.62	3 433.5	798.9	99 817.25
2005	3 905.64	10 096.11	7 860.85	9 164.1	18 305.66	13 437.85	6 568.93	18 516.87	22 366.54	4 075.75	894.57	118 173.54
2006	4 462.74	11 660.43	9 251.15	10 366.37	21 645.08	15 742.51	7 614.55	22 077.36	26 204.47	4 828.51	1 052.85	138 313.56
2007	5 252.76	13 607.32	11 164.3	12 494.01	26 018.48	18 753.73	9 248.53	25 776.91	31 777.01	5 823.41	1 254.17	161 170.63
2008	6 719.01	16 011.97	13 668.58	14 069.86	30 981.98	21 462.69	10 823.01	30 933.28	36 796.71	7 021.00	1 503.06	194 387.14
2009	7 521.85	17 235.48	15 212.49	15 046.45	34 457.3	22 990.35	12 236.53	33 896.65	39 482.56	7 759.16	1 654.21	212 124.21
2010	9 224.46	20 394.26	18 457.27	17 165.98	41 425.48	27 722.31	14 737.12	39 169.92	46 013.06	9 569.85	2 064.5	250 833.33
2011	11 307.28	24 515.76	22 226.7	19 195.69	49 110.27	32 318.85	17 560.18	45 361.85	53 210.28	11 720.87	2 522.66	293 995.04

数据来源：中国统计年鉴

表21 沿海区生产总值增长速度 (%)

地区	2001	2002	2003	2004	2005	2006	2007	2008	2009	2010
天津	12.0	12.7	14.8	15.8	14.9	14.7	15.5	16.5	16.5	17.4
河北	8.7	9.6	11.6	12.9	13.4	13.4	12.8	10.1	10.0	12.2
辽宁	9.0	10.2	11.5	12.8	12.7	14.2	15.0	13.4	13.1	14.2
上海	10.5	11.3	12.3	14.2	11.4	12.7	15.2	9.7	8.2	10.3
江苏	10.2	11.7	13.6	14.8	14.5	14.9	14.9	12.7	12.4	12.7
浙江	10.6	12.6	14.7	14.5	12.8	13.9	14.7	10.1	8.9	11.9
福建	8.7	10.2	11.5	11.8	11.6	14.8	15.2	13.0	12.3	13.9
山东	10.0	11.7	13.4	15.4	15.0	14.7	14.2	12.0	12.2	12.3
广东	10.5	12.4	14.8	14.8	14.1	14.8	14.9	10.4	9.7	12.4
广西	8.3	10.6	10.2	11.8	13.1	13.6	15.1	12.8	13.9	14.2
海南	9.1	9.6	10.6	10.7	10.5	13.2	15.8	10.3	11.7	16.0

数据来源：中国海洋统计年鉴 2011
注：本表按可比价格计算(上年为基期)

表 22　沿海各省市第三产业产值　　　　　　　　　　（单位：亿元）

年份	天津	河北	辽宁	上海	江苏	浙江	福建	山东	广东	广西	海南	总值
2002	965.26	2 119.52	2 258.17	2 755.83	3 961.65	3 120	1 857.29	3 852.52	4 801.3	995.72	249.85	26 937.11
2003	1 112.71	2 377.04	2 487.85	3 029.45	4 567.37	3 726	2 046.5	4 298.41	5 225.27	1 074.89	271.44	30 216.93
2004	1 269.43	2 763.16	2 823.87	3 565.34	5 371.68	4 382	2 324.94	4 987.91	5 903.75	1 220.46	305.11	34 917.65
2005	1 534.07	3 360.54	3 173.32	4 620.92	6 489.14	5 378.87	2 527.47	5 924.74	9 598.34	1 652.57	373.75	44 633.73
2006	1 752.63	3 938.94	3 545.28	5 244.2	7 849.23	6 307.85	2 974.67	7 187.26	11 195.53	1 917.47	420.51	52 333.57
2007	2 047.68	4 662.98	4 036.99	6 408.5	9 618.52	7 645.96	3 697.6	8 680.24	13 449.73	2 289	497.95	63 035.15
2008	2 410.73	5 376.59	4 647.46	7 350.43	11 548.8	8 811.17	4 249.59	10 367.23	15 323.59	2 679.94	587.22	73 352.75
2009	3 405.16	6 068.31	5 891.6	8 930.85	13 629.07	9 918.78	5 048.49	11 768.18	18 052.59	2 919.13	748.59	86 380.4
2010	4 238.65	7 123.77	6 849.37	9 833.51	17 131.45	12 063.82	5 850.94	14 343.14	20 711.55	3 383.11	953.67	102 482.66
2011	5 219.24	8 483.17	8 158.98	11 142.86	20 842.21	14 180.23	6 878.74	17 370.89	24 097.7	3 998.33	1 148.93	121 521.28

数据来源：中国统计年鉴

表 23　中国主要沿海城市国民生产总值　　　　　　　　（单位：亿元）

年份	2005	2006	2007	2008	2009	2010
天津	3 906	4 463	5 253	6 719	7 522	9 109
秦皇岛	491	552	665	809	877	931
大连	2 290	2 569	3 131	3 858	4 349	5 158
上海	9 125	10 297	12 001	13 698	14 901	16 872
南通	1 470	1 758	2 112	2 510	2 873	3 415
连云港	454	527	615	750	941	1 150
杭州	2 900	3 441	4 103	4 781	5 098	5 949
宁波	2 480	2 864	3 435	3 964	4 334	5 163
温州	1 588	1 834	2 157	2 424	2 527	2 926
福州	1 482	1 657	1 974	2 296	2 521	3 123
厦门	1 030	1 163	1 375	1 560	1 623	2 054
泉州	1 623	1 901	2 276	2 795	3 002	3 565
漳州	702	717	864	1 002	1 102	1 400
青岛	2 612	3 206	3 786	4 401	4 853	5 666
烟台	2 012	2 042	2 885	4 309	3 728	4 358
威海	1 170	1 369	1 583	1 795	1 969	1 944
广州	5 154	6 081	7 140	8 287	9 138	10 604
深圳	4 951	5 814	6 802	7 787	8 201	9 511
珠海	635	750	887	992	992	1 038

（续表）

年份	2005	2006	2007	2008	2009	2010
汕头	650	740	850	974	1 035	1 203
湛江	604	770	892	1 050	1 156	1 403
中山	823	1 034	1 238	1 409	1 564	1 826
北海	183	215	244	314	335	398
海口	254	350	396	443	490	590
三亚	74	109	122	144	175	230
总计	48 663	56 223	66 786	79 071	85 306	99 586

数据来源：根据各地区统计局网站及其他相关网站整理

表 24 沿海地区城镇居民平均每人全年家庭总收入 （单位：元）

地区	2006		2007		2008		2009		2010	
	总收入	可支配收入	总收入	可支配收入	总收入	可支配收入	总收入	可支配收入	总收入	可支配收入
全国平均水平	12 719.19	11 759.45	14 908.61	13 785.81	17 067.78	15 780.76	18 858.09	17 174.65	21 033.42	19 109.44
天津	15 476.04	14 283.09	17 828.15	16 357.35	21 174.04	19 422.53	23 565.67	21 402.01	26 942.00	24 292.60
河北	10 887.19	10 304.56	12 335.96	11 690.47	14 141.41	13 441.09	15 675.75	14 718.25	17 334.42	16 263.43
辽宁	11 230.03	10 369.61	13 438.43	12 300.39	15 836.25	14 392.69	17 757.70	15 761.38	20 014.57	17 712.58
上海	22 808.57	20 667.91	26 101.54	23 622.73	29 759.13	26 674.90	32 402.97	28 837.78	35 738.51	31 838.08
江苏	15 248.66	14 084.26	17 686.48	16 378.01	20 175.57	18 679.52	22 494.94	20 551.72	25 115.40	22 944.26
浙江	19 954.03	18 265.10	22 583.83	20 573.82	24 980.78	22 726.66	27 119.30	24 610.81	30 134.79	27 359.02
福建	15 102.39	13 753.28	16 983.26	15 506.05	19 686.15	17 961.45	21 692.35	19 576.83	24 149.59	21 781.31
山东	13 222.85	12 192.24	15 366.26	14 264.70	17 548.97	16 305.41	19 336.91	17 811.04	21 736.94	19 945.83
广东	17 725.56	16 015.58	19 618.89	17 699.30	21 678.52	19 732.86	24 116.46	21 574.72	26 896.86	23 897.80
广西	10 624.30	9 898.75	13 182.57	12 200.44	15 393.19	14 146.04	17 032.89	15 451.48	18 742.21	17 063.89
海南	10 081.70	9 395.13	11 792.05	10 996.87	13 598.60	12 607.84	14 909.28	13 750.85	16 929.63	15 581.05

数据来源：根据中国海洋统计年鉴 2007—2011 数据整理

表 25 2010 年沿海地区教育卫生情况

地 区	高等学校数（所）	本、专科在校学生数（人）	本、专科毕(结)业生数（人）	卫生机构数（个）	卫生机构床位数（张）	卫生机构人员（人）
全国总计	2 358	22 317 929	5 754 245	936 927	4 786 831	8 207 502
天津	55	429 224	105 354	4 542	48 828	96 732
河北	110	1 105 118	297 092	81 403	249 725	437 415
辽宁	112	880 247	219 564	34 805	204 208	316 828

（续表）

地 区	高等学校数 （所）	本、专科在校 学生数（人）	本、专科毕(结) 业生数(人)	卫生机构数 （个）	卫生机构床位数 （张）	卫生机构人员 （人）
上海	67	515 661	133 716	4 708	105 083	171 935
江苏	150	1 649 430	478 868	30 956	269 548	459 025
浙江	101	884 867	233 741	29 939	184 097	352 871
福建	84	647 774	153 449	27 017	113 043	199 519
山东	132	1 631 373	444 003	66 967	382 254	645 889
广东	131	1 426 624	334 187	44 880	300 083	592 800
广西	70	567 516	138 089	32 741	143 695	266 138
海南	17	150 806	36 791	4 678	25 981	51 985

数据来源：中国海洋统计年鉴 2011

表 26　沿海地区人口和就业人员　　　（单位：万人）

地 区	2006		2007		2008		2009		2010	
	年末总 人口	就业人员	年末总 人口	就业人员	年末总 人口	就业人员	年末总 人口	就业人员	年末总 人口	就业人员
全国总计	131 448	76 400.0	132 129	76 990.0	132 802	77 480.0	133 474	77 995.0	134 091	76 105.0
天津	1 075	—	1 115	432.7	1 176	503.1	1 228	507.3	1 299	520.8
河北	6 898	—	6 943	3 567.2	6 989	3 651.7	7 034	3 899.7	7 194	3 790.2
辽宁	4 271	—	4 298	2 071.3	4 315	2 098.2	4 319	2 190.0	4 375	2 238.1
上海	1 815	—	1 858	876.6	1 888	896.0	1 921	929.2	2 303	924.7
江苏	7 550	—	7 625	4 193.2	7 677	4 384.1	7 725	4 536.1	7 869	4 731.7
浙江	4 980	—	5 060	3 615.4	5 120	3 691.9	5 180	3 825.2	5 447	3 989.2
福建	3 558	—	3 581	1 998.9	3 604	2 079.8	3 627	2 168.9	3 693	2 181.3
山东	9 309	—	9 367	5 262.2	9 417	5 352.5	9 470	5 449.8	9 588	5 654.7
广东	9 304	—	9 449	5 292.5	9 544	5 478.0	9 638	5 643.3	10 441	5 776.9
广西	4 719	—	4 768	2 759.6	4 816	2 807.2	4 856	2 862.6	4 610	2 945.3
海南	836	—	845	414.8	854	412.1	864	431.4	869	445.7

数据来源：根据中国海洋统计年鉴 2007—2011 数据整理

（汇编：上海大学经济学院,何淑芳　曹盛;上海大学理学院,陈飘然）